混凝土结构耐久性

Durability of Concrete Structures

（第二版）

金伟良　赵羽习　著

科学出版社
北　京

内 容 简 介

本书在2002年《混凝土结构耐久性》第一版的基础上，汇总了作者及其团队2003～2013年在混凝土结构耐久性研究领域开展的研究工作与成果；也反映了国内外在此领域的相关研究进展。本书主要介绍混凝土结构耐久性问题的重要性与研究现状；混凝土结构服役的各种环境，以及为进行混凝土结构耐久性设计的环境区划研究；各种耐久性试验方法与装置；材料层面和结构构件层面的耐久性研究成果；以及从结构的层面来阐述混凝土结构设计、评估和性能提升方面的内容。

本书适合于从事混凝土结构耐久性方面的科研工作者，在校研究生和工程技术人员参考。

图书在版编目(CIP)数据

混凝土结构耐久性＝Durability of Concrete Structures/金伟良，赵羽习著.—2版.—北京：科学出版社，2014.7
ISBN 978-7-03-041324-6

Ⅰ.①混… Ⅱ.①金…②赵… Ⅲ.①混凝土结构-耐用性-研究 Ⅳ.①TU37

中国版本图书馆CIP数据核字(2014)第144970号

责任编辑：吴凡洁 乔丽维／责任校对：胡小洁
责任印制：吴兆东／封面设计：耕者设计工作室

科学出版社出版
北京东黄城根北街16号
邮政编码：100717
http://www.sciencep.com
北京中科印刷有限公司印刷
科学出版社发行 各地新华书店经销
*
2002年9月第 一 版 开本：787×1092 1/16
2014年7月第 二 版 印张：22 3/4
2023年1月第八次印刷 字数：530 000

定价：128.00元

(如有印装质量问题，我社负责调换)

第二版前言

浙江大学混凝土结构耐久性研究团队从1995年开始致力于混凝土结构耐久性方向的研究，2002年曾整理总结研究成果出版了《混凝土结构耐久性》(第一版)。之后10年，本书作者从结构全寿命理念出发，重新思考与定位混凝土结构耐久性研究问题，对混凝土结构耐久性提出了新的认识，认为：不能仅仅将混凝土结构的耐久性失效归属于材料问题，而忽视了混凝土结构所具有的“结构”属性；耐久性问题不仅是环境对结构影响的问题，还是结构在荷载、环境、材料内部状况等可能引起其性能变化的各种因素共同作用下，结构抵御性能劣化的能力；同时，混凝土结构耐久性失效过程应该包含结构建造、使用和老化的生命全过程，其耐久性性能研究也应涉及结构生命全过程的每个环节。因此，混凝土结构耐久性是研究混凝土结构全寿命的重要基础。

为此，10年的科研工作，45本研究生学位论文，集结成为《混凝土结构耐久性》第二版。第二版的《混凝土结构耐久性》不仅体现了浙江大学研究团队近10年来在混凝土结构耐久性研究领域所做的研究工作与成果，还反映了国内外近年来的相关研究进展，全书共18章。第1章介绍混凝土结构耐久性问题的重要性与研究现状；第2章介绍混凝土结构服役的各种环境，以及为进行混凝土结构耐久性设计的环境区划研究；第3章介绍各种耐久性试验方法与装置；第4～9章主要阐述了材料层面的耐久性研究成果；第10～14章介绍混凝土结构构件层面的耐久性研究成果；第15～18章则从结构的层面来阐述混凝土结构设计、评估和性能提升方面的内容。真诚感谢在本书撰写过程中作出贡献的其他老师和研究生：武海荣博士(第2章)、李志远博士(第3章)、延永东博士(第5、13章)、段安博士(第6章)、徐菲博士(第8章)、许晨博士(第9章)、夏晋博士(第11、12章)、钟小平博士(第15章)、毛江鸿博士(第16章)，以及薛文博士和章思颖硕士(第18章)。

我相信本书对混凝土结构耐久性研究方向的发展，以及相关技术规范和标准的制定与修订，均具有参考价值，也适合于从事混凝土结构耐久性方面教学、科研和工程应用的科研工作者、在校研究生和工程技术人员参考。书中不当之处，敬请读者不吝赐教。

金伟良

2013年10月于求是园

第一版序

自从波特兰水泥问世以来，混凝土结构已成为基本建设工程中最为常用的建筑形式之一。但是，由于混凝土结构材料自身和使用环境的特点，混凝土结构存在着严重的耐久性问题。国内外有关统计资料表明，由于混凝土结构耐久性病害而导致的经济损失是非常巨大的，并且随着环境的变迁和功能要求的提高，耐久性问题越来越突出。我国的混凝土结构量大面广，混凝土结构耐久性问题也十分突出，是一个迫切需要加以解决的问题。通过开展对混凝土结构耐久性的研究，一方面可以对已有的建筑结构物进行科学的耐久性评定和剩余寿命预测，以选择对其正确的处理方法，另一方面则有益于新建工程项目的耐久性设计。因此，混凝土结构耐久性的研究既有服务于服役结构正常使用的现实意义，又有指导待建结构进行耐久性设计的理论意义。

基于对混凝土结构耐久性研究的重要认识，结合我国(特别是沿海地区)混凝土结构耐久性的特点，浙江大学结构工程研究所混凝土结构耐久性课题组在金伟良教授的带领和指导下，于 1995 年开始对混凝土结构耐久性方面做了大量的科研与调查工作，取得了一系列的研究成果。该书既描述了混凝土结构耐久性的研究框架，又总结了以往在混凝土结构耐久性方面的研究成果，并详细地介绍了浙江大学结构工程研究所在这方面所取得的成果，是国内第一部全面介绍混凝土结构耐久性研究的专著，具有较高的学术水平和应用价值。

该书思路清晰，条理清楚，特色鲜明，强调理论与实际工程的结合，这对混凝土结构耐久性理论的发展和将研究成果应用于实际工程都具有积极的借鉴作用，是我国从事混凝土结构耐久性研究的科研、教学、设计和管理等有关人员不可多得的参考书。

赵国藩

中国工程院院士、大连理工大学教授

2002 年 5 月 28 日

第一版前言

混凝土结构是国家基本建设中最广泛应用的结构形式。由于混凝土碳化、氯离子污染、冻融等，导致混凝土结构中钢筋锈蚀、混凝土顺筋胀裂和剥落等破坏，这已成为影响混凝土结构耐久性的主要问题。混凝土结构因耐久性不足而造成的直接和间接损失之大，已远远超出人们的预料，这在欧美经济发达国家中已构成严重的财政负担；而处于基本建设高峰期的中国，如果不充分认识到耐久性问题的重要性，忽视混凝土结构耐久性的要求，那么若干年之后也会发生类似的情况，从而制约我国经济整体健康快速的发展。

认识到混凝土结构耐久性的重要性，浙江大学结构工程研究所在混凝土结构耐久性的基础理论、实验、检测和工程应用等方面开展了研究。本书既总结了以往混凝土结构耐久性方面的研究成果，又详细地介绍了浙江大学结构工程研究所在这方面所做的研究工作。

本书首先强调了混凝土结构耐久性问题的重要性，并叙述了混凝土结构耐久性研究现状及其主要研究内容；第2～6章分别从混凝土碳化、氯离子对混凝土的侵蚀、混凝土的抗冻性与抗渗性、混凝土碱-集料反应和混凝土中钢筋的锈蚀等方面介绍了耐久性的基础理论与研究成果；第7章重点研究了钢筋锈胀力、锈蚀钢筋与混凝土的黏结性能，以及锈蚀混凝土构件性能的衰退等混凝土构件耐久性的内容；第8章则根据上述耐久性的研究成果给出了基于正常使用极限状态混凝土结构构件可靠度的计算方法；第9章介绍了混凝土结构耐久性的设计、检测评估和维修；最后展望了混凝土耐久性研究的发展方向。书末附有亚洲混凝土模式规范(ACMC2001)简介，英国标准BS7543(建筑物与建筑构件、产品及组件耐久性指南)简介，为读者提供一个更为广泛的参考资料。

本书的主要研究是针对大气环境下的混凝土结构耐久性，而混凝土结构最为严重的外部环境则是氯离子的腐蚀。我国海岸线漫长，沿海地区的建筑物密集，暴露在氯离子环境下的混凝土结构数量巨大。因此，氯离子腐蚀混凝土而影响混凝土结构耐久性已成为急需要深入研究的问题，也是我们要做的后续研究工作。

在本书完稿之际，作者要感谢浙江大学曹光彪高科技发展基金会，在作者回国到浙江大学开展混凝土结构耐久性研究之初，是该基金会将此研究列为重点资助项目，从而保证了研究工作的顺利进行。感谢中国工程院院士、大连理工大学教授赵国藩先生对作者研究工作的大力支持，他为本书作序予以鼓励；感谢中国工程院院士、东南大学教授吕志涛先生对本书进行的认真审阅，他提出了许多好的建议；感谢浙江大学结构工程研究所的研究生鄢飞、赵羽习、张苑竹、张亮、陈驹、陈海海等，他们对本书专题进行了深入的研究，本书的内容也体现了他们的一部分研究成果。本书引用了大量的参考文献，其中一部分为内部资料，未能一一列出，在此对本书所引用参考文献的作者表示谢意。

全书共10章，金伟良编写第1、2、6、7、9、10章及附录1，赵羽习编写第3～5、8章及附录2。金伟良负责统稿。

由于本书作者水平有限，书中的疏漏在所难免，敬请读者不吝赐教。

金伟良

2002年6月于求是园

目　　录

第1章　概　　论

1.1　混凝土结构耐久性问题的重要性

众所周知,混凝土结构结合了钢筋与混凝土的优点,造价较低,是土木工程结构设计中的首选形式,其应用范围非常广泛[1]。虽然随着新的结构计算理论的提出和新型建筑材料的出现,将来还会出现许多新的结构形式,但可以肯定的是,混凝土结构仍然是最常用的结构形式之一。

当然,这并不说明混凝土结构是十全十美的。事实上,从混凝土应用于建筑工程至今的近200年间,大量的混凝土结构由于各种各样的原因而提前失效,达不到预定的服役年限。这其中有的是由于结构设计的抗力不足造成的,有的是由于使用荷载的不利变化造成的,但更多的是由于结构的耐久性不足导致的。特别是海洋及近海地区的混凝土结构,由于海洋环境对混凝土结构的腐蚀,尤其是钢筋的锈蚀而造成结构的早期损坏,丧失了结构的耐久性能,这已成为实际工程失效的重要问题。早期损坏的结构需要花费大量的财力进行维修补强,甚至造成停工停产的巨大经济损失。我国南方城市某港于1956年建成的一座码头,建成后于1963年对其调查时发现梁底部分有顺筋锈裂,虽然于次年进行了一次修补,但是使用20年后发现钢筋锈蚀更为严重,底板混凝土因钢筋锈蚀而大面积脱落,露筋面积占底板的21%,经多方论证后,不得不将上部结构拆除[2]。因此,耐久性失效是导致混凝土结构在正常使用状态下失效的最主要原因。

通过进一步的分析可以发现,引起结构耐久性失效的原因存在于结构的设计、施工及维护的各个环节。首先,虽然在许多国家的规范中都明确规定钢筋混凝土结构必须具备安全性、适用性与耐久性,但是结构耐久性问题并没有充分地体现在具体的设计条文之中,而是在构造措施上对环境和耐久性问题予以考虑,使得结构设计中普遍存在着重强度设计而轻耐久性设计。以中国1989年颁布的设计规范[3]为例,其中除了一些保证混凝土结构耐久性的构造措施,只是在正常使用极限状态验算中控制了一些与耐久性设计有关的参数,如混凝土结构的裂缝宽度等,但这些参数的控制对结构耐久性设计不起决定性的作用,并且这些参数也会随时间而变化[4]。其次,不合格的施工也会影响结构的耐久性,常见的施工问题如混凝土质量不合格、钢筋保护层厚度不足都可能导致钢筋提前锈蚀。另外,在结构的使用过程中,没有合理的维护造成的结构耐久性降低也是不容忽视的,如对结构的碰撞、磨损以及使用环境的劣化,这一切都会使结构无法达到预定的使用年限。

国内外统计资料表明,由于混凝土结构耐久性病害而导致的损失是巨大的,并且耐久性问题越来越严重。据调查,美国1975年由于腐蚀引起的损失达700亿美元,1985年则达1680亿美元[5],目前整个混凝土工程的价值约为6万亿美元,而今后每年用于维修或重建的费用预计将高达3000亿美元[6],英国英格兰岛中部环形快车道上11座混凝土高架桥，当初建造费为 2800 万英镑，到 1989 年因为维修而耗资 4500 万英镑，是当初造价的 1.6 倍，估计以后 15 年还要耗资 1.2 亿英镑，累计接近当初造价的 6 倍[7]，这反映了结构耐久性造成的损失大大超过了人们的估计。国外学者曾用“五倍定律”形象地描述了混凝土结构耐久性设计的重要性，即设计阶段对钢筋防护方面节省 1 美元，那么就意味着：发现钢筋锈蚀时采取措施将追加维修费 5 美元；混凝土表面顺筋开裂时采取措施将追加维修费 25 美元；严重破坏时采取措施将追加维修费 125 美元。在我国，混凝土结构耐久性问题也十分严重，据 1986 年国家统计局和建设部对全国城乡 28 个省、市、自治区的 323 个城市和 5000 个镇进行普查的结果[8]，目前我国已有城镇房屋建筑面积 46.76 亿 m^2，占全部房屋建筑面积的 60%，已有工业厂房约 5 亿 m^2，覆盖的国有固定资产超过 5000 亿元，这些建筑物中约有 23 亿 m^2 需要分期分批进行评估与加固。而其中半数以上急需维修加固之后才能正常使用。另外据 1994 年铁路秋检统计[9]，在全国共有 6137 座铁路桥存在着不同程度的损伤，占铁路桥总数的 18.8%。

由此可见，混凝土结构耐久性问题是一个十分重要也是迫切需要解决的问题。鉴于该问题的重要性，国内外学者已经在混凝土结构耐久性领域开展了大量的科研工作，国内外研究进展将在本章 1.3 节中详述。这里，想要强调混凝土结构耐久性的研究是具有时间和空间尺度的。对混凝土结构来说，其耐久性失效过程应该包含结构建造、使用和老化的生命全过程，其耐久性研究也应涉及结构生命全过程的每个环节(图 1-1)，应该基于结构的全寿命开展混凝土结构耐久性研究。同时，传统的研究往往将混凝土结构的耐久性失效归属于材料问题，而忽视了混凝土结构耐久性所应具有的“结构”属性，混凝土结构耐久性的研究必须在材料层次的研究成果基础上，全面考虑研究对象的“结构”特点(图 1-2)，从材料工程、结构工程和非均质材料力学等学科的交叉领域，对混凝土结构耐久性开展研究，建立与时间效应相一致的混凝土结构耐久性全寿命周期研究体系，这对于完善混凝土结构耐久性理论体系具有重要的作用，对指导实际混凝土工程设计、施工和维护也具有重要的应用价值。

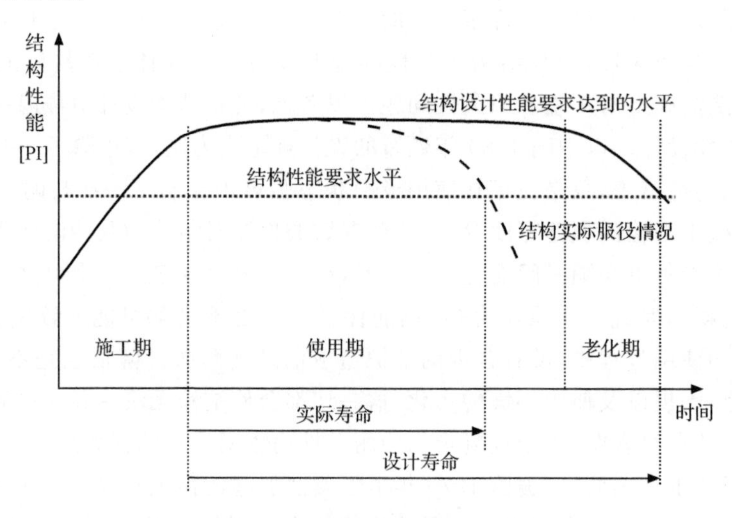

图 1-1　基于全寿命的混凝土结构耐久性研究

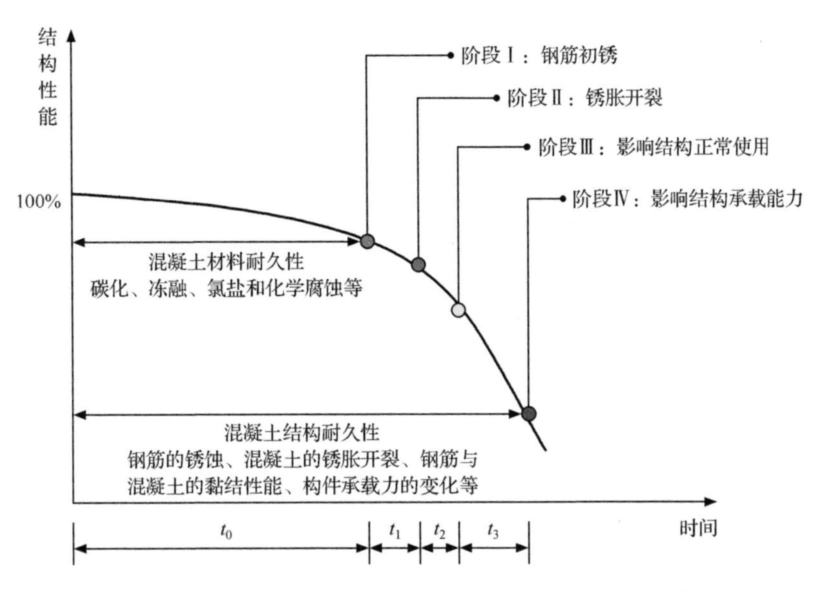

图1-2　混凝土材料耐久性与结构耐久性的联系与区别

1.2　实际工程中的耐久性破坏现象

混凝土结构在各种各样的环境下服役，不同的服役环境会对混凝土结构造成不同类型的耐久性破坏现象；随着结构服役时间的增加，耐久性问题会越来越显现出来，从而影响结构的使用功能，甚至安全性。下面将阐述不同服役环境下实际混凝土工程的一些耐久性失效现象，旨在说明混凝土结构耐久性问题的普遍性、严重性。

1. 盐雾侵蚀对结构的破坏

浙江某发电厂，位于东海之滨的宁波市镇海区。厂区处于甬江下游河口段，属于海洋性气候，从建设电厂至今已36年。由于该电厂常年受盐雾侵蚀，在氯离子的持续侵蚀作用下，各期混凝土结构均有混凝土开裂、剥落及钢筋锈蚀等现象，在混凝土保护层出现了较宽的纵向锈胀裂缝，钢筋有严重锈蚀。经过调查发现：升压站的主要受力构件中，70%的混凝土柱和25%的混凝土梁有较严重的纵向裂缝和露筋等耐久性损伤（图1-3(a)）；桁架耐久性损伤最为严重，100%的桁架都有严重的表面混凝土剥蚀、钢筋外露现象（图1-3(b)）。

2. 潮湿环境对结构的破坏

浙江金华某大桥位于浙江省金华地区兰溪市内，建于1975年，为混凝土双曲拱桥结构，横跨兰江。该桥的耐久性损伤主要是由于桥梁的排水系统工作情况不好，桥面积水渗水，而引起的桥梁混凝土构件耐久性损伤：多处立柱与盖梁交界处出现竖向裂缝，部分立柱甚至出现露筋情况，边角处有混凝土保护层大块剥落现象（图1-4(a)）；由于排水系统的问题，框构盖梁端部处于潮湿状态，出现混凝土大块剥落，钢筋严重锈蚀情况（图1-4(b)）。

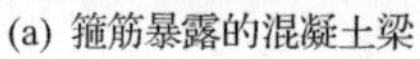

(a) 箍筋暴露的混凝土梁

(b) 露筋严重的混凝土桁架

图 1-3　盐雾侵蚀环境下混凝土结构物的耐久性问题

(a) 边角剥落且露筋严重的混凝土柱

(b) 盖梁端部的严重钢筋锈蚀

图 1-4　潮湿侵蚀环境下混凝土结构物的耐久性问题

3. 海水直接作用对结构的破坏

混凝土码头工程直接与海水接触，潮汐区的混凝土构件处于最恶劣的氯离子侵蚀环境，调查发现已经工作二三十年的码头普遍存在较为严重的耐久性问题。例如，舟山某码头建成至今使用二十几年(图 1-5)，其各个部位均已出现了不同程度的腐蚀损坏，尤其是上部结构已经到了严重损坏的程度：码头横梁出现大面积锈斑，大部分横梁梁底沿主筋方向出现明显的裂缝，裂宽在 1～3mm，码头横梁上搁置的 π 形板出现严重锈蚀，构件沿主筋方向出现大量顺筋裂缝，70％的 π 形板锈胀裂缝宽度大于 3mm，其余 π 形板的顺筋锈胀裂缝宽度在 1～3mm。该码头为了继续使用，必须要进行加固维修。

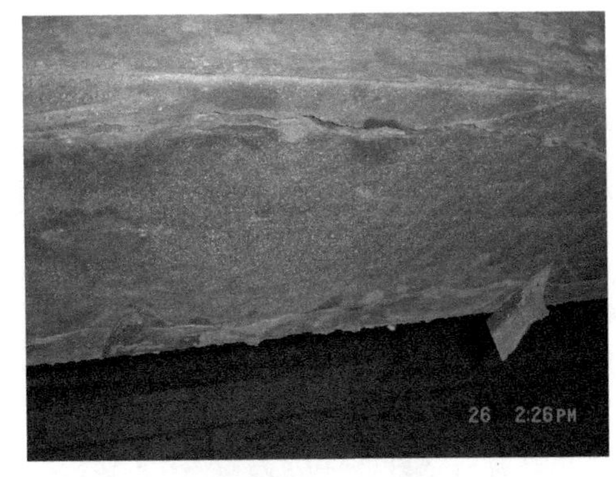

(a) 纵裂宽度达1~3cm的混凝土梁

(b) 墩帽处箍筋锈蚀

图 1-5 海水直接作用下混凝土结构物的耐久性问题

4. 其他环境中的结构耐久性破坏

图 1-6 为 20 世纪 70 年代建造的某商场大楼中钢筋锈蚀情况，从图中可以看出，大气环境中服役的结构楼面板和梁中钢筋锈蚀严重，此大楼在进行一定的改造加固后也在继续使用中。图 1-7 和图 1-8 分别反映了冻融破坏和碱-集料反应对结构产生的影响。图 1-9 则体现了在化学腐蚀环境条件下，混凝土结构遭受的耐久性损伤。

(a) 楼面板中钢筋锈蚀

(b) 主梁中钢筋锈蚀

图 1-6 大气环境中服役的某商场大楼中钢筋锈蚀情况

图 1-10 为 2008 年汶川大地震震后从损坏结构中发现的钢筋锈蚀现象，虽然汶川地震实属罕见，不能将地震中结构的破坏完全归因于钢筋锈蚀，但由于钢筋锈蚀会导致结构的刚度、滞回特性、耗能能力、延性、屈服强度、承载力降低，因此，可以说锈蚀也是导致钢筋混凝土结构破坏的一个重要原因。

(a) 雨篷角部的冻融破坏

(b) 遭受冻融破坏的桥梁

图 1-7 寒冷地区可以观察到的冻融破坏现象

(a) 碱-集料反应产生的“龟裂”裂缝

(b) 发生碱-集料反应的梁

图 1-8 碱-集料反应对结构的影响

(a) 污水对混凝土结构的影响

(b) 温泉对混凝土结构的腐蚀

图 1-9 化学腐蚀环境对混凝土结构的影响

(a) 板中锈蚀钢筋黏结力不足

(b) 柱中钢筋锈蚀

图 1-10 2008 年汶川大地震震后损坏结构中发现的钢筋锈蚀现象

1.3 混凝土结构耐久性的研究与发展

1824 年,随着阿斯普丁发明了波特兰水泥,便开始了人类应用混凝土建造建筑物的历史,同时,混凝土结构的耐久性问题也随之出现。这一时期,波特兰水泥主要应用于兴建大量的海岸防波堤、码头、灯塔等。这些构筑物长期经受外部介质的强烈影响,其中包括物理作用(如波浪冲击、泥砂磨蚀以及冰冻作用)的影响和化学作用(溶解在海水中的盐的作用)的影响,这些作用均能导致上述构筑物的迅速破坏。因此,最初研究混凝土耐久性问题主要是为了了解海上构筑物中混凝土的腐蚀情况[10]。19 世纪 40 年代,为了探索在这一时期建成的码头被海水毁坏的原因,卓越的法国工程师维卡对水硬性石灰以及用石灰和火山灰制成的砂浆性能进行了研究,并著有《水硬性组分遭受海水腐蚀的化学原因及其防护方法的研究》一书,是研究海水对水硬性胶凝材料制成的混凝土腐蚀破坏的第一部科研著作。1880~1890 年,当第一批钢筋混凝土构件问世并首次应用于工业建筑物时,人们便开始研究钢筋混凝土能否在化学活性物质腐蚀条件下的安全使用及在工业区大气中的耐久性问题。

20 世纪 20 年代初,随着结构计算理论及施工技术水平的相对成熟,钢筋混凝土结构开始被大规模采用,应用的领域也越来越广阔。因此,许多新的耐久性损伤类型逐渐出现,这直接促使了人们进行有针对性的钢筋混凝土耐久性研究。1925 年,在密勒领导下,美国开始在硫酸盐含量极高的土壤内进行长期实验,其目的是获取 25 年、50 年以至更长时间的混凝土腐蚀数据;联邦德国钢筋混凝土协会利用混凝土构筑物遭受沼泽水腐蚀而损坏的事例,也对混凝土在自然条件下的腐蚀情况进行了一次长期试验;20 世纪 30 年代,美国学者 Stanton 首先发现并定义了碱-集料反应[11],此后在许多国家得到了重视。1945 年,Powers 等从混凝土亚微观入手,分析了孔隙水对孔壁的作用,提出了静水压假说[12]和渗透压假说[13],开始了对混凝土冻融破坏的研究。1951 年,苏联学者贝科夫、莫斯克文等最先开始了混凝土中钢筋锈蚀问题的研究,最初的目的是解决混凝土保护层最小的薄壁结构的防腐问题和使用高强度钢制作钢筋混凝土构件的问题,之后,他们又在这方面做了不少的工作，这些成果反映在莫斯克文的专著《混凝土的腐蚀》和《混凝土和钢筋混凝土的腐蚀及其防护方法》，并在大规模研究工作的基础上制定了防腐标准规范，为建筑足够耐久的混凝土和钢筋混凝土结构奠定了基础[14]。

进入 20 世纪 60 年代，钢筋混凝土的使用进入高峰期，对混凝土结构的耐久性研究也进入了一个高潮，并且开始朝系统化、国际化方向发展，这表现在各种国际学术组织的成立与国际学术会议的召开。这些学术组织的成立和学术活动的开展大大加强了各国学术界之间的合作与交流，取得了显著的成果，部分科研成果已应用于工程实践并成为指导工程设计、施工、维护等的标准性技术文件，如美国 ACI437 委员会于 1991 年提出了"已有混凝土房屋抗力评估"的最新报告，提出了检测实验的详细方法和步骤[15]。日本土木学会混凝土委员会于 1989 年制定了《混凝土结构物耐久性设计准则》[16]，1992 年，欧洲混凝土委员会颁布的《耐久性混凝土结构设计指南》[17]反映了当今欧洲混凝土结构耐久性研究的水平。近期，国际上逐渐关注基于全寿命理念的耐久性设计与管理，日本政府于 2011 年立项重大国际合作课题"混凝土结构全寿命性能预测与管理"，旨在联合国际上的混凝土结构耐久性领域专家，共同解决混凝土结构的耐久性预测与全寿命管理问题。德国、英国等国的研究人员相继研发混凝土结构耐久性监测元件，可以监测结构内部的氯离子浓度等耐久性参数；这些耐久性监测元件在结构建设期就埋入结构中，为混凝土结构的耐久性能分析和全寿命管理提供重要的实测数据。

我国从 20 世纪 60 年代开始了混凝土结构的耐久性研究，当时主要的研究内容是混凝土的碳化和钢筋的锈蚀[18]。90 年代以后，耐久性问题得到了政府层面的高度重视，先后设立多项混凝土结构耐久性相关重大科研项目，包括：国家科学技术委员会(现科学技术部，以下简称科技部)1994 年组织的国家基础性研究重大项目(攀登计划)"重大土木与水利工程安全性与耐久性的基础研究"；2006 年国家自然科学基金委员会资助开展的"氯盐侵蚀环境的混凝土结构耐久性设计与评估基础理论研究"与"大气与冻融环境混凝土结构耐久性及其对策的基础研究"两项耐久性重点项目，目的是建立我国混凝土结构耐久性设计的基本理论；2009 年，科技部立项了的 973 项目"环境友好现代混凝土的基础研究"等，这些科研项目的开展，使得我国在混凝土结构耐久性领域取得越来越多的成果[19-21]，逐渐与世界接轨。

为活跃学术气氛，增加学者学术交流，中国土木工程学会于 1982 年和 1983 年连续召开了两次全国耐久性学术会议，为混凝土结构规范的科学修订奠定了基础，推动了耐久性研究工作的进一步开展。2001 年国内众多相关专家学者在清华大学举行的第 1 届工程科技论坛上，就土建工程的安全性与耐久性问题进行了热烈的讨论[22]；第 4 届工程科技论坛则以混凝土结构的耐久性设计与评估方法为主题[23]，在浙江大学展开讨论，混凝土结构耐久性问题在我国得到了前所未有的重视。2008 年，由中、日、英三方联合组织的混凝土结构耐久性国际会议在浙江大学召开[24]，标志着我国混凝土结构耐久性领域研究已经进入与世界同行合作发展的新阶段。

基于国内外的研究成果，中国土木工程学会在 2004 年颁布了《混凝土结构耐久性设计与施工指南》(CCES 01—2004)[25]，住房与城乡建设部于 2008 年正式颁布了《混凝土结构耐久性设计规范》(GB/T 50476—2008)[26]。我国新颁布的《混凝土结构设计规范》

(GB 50010—2010)[27]中,也列入了更多的混凝土结构耐久性方面的内容。这些与混凝土结构耐久性相关的行业规范与标准的颁布,说明我国对混凝土结构耐久性的研究已经由科研阶段转为科研与应用并存阶段,也反映出中国土木工程界对混凝土结构耐久性问题的重视。

我国目前正以前所未有的巨大投资进行着历史上规模最大的基础设施建设,很多投资上百亿的混凝土工程刚刚建成,或正在酝酿、设计、建设之中,如2008年建成通车的全长36km的杭州湾跨海大桥(图1-11(a))、2011年建成通车的全长36.48km的青岛胶州湾跨海大桥(图1-11(b)),以及目前在建的投资超过700亿元、长度预计达到49.97km的港珠澳大桥(图1-12)等。要满足在这些恶劣环境下服役的重大混凝土工程的百年服役寿命要求,均基于对混凝土结构耐久性问题的深刻认识。这些重大工程的设计与建设,为我国混凝土结构耐久性研究领域的科研工作者提供了千载难逢的机遇和平台;我国数十年来在混凝土结构耐久性方面的研究成果,在这些工程上得以体现与应用,而我国陆续颁布的混凝土结构耐久性相关规范,则对这些工程的耐久性提供了重要的实施保障。

(a) 杭州湾跨海大桥

(b) 青岛胶州湾跨海大桥

图1-11 我国已建成全长超过36km的跨海大桥

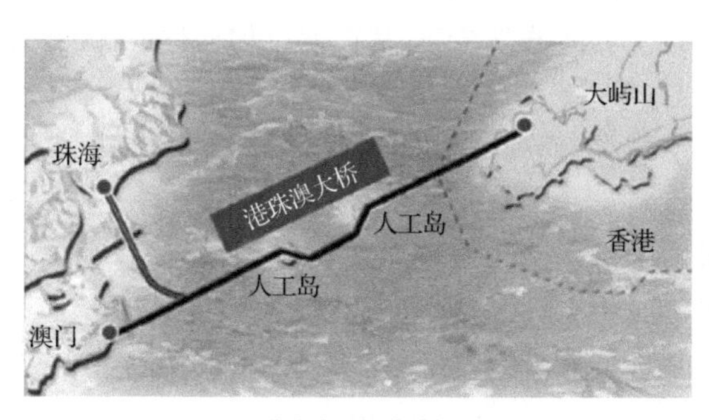

(a) 港珠澳大桥路线规划图

(b) 港珠澳大桥效果图

图1-12 投资超过700亿的在建港珠港澳大桥[28]

1.4　混凝土结构耐久性的内涵

1.4.1　混凝土结构耐久性的概念

传统的混凝土结构耐久性设计[16]定义为：全面地考虑材料质量、施工工序和结构构造，使结构在一定的环境中正常工作，在要求的期限内不需要维修。《建筑结构可靠度设计统一标准》(GB 50068—2001)中对混凝土结构耐久性的定义是：结构在规定的工作环境中，在预定时期内，其材料性能的恶化不致导致结构出现不可接受的失效概率，在正常维护条件下，结构能够正常使用到规定的设计使用年限。上述对结构耐久性的定义仅局限于外部环境(非荷载作用)对结构的长期作用，致使在结构性能的(退化或增强)的变化上有一定的局限性。事实上，荷载对结构产生的累积损伤也应属于耐久性的范畴。作者认为结构的耐久性是结构的综合性能，反映了结构性能随时间的变化。因此，研究和定义混凝土结构的耐久性概念，应从影响结构性能变化的因素入手；而影响结构性能变化的因素大致有三个方面：荷载作用、环境作用和结构材料内部因素的作用。

荷载对结构性能变化的影响主要体现在结构的累积损伤方面。累积损伤分为静态累积损伤和动态累积损伤。静态累积损伤是指在静态荷载作用下结构损伤随时间的积累。动态累积损伤是指在动态荷载(反复荷载、重复荷载)作用下结构随时间或荷载作用次数的累积损伤。动态荷载作用下的疲劳就是一种典型的动态累积损伤。承受反复荷载作用的结构，在荷载水平远低于正常失效荷载时就可能发生疲劳失效。累积损伤作用的后果是使结构性能降低，从而降低结构的可靠性。

环境对结构的影响可分为自然环境和使用环境。自然环境中腐蚀介质对结构的劣化作用主要有混凝土的碳化、氯离子侵蚀、硫酸盐腐蚀、冻融循环等。使用环境对结构的不利影响主要是化学介质对结构的腐蚀等。腐蚀介质渗入钢筋混凝土结构内部，会使钢筋发生锈蚀，强度降低，同时影响钢筋与混凝土之间的黏结力，从而使结构构件的性能降低。

材料内部作用的影响主要是材料随时间的增长逐渐老化，材料性能下降，强度降低。活性材料与其他组成材料发生缓慢的化学反应，如混凝土的碱-集料反应等。材料性能退化的结果必然导致结构性能逐渐衰减。

以上影响结构性能降低的原因也是影响结构耐久性的真正原因，它们都有一个共同的特点，即损伤随时间不断积累，是一个动态的渐变过程。当这种损伤积累到一定程度时，就会影响到结构的适用性、安全性及其他性能。

因此，笔者从结构累积损伤及结构性能变化的角度，重新定义了包含荷载等影响因素的结构耐久性[28]，即结构在可能引起其性能变化的各种作用(荷载、环境、材料内部因素等)下，在预定的使用年限和适当的维修条件下，结构能够长期抵御性能劣化的能力。

1.4.2　混凝土结构耐久性研究内容

混凝土结构耐久性的研究内容可分为环境、材料、构件和结构四个层次，相对而言，材料和构件层次的研究较为深入；而环境与结构层次的研究迄待进一步深入研究[29-31]。为了更加直观地说明混凝土结构耐久性这一课题所涉及的研究内容，绘制成图 1-13 加以说明。

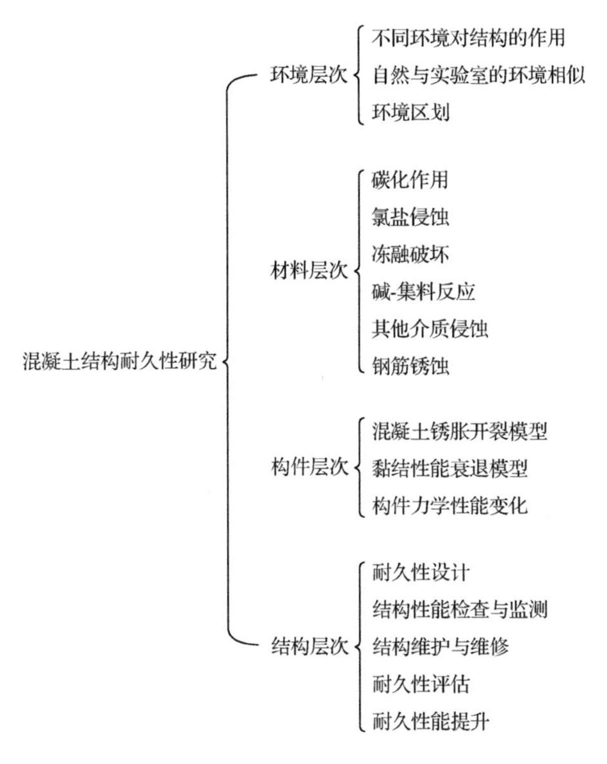

图 1-13　混凝土耐久性研究内容

参 考 文 献

[1] 王振东，赵国藩，施岚青，等. 钢筋混凝土及砌体结构. 北京：中国建筑工业出版社，1990.

[2] 卫淑珊，任天玉. 湛江港区老码头锈蚀破坏调查报告. 广州：交通部第四航务科研所，1988.

[3] 中华人民共和国城乡建设环境保护部. 混凝土结构设计规范(GB J10—89). 北京：中国建筑工业出版社，1989.

[4] 李田，刘西拉. 混凝土结构的耐久性设计. 土木工程学报，1994(2)：47-55.

[5] 美国 ACI222 委员会报告. 混凝土中金属的腐蚀//海工钢筋混凝土耐久性译文集. 上海：交通部第三航务工程科研所，1988.

[6] Reeves C M. How to make today's concrete durable for tomorrow. London: The Institution of Civil Engineers, 1985.

[7] 洪定海. 论防止混凝土结构中钢筋腐蚀破坏的规范问题//全国钢筋混凝土结构标准技术委员会混凝土耐久性成立大会报告，天津，1991.

[8] 水电部水工混凝土耐久性调查组. 全国水工混凝土建筑物耐久性及病害处理调查报告. 北京：水利水电科学研究所，1986.

[9] 万德友. 我国铁路桥梁病害浅析与对策//中国铁道学会桥梁病害诊断及剩余寿命评估学术讨论会，大连，1995.

[10] 莫斯克文 B M，伊万诺夫 Φ M，阿列克谢耶夫 C H，等. 混凝土和钢筋混凝土的腐蚀及其防护方法. 倪继淼，何进源，孙昌宝，等译. 北京：化工工业出版社，1990.

[11] Stanton D E. Expansion of concrete through reaction between cement and aggregate. Proceeding American Society of Civil Engineer, 1940, 66: 1781-1811.

[12] Powers T C. A working hypothesis for further studies of frost resistence of concrete. ACI Journal, 1945(41):

245-272.

[13] Powers T C, Helmuth R A. Theory of volume change in hardened portland cement paste during freezing//Proceeding of the Thirty-Second Annual Meeting of the Highway Research Board, Washington, 1953,32:285-297.

[14] Page C L. Corrosion of Reinforcement in Concrete. London and New York: Elsevier Applied Science, 1990.

[15] ACI Committee 437. Strength evaluation of existing concrete building. America:Farmington Hills, 1991.

[16] 段树金. 日本《混凝土结构物耐久性设计准则(试行)》简介. 华北水利水电学院学报, 1991(1):56-60.

[17] 欧洲混凝土委员会. CEB耐久混凝土结构设计指南. 周燕,邸小坛,韩维云,等译. 北京:中国建筑科学研究院结构所, 1991.

[18] 吴中伟. 混凝土的耐久性问题. 混凝土及建筑构件, 1982(2):2-10.

[19] 金伟良,赵羽习. 混凝土结构耐久性. 第一版. 北京:科学出版社, 2002.

[20] 牛荻涛. 混凝土结构耐久性与寿命预测. 北京:科学出版社, 2003.

[21] 张誉,蒋利学,张伟平,等. 混凝土结构耐久性概论. 上海:上海科学技术出版社, 2003.

[22] 陈肇元. 土建结构工程的安全性与耐久性//第一届工程科技论坛,北京,2001.

[23] 金伟良,赵羽习. 混凝土结构耐久性设计与评估//第四届工程科技论坛,杭州, 2005.

[24] Jin W L, Ueda T, Basheer P A M. Advance in concrete structural durability//1st International Conference on Durability of Concrete Structures, Hangzhou, 2008.

[25] 中国土木工程学会. 混凝土结构耐久性设计与施工指南. 北京:中国建筑工业出版社, 2004.

[26] 中华人民共和国住房和城乡建设部. 混凝土结构耐久性设计规范(GB/T 50476—2008). 北京:中国建筑工业出版社,2008.

[27] 中华人民共和国住房和城乡建设部. 混凝土结构设计规范(GB 50010—2001). 北京:中国建筑工业出版社,2011.

[28] 金伟良,钟小平. 结构全寿命的耐久性与安全性、适用性的关系. 建筑结构学报,2009, 30(6):1-7.

[29] 金伟良,牛荻涛. 工程结构耐久性与全寿命设计理论. 工程力学, 2011,28(增刊):31-37.

[30] 金伟良,袁迎曙,卫军,等. 氯盐环境下混凝土结构耐久性理论与设计方法. 北京: 科学出版社,2012.

[31] 金伟良. 腐蚀混凝土结构学. 北京: 科学出版社,2012.

第2章 服役环境

混凝土结构耐久性是指混凝土结构及其构件在可预见的工作环境及材料内部因素的作用下，在预期的使用年限内抵抗大气影响、化学侵蚀和其他劣化过程，而不需要花费大量资金维修，也能保持其安全性和适用性的功能[1]。混凝土结构耐久性是一个综合性的问题，受环境、材料、构件、结构四个层次的多种因素的影响。混凝土结构的服役环境是影响其耐久性的最重要也是最直接的因素，混凝土在一种或多种外界环境的作用下，其材料的耐久性能会发生衰退，发生混凝土的中性化或出现开裂等情况。混凝土结构的耐久性研究和混凝土结构的耐久性设计都是在区分服役环境类别的基础上进行的。环境对混凝土结构材料的作用因素主要来自两个方面：环境气候条件与环境侵蚀介质。环境气候条件方面的因素包括温度、湿度、降水、冻融循环、风压与风速等；环境侵蚀介质方面的因素包括大气、水体、土体中的氧、二氧化碳、氯盐、二氧化硫、硫酸盐、碳酸等。

本章首先从自然环境和人为环境两方面分别介绍混凝土结构的服役环境的几个类别，包括一般性侵蚀特征和环境分类方法等，并对混凝土结构耐久性环境设计区划做了简要的阐述。

2.1 自然环境

2.1.1 一般大气环境

一般大气环境是指仅有正常的大气（二氧化碳、氧气等）和温、湿度（水分）作用，不存在冻融、氯化物和其他化学腐蚀物质的影响。一般大气环境对混凝土结构的腐蚀主要是碳化引起的钢筋锈蚀，一般常见于工业与民用建筑。CO_2 是大气中的一种自然组分，对混凝土结构而言，CO_2 是引起混凝土碳化导致钢筋锈蚀的主要原因。目前大气中的 CO_2 体积约占大气总体积的 0.03%，人类的生活和工业活动会释放 CO_2，其释放量约占自然释放量的 3%，但并不会引起大气中 CO_2 浓度的显著变化。据统计，空气中的 CO_2 浓度以年 0.4%的速率递增，因此总体上 CO_2 浓度维持在 0.03%。而人类活动，则有可能造成局部封闭环境中 CO_2 浓度明显升高，如地下车库、工厂、商场等。

混凝土碳化是指环境中的 CO_2 或某些酸性气体与暴露在空气中的混凝土表面接触并且不断向混凝土内部扩散，与混凝土中的碱性水化物（如 CaO）发生反应，生成碳酸钙或其他物质的多相物理化学过程。碳化作用使混凝土孔隙溶液中 pH 降低，趋于中性化。当混凝土中 pH 降低到一定程度后，就会破坏混凝土中的钢筋钝化膜，造成钢筋锈蚀，而钢筋锈蚀又将导致混凝土保护层开裂、钢筋与混凝土之间黏结力破坏、结构耐久性降低等不良后果。另外，碳化使混凝土变脆，构件延性降低[1]。

一般按照结构或构件所处的具体环境从室内环境、室外环境、干燥、湿润、永久浸没、干湿交替等几个方面对一般大气环境进行划分[2]。影响混凝土碳化的环境因素主要包括以下几个。

1. CO_2 浓度

CO_2 浓度越高，碳化越快。实际大气中的 CO_2 浓度一直在随着时间和地点而变化。北半球由于植物呼吸作用，其 CO_2 浓度还发生周期变化：在秋冬季增加，在春夏季减少，当然这种变化在赤道附近就完全看不到了。此外，人群密集的大城市以及 CO_2 排放较多的工业区环境的 CO_2 浓度可达 0.05%以上，在农村则大为减少；在白天和晴天又比夜晚与阴雨时少；陆地上又比海洋上大。除了在空气交换缓慢的隧道工程等，空气是流动的，在正常的大气环境中（区别于隧道等空气交换少的环境而言的），CO_2 浓度的微小区域差别，对碳化深度的影响相对并不大。

2. 环境温度

气体的扩散速率和碳化反应受温度影响较大，温度升高，碳化速率加快。试验研究表明，在 CO_2 浓度 10%、相对湿度 80%的条件下，温度 40℃的碳化速率是 20℃的 2 倍；在 CO_2 浓度 5%、相对湿度 60%的条件下，温度 30℃的碳化速率是 10℃的 1.7 倍。

3. 环境相对湿度

环境湿度对混凝土碳化速率有很大影响。相对湿度的变化决定了混凝土孔隙水饱和度的大小：如果环境相对湿度过高，混凝土始终处于水下或者湿度接近饱和，则空气中的 CO_2 与 O_2 都很难扩散到混凝土内部，碳化就不能或只能缓慢进行；如果环境相对湿度过低，混凝土处于较为干燥或含水率较低的状态，虽然 CO_2 的扩散速率较快，但是由于碳化反应所需水分供给不足，碳化速率也较慢。国内外碳化资料表明[3]，碳化速率与相对湿度的关系呈抛物线状，如图 2-1 所示。相对湿度在 40%～60%时，碳化速率最快，但此时混

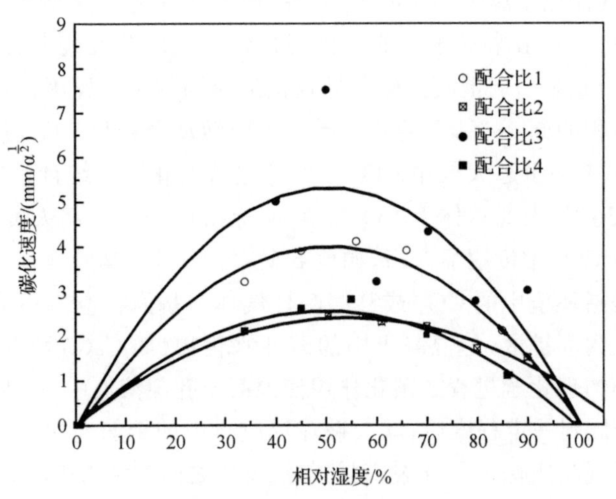

图 2-1　相对湿度对混凝土碳化速率的影响[3]

凝土中的钢筋几乎不锈蚀。相对湿度在50%～80%时往往有较大的碳化速率。因此一般环境中最危险的条件是干湿交替。Cahyadi 和 Uomoto 的研究[4]表明：当环境相对湿度从50%变化到30%时，即使暴露时间相当长，混凝土的碳化速率也不减缓。

相对湿度与降水的强度和频率存在着一定的相关性，通常降水丰沛的地区相对湿度也较大。因此就区划而言，将降水的影响和相对湿度一并考虑也是可行的。

4. *风*

风压与风向都对碳化有影响[5-7]，风压会加速碳化。大气环境中风压对混凝土耐久性的影响不仅表现在加速酸性气体在混凝土内部扩散，还体现在加速水分、氧气以及其他有害气体杂质(如氯离子等)在混凝土中的渗透。风对碳化的影响比较复杂，在受风面上既有加速碳化的作用，又因为降水的淋溅阻碍了碳化进程，因此，目前还很难在碳化模型上完整地反映风对碳化的影响。

5. *氯离子浓度影响*

在钢筋混凝土结构的实际使用中，混凝土的碳化与氯离子的侵蚀往往是交织在一起的。研究表明[8]：混凝土的碳化深度随氯离子含量的增加而下降，氯离子的存在将使混凝土内保持较高的湿度，阻碍混凝土碳化的进行；但是，研究同时表明[8]：氯离子虽有阻碍混凝土碳化的作用，但若是混凝土的碳化和氯离子的侵蚀共同作用，将导致混凝土内钢筋更为严重的锈蚀。

2.1.2　海洋环境

各地海水的成分几乎都是一样的。表2-1给出了全世界77个海水样品中的盐类组成，其中含量最多的是氯化物，几乎占总盐分的90%。但海水表层的盐度各地有差别，即使在同一地区也会随季节的变化而有差异。表2-2给出了中国各海域的海水盐度值分布[9]。

表2-1　天然海水(全世界77个海水样品)所含的各种盐量

盐类	$NaCl$	$MgCl_2$	Na_2SO_4	$CaCl_2$	KCl	$NaHCO_3$	KBr	H_2BO_3	$SrCl_2$	NaF
含量/(g/kg 海水)	23.476	4.981	3.917	1.102	0.664	0.192	0.096	0.026	0.024	0.003
合计	34.481									

海洋环境中的氯离子可以从混凝土表面迁移到混凝土内部，当到达钢筋表面的氯离子积累到一定浓度(临界浓度)后，就可能引发钢筋锈蚀。氯离子引起的钢筋锈蚀程度要比一般环境下单纯由碳化引起的锈蚀严重，是耐久性研究的重点问题。

海洋环境一般分为海岸环境和海风环境两大类。

1. *海岸环境*

海岸环境统指海洋竖向环境，包括水下区、潮汐区和浪溅区(水位变动区)及海上大气

表 2-2　中国各海域海水的盐度

海域		盐度/%	
		冬季	夏季
渤海	外海	3.4	2.5～3.0
	沿岸	2.6	
东海	长江口	<2.0	<0.5
	远岸	3.3～3.4	
黄海	北部	3.1～3.2	3.0～3.2
	南部	3.15～3.25	
南海	远岸	3.3～3.4	3.0～3.3
	沿岸	3.0～3.2	

区。水下区的氯离子源主要来自海水；潮汐区和浪溅区的氯离子源来自波浪或喷沫，随着波浪而周期性变化；海洋大气区的氯离子源主要是海洋上空气中的盐雾，海水的含盐浓度越高，盐雾中的盐分也越高。从长期来看，对于海洋环境中的混凝土结构，无论是水下区、水位变动区、浪溅区还是大气区的氯离子源浓度，可以认为取决于海水中的氯离子浓度，主要是海水表层的氯离子浓度。

《海港工程混凝土结构防腐蚀技术规范》(JTJ 275—2000)和《水工混凝土结构设计规范》(SL191—2008)均对海水环境混凝土部位划分做了规定，分别如表 2-3 和表 2-4 所示。但需要注意的是，对于各个区域只能给出环境条件和氯离子侵蚀机理上的描述，还不能简单地从海拔高度上对各个区域加以区分。

表 2-3　海水环境混凝土部位划分

掩护条件	划分类别	大气区	浪溅区	水位变动区	水下区
有掩护条件	按港工设计水位	设计高水位加 1.5m	大气区下界至设计高水位减 1.0m	浪溅区下界至设计低水位减 1.0m	水位变动区以下
无掩护条件	按港工设计水位	设计高水位加 η_0 +1.0m	大气区下界至设计高水位减 η_0	浪溅区下界至设计低水位减 1.0m	水位变动区以下
	按天文潮潮位	最高天文潮位加 0.7 倍百年一遇有效波高 $H_{1/3}$ 以上	大气区下界至天文潮位减百年一遇有效波高 $H_{1/3}$	浪溅区下界至最低天文潮位减 0.2 倍百年一遇有效波高 $H_{1/3}$	水位变动区以下

注：① η_0 值为设计高水位时的重现期 50 年 $H_{1\%}$(波列累积频率为 1%的波高)波峰面高度。

② 当浪溅区上界计算值低于码头面高程时，应取码头面高程作为浪溅区上界。

③ 当无掩护条件的海港工程混凝土结构无法按港工有关规范计算设计水位时，可按天文潮潮位确定混凝土的部分。

表 2-4　海水环境混凝土部位划分

大气区	浪溅区	水位变动区	水下区
设计高水位加 1.5m	大气区下界至设计高水位减 1.0m	浪溅区下界至设计低水位减 1.0m	水位变动区以下

2. 海风环境

海风环境指近海大气环境。影响近海大气中盐雾含量的因素是多方面的，除了海水的盐度，主要有气候条件（风向、风速、湿度等）和自然环境（海岸线地貌、离海距离等）两个方面因素的影响，而这两方面因素中，离海距离最为主要，且与风速的大小有很大关系[10,11]。中国的季节风是春夏季多东南风，秋冬季多西北风，若风向是由海洋吹向陆地的，则有利于大陆上空含盐量的增加；海面上的风速越大，大气中的含盐量也就越多，在离海较远的地方，平时空气中盐雾含量较低，在暴风时，其值可能增大10倍；当风速一定时，空气中的盐分含量会随湿度的增加而减少。内陆环境中，一般大气环境中的盐雾含量很小，不过在盐碱地、内陆盐湖上空空气中的盐雾浓度则很高，甚至有的地方比海边陆地的高得多。

中国广州电器科学研究所曾经在20世纪60年代和80年代对我国部分沿海地区空气中盐雾的含量做过多次测量，结果最大值在0.024～1.375mg/m^3，与离海距离有关。1994年徐国葆[9]分析认为空气中盐雾含量与离海距离的关系呈指数规律降低，30000m外盐雾含量已接近正常环境，见图2-2。

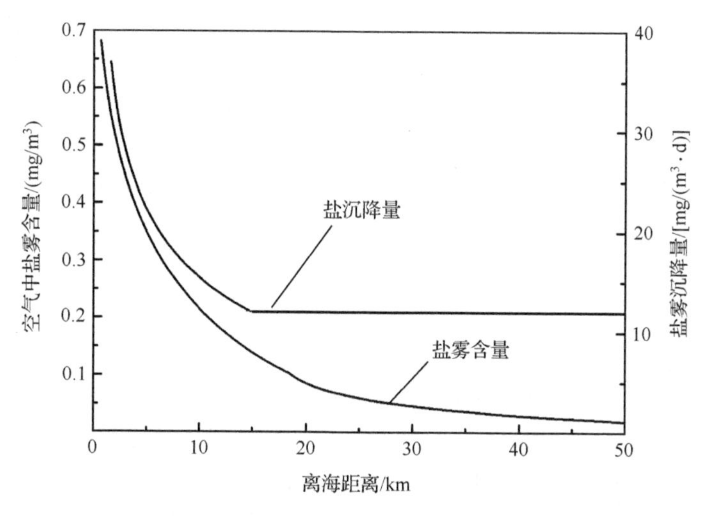

图2-2　空气中盐雾含量与盐沉降量和离海距离的关系

根据近海环境空气中盐雾含量随离海距离增加而降低的规律，不少国家也制定了相应的区划标准及相应的混凝土结构建设指标与规定：欧洲标准EN 206-1/2000和德国工业标准DIN 1045-2/2000规定海岸边的混凝土构件最低强度等级为C40且水胶比不大于0.5，但没有明确离岸的距离范围；日本公路协会的手册规定离岸100m内为防腐蚀一级设防区，100m外为二级设防区；日本建筑学会颁布的高耐久性混凝土设计与施工建议规定：紧接海岸（0m）为中盐害区，50m内为盐害区，200m为准盐害区，超过200m为不考虑盐害区，认为超过200m的混凝土表面不会有氯离子的明显积累。中国《水工混凝土结构设计规范》（SL191—2008）中，以离涨潮海岸线50m为界划分盐雾区，重度盐雾作用区为离涨潮岸线50m的陆上环境；轻度盐雾作用区为离涨潮岸线50～500m的陆上环境。我国《混凝土结构耐久性设计规范》(GB/T 50476—2008)中规定轻度盐雾区为距涨潮岸线100～300m 的陆上室外环境;重度盐雾区为离涨潮岸线 100m 以内的陆上室外环境。我国王冰等[12]采用 Fick 第二定律对盐雾分区进行了研究,认为离海 100m 内属于重度盐雾区,100～300m 属于轻度盐雾区。

综上可见,从外部环境因素的角度,海洋环境中的结构表面氯离子浓度随海水盐度增加而增大,而近海陆地上结构表面的氯离子浓度则随着海水表层氯离子浓度和风速增大而增大,随离海岸距离的增加而减小。

影响海洋环境下氯离子侵蚀的环境因素包括三个。

1) 环境氯离子浓度

氯离子的扩散是由氯离子的浓度差引起的,表面浓度越高,内外部氯离子浓度差越大,扩散至混凝土内部的氯离子会越多。结构表面的氯离子浓度主要与环境氯离子浓度有关,此外还与混凝土自身材料对氯离子的吸附性能有关。

2) 环境温度

温度对混凝土的耐久性有双重影响:一方面,温度升高使水分蒸发加快,造成表面的孔隙率增大,渗透性增加;另一方面,温度升高可以使内部混凝土的水化速率加快,混凝土致密性增加,渗透性降低。

3) 环境相对湿度与降水量

环境相对湿度在氯离子侵蚀中也起着不可忽视的作用。因为混凝土的湿度是影响扩散系数的一个重要因素,构件表面氯离子通过吸收、扩散、渗透等途径向混凝土内部传输的过程都需要孔隙水作为载体。实际上在暴露环境中,混凝土的水分饱和度还要在很大程度上受到降水的影响,在寿命预测模型中具体地表述相对湿度还比较困难。但在近海和海洋环境中,大气的相对湿度由于受海洋气候影响,差异并不显著。

2.1.3　冻融环境

混凝土的冻融破坏是指在负温和正温的交替循环作用下,混凝土从表层开始发生剥落、结构疏松、强度降低,直到破坏的一种现象。冻融循环直接作用于混凝土,但由于混凝土和钢筋之间黏结的破坏和混凝土保护层的剥落,钢筋也因此间接受到影响。国外寒冷地区如北欧、北美、苏联早在 20 世纪 40 年代就已重视抗冻性,采取了引气技术,但混凝土路桥的破坏仍然很严重,主要原因是除冰盐和冻融的作用。在中国,北方地区造成混凝土结构过早破坏的主要原因也是冻融和盐冻。

冻融循环对混凝土结构的损伤分为两类[13,14]。

第一类是内部损伤,是由于混凝土内部水结冰产生约 9%的体积膨胀造成的,混凝土产生开裂甚至剥落,通常发生在混凝土内部的水含量超过某个临界值的情况。损伤主要表现为混凝土抗压与抗拉强度、与钢筋的黏结强度以及弹性模量的降低,从而导致构件抗压、抗拉、抗弯、抗剪、抗扭能力全面下降。尤其是弹性模量的损失,可引起预应力混凝土结构承载能力的显著降低。混凝土受冻时,粗孔中的水先结冰,在水结冰膨胀的推动下,孔中未结冰的水向周围迁移,形成静水压力。当静水压力超过混凝土强度能承受的程度时,就会损害混凝土。混凝土的饱水度越高,结冰速率越快,混凝土的静水压力和破坏力就越大。冻融反复循环使混凝土承受疲劳作用，不断加重破坏。所以混凝土抗冻的性能还和冻融循环的次数有关。

第二类是表层损伤，是由于混凝土表层持续受盐溶液浸渍和冻融共同作用，在混凝土局部薄弱处发生剥落。随着剥落由表及里不断深入，可造成混凝土保护层局部大块剥落，从而严重破坏钢筋与混凝土之间的黏结，降低构件的承载能力。同时混凝土截面积的减少，也使混凝土构件的抗压与抗剪能力降低。盐类化合物和冻融共同作用比单纯冻融严酷得多，混凝土的破坏程度和速率比普通冻融的大好几倍甚至10倍，一般把盐冻破坏看做冻融破坏的最严酷的形式。当混凝土浸水时，主要靠毛细管孔张力吸水；当混凝土中含有盐溶液时，除了毛细孔张力，还存在盐浓度差产生的渗透压，因此在毛细张力和渗透压共同作用下，吸水率和吸水速率都大大增加，混凝土内部的饱水度也明显提高。此外，孔中盐溶液在干湿和冷热循环作用下，盐会过饱和而结晶，产生盐结晶压，除了静水压，还存在盐溶液的渗透压和结晶压，因此盐冻产生的破坏显著加剧。

从19世纪40～70年代，混凝土冻融破坏机理相继提出，如Powers提出的静水压假说[15]，以及之后与Helmuth在试验基础上提出的渗透压假说[16]等。这两个假说合在一起，较为成功地解释了混凝土受冻融循环破坏的机理，奠定了混凝土抗冻性研究的理论基础，在很大程度上指导了混凝土材料的研究，对提高混凝土抗冻性起到了重要作用。

对于冻融环境的分类，规范中从寒冷程度、混凝土饱水程度、是否盐冻三个方面予以划分。影响冻融循环的环境效应因素如下。

1）冻结温度

混凝土毛细孔中的溶液一般在－1.5～－1℃开始结冰，到－12℃左右时全部结冰。毛细孔中溶液冻结的程度不同，冻融损伤也不同。冻融循环的温度低则混凝土结冰的毛细孔多，结冰的溶液多，一次冻融循环所造成的损伤相对严重；反之，一次冻融循环造成的冻融损伤相对较轻，而且静水压力和结冰速率以及降温速率成正比，结冰速率随温度降低而降低。蔡昊[17]通过试验研究认为，普通混凝土孔溶液结冰速率在－10℃以上较高，在－10℃以下较低。

中国水利水电科学研究院关于冻融最低温度对普通混凝土抗冻性影响的试验研究发现，最低温度为－5℃时，水灰比为0.65的混凝土能承受133次冻融循环，最低温度为－10℃时，仅能承受12次，而最低温度为－17℃时，能承受7次。这表明，混凝土的抗冻融能力随着最低冻结温度的降低而降低，但在－10℃以下降低有限[14]。（标准冻融循环试验（快冻）的最低温度为－17℃，而自然界的冻融循环一般达不到这个最低温度。中国大部分地区冬季日最高气温和最低气温之差为10℃，当日最低气温低于－10℃时，只能形成冻结，而不能形成融化，不能算为冻融循环。）

2）降温速率

降温速率对混凝土的抗冻性也有一定影响：降温速率快，混凝土的冻融损伤相对严重；降温速率慢，混凝土的冻融损伤相对较轻。自然界的降温速率相对较慢，一般不大于3℃/h；标准冻融循环试验的降温速率较快，一般大于6℃/h。因此标准冻融一次循环试验的混凝土损伤要比自然界一次冻融造成的损伤略为严重[14]。

3）冻融次数

各国学者对混凝土受冻破坏机理虽有不同见解，但破坏程度与冻融循环次数有关是一致的。冻融循环越频繁，混凝土破坏程度越严重。国内外学者基本上认为混凝土受冻一次是以混凝土内水分开始结冰并融解来衡量，但所提出的结冰温度竟有－15～0℃之差。林宝玉[18]对饱水混凝土的结冰温度进行了试验，结果发现冰点与材料和环境的很多因素有关，在很大范围内变动，累计频率在100%的饱含海水的混凝土冻点在－2℃以下，而累计频率在100%的饱含淡水的混凝土冻点在0℃以下。因此从区划的角度，将海水冻点统一定为－2℃，淡水冻点统一定为0℃是合适的。

4）环境相对湿度与降水量

按照Fagulund的理论，混凝土冻融损伤的危险性取决于混凝土的饱水度和混凝土的临界饱水度[19]。后者是材料性能，而前者则与环境湿度与降水相关。混凝土表面接触水分时，水可通过渗透和吸附使内部孔隙水增加。因此相对湿度大或者降水丰沛的环境中，混凝土内的饱水度也相应较高，抗冻能力则相对较低。

2.1.4 其他腐蚀环境

其他腐蚀环境指除上述环境外的自然环境，如盐湖、盐碱地、风蚀、水蚀及其他含有腐蚀性化学物质的土壤、地表、地下水环境等。

中国的盐湖分布主要在新疆、青海、内蒙古和西藏等地区，盐湖中卤水的矿化度比较高，处于饱和或过饱和状态，其矿化度是海水的5.89～9.31倍，对混凝土与钢筋混凝土具有腐蚀作用的Mg^{2+}、SO_4^{2-}、Cl^-、CO_3^{2-}和HCO_3^-分别是海水的2.93～26.02倍、7.51～12.28倍、4.86～10.75倍、1.23～181.3倍和0.91～32.82倍。在盐湖边缘为盐渍土地带，盐渍土中易溶盐含量较高，根据土壤盐渍化程度的不同，划分为轻盐渍土、强盐渍土及超强盐渍土。轻盐渍土含盐量在0.4%～4%，强盐渍土含盐量在3%～13%，超强盐渍土含盐量在5%～44%。据调查发现，盐湖地区卤水干湿交替地区，普通混凝土结构2～3年即发生严重腐蚀，盐湖大气环境下暴露19年的构筑物已经发生严重破坏。

风蚀是挟沙风对建、构筑物以及地貌的磨蚀作用[20]。按照Suh的理论，磨损与混凝土的裂纹扩展率、摩擦系数和硬度有关[21]。风蚀地区混凝土结构的破坏有物理作用和化学作用两方面的因素[22]，在物理破坏方面，主要是在强风作用下将地面的砂砾、小石子等卷起，直接撞击混凝土，对混凝土表面造成损伤；在化学侵蚀方面，一方面是混凝土表层脱落后，空气中的二氧化碳在混凝土表面或孔隙中发生碳酸化作用，使混凝土的碱性材料逐渐溶解，形成明显的裂纹，另一方面，混凝土表面损伤破坏钢筋保护层后，内部钢筋锈蚀加速，使得结构混凝土强度降低。风蚀磨损的结果是导致混凝土表面抗侵蚀能力变差，加之护筋厚度不够，从而影响了混凝土工程的耐久性。已有研究结果显示，在6m/s以内的低风速段，风蚀量随风速的增大出现小幅增加，而风速在7～10m/s时，风蚀量会随风速的增加显著增大[23]，强劲风力作用的影响不可忽视。研究如何缓解大风对混凝土的磨蚀作用，对于高风蚀地区混凝土工程在役期质量的保障具有明显的现实意义。风蚀地区耐久性混凝土需要重点解决的问题主要有[22]，提高抗冲耐磨性、提高早期强度、提高抗渗性和抗冻性、提高抗化学侵蚀性。

对于混凝土结构，水蚀主要表现为地下水和雨水等对混凝土的冲刷、溶蚀、渗漏、积水而产生的腐蚀。侵蚀类型主要包括溶出型侵蚀、硫酸盐侵蚀以及镁盐和氨化物的侵蚀[24]。溶出型侵蚀主要是指水泥石中的生成物被水分解溶蚀造成的侵蚀，表现为外观尚完善，常有白色沉淀物，内呈多孔状，强度降低。硫酸盐侵蚀是一个复杂的物理化学过程，影响因素很多，既有混凝土自身物理力学性能方面的原因，又与环境水中的 SO_4^{2-} 的浓度及其他离子如 Cl^-、Na^+、Ca^{2+}、Mg^{2+} 等含量和溶液中的 pH 密切相关。水蚀会造成结构开裂或使原有裂缝发展变大，造成钢筋严重锈蚀、膨胀，钢筋保护层厚度不足，从而导致混凝土开裂剥落，使混凝土侵蚀日益严重。在寒冷地区，水是影响混凝土冻胀的重要因素。水蚀常发生于混凝土路桥、水工建筑以及隧道等。

2.2 人为环境

人类的生存环境包括自然环境与人为环境，但目前环境法对人为环境还没有做出界定。通俗地说，人为环境是指人类活动使自然环境要素发生变化。如由于人类频繁的经济活动、大量燃烧矿物燃料和植被，使大气层中二氧化碳急剧增加，在全球范围产生温室效应，导致气温增高，水、旱灾害频繁，雪线后退，海平面上升等；工业“三废”的排放导致局部环境改变、水体变臭、生物死亡等；乱砍滥伐、开垦荒地、过度放牧等都能导致区域环境发生异常变化。

具体到混凝土结构的耐久性问题，这里所说的人为环境主要包括除冰盐环境、酸雨、工业环境三大类。

2.2.1 除冰盐环境

在寒冷地区，冬季为了防止混凝土路面积冰雪，影响道路交通的正常运行，通常采用撒除冰盐（NaCl 或 $CaCl_2$）的方法来降低水的冰点，实现冰雪的融化。

自 20 世纪 70 年代开始，我国北方地区（特别是北京城区）为保证冬季雪后道路交通畅通，在立交桥桥梁上为融化冰雪大量采用除冰盐。通过调查发现，使用 10～20 年的桥梁，除冰盐对桥梁结构的钢筋产生严重的腐蚀，使用不到 10 年的桥梁，在氯离子影响范围，钢筋也处于锈蚀状态。由于我国北方冬季气候非常干燥，使用除冰盐后，盐水很容易进入结构混凝土中而达到饱和，当外界环境非常干燥时，混凝土中的水流方向发生逆转，纯水通过混凝土的毛细孔向外蒸发，混凝土内部的盐分浓度增加，又使其向混凝土内部扩散，并形成恶性循环。据调查，除冰盐引起的钢筋锈蚀是北方城市桥梁结构破坏的重要原因。按照欧洲国家对混凝土中钢筋腐蚀速率的研究成果，钢筋开始锈蚀至破坏的时间约为总寿命的 1/3，而北京的不少立交桥桥梁的使用寿命受除冰盐的影响，远远不能达到人们对桥梁结构预期寿命的要求。近年来在部分城市推广的新型除雪剂仍含有盐分，对桥梁耐久性亦造成不利的影响。

2.2.2 酸雨

由于人类工业生产活动的影响，在大气中往往含有 SO_2、H_2S、NO_2、CO、NH_3 等腐蚀性气体，这些腐蚀气体主要是在化石原料的燃烧、有机物的分解等过程中产生的。酸雨是由于人类活动排放的大量酸性物质、大气中的酸性气体（主要是指 CO_2、SO_x、H_2S 和 NO_x 等）通过降水（雨、雾、露、雪等）的形式迁移至地表，形成的 pH 小于 5.6 的湿沉降，以及气流把含酸的气体或气溶胶直接迁移到地面而形成的干沉降[25,26]。其中，SO_x 和 NO_x 则主要由水泥、钢铁等工业与民用烧煤和燃煤烟囱及汽车尾气等造成，如图 2-3 所示。

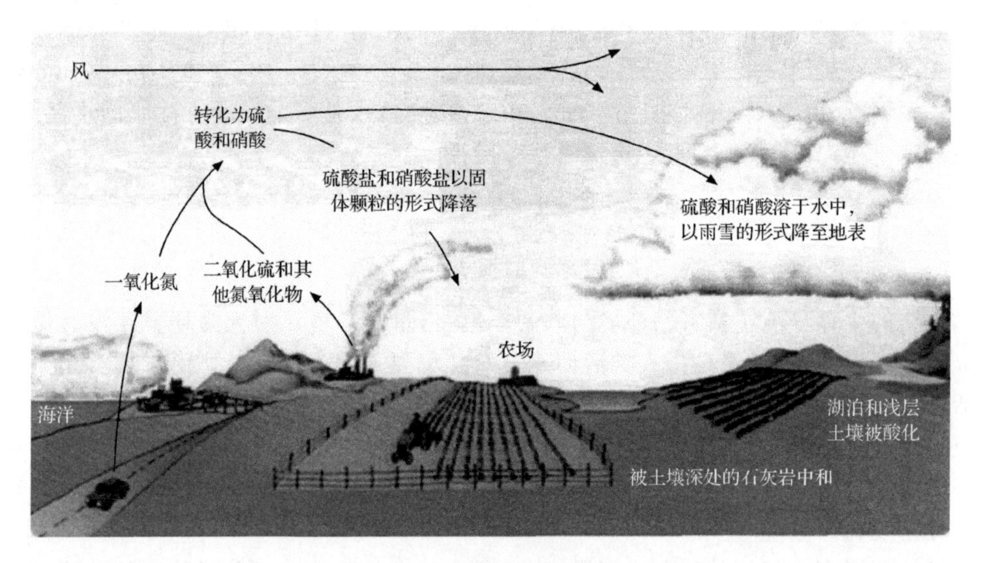

图 2-3 酸雨形成示意图

我国大气中的主要酸性气体 SO_2 浓度：工业大气环境下，冬季为 350μg/m³，夏季为 100μg/m³；农村大气环境下，冬季为 100μg/m³，夏季为 40μg/m³。中国是继欧洲、北美之后在世界上出现的第三大酸雨片区[27]。我国从 1974 年开始在北京检测酸雨，在 1989 年开始建立全国酸雨监测网，目前我国主要有西南酸雨区、华中酸雨区和华东沿海酸雨区三大酸雨区域，其中华中酸雨区是全国酸雨污染范围最大、中心强度最高的酸雨污染区。

酸雨能直接与建筑物的构筑材料发生化学或电化学反应，从而引起结构的破坏，造成混凝土的剥落、钢筋的锈蚀和石材的粉化侵蚀等。混凝土结构酸雨侵蚀的破坏形式为混凝土大量剥落、钢筋裸露与锈蚀（图 2-4）。酸雨不仅侵蚀水泥石，而且混凝土中的碳酸盐

(a) 旧缆车混凝土结构表面

(b) 阶梯混凝土护栏表面

图 2-4 重庆朝天门码头受腐蚀情况[28]

集料也受到侵蚀。酸雨侵蚀破坏不仅影响构筑材料的表面性态，还致使结构的力学性能发生劣化和破坏。认识酸雨对混凝土材料破坏机理与影响因素，并解决改善措施和方法，是有效防止酸雨侵蚀破坏的关键。

2.2.3　工业环境

对混凝土结构耐久性有影响的工业环境指工厂生产的物质或排放出的废水、废气、废渣或产生的环境对直接或间接接触的混凝土结构有一定的腐蚀作用，如产生腐蚀气体的化工厂、服役温度较高的火电厂、核电厂等。与自然环境相比，工业环境中的腐蚀性介质种类及危害程度相当复杂。如我国冶金、化工、石油、纺织、造纸等工业部门中，长期使用、加工或生产对钢筋混凝土结构有腐蚀的物质，对厂房结构的腐蚀破坏时有报道，轻者需修复、加固，重者需拆除重建，由此带来的直接损失和间接损失十分惊人[29,30]。

北方某纯碱厂采用氨碱法制造 Na_2CO_3，所用的主要原料之一是饱和氯盐水，需要在工厂储存、运输大量的 NaCl 及其溶液。第一期厂房建于 20 世纪 80 年代后期，由于氯离子侵蚀造成钢筋锈蚀并锈胀开裂，厂房运行不到 10 年已开始出现梁、柱等构件的严重裂缝，如图 2-5 所示[31]。

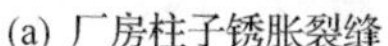

(a) 厂房柱子锈胀裂缝

(b) 食盐输送栈桥

图 2-5　某碱厂混凝土构件的锈胀开裂[31]

东北重工业基地某钢铁公司酸洗厂房，1982 年建成投产，由于该厂房生产工艺不允许酸槽、碱槽设置遮盖，而且酸、碱均需要加热，使得酸液等有害介质蒸发量较大，且生产中纯碱喷溅、酸雾排放不畅，厂房结构长期工作在强酸、强碱、高温、高湿度的环境中，结构构件受到严重的腐蚀，如图 2-6 所示[31]。

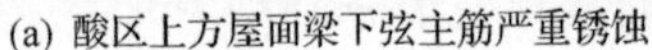

(a) 酸区上方屋面梁下弦主筋严重锈蚀　　(b) 碱区上方屋面梁腹板附着大量碱渣

图 2-6　酸区、碱区上方预应力屋面梁的腐蚀状况[31]

污水处理工程中的钢筋混凝土污水池和混凝土污水管道常年与污水接触，地下水中来源于土壤及土壤中的某些有机物腐烂而形成的有机酸也对混凝土会产生酸性腐蚀，它们都能与水泥石中的 $Ca(OH)_2$ 反应，尤其是硫酸盐等渗透到混凝土内部还将会产生膨胀侵蚀，加速混凝土裂纹破坏。一般的生活污水具有碱性，对混凝土结构侵蚀作用不大，但在较高温度下，含硫化合物被厌氧细菌还原而生成 H_2S。H_2S 本身并非破坏介质，但它在混凝土裸露表面的潮湿薄膜上溶解，且由好氧细菌所氧化，最终形成硫酸盐。

因此，混凝土池壁或污水管水流平面以上的水泥石部分会遭受侵蚀而破坏。由于污水池或管道大多埋在地下，混凝土池壁或污水管还会受到地下岩土或地下水侵蚀，其破坏速率取决于有害离子的浓度、地下水成分、地质环境等因素。地质环境大致概括为：含有芒硝、石膏、岩盐的土层对钢筋混凝土结构具有结晶膨胀性侵蚀；淤泥、有机物等及其地下水中含有较多的游离碳酸、硫化物等，对钢筋混凝土结构具有分解性侵蚀；含有铁细菌和硫酸盐还原细菌，对钢筋混凝土结构具有细菌侵蚀；有红树林残骸的冲积土层，地下水具有强酸性，对钢筋混凝土结构具有酸侵蚀，某些分泌酸性物质的微生物也能侵蚀混凝土。

2.3　环境区划

受各种地域分异规律的综合作用，地球表面各部分的自然环境特征发生显著的地域差异[32]，使得处在其中的生产建设活动也存在一定的差异。区划即区域的划分，指在全球、国家或地区范围内，根据其地域差异性划分成不同区域，有自然区划、经济区划、部门地理区划、综合区划等[33]。世界科学史上，第一个自然区划是在我国出现的。公元前 5 世纪，《禹贡》一书中以主要土类及肥力等级等为分区重要指标，以山、川、湖、海为划界指标，将全国划分为"九州"，分别阐述山川、湖泽、土壤、物产。自然区划的理论在英国发展较早，19 世纪初开始区域地理研究，中国以竺可桢 1930 年发表的"中国气候区域论"为现代自然区划的开端，以月平均温度和年降水量为分区指标，将我国划分为华南、华中、华北、东北、云南高原、草原、西藏和新疆八个区域[34]。至今,国内外对于自然区划的研究已经非常丰富[32,34-36],从单纯对自然环境的区划,再具体到各行各业针对本行业的自然区划,种类繁多。

2.3.1 第一类自然区划

第一类自然区划是指纯自然环境区划,即只关注自然环境本身固有的区域特性。第一类区划代表性的工作有:综合自然区划[37]、地貌区划[38]、气候区划[39]、土壤区划[40],此外还有水文、水功能、植被等区划研究。这些研究关注自然本身的属性,如地貌、气候、植被、土壤等特性,根据其地理空间的分布差异划分特征区域,使区域内部环境因素相似性最大、差异性最小。

2.3.2 第二类自然区划

第二类自然区划关注自然环境对生产建设活动的影响,依据自然条件或自然要素对某一生产建设活动影响的地域性,结合生产建设的实际需求,从复杂的自然因素中选取有针对性的区划指标,完成针对该生产建设活动的自然区划。第二类区划代表性的工作有:建筑气候区划[41]、农业气候区划[42]、公路自然区划[43]、表层土壤冻融区划[44]等。这类区划通过研究自然环境对建筑、农业或公路等目标对象的影响规律,针对这些生产建设活动的实际需求,进行自然环境的区划,为决策者制定行业发展规划、充分利用自然资源和防御灾害提供科学依据。

建筑气候区划目的是区分我国不同地区气候条件对建筑影响的差异性,明确各气候区的建筑基本要求,提供建筑气候参数,从总体上做到合理利用气候资源,防止气候对建筑的不利影响。它采用综合分析和主导因素相结合的原则,把全国分为不同等级的区域,并提出各气候区的建筑基本要求[41]。建筑气候区划标准是一个综合性很强的基础标准,仅规定其达到某一专业技术方面的基本要求,主要对建筑的规划、设计与施工起宏观控制和指导作用[45]。

相比于建筑气候区划,公路自然区划考虑到公路这个对象的特殊性,区划工作中不仅考虑了气候因素,还考虑了地貌、土质等自然条件。公路自然区划通过综合分析自然情况与公路工程的实际关系,以自然气候因素的综合性和主导性相结合为原则,采用地理相关分析为基础的主导标志法,将公路自然环境划分区域等级系统,以区分不同地理区域自然条件对公路工程影响的差异性,为路基、路面的设计,施工和养护中采取适当的技术措施和合适的设计参数提供依据,以保证路基、路面的强度和稳定性[43]。

我国现行的《建筑气候区划标准》(GB 50178—93)与《公路自然区划标准》(JTJ 003—86)均针对其不同的环境分区提出了各区的设计基本要求,如建筑气候区划中的防冻、防寒、防热、防潮、防风,公路自然区划中对冻稳性、沉降、蓄水与排水、风蚀和沙埋等的设计建议等。虽然二者均考虑了环境对目标对象的影响作用,但有一些问题仍需要进一步考虑。

(1) 二者虽然是分别考虑自然因素对建筑和公路的影响而进行的区划,但是关注的仍是自然因素本身,选取的分区指标均不依存于结构自身,本质上仍是纯自然区划。

(2) 二者对环境的考虑只是定性的考虑,而且对于环境对工程的作用程度考虑较少,没有明确的基本理论和概率分析作为基础,并对这种影响进行量化的考虑,没有建立起二者的明确联系。

(3) 二者对设计或施工提出的基本要求,也是针对不同环境分区环境要素的概念性考虑,即前述的宏观控制和指导作用。正是由于这种宏观性,导致与相关的行业设计规范配套性不强,主要原因在于中间缺乏合适的衔接。这样就产生了开展具体研究领域针对其研究目标对象的区划工作的必要性。

(4) 区域的划分偏重于自然地理和气候体系,且是对环境因素的单一考虑和相互之间的叠置,无法明确不同分区的环境综合影响程度。

2.3.3 耐久性环境区划

如 2.3.1 节与 2.3.2 节中所述,不管是纯自然区划还是部门自然区划(即建筑气候区划、农业区划和公路自然区划等),其最终的区划指标和区划对象仍是自然环境本身,如温度、相对湿度、降水量等。不少国内外的耐久性设计规范和规程进行了混凝土结构的工作环境分类,一般均以环境条件的侵蚀性大小进行分类[2,46-48]等。但是以上这些规定局限于环境分类和材料方面,只能在材料和构造层面间接反映结构设计中对耐久性和使用年限的要求,无法实现对混凝土结构耐久性的设计目标进行量化规定。欧共体第五框架项目 LIFECON 的项目报告[13]中对碳化侵蚀和氯离子侵蚀开展了基于预测模型的离子侵蚀深度和锈蚀侵蚀深度的环境等级划分研究,是一种将环境因素和环境对结构侵蚀严重程度结合起来确定环境分级边界值的量化的研究方法。然而,它只对单因素进行了考虑,例如,研究温度对结构耐久性的影响作用时,将相对湿度和湿润时间取为定值;而研究相对湿度对结构耐久性的影响作用时,将温度和湿润时间取为定值,以此类推。但自然环境中往往是多种环境因素同时共同作用,这种环境分级方法不能反映一个地区的环境综合作用程度。因此,有必要针对钢筋混凝土结构,考虑不同地区的环境特征对实际环境进行区域等级的划分,并结合构件的重要性和具体位置特点,建立混凝土结构的耐久性区划标准。

对混凝土结构耐久性的环境区划研究,首见于国内。混凝土结构耐久性环境区划标准的研究始于 2004 年,浙江大学通过对浙江省范围内的混凝土公路桥梁结构、沿海码头和工业建筑进行耐久性调查和检测,为浙江省混凝土结构耐久性环境区划标准的研究编制提供了依据。Jin 和 Lv[49]于 2005 年明确提出了混凝土结构耐久性区划(durability zonation, DZ)的基本概念和建立耐久性环境区划标准(durability environmental zonation standard, DEZS)的基本原则,并陆续开展了一系列相关的研究工作。关于这方面的工作将在第 15 章做进一步介绍。

参考文献

[1] 金伟良,赵羽习. 混凝土结构耐久性. 北京:科学出版社,2002.

[2] 中华人民共和国住房和城乡建设部. 混凝土结构设计规范 (GB 50010—2008). 北京:中国建筑工业出版社,2008.

[3] 蒋清野,王洪深,路新瀛. 混凝土碳化数据库与混凝土碳化分析. 攀登计划——钢筋锈蚀与混凝土冻融破坏的预测

模型1997年度研究报告.北京:清华大学,1997.

[4] Cahyadi J H,Uomoto T. Influence of environmental relative humidity on carbonation of concrete (mathematical modeling)//Nagataki S. Durability of Building Materials and Components 6. London: E&FN Spon,1993.

[5] 莫斯克文B M,伊万诺夫Φ M,阿列克谢耶夫C H,等. 混凝土和钢筋混凝土的腐蚀及其防护方法. 倪继森,何进源,孙昌宝,等译. 北京:化学工业出版社,1988.

[6] 屈文俊,白文静. 风压加速混凝土碳化的计算模型. 同济大学学报,2003,31(11):1280-1284.

[7] 屈文俊,郭猛. 风压加速Ⅱ型混凝土梁碳化试验研究. 铁道学报,2005,7(6):85-89.

[8] 李林. 客运专线高性能混凝土箱梁氯离子耦合作用下碳化寿命研究. 北京:北京交通大学硕士学位论文,2008.

[9] 徐国葆. 我国沿海大气中盐雾含量与分布. 环境技术,1994(3):1-7.

[10] O'Dowd C D, Smith M H, Consterdine I A, et al. Marine aerosol, sea-salt, and the marine sulphur cycle: A short review. Atmospheric Environment, 1997(31): 73-80.

[11] Petelski T, Chomka M. Sea salt emission from the coastal zone. Oceannologia, 2000(42): 399-410.

[12] 王冰,王命平,赵铁军. 近海陆上盐雾区的分区研究//第四届混凝土结构耐久性科技论坛论文集:混凝土结构耐久性设计与评估方法. 北京:机械工业出版社,2006.

[13] Lay S, Schiessel P, Cairns J. Instructions on methodology and application of models for the prediction of the residual service life for classified environmental loads and types of structures in Europe. Life cycle management of concrete infrastructures for improved sustainability. Berlin: Technische Universitaet München,2003.

[14] 邸小坛,周燕,顾红祥. WD13823的概念与结构耐久性设计方法研讨//第四届混凝土结构耐久性科技论坛论文集:混凝土结构耐久性设计与评估方法. 北京:机械工业出版社,2006.

[15] Powers T C. A working hypothesis for further studies of frost resistance of concrete. ACI Journal,1945(41): 245-272.

[16] Powers T C,Helmuth R A. Theory of volume change in hardened Portland cement paste during freezing//Proceedings of the Thirty-Second Annual Meeting of the Highway Research Board, Washington,1953, 32: 285-297.

[17] 蔡昊. 混凝土抗冻耐久性预测模型. 北京:清华大学博士学位论文,1998.

[18] 林宝玉. 我国港工混凝土抗冻耐久性指标的研究与实践//混凝土结构耐久性设计与施工论文集. 北京:中国建筑工业出版社,2004.

[19] 中国工程院土木水利与建筑学部,工程结构安全性与耐久性研究咨询项目组. 混凝土结构耐久性设计与施工指南. 北京:中国建筑工业出版社,2004.

[20] 章岩,王起才,张粉芹,等. 混凝土抗风蚀磨损表面强化处理材料的对比试验研究. 中国铁道科学,2012,33(2):43-47.

[21] Suh N P. An overview of the delamination wear of material. Wear, 1977, 44(1): 1-16.

[22] 孙云. 三掺耐久性混凝土在风蚀地区桥梁中的应用研究. 铁道标准设计,2009(3): 33-36.

[23] 何文清,赵彩霞,高旺盛,等. 不同土地利用方式下土壤风蚀主要影响因子研究——以内蒙古武川县为例. 应用生态学报,2005,16(11):2092-2096.

[24] 张宇旭. 隧道工程常见病害的危害及成因分析. 国外建材科技,2008,29(1):69-72.

[25] 肖军. 水泥基材料耐酸雨性能及作用机理研究. 武汉:武汉理工大学硕士学位论文,2009.

[26] 冯砚青. 中国酸雨状况和自然成因综述及防治对策探究. 云南地理环境研究,2004,16(1): 25-28.

[27] 郝吉明,谢绍东,段雷,等. 酸沉降临界负荷及其应用. 北京:清华大学出版社,2001.

[28] 陈寒斌. 严重酸雨环境下混凝土性能与环境性评价. 重庆:重庆大学博士学位论文,2006.

[29] 赵少飞,袁广林. 徐州地区工业建筑的腐蚀状况与分析//全国建筑物鉴定与加固第四届学术交流会. 北京:国家工业建筑诊断与改造工程技术研究中心, 1998.

[30] 俞宗卫. 厂房钢筋混凝土屋架系统的耐久性检测与分析//中国土木工程学会第九届年会论文集. 北京: 中国水利水电出版社, 2000.

[31] 郝挺宇,王富江,吴志刚,等. 不同工业介质对钢筋混凝土厂房结构的腐蚀和耐久性影响. 工业建筑, 2010, 40(6): 36-39/59.

[32] 陈传康,伍光和,李昌文. 综合自然地理学. 北京:高等教育出版社,1993.
[33] 韩渊丰. 中国区域地理. 北京:科学出版社,1998.
[34] 赵松乔. 现代自然地理. 北京:科学出版社,1988.
[35] 冯绳武. 中国自然地理. 兰州:兰州大学出版社,1990.
[36] 国家地震局. 中国地震烈度区划图(1990)概论. 北京:地震出版社,1996.
[37] 中国科学院自然区划工作委员会. 中国综合自然区划(初稿). 北京:科学出版社,1959.
[38] 中国科学院自然区划工作委员会. 中国地貌区划(初稿). 北京:科学出版社,1959.
[39] 张家诚. 中国气候总论. 北京:万象出版社,1991.
[40] 刘光明. 中国自然地理图集. 北京:中国地图出版社,2010.
[41] 中华人民共和国建设部. 建筑气候区划标准(GB 50178—93). 北京:中国建筑工业出版社,1993.
[42] 李世奎. 中国农业气候资源和农业气候区划. 北京:科学出版社,1988.
[43] 交通部公路规划设计院. 公路自然区划标准(JTJ 003—86). 北京:人民交通出版社,1986.
[44] Jin R, Li X, Che T. A decision tree algorithm for surface soil freeze/thaw classification over China using SSM/I brightness temperature. Remote Sensing of Environment, 2009, 113(12): 2651-2660.
[45] 谢守穆. 建筑气候区划标准(GB50178—93)介绍. 建筑科学,1994(4): 57-61.
[46] 中国工程建设标准化协会化工分会. 工业建筑防腐蚀设计规范 (GB 50046—2008). 北京:中国计划出版社,2008.
[47] 中华人民共和国住房和城乡建设部. 混凝土结构耐久性设计规范(GB/T 50476—2008). 北京:中国建筑工业出版社,2008.
[48] General Guidelines for Durability Design and Redesign. Report No. BE95-1347/R15. Denmark: The European Union-Brite Euram Ⅲ. 2000.
[49] Jin W L, Lv Q F. Study on durability zonation standard of concrete structural design//Durability of Reinforced Concrete on the Combined Mechanical Climatic Loads, Qingdao, 2005:35-42.

第3章 耐久性试验方法

耐久性试验是研究混凝土结构与材料耐久性的重要方法。在耐久性试验过程中，如何准确地反映混凝土结构的实际工作环境，以使得试验的结果能真实反映混凝土的实际耐久性状况，是进行耐久性试验的关键。同时，在混凝土结构耐久性试验过程中，针对所关心的耐久性问题，采用有效的方法正确地检测相关耐久性参数，亦是耐久性试验研究获得有效成果的重要保障。本章将介绍混凝土结构耐久性的一些常用试验方法和参数的检测方法。

3.1 实际构件试验法

实际构件试验法是对现场真实环境中的结构构件进行试验的方法，一般包括现场检测试验、现场暴露试验和替换构件试验等。

3.1.1 现场检测试验

现场检测试验是混凝土结构耐久性试验的基本手段，通常在现场进行检测(外观检测、仪器检测等)、取样、测试，并对所取试样、检测结果、测试数据等在室内进行检测、分析、计算等[1,2]。现场检测试验是进行混凝土结构耐久性评估与寿命预测的基础。早期的混凝土结构耐久性试验主要是指现场检测试验；目前大多数混凝土结构工程的耐久性评估方法也都是基于现场检测试验。应该看到，现场检测试验具有环境真实可靠、受力状态真实、操作较方便等优点，其检测与测试结果容易被接受。

然而，混凝土结构的耐久性是一个长期的退化过程，仅仅依靠现场检测只能测定某一特定时间点混凝土结构的耐久性问题，而混凝土结构耐久性是一个缓慢的动态演变过程，因此需要经过长期的检测、测试与数据积累，才能建立混凝土结构随时间的动态退化规律。另外，现场检测试验的工作面的确定也要根据现场条件来确定，试验成本相对较高。

3.1.2 现场暴露试验

现场暴露试验是将制作的试件放到特定的真实环境中让其进行自然劣化发展。一般都要在10年甚至20年以上，然后检测试件的性能的退化[3]。该方法的优点是试件所处的劣化环境即为真实环境，其试验结果较为真实、可靠，因此具有较高的参考价值。建立现场暴露试验站，开展天然条件下长期的暴露试验研究，已成为结构耐久性专家的广泛共识。暴露试验站作为研究建筑材料、构件、结构耐久性及破坏规律的室外试验设施，是将科研成果应用于工程实践、转化成生产力的极为经济有效的途径。建造暴露试验站，对混凝土试件进行长期现场暴露试验，是进行混凝土结构耐久性研究的重要手段[4]。

目前世界各国都很重视此类试验。世界上许多发达的沿海国家，如荷兰、丹麦、瑞典、美国、德国和法国等，都建造了目的不同的系列海洋暴露试验站，其中有专门研究混凝土结构耐久性的场站，有的已经积累了 30 余年研究数据[5]，不少成果已经反映在近年颁布的各类标准之中。我国在华南、华东、华北、东北均建有系统的暴露试验站，分别代表了我国海港地区的南方不冻、华东微冻、华北受冻、东北严重受冻的条件，形成全国暴露试验站网[6]。中国建筑科学研究院、贵州省中建建筑科学研究院和青岛海洋腐蚀研究所等单位都相继建立了混凝土耐久性暴露试验站(场)。随着我国对混凝土结构耐久性研究的深入，近年来又在深圳、东海大桥、杭州湾跨海大桥(图 3-1)等处建立了多处暴露试验站。

在现场暴露试验站可以专门设置一些实际结构(或构件)用以取样、检测，其环境条件和受力状态都非常真实，同时，在现场暴露试验站放置混凝土试件来模拟混凝土结构构件用以定期检测结构的耐久性，也是现场检测和室内加速试验不可替代的。模拟的环境条件比室内加速试验真实，并且具有对结构自身不损伤的优点，工作面好、操作方便，并且可以实现对水工结构水中部分的试验检测。缺点是所需的试验时间相对太长，试验成本较高，可重复性差，难以大量进行；同时由于针对性较强，难以适应广泛多变的真实使用环境。

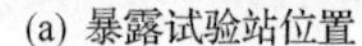

(a) 暴露试验站位置

(b) 暴露试验站局部

图 3-1　杭州湾跨海大桥现场暴露试验站

3.1.3　替换构件试验

替换构件试验是指在条件允许的前提下，直接采用真实的退化结构中的构件，即将长期处于各种环境的实际工程的混凝土构件从工作现场拆下，来进行钢筋混凝土的耐久性试验[7]。由于退化构件取自真实使用环境下的真实结构，其试验结果相对较为真实、可靠，具有较高的参考价值；同时退化构件已完成劣化发展，可直接进行试验，大大缩短试验周期。但该方法也存在一些缺点：退化构件的获得相对较为困难，可遇而不可求；现场拆除构件费用较高，难度较大，构件容易造成损坏；构件的退化影响因素不明，人们无法进行预先控制，离散性大；退化构件一旦从真实结构中拆除下来，其受力状态也发生了改变，对最终试验结果也将产生一定影响。

3.2　模拟试验法

模拟试验法是采取各种人工的方法对钢筋混凝土构件进行耐久性性能的加速退化，当达到所需的退化程度后，即可进行耐久性试验。该方法的优点是，试验的可控制程度高，可以人为控制主要影响因素，剔除次要影响因素，同时构件的劣化发展程度也可以很方便地得到控制；试验周期可以较大缩短，试验的成本、难度与复杂程度可以不同程度地降低；同时试验的可重复性高，可以反复地进行。该方法的缺点是，合适的模拟方法选择很重要，如果方法选择不当，则可能会导致钢筋混凝土构件在模拟试验条件中与在真实使用环境中的劣化发展机理有很大差异；同时模拟环境与实际环境存在一个相似关系，如何通过模拟环境的试验结果来推理实际环境的使用情况还有待进一步研究。目前，常用的加速模拟混凝土内钢筋锈蚀的方法有内掺法、浸泡法、通电法、干湿循环法、电渗法、人工气候模拟法等，各种方法的模拟机理都有所不同。

3.2.1　内掺法

内掺法是在钢筋混凝土试件制作时即掺入一定比例的腐蚀性介质的方法。一般来讲，腐蚀性介质掺入的比例越高，试件内钢筋的腐蚀速率越快，达到预定的锈蚀量所需的时间越短。

常用的腐蚀性介质有氯化钠、氯化钙、硫酸钠等。例如，为了在短期（3～5年）内模拟正常结构20年甚至50年后的锈蚀状态，文献[8]采用在试件中预先掺入一定比例的氯盐，加速锈蚀试验，在放置4年后，试件内钢筋的截面损失率最大可达10.99%。此种方法用来模拟氯盐环境导致的钢筋混凝土耐久性劣化比较合适。

3.2.2　浸泡法

浸泡法是将制作好的混凝土试件全部或部分放入一定浓度的腐蚀性介质溶液中一段时间的方法。一般来讲，腐蚀性介质溶液的浓度越高，混凝土试件的腐蚀速率越快，达到预定腐蚀量所需的时间越短。

常用的腐蚀性介质溶液有各种酸、碱、盐溶液等。例如，文献[9]采用一定浓度的氯化钠溶液浸泡钢筋混凝土试件，进行加速锈蚀。此种方法用来模拟外界侵蚀性环境导致的钢筋混凝土耐久性劣化比较合适。

在测定氯离子在混凝土中扩散系数的试验方法中最具说服力的是自然扩散法，1981年以前，美国测试混凝土氯离子渗透性的方法主要是盐溶液长期浸泡法，即美国最早的氯离子扩散试验标准方法（盐溶液浸泡法）[10]，后来欧洲又在此基础上做了一些变动并制定了NT Build443-94[11]，这两种方法都属于浸泡法。

3.2.3　通电法

通电法是利用电化学原理，将待锈蚀构件放入一定浓度的电解质溶液中，待锈蚀钢筋作阳极，另取一根金属作阴极，然后通入恒定的直流电流，使钢筋产生锈蚀的方法。通电法的优点是：方法简单，可以根据通入的直流电流和通电时间直接控制钢筋的锈蚀量，同时实验的时间可以大大缩短，一度曾被较多的研究者所采用[12]。

但此种方法存在的问题也非常明显：由钢筋锈蚀的电化学原理可知，通电法锈蚀时整根待锈蚀钢筋完全作阳极，另取的一根金属完全作阴极，形成的腐蚀为完全的宏电池腐蚀，且两电极之间存在一定的距离，另取的一根金属一般位于试件的外部，这样在锈蚀发生时，由于电荷的吸引作用，必然引起铁锈向阴极移动，故引起铁锈快速地、大量地外渗，这与真实情况不符；而在自然情况下钢筋的锈蚀为微电池腐蚀和宏电池腐蚀并存，二者所占的比重在不同的条件下有所不同，无论是微电池腐蚀还是宏电池腐蚀，腐蚀的发生均是在钢筋表面，这样铁锈的生成也积聚在钢筋的表面，随着铁锈生成的增多产生膨胀应力，导致混凝土开裂，进而铁锈渗出。由于通电法导致的锈蚀与真实锈蚀存在一定的差异，因此目前已经较少使用。

3.2.4 干湿循环法

传统干湿循环试验方法通过浸泡与烘干（自然风干）的循环方式来模拟海洋环境水位变动区非饱和状态下氯离子侵蚀过程。通常，没有明确的规程来确定浸泡与风干持续时间，因此该试验方法仅用于评价混凝土材料抵抗氯离子侵蚀性能。

本书第5章中指出，实际沿海结构物氯离子沿高程方向在某一特定区域（潮差区和浪溅区）的氯离子侵蚀最严重。机理分析表明，影响非饱和区氯离子侵蚀的主要因素为干湿循环制度和混凝土内部初始饱和度，但从长远角度来看，干湿循环制度对干湿交替区域氯离子分布起决定性作用。

浙江大学设计并研发的海洋环境潮汐区模拟试验设备，能够有效地模拟实际海洋环境潮汐变化，室内试验表明该装置能有效模拟实际海洋环境下氯离子侵蚀沿高程分布规律，对混凝土结构的耐久性设计与后期维护具有指导意义[13]。如图3-2所示，实验箱由

图3-2 海洋潮汐环境模拟实验箱

两个对称的水箱组成，左侧水箱为试验主工作区，右侧的水箱为海水循环辅助工作区。海水通过水泵抽水在两个水箱之间来回循环来模拟实际海水的涨落潮过程。试验中可以对以下实验参数进行设定，分别为海水温度、涨潮时间、退潮时间、涨潮高度、最高水位保持时间、最低水位保持时间、海水循环次数。需指出的是，区别于普通干湿循环试验装置，此处的涨潮时间为海水从最低水位涨至设定的涨潮高度所用的时间；退潮时间为海水从设定的涨潮高度落至最低水位所用的时间。

3.2.5　电渗法

恒电流加速锈蚀法容易控制钢筋锈蚀程度，减少了试验时间，但仅通过恒电流加速锈蚀的钢筋混凝土试件，钢筋往往表现为均匀锈蚀，而既有结构中的钢筋锈蚀具有一定的非均匀性，且钢筋在靠近混凝土表面一侧锈蚀程度更加明显，最终的锈蚀形状往往是一个椭圆面，因此仅用恒电流法对试件加速锈蚀不能准确反映钢筋的真实锈蚀情况。因此，采用了另一种更为有效、更接近于真实钢筋锈蚀的加速锈蚀方法："电渗—恒电流—干湿循环"加速锈蚀方法[13]。

电渗装置如图3-3所示，用吸水海绵和不锈钢网布置于混凝土试件待锈蚀区域附近，外面用保水塑料布密封。将混凝土中预埋的不锈钢片用导线与稳压直流电源正极连接，不锈钢网用导线与电源负极连接，用5%的NaCl溶液充分润湿吸水海绵24h，待锈蚀钢筋区域的混凝土充分浸湿后，开启直流电源进行通电试验，通电期间，用5%的NaCl溶液保持棉花布充分湿润，并保持电压为恒定值，达到预期通电时间后，关闭直流电源，电渗试验结束。

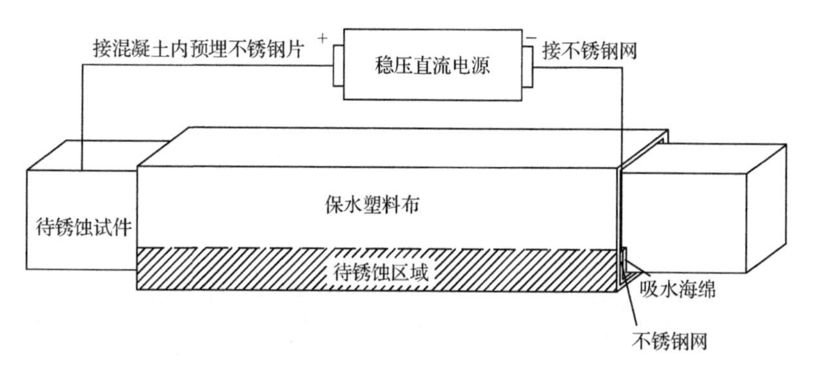

图3-3　电渗装置示意图

通电加速锈蚀装置如图3-4所示，与电渗装置类似，用吸水海绵和不锈钢网布置于混凝土试件待锈蚀区域附近，外面用保水塑料布密封。将混凝土中待锈蚀钢筋用导线与稳流直流电源正极连接，不锈钢网用导线与电源负极连接，用5%的NaCl溶液充分润湿吸水海绵24h，待锈蚀钢筋区域的混凝土充分浸湿后，开启直流电源进行通电试验，通电期间，用5%的NaCl溶液保持棉花布充分湿润，并保持电流为恒定值，达到预期通电时间后，关闭直流电源，恒电流试验结束。

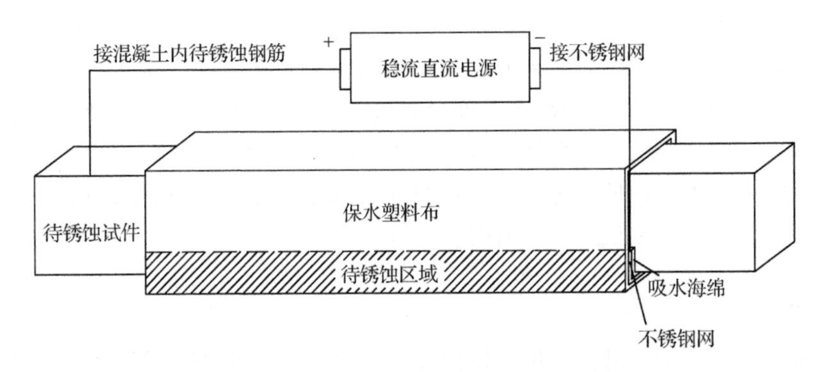

图 3-4　恒电流通电法加速锈蚀装置示意图

3.2.6　人工气候模拟法

人工气候模拟试验法是通过人工方法模拟自然大气环境(日光、雨淋、二氧化碳等),同时加强某种因素或多种因素的作用来加速混凝土结构劣化的方法,其模拟效果更加接近自然真实情况,因此引起了众多研究者的兴趣。应该认识到,利用环境模拟技术建立大型多功能的人工气候模拟实验室可为人们提供一种摆脱自然规律、从时间到空间按主观的意愿去模拟各种理想环境,服务科学实验。

环境模拟技术在航空、国防、电子、化工等行业已有广泛应用,并日趋成熟[14-20],因此,利用环境模拟技术,建设混凝土材料、结构的环境模拟实验室是完全可行的。混凝土结构耐久性、早期特性、抗震性能、动力响应及裂缝控制研究所需要的各项环境指标,如气候环境、工业腐蚀环境、海洋侵蚀环境、动力力学环境等,都是可以实现的。

浙江大学大型多功能步入式人工环境复合模拟耐久性实验室(图 3-5)拥有国内最先制作的人工气候加速模拟大型实验设备。实验室可以模拟盐雾、盐雨、淋雨、高温、低温、紫外灯耐腐蚀和二氧化碳等多种试验的模拟环境。试验过程可完全由计算机来控制,既可以模拟自然环境,也可以进行人工气候的加速试验,试验人员只需准备好相关溶液即可进行试验[15]。

(a) 整体外形图

(b) 内部紫外线灯管布置

图 3-5　浙江大学人工气候模拟实验室

3.3　常用耐久性参数的检测

3.3.1　混凝土渗透性

使用 Autoclam 渗透仪[21]（图 3-6）可以对混凝土进行透气性、吸水性测定，试验方法和混凝土渗透性评价标准如下。

图 3-6　Autoclam 渗透仪

1. 透气性

Autoclam 渗透仪测量混凝土透气性的试验方法为：首先将混凝土试块安置在框架上，在试件测试面上固定 Autoclam，待旋紧螺丝后，调试仪器至待充气状态，将气桶连接到 Autoclam 上，开始缓慢注气，直到超过 500mbar①，停止注气，仪器每分钟读数一次，每块试件读数 15 次。可以根据表 3-1 来评价混凝土的透气性。

表 3-1　混凝土透气性评定标准[21]

透气指标 API/(ln$P$/min)	混凝土气密性
API≤0.10	很好
0.10<API≤0.50	好
0.50<API≤0.90	差
0.90<API	很差

2. 吸水性

吸水性试验可以和透气性试验在同一混凝土测试面进行，但两个试验的时间间隔至少为 1h。

在吸水性试验中，仪器内部密闭容器内先充满一定体积的水，同时施加一定的恒压

① 1bar=10^5Pa。

20mbar。密闭容器内部的水会以毛细作用逐渐进入混凝土表面和内部孔隙，而 20mbar 压力作用导致的水的渗入可以忽略。随着毛细作用的进行，仪器内部水体积会随时间减小。试验持续时间仍然是 15min，仪器每隔 1min 会记录一次仪器内部水的剩余体积。试验测得的各时间点的水体积与时间的平方根呈线性关系，且把该直线斜率作为混凝土吸水性能好坏的评价指标。具体可根据表 3-2 来评价混凝土的吸水性。

表 3-2　混凝土吸水性评定标准[21]

吸水指标 ASI/($10^{-7}m^3/min^2$)	混凝土憎水性
ASI≤1.30	很好
1.30<ASI≤2.60	好
2.60<ASI≤3.40	差
3.40<ASI	很差

3.3.2　氯离子含量

快速氯离子含量检测(rapid chloride test，RCT)是丹麦的 Germann Instruments A/S 公司生产的快速检测混凝土中氯离子含量的仪器[22]，通过使用不同的萃取液，既可检测混凝土中酸溶性氯离子即全部氯离子的含量，又可以检测水溶性氯离子即游离氯离子的含量，是一种快捷有效的检测手段。取 1.5g 用冲击钻钻取的混凝土粉末与 RCT 氯化物萃取液相混合，振荡 5min 并静置 24h。萃取液用于萃取样本中的水溶性氯离子，将标定过的氯电极浸入溶液测出氯离子含量，RCT 检测过程如图 3-7 所示。

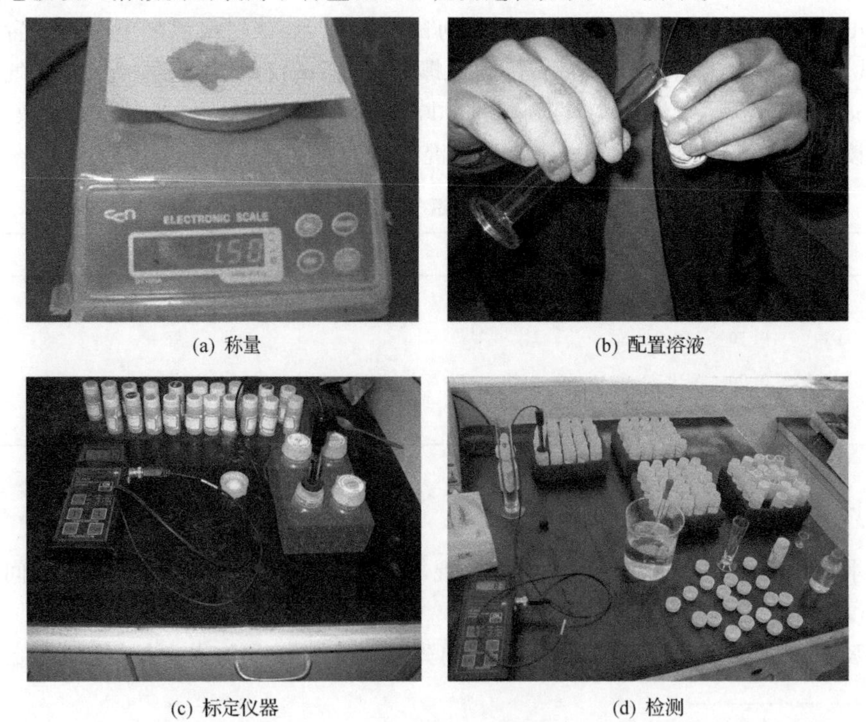

(a) 称量　(b) 配置溶液　(c) 标定仪器　(d) 检测

图 3-7　RCT 检测流程

3.3.3　电量法

快速氯离子渗透试验方法(rapid chloride penetration test, RCPT)也称为电量法。电量法在1987年被美国公路运输局定为标准试验方法，即AASHTO T277，随后又被美国试验与材料协会定为标准试验方法，即ASTM C1202[16]，中国的《海港工程混凝土结构防腐蚀技术规范》也将其采纳为混凝土抗氯离子渗透性标准试验方法[17]。电量法试验装置如图3-8所示[18]。

电量法试验的简要步骤为：混凝土试件标准养护28天后，切成厚50mm、直径为100cm的标准外形，真空饱水后，通过特制电极夹具连在60V的直流电源上。试件与阳极相连的面处于0.3mol/L的NaOH溶液中，与阴极相连的面处于3%的NaCl溶液中。在电场的作用下，阴极溶液中的氯离子向阳极运动，通过观测整个通电过程中回路总电量的多少来评估混凝土抵抗氯离子扩散的能力。该法适用于普通混凝土，不适用于掺亚硝酸钙和其他导电物质的混凝土。从根本上说，电量法不是一个测量氯离子扩散系数的方法，其结果只是提供了一个与抗侵蚀性能相关的指标。此外，电量法还存在电流波动较大、电压过高、孔隙液容易发生极化现象、发热效应消耗电流对结果存在影响等一系列问题。但是，既然该试验方法被研究机构列为标准方法多年，累计了大量数据，其测试结果的横向对比可以为试件抗侵蚀性能评价提供参考。这里之所以将电量法归为测量氯离子扩散系数的试验方法，是因为电量法既首次将电场加速离子迁移的方法应用于检测氯离子侵蚀的相关指标，又为其后发展的稳态电迁移法测量氯离子扩散系数提供了思路。

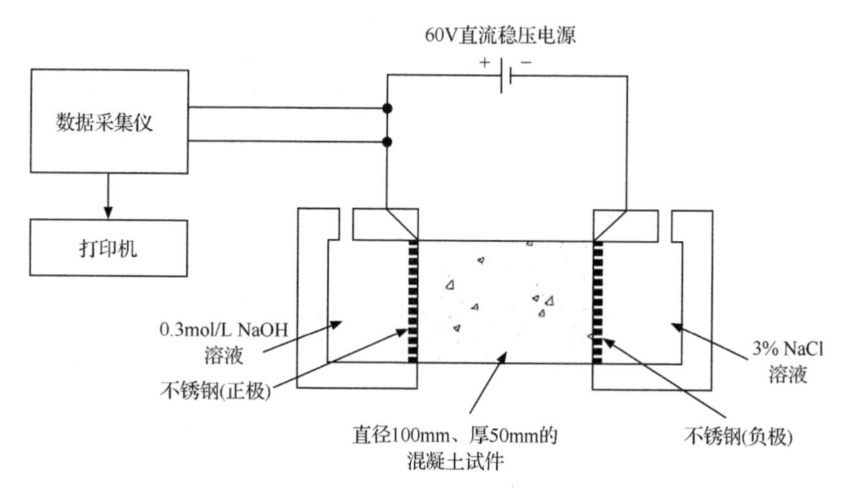

图3-8　电量法试验设备

3.3.4　稳态电迁移法

在认识到电量法的诸多缺点后，研究人员开始对其进行改进，逐渐形成了稳态电迁移法(NordTest NTBuild 335)[19]，后来被北欧规范接受作为标准试验方法[20]，其试验设备如图3-9所示。

该方法在电量法基础上做出了一系列的改进，以低压取代高压，以测量下游槽(阳极

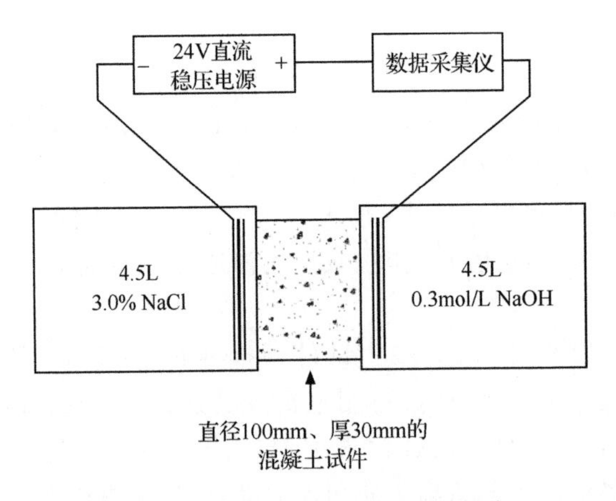

图 3-9　稳态电迁移试验的试验设备

槽)中氯离子含量变化取代对电流的观测,以监测稳态过程取代全程监测。简要的操作步骤为,首先将试件真空饱水,放置在稳态电迁移试验装置中,试验槽中溶液浓度如图 3-9 所示;然后为试件加稳定的直流电压,观测电流变化,等到电流处于稳定状态后,观测下游槽(阳极槽)溶液中氯离子浓度的变化,以得到单位时间内通过单位截面的氯离子流量。

从电量法到稳态电迁移法是快速测定混凝土中氯离子扩散系数的一个重要突破,它将电场加速氯离子迁移的原理运用到稳态扩散法中,稳态扩散法同样具备可以排除结合效应对扩散影响的优势。然而,稳态电迁移法同样存在一系列的问题与不足:从操作上看,从通电开始到电流稳定进入稳态迁移过程需相当长的时间,尤其对于要求一定厚度保证的混凝土试件,前期的等待需花上几天甚至几个月,如果加大电压来加速这个过程会带来负面影响,与电量法相似;进入稳态后,观测下游槽内氯离子的变化也存在试验设备复杂、操作技术难度大、操作频数高、误差容易积累等实际问题;此外,在整个过程中上、下游槽内均需要保持氯离子含量的相对稳定,具体操作起来也存在相当的难度。

3.3.5　电导率法

我国《混凝土结构耐久性设计与施工指南》[23] 里推荐使用的电导率(NEL)法的试验设备照片如图 3-10 所示。

NEL 法首先配制 4mol/L 的氯化钠溶液备用,然后将试件切割成标准尺寸,放置在真空箱内,用真空泵抽至标准负压后,再将氯化钠溶液接入真空箱,并静置一段时间以达到"饱盐"的目的。然后用标准夹具测量试件电导率,即可计算氯离子扩散系数。电导率法测量氯离子扩散系数实质是稳态电迁移法的一个特例,即人为放大氯离子数目,使其在导电过程中占到主导地位,假想将其置入稳态电迁移试验槽中,并在上游槽中同样加入相同浓度的氯化钠溶液,试件内部即可瞬间达到稳态过程,而此时试件两端的电导与普通测量电路得到的电导应该是相等的,故电导率法通常对其做出类似 NEL 的简化。电导率法相比稳态电迁移等其他方法最大的优势在于试验方法简单,试验周期显著缩短,并且在理论上绕开了混凝土中其他离子迁移对测量结果的影响。试验所用的溶液浓度达到 3mol/L,如此高浓度电解质溶液中离子的活度系数的定量计算目前仍然是电化学研究领

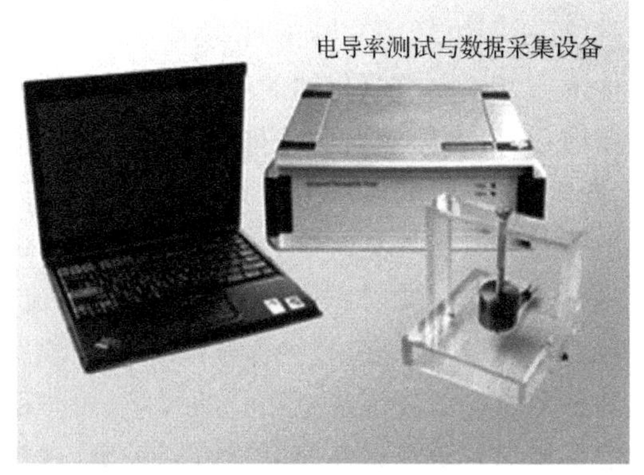

图 3-10　电导率法试验设备

域有待解决的难题，因此浓度对电导率法结果的影响还难以定量地进行修正。需要特别指出的是，真空饱盐（饱水）会对混凝土试件的内部造成不可忽视的损伤。稳态电迁移法的试件孔隙饱水的要求可以通过在水下养护的方式来达到，而电导率法的饱盐过程必须对混凝土进行抽真空操作。电导率法测量氯离子扩散系数，虽然在简化操作上有优势，但在理论上由于其采用的溶液离子浓度过大，需要对 Nernst-Planck 进行一系列的修正，而当前溶液电化学领域的研究成果还难以对这种修正提供量化支持。基于以上原因，电导率法得到的测试结果还难以和氯离子扩散系数建立直接的联系，但是其测试结果可以作为评价混凝土抵抗氯离子侵蚀的相对指标，我国《混凝土结构耐久性设计与施工指南》给出了相应的评价标准。

3.3.6　非稳态电迁移法

我国《混凝土结构耐久性设计与施工指南》里推荐使用的非稳态电迁移法（rapid chloride method，RCM）的试验设备，如图 3-11 所示。

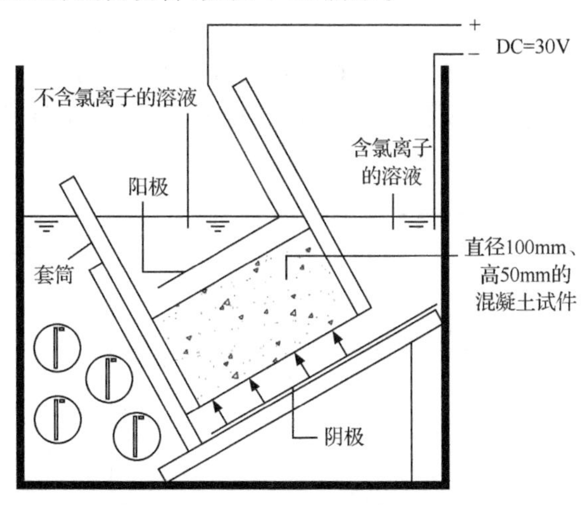

图 3-11　非稳态电迁移法试验设备

非稳态电迁移法试验的简要步骤为，事先将试件饱水，然后置于同直径的硅胶套筒内，试件上下边缘用套箍密封；将套筒斜放在电迁移槽中，槽内为含氯化钠溶液，而套筒内试件上方灌注没有氯化钠的溶液；直流电源阳极置于试件上方的溶液内，而阴极置于电迁移槽内；套筒内外液面保持同一水平线，以消除水压对电迁移的影响。在通电一段时间后，断电取出试件，用压力机将试件沿电迁移方向劈开，喷涂显色剂测量显色深度 X_d，结合试验时的温度等其他参数，根据公式给出试件的氯离子扩散系数的检测值。

稳态电迁移法需要检测离子通量和电流变化，而非稳态电迁移法所需检测的重点只是氯离子的侵蚀深度，侵蚀深度的测量现象明确，设备简单。并且，稳态电迁移法在电流达到稳定之前需要等待相当长的时间，而非稳态法没有等待的过程。此外，稳态电迁移法为缩短周期需要将试件厚度缩减到最薄，这对混凝土试件的测量非常不利，而非稳态方法不存在这一问题。正如《混凝土结构耐久性设计与施工指南》所指出的："这一方法虽然没有像自然扩散法那样接近实际，但能快速测定，而且直接根据氯离子侵入的深度来导出扩散系数，而不是通过电量、电导或者电阻的测定"。

3.3.7 常用钢筋锈蚀检测方法

1. 半电池电位法

钢筋锈蚀时在钢筋表面形成阳极区和阴极区，在这些具有不同电位的区域之间，混凝土的内部将产生电流。钢筋表面层上某一点的电位可以通过和铜/硫酸铜参比电极（或其他参比电极）的电位做比较来确定，如图 3-12 所示。实际的做法是用导线把钢筋和一只高阻抗电压表连通，再把表的另外一端和铜/硫酸铜参比电极连通。电表上的读数将和所测位置处的钢筋电位有关。在结构上采集大量数值后，就可以找出钢筋的阳极区和阴极区，从而确定钢筋上的锈蚀位置。根据美国《混凝土中钢筋的半电池电位试验标准》(ANSI/ASTMC876—91)以及我国交通运输部公路科学研究院、中国建筑科学研究院等单位的研究成果，应用半电池电位法时混凝土中钢筋锈蚀状态判别标准如表 3-3 所示。

半电池电位计具有使用方便，可以直接测出钢筋的电位，从而判别钢筋锈蚀情况的特点。但半电池电位法只能定性地对钢筋锈蚀可能性做判别，而不能定量地分析钢筋锈蚀量的大小。并且，半电池电位法受混凝土内部湿度影响较大，在湿度很高的情况下，电位值会急剧减小，导致误判。

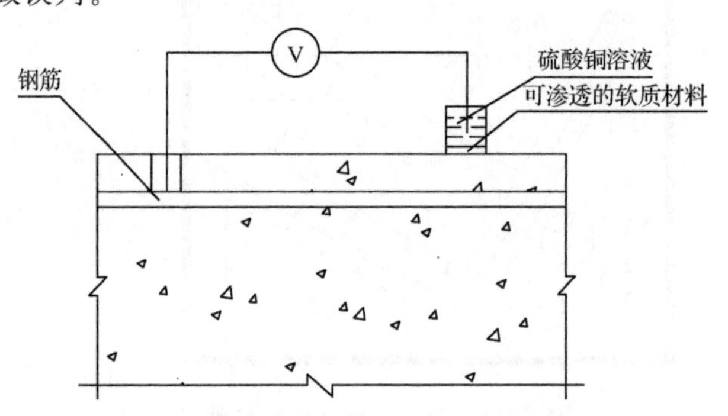

图 3-12　半电池电位法测试钢筋锈蚀情况示意图

表 3-3　半电池电位法判断钢筋锈蚀标准

标准名称	电位/mV	判别标准
美国 ASTMC876	>−200	5%锈蚀概率
	−350～−200	50%锈蚀概率
	<−350	95%锈蚀概率
我国标准	>−250	不锈蚀
	−400～−250	可能锈蚀
	<−400	锈蚀

2. 线性极化法

根据腐蚀电化学理论[24]，在腐蚀电位 E_{corr} 附近（一般过电位 $\eta<10\text{mV}$），测得的电位电流的对数关系图上具有近似于线性的关系，Stern 和 Geary 于 1957 年按此关系推导出检测锈蚀速率的一个简单、快速、无损的技术——线性极化法[25]。著名的 Stern 公式为

$$I_{corr}=\frac{\beta_a\beta_c}{2.303(\beta_a+\beta_c)}\frac{1}{R_p}$$

式中，I_{corr} 是腐蚀电流；β_a 和 β_c 分别是阳极和阴极过程的 Tafel 常数，其大小与电极反应机理有关；R_p 为锈蚀体系的极化电阻，又称极化阻力。

文献[26]中指出：对于大多数系统，常数 B 值在 13～52mV 变动。Andrade 和 Gonzalez 指出钢筋处于活态（锈蚀）时，常数 $B=26\text{mV}$；而处于钝态时，$B=52\text{mV}$。

应用这种方法时应注意在测量电路上的 IR 降[27]和钢筋极化区分布不均匀的问题，对于 IR 降可以通过仪器的自动电阻补偿功能予以弥补[28]；对于极化区域不均匀的问题，Feliu 和 Gonzalez 等提出了屏蔽环（guard ring）技术[29,30]，通过附加辅助电极使钢筋极化区域局限于一个已知的区域，具体装置如图 3-13 所示。

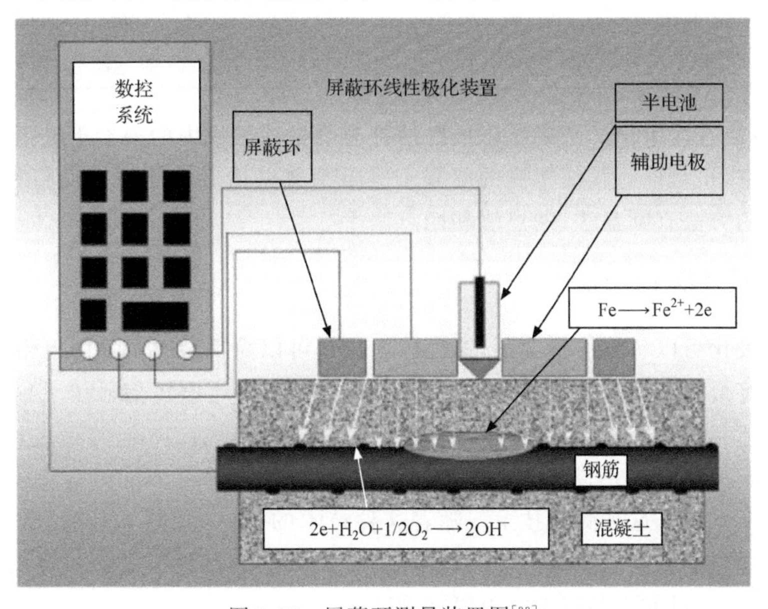

图 3-13　屏蔽环测量装置图[33]

根据实验室和现场测量数据，可以给出线性极化法测量的钢筋锈蚀电流密度值与钢筋锈蚀状态的关系[31,32]，如表 3-4 所示。

表 3-4　线性极化法测定的钢筋锈蚀速率特征值

极化电阻/($\Omega \cdot cm^2$)	锈蚀电流密度/($\mu A/cm^2$)	金属损失率/(mm/a)	锈蚀速率
2.5～0.25	10～100	0.1～1	很高
25～2.5	1～10	0.01～0.1	高
250～25	0.1～1	0.001～0.01	中等，低
＞250	＜0.1	＜0.001	不锈蚀

3. 混凝土电阻率法

混凝土的导电性能是水泥浆体孔隙液中离子流动时发生的电解过程。工程中经常用混凝土的电阻率(电导率的倒数)来衡量混凝土的导电性能。混凝土的电阻率变化范围很大，可以从烘干时的 1011Ω · cm，变化到很湿时的 103Ω · cm。在自然环境中，混凝土含水率为 20%～100%都是可能的，相应的其电阻率可以为 $6\times10^6\sim7\times10^2\Omega \cdot cm$。

对混凝土中钢筋锈蚀过程的各个阶段来讲，混凝土电阻率是一个重要参数。实验室与现场研究已证实，普通硅酸盐混凝土在 20℃时的电阻率和钢筋锈蚀概率的关系如表 3-5 所示。

表 3-5　混凝土电阻法测定钢筋锈蚀概率特征值

混凝土电阻率/($\Omega \cdot m$)	钢筋锈蚀概率
＜100	高
100～500	中等
500～1000	低
＞1000	可忽略

因此，可以在按电位图法判定阳极区后补充测量该区域内的混凝土电阻率，据此估量钢筋锈蚀速率，也可以直接按实测的混凝土电阻率数据估量钢筋锈蚀危险程度。测定混凝土电阻率的方法有圆盘法、两点法和四点法[33]。

4. 交流阻抗谱法(EIS)

在浓差极化可以忽略的情况下，锈蚀体系通常可以简单地表示为由电阻、电容或电感元件组成的等效电路[34]。通过对该电路施加一个正弦交流电压信号 $I=A\sin\omega t$，在保证不改变电极体系性质的情况下，可以计算出等效电路的阻抗。John 等最先将交流阻抗测试技术应用于混凝土中钢筋锈蚀的研究，后来 Gonzalez、Macdonald、Wenger 和 Galland 等在此基础上发展了这种测试技术。随着这种技术的推广，我国也有部分学者应用这种技术来研究混凝土中钢筋锈蚀[35-37]。但是，由于该方法测试耗时较长且需要具备较高的电化学理论知识，目前主要用于室内研究测试。

参考文献

[1] 金立兵,金伟良,赵羽习. 沿海混凝土结构耐久性现场试验方法的优选. 东南大学学报(自然科学版),2006,36(Ⅱ):61-67.

[2] Jin W L,Jin L B. Environment-based on experimental design of concrete structures//2nd International Conference on Advances in Experimental Structural Engineering. Structural Engineers,Nanjing, 2007, 23(Sup):757-764.

[3] Kalousek G L,Porter L, Benton E J. Concrete for long-time service in sulfate environment. Cement and Concrete Research,1972,2(1): 79-89.

[4] 金立兵,金伟良,陈涛,等. 沿海混凝土结构的现场暴露试验站设计. 水运工程,2008(2):14-18.

[5] 赵铁军,Wittmann F H. 海边现场钢筋混凝土耐久性试验方案//赵铁军,李秋义. 高强与高性能混凝土及其应用. 北京:中国建材工业出版社,2004:191-194.

[6] 康保慧. 中港系统东北(锦州港)建筑材料暴露试验站的设计与建造. 中国港湾建设,2004(2):35-38.

[7] 陶峰,王林科,王庆霖,等. 服役钢筋混凝土构件承载力的试验研究. 工业建筑,1996,27(6):17-20.

[8] 惠云玲,李荣,林芝坤,等. 混凝土基本构件钢筋锈蚀前后性能试验研究. 工业建筑,1997,27(6):14-18,57.

[9] Ahmad S,Bhattacharjee B,Wason R. Experimental service life prediction of rebar-corroded reinforced concrete structure. ACI Materials Journal,1997,94(4):311-316.

[10] American Association of State Highway and transportation officials. Standard method of test for resistance of concrete to chloride ion penetration(T259-2002),Washington, 2002.

[11] Nordtest. Nordtest method:Accelerate chloride penetration into hardened concrete. Espoo,1995.

[12] 袁迎曙,余索. 锈蚀钢筋混凝土梁的结构性能退化. 建筑结构学报,1997,18(4):51-57.

[13] 夏晋. 锈蚀钢筋混凝土结构力学性能研究. 杭州:浙江大学博士学位论文,2007.

[14] 李云峰,吴胜兴. 现代混凝土结构环境模拟实验室技术. 中国工程科学,2005,7(2):81-85,96.

[15] 卢振永. 氯盐腐蚀环境的人工模拟试验方法. 杭州:浙江大学硕士学位论文,2006.

[16] ASTM C 1202-94. Standard test method for electrical indication of concrete ability to resist chloride penetration, 1994.

[17] 广州四航工程技术研究院. 海港工程混凝土结构防腐蚀技术规范(JTJ 275—2000). 北京:人民交通出版社,2000.

[18] 张奕. 氯离子在混凝土中的输运机理研究. 杭州:浙江大学博士学位论文,2006.

[19] Yang C C,Cho S W,Huang R. The relationship between charge passed and the chloride ion concentration in concrete using steady state chloride migration test. Cement and Concrete Research,2002,32(2):217-222.

[20] Nordtest. Nordtest method:Chloride diffusion coefficient from migration cell experiments, Espoo,1997.

[21] Amphora NDT Ltd. Autoclam permeability system operating manual, Belfast.

[22] Germann Instruments A/S. RCT instruction and maintenance manual.

[23] 中国工程院土木水利与建筑学部工程结构安全性与耐久性研究咨询项目组. 混凝土结构耐久性设计与施工指南(CCES 01—2004). 北京:中国建筑工业出版社,2004.

[24] 魏宝明. 金属腐蚀理论及应用. 北京:化学工业出版社,1984.

[25] Stern M, Geary A L. Electroohemical polarization Ⅰ. A theretical analysis of the shape of polarization curves. Journal of the Electrochemical Society, 1957, 104(1):56-63.

[26] 洪定海. 混凝土中钢筋的腐蚀与保护. 北京:中国铁道出版社,1998.

[27] 朱敏. IR降对混凝土中钢筋腐蚀电化学测量结果的影响. 北京科技大学学报, 2002,24(2):111-114.

[28] Song G L. Theoretical analysis of the measurement of polarisation resistance inreinforced concrete. Cement & Concrete Composites,2000(22):407-415.

[29] Feliu S,Gonzlaez J A. Possibilities of the guard ring for electrical signal confinement in the polarization measurements of reinforcements. Corrosion, 1990,46(12):1015-1020.

[30] Feliu S,Gonzlaez J A. Confinement of the electrical signal for in situ measurement of polarization resistance in

reinforced concrete. ACI Materials Journal,1990,87(5):457-460.

[31] 刘超英,孙伯永. 水工混凝土中钢筋锈蚀检测技术与应用. 浙江水利科技,2003(2):38-39.

[32] Millard S G,Law D,Bungey J H,et al. Environmental influences on linear polarization corrosion rate measurement in reinforced concrete. NDT & E International,2001(34):409-417.

[33] Poldel R B. Test methods for on site measurement of resistivity of concrete—A RILEM TC-154 technical recommendation. Construction and Building Materials,2001(15):125-131.

[34] 吴荫顺. 金属腐蚀研究方法. 北京:冶金工业出版社,1993.

[35] 郑伟希,邱富荣. 钢筋在混凝土试块中的电化学行为探讨. 腐蚀与防护, 1999, 20(8):357-358.

[36] 储炜,史苑芗,魏宝明. 钢筋在混凝土模拟孔溶液及水泥净浆中的腐蚀电化学行为. 南京化工学院学报,1995,17(3):14-19.

[37] 刘晓敏,史志明. 钢筋在混凝土中腐蚀行为的电化学阻抗特征. 腐蚀科学与防护技术, 1999,11(3):161-164.

第4章　混凝土的碳化作用

一般的，早期混凝土呈碱性，空气、土壤或地下水中的酸性物质，如 CO_2、HCl、SO_2、Cl_2 渗入混凝土表面，与水泥石中的碱性物质发生化学反应的过程称为混凝土的中性化[1]。混凝土在空气中的碳化是中性化最常见的一种形式。

通常情况下，早期混凝土 pH 一般大于 12.5，在这样高的碱性环境中埋置的钢筋容易发生钝化作用，使得钢筋表面产生一层钝化膜，能够阻止混凝土中钢筋的锈蚀。但当有二氧化碳和水汽从混凝土表面通过孔隙进入混凝土内部和混凝土材料中的碱性物质中和时，会导致混凝土的 pH 降低。当混凝土完全碳化后，就出现 pH 小于 9 的情况，在这种环境下，混凝土中埋置钢筋表面的钝化膜被逐渐破坏，在其他条件具备的情况下，钢筋就会发生锈蚀。钢筋锈蚀又将导致混凝土保护层开裂、钢筋与混凝土之间黏结力破坏、钢筋受力截面减少、结构耐久性能降低等一系列不良后果。

由此可见，进行混凝土的碳化规律分析，研究由碳化引起的混凝土化学成分的变化以及混凝土内部碳化的进行状态，对混凝土结构的耐久性研究具有重要的意义。

4.1　混凝土碳化机理

混凝土的基本组成是水泥、水、砂和石子，其中水泥与水发生水化反应，生成的水化物自身具有强度(称为水泥石)，同时将散粒状的砂和石子黏结起来，成为一个坚硬的整体。在混凝土的硬化过程中，约三分之一水泥将生成氢氧化钙($Ca(OH)_2$)，此氢氧化钙在硬化水泥浆体中结晶，或者在其孔隙中以饱和水溶液的形式存在。因为氢氧化钙的饱和水溶液是 pH 为 12.6 的碱性物质，所以新鲜的混凝土呈碱性。

然而，大气中的二氧化碳却时刻在向混凝土的内部扩散，与混凝土中的氢氧化钙发生作用，生成碳酸盐或者其他物质，从而使水泥石原有的强碱性降低，pH 下降到 8.5 左右，这种现象称为混凝土的碳化，是混凝土中性化最常见的一种形式。

混凝土碳化的主要化学反应式如下[2]：

$$CO_2 + H_2O \longrightarrow H_2CO_3 \tag{4-1}$$

$$Ca(OH)_2 + H_2CO_3 \longrightarrow CaCO_3 + 2H_2O \tag{4-2}$$

混凝土的碳化是伴随着二氧化碳气体向混凝土内部扩散，溶解于混凝土孔隙内的水，再与各水化产物发生碳化反应这样一个复杂的物理化学过程。研究表明，混凝土的碳化速率取决于二氧化碳气体的扩散速率及二氧化碳与混凝土成分的反应性。而二氧化碳气体的扩散速率又受混凝土本身的组织密实性、二氧化碳气体的浓度、环境湿度、试件的含水率等因素的影响。所以碳化反应受混凝土内孔溶液的组成、水化产物的形态等因素的影响。这些影响因素可归结为与混凝土自身相关的内部因素和与环境相关的外界因素。对于服役结构物，由于其内部因素已经确定，影响其碳化速率的主要因素是外部因素，如二氧化碳的浓度、环境温度和湿度以及风压。

2.1.1 节曾讨论过影响混凝土碳化的环境因素，相应的，混凝土碳化的影响因素如下：

(1) 混凝土本身的密实度：混凝土密实度越大，碳化速率越慢。

(2) 二氧化碳的浓度：二氧化碳浓度越大，碳化速率越快。

(3) 环境温度：环境温度越高，碳化速率越快。

(4) 环境湿度：环境相对湿度在 50%～70%时，碳化速率最快。

(5) 风压：风压对混凝土碳化的影响程度主要受风速大小、作用时间长短等因素控制。风速越大、作用时间越长，碳化速率越快。

4.2　碳化对混凝土力学性能的影响

混凝土强度是确定混凝土结构构件抗力的基本参数，它随时间的变化规律是建立服役结构抗力变化模型的基础。一般来说，混凝土强度在初期随时间增大，但增长速率逐渐减慢，在后期则随时间下降。在对服役结构的抗力进行评价时，所关心的是结构在经过一个服役期后，混凝土强度是高于设计强度还是低于设计强度，具体值又是多少，这些问题是服役结构抗力评价需要解决的问题。

一般大气环境下混凝土的腐蚀主要是碳化腐蚀。碳化降低混凝土的碱性，随着时间的推移，碳化的发展使混凝土失去对钢筋的保护作用，从而引起钢筋锈蚀；另一方面，随着时间的变化，碳化对混凝土强度本身也有一定的影响。为了了解碳化后混凝土本身强度的变化，浙江大学混凝土结构耐久性研究团队进行了混凝土的抗压和劈拉试验。

4.2.1　抗压强度试验

根据浙江大学试验研究结果[3]，混凝土抗压强度与碳化深度的试验曲线如图 4-1 所示，图 4-2 描述了碳化与未碳化的混凝土试件各碳化龄期的抗压强度测试结果。

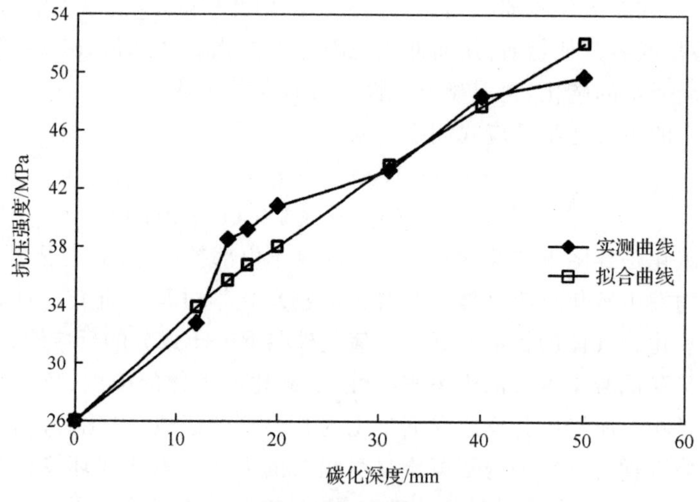

图 4-1　抗压强度与碳化深度关系

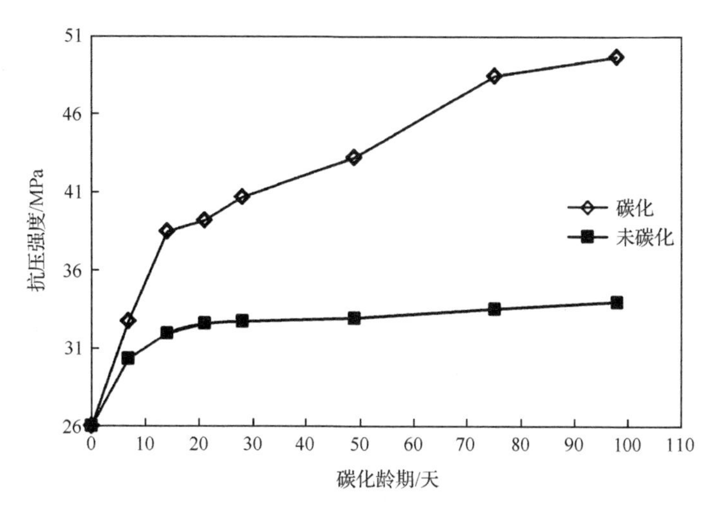

图 4-2　抗压强度与碳化龄期关系

由图 4-1 可知，混凝土抗压强度随碳化深度的增加而提高，并且碳化初期抗压强度提高较快，当碳化深度超过一定值（如本试验研究碳化深度约 20mm）以后，抗压强度提高缓慢。本节认为这种规律基本符合“环箍效应”和“尺寸效应”对混凝土试件抗压强度影响规律。在“环箍效应”影响范围外，碳化深度的变化对其抗压强度变化的敏感性差，对抗压强度影响小。本节认为，在同样碳化深度条件下，小尺寸混凝土试件比大尺寸混凝土试件对抗压强度的变化更敏感，这是由于小尺寸混凝土的碳化部分与未碳化部分的比例比大尺寸混凝土试件大。所以，混凝土试件抗压强度随碳化深度增加出现转折而缓慢提高的这一界线碳化深度，随着混凝土试件尺寸大小不同而不同。

由图 4-2 可知，碳化或未碳化的混凝土试件的抗压强度均随着碳化龄期的增长而提高。碳化试件抗压强度均比未碳化试件抗压强度高，碳化试件抗压强度曲线均落在未碳化试件抗压强度曲线上方。这是因为随着混凝土碳化过程的进行，混凝土中的氢氧化钙逐渐转化为不溶于水的碳酸钙，使混凝土的孔隙率减小，密实度增加，从而使试块的抗压强度增大。从这一点来说，混凝土的碳化对强度是有利的。

从强度增长率来看，碳化试件的抗压强度增长率均比同龄期未碳化试件的抗压强度增长率高，而且碳化试件与未碳化试件的抗压强度比值随龄期增大。这说明，碳化试件抗压强度随龄期的增长幅度比未碳化试件大。

4.2.2　劈拉强度试验

浙江大学进行了碳化与未碳化的混凝土试件各碳化龄期或各碳化深度的劈拉强度试验[3]，测试结果如图 4-3 和图 4-4 所示。由图可知，碳化试件劈拉强度均比同龄期的未碳化试件劈拉强度高，碳化试件劈拉强度曲线均落在未碳化试件劈拉强度上方。并且，无论是碳化试件的劈拉强度，还是未碳化试件的劈拉强度，在某一龄期之前随龄期提高，但超过之后随龄期反而下降。

混凝土是由不同物理性质、不同粒径的材料组合而成的，这些材料的脆性和塑性相差

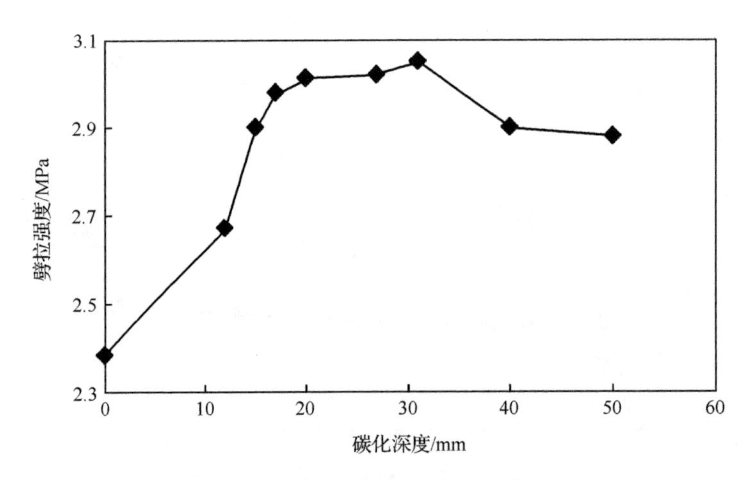

图 4-3　劈拉强度与碳化深度关系

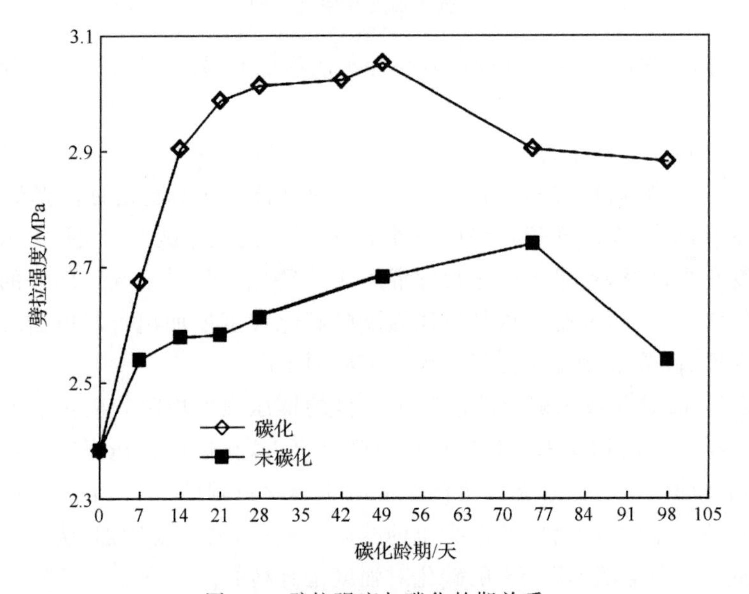

图 4-4　劈拉强度与碳化龄期关系

很大，这就使混凝土的力学性能与这些材料的配合比有很大关系，而这种关系是十分复杂的。混凝土的水灰比、养护条件、周围环境的温度和湿度条件、混凝土的龄期和浇筑时的成型面的方向等也都影响混凝土的劈拉强度。由于影响混凝土劈拉强度的因素很多，而且这些因素对劈拉强度很敏感，所以准确反映混凝土劈拉性能是很难的。而本试验研究测试结果：混凝土试件劈拉强度超过某一龄期后随龄期增长而降低的现象，其正确与否以及合理解释，有待于进一步研究分析。

从上述研究成果可以看出，碳化以后的混凝土强度高于非碳化混凝土的强度，且随时间发展，碳化混凝土也呈现增加趋势。因此，混凝土碳化对强度的影响是有益的，在实际工程的评估中，可以不考虑该影响，而作为一种安全储备考虑。

4.3　碳化规律

4.3.1　混凝土室内快速碳化试验

通过混凝土快速碳化试验，确定碳化速率方程，建立室内快速碳化与自然碳化之间的关系，以此为进行混凝土结构耐久性分析提供试验研究依据。

1. 试验材料

(1) 水泥。采用浙江省之江水泥有限公司的普通硅酸盐水泥 425 号。水泥性能试验结果表明，所采用的水泥的各项指标均达到国家标准。

(2) 砂。采用钱塘江上游河砂。

(3) 石子。采用当地碎石，石子最大粒径为 30mm。

混凝土配合比为：水泥∶砂∶石∶水＝1∶2.29∶3.58∶0.625。

2. 试验方法

国内外采用的混凝土快速碳化的试验方法很多，并没有一个统一的国际标准。在我国，以前较多利用高压或高浓度的试验方法，即将混凝土试件放在充满一定浓度二氧化碳的高压容器内，或二氧化碳浓度为 50％的常压容器内进行快速碳化。因为高压或高浓度的快速碳化方法不能正确反映在大气中混凝土自然碳化的规律。所以，20 世纪 70 年代以来，很多国家的学者都倾向于采用常压、低浓度的快速试验方法来模拟混凝土的碳化。

一般的，混凝土快速碳化试验按照《普通混凝土长期性能和耐久性能试验方法》(GBJ 82—85)碳化试验规定，将试件(尺寸为 100mm×100mm×400mm)在标准条件下养护 28 天后，在温度为 60℃的烘箱中烘干 48h，保留成型时两侧面，其余各表面均用石蜡密封。然后将试件放置于温度为 20℃±5℃、相对湿度为 70％±5％、二氧化碳浓度为 20％±3％的碳化箱中进行碳化。用 1％浓度的酚酞乙醇指示液喷于断裂面，从试件表面到变色边界每边测量三处距离，以其算术平均值作为碳化浓度。

3. 试验结果

不同碳化龄期的混凝土碳化深度测定结果列于表 4-1。

根据混凝土各碳化龄期所测得的碳化深度，经过回归分析，可以得出快速碳化方程为

$$D = \alpha t^{0.5} = 3.48t^{0.5} \tag{4-3}$$

式中，α 为碳化速率系数，它是对于不同混凝土或不同碳化影响因素而变化的系数，本试验测试数据拟合得到 $\alpha=3.48$。本试验研究得出的快速碳化方程相关系数 $\gamma=0.960$。

利用本试验研究结果回归得到的快速碳化方程，可以计算试验中各碳化龄期的混凝土深度，计算所得的碳化深度与实测的碳化深度比较列于表 4-1 和图 4-5。可以看到，碳化深度的计算值与实测值误差很小、碳化方程曲线与实测曲线很接近。

表 4-1　碳化深度实测值与计算值比较

碳化深度	碳化龄期/天											
	7	11	14	21	28	35	42	49	63	75	91	112
实测碳化深度/mm	10.5	13.0	14.0	18.7	20.5	21.5	22.0	24.0	25.0	29.5	33.5	35.5
计算碳化深度/mm	9.2	11.5	13.0	15.9	18.4	20.6	22.5	24.3	27.6	30.1	33.2	36.8
绝对误差/mm	−1.3	−1.5	−1.0	−2.8	−2.1	−0.9	0.5	0.3	2.6	0.6	−0.3	1.3

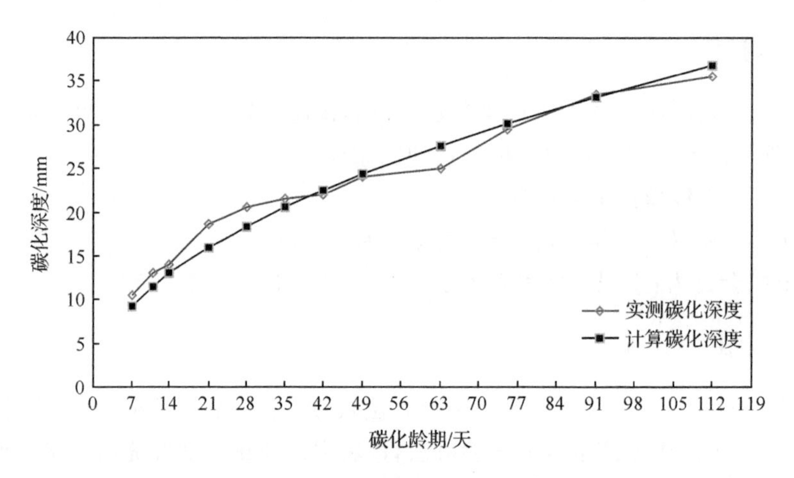

图 4-5　碳化深度实测值与计算值的比较

4.3.2　混凝土碳化规律

根据国内外学者对混凝土碳化的试验研究，在分析碳化试验结果的基础上，目前国内外公认的碳化深度 D 与碳化时间 t 的关系为

$$D = \alpha\sqrt{t} \tag{4-4}$$

式中，α 为碳化速率系数。碳化速率系数 α 体现了混凝土的抗碳化能力，它不仅与混凝土的水灰比、水泥品种、水泥用量、养护方法、孔尺寸与分布有关，还与环境的相对湿度、温度及二氧化碳浓度有关[4]。对于其取值，Kishitani[5]、山东省建筑科学研究院[6]、上海建材学院[7]、中国建筑科学研究院结构所[8]、清华大学[9]、西安建筑科技大学[10]、同济大学[11]等都提出了各自的经验计算公式，这些公式之间主要的区别在于选取的参数以及参数的个数不同，考虑到混凝土的碳化过程伴随着许多不确定性，文献[12]和[13]提出运用神经网络以及灰色理论方法来预测混凝土的碳化深度，这不失为一种有效、可行的方法。此外，对轻集料混凝土与高性能混凝土的碳化性能也进行了初步研究[14,15]。其中，中国科学院邸小坛提出了以混凝土抗压强度标准值为主要参数，考虑环境修正、养护条件修正和水泥品种修正的碳化计算公式为

$$D = \alpha_1\alpha_2\alpha_3\left(\frac{60.0}{f_{cu,k}} - 1.0\right)\sqrt{t} \tag{4-5}$$

式中，$f_{cu,k}$ 为混凝土抗压强度标准值(MPa)；α_1 为养护条件修正系数，取值见表 4-2；α_2 为水泥品种修正系数，普通硅酸盐水泥取 1.0，矿渣水泥取 1.3；α_3 为环境条件修正系数，对

工业建筑取值见表 4-3,对民用建筑取值见表 4-4。

表 4-2　养护条件修正系数

参数	标养时间/天				
	1	3	7	14	28
矿渣水泥碳化比率	2.34	1.81	1.43	1.27	1.0
普硅水泥碳化比率	2.44	1.65	1.43	1.19	1.0
平均比率	2.39	1.73	1.43	1.23	1.0
α_1	2.40	1.75	1.50	1.25	1.0

表 4-3　环境条件修正系数(工业建筑)

环境	地区			
	北京	西宁	杭州	贵阳
室内	1.32	1.05	1.15	1.15
室外	0.96	0.86	0.96	0.73

表 4-4　环境条件修正系数(民用建筑)

环境	地区					
	北京	济南	武汉	长春	兰州	贵阳
室内	1.00	2.03	0.74	1.26	1.11	0.88
室外	0.85	0.75	0.59	0.84	0.86	0.48

对于同一服役混凝土结构物,为了利用检测到的混凝土碳化深度预测该结构物的混凝土碳化深度,碳化公式也可以表示为

$$D_2 = D_1\sqrt{\frac{t_2}{t_1}} \tag{4-6}$$

式中,D_1、D_2 分别为测得的和要预测的混凝土碳化深度;t_1、t_2 为测定 D_1 和预测 D_2 时的碳化时间。

4.3.3　混凝土碳化规律应用

1. 自然锈蚀和快速碳化之间的关系

自然锈蚀和快速碳化之间的关系如下:

$$\frac{D_1}{D_2} = \sqrt{\frac{C_1 t_1}{C_2 t_2}} \tag{4-7}$$

式中,C_1、C_2 为测定 D_1 和预测 D_2 时的碳化浓度。

例 4-1　某混凝土结构物在建造时,为了估计二氧化碳侵入混凝土结构的速率,预留了混凝土试块进行混凝土快速碳化试验。碳化箱浓度是结构物实际环境二氧化碳浓度的 400 倍,混凝土试块在放入碳化箱 5 天后测得其碳化深度为 10mm。试问:实际结构使用

30年后的碳化深度。

解： 已知 $D_1=10mm$，$t_2=30\times365$ 天，$t_1=5$ 天，$C_2/C_1=1/400$，则

$$D_2=10\times[30\times365/(5\times400)]^{1/2}$$
$$=23.4(mm)$$

2. 根据实测碳化深度推测以后情况

例 4-2 某结构物使用10年以后测其碳化深度为15mm，试问：该结构物使用30年后的碳化深度。

解： 已知 $D_1=15mm$，$t_1=10$ 年，$t_2=30$ 年，则

$$D_2=15\times(30/10)^{1/2}=26(mm)$$

4.4 部分碳化区

英国学者Parrott最先通过试验验证了部分碳化区的存在[16]，它的发现很好地解释了为什么在碳化未到达钢筋表面之前钢筋已经开始锈蚀的现象，也为更好地认识钢筋锈蚀与混凝土碳化之间的关系提供了依据。已有的研究[17,18]表明混凝土中事实上存在完全碳化区、碳化反应区（部分碳化区）、未碳化区三个区域，并且碳化反应区并不能认为短到可以忽略的地步。在没有理由忽视这种现场实测数据前提下，必须提出一种新的理论来解释这种现象。

4.4.1 试验研究

1. 试验内容

在碳化过程中，空气中的二氧化碳首先渗透到混凝土内部充满空气的孔隙和毛细管中，而后溶解于毛细管中的液相与水泥水化过程中产生的氢氧化钙和硅酸三钙、硅酸二钙等水化产物相互作用，形成碳酸钙。在这一过程中，混凝土的pH由外到内逐渐升高，特别是当环境湿度较低时，部分碳化区在整个碳化区域中占主导地位。因此，进行混凝土碳化的X射线衍射试验，就是为了分析不同水灰比、不同碳化时间的混凝土试块从表面到内部的碳化状况，了解部分碳化区的分布形态。

将水灰比为0.626的混凝土试块置于快速碳化箱，经过不同碳化龄期后，取出混凝土试块，然后将六面体混凝土试块取一面，在该面的中心取一约20mm×20mm的小平面，除去四周而得一小方柱；将小方柱沿长轴方向每隔5mm取一个试样，每个小方柱共取5个试样，从外表面向纵深方向分别标为1～5号[3]，进行X射线衍射分析。

2. 试验结果

经过X射线衍射分析发现，混凝土样品主要由四种晶相组成：石英、长石、$Ca(OH)_2$、$CaCO_3$。其中石英、长石来自石料，各个样品基本相同，而 $Ca(OH)_2$ 和 $CaCO_3$ 的成分则随样品而变化，具体结果见表4-5～表4-7。

由表 4-5～表 4-7 和图 4-6～图 4-8 可知:混凝土的碳化是呈阶梯状进行的,不同碳化

表 4-5　第一组试件:水灰比 0.625,时间 7 天

物相	试件号				
	1	2	3	4	5
$Ca(OH)_2$	23	61	87	87	60
$CaCO_3$	77	39	13	13	40

表 4-6　第二组试件:水灰比 0.625,时间 28 天

物相	试件号				
	1	2	3	4	5
$Ca(OH)_2$	0	0	27	80	80
$CaCO_3$	100	100	73	20	20

表 4-7　第三组试件:水灰比 0.625,时间 42 天

物相	试件号				
	1	2	3	4	5
$Ca(OH)_2$	0	0	0	0	0
$CaCO_3$	100	100	100	100	100

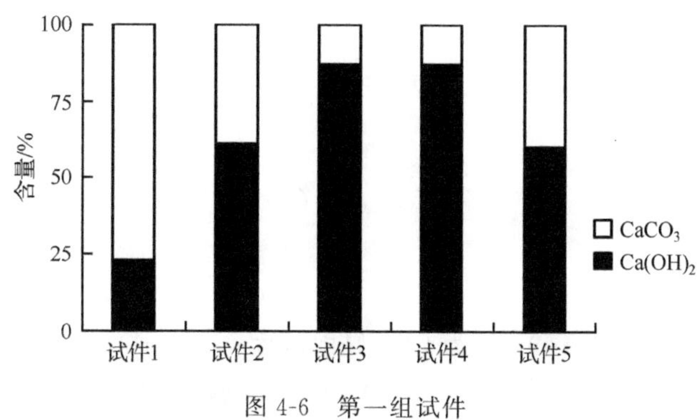

图 4-6　第一组试件

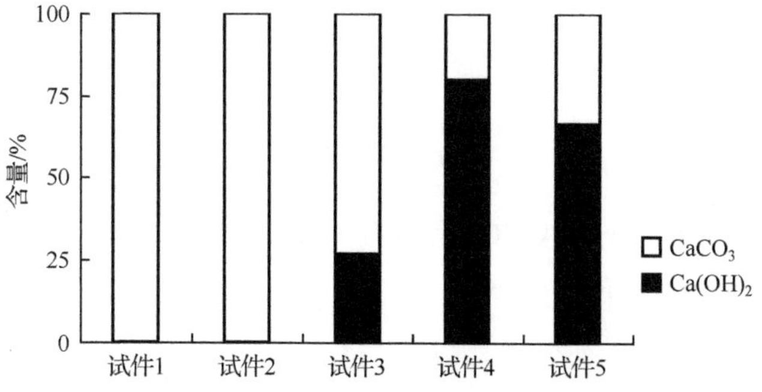

图 4-7　第二组试件

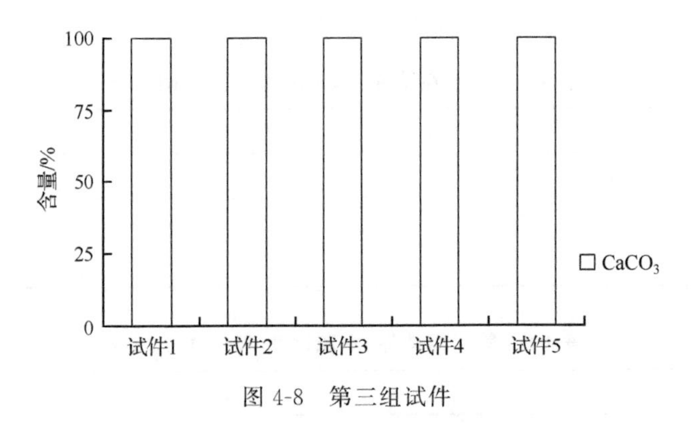

图 4-8　第三组试件

龄期的混凝土试件各部位的化学成分含量各不相同。碳化前沿并非线状，而是一个有一定宽度的带状区域，在此范围内 $Ca(OH)_2$ 和 $CaCO_3$ 两种成分共存。这个试验很好地证实了部分碳化区的存在。

4.4.2　部分碳化区对碳化规律的影响

在 CO_2 侵入混凝土并中和 $Ca(OH)_2$ 的过程中，可以看成是一维扩散-反应过程，在某一时刻 t_a，混凝土会形成三个区域：完全碳化区、碳化反应区、未碳化区[11]。完全碳化区与碳化反应区宽度分别记为 x_a 与 x_b。

在完全碳化区，由于反应已经结束，可认为 CO_2 扩散服从 Fick 第二定律，Fick 第一定律是它的特例，其方程为

$$D\frac{\partial^2 C}{\partial x^2}=\frac{\partial C}{\partial t} \tag{4-8}$$

边界条件为

$$\begin{cases}C\mid_{x=0}=C_0\\ C\mid_{t=0,x\neq 0}=0\\ C\mid_{t>0,x=\infty}=0\end{cases} \tag{4-9}$$

式中，C 为 CO_2 浓度(mol/m^3)；C_0 为 CO_2 界面浓度(mol/m^3)；x 为计算深度(mm)；t 为碳化时间(年)；P 为扩散系数(mm^2/a)，通常认为是一常数，由于该系数难以测定，可采用目前常用的公式反推得，即

$$x_a=\sqrt{\frac{2PC_0}{m_0}t_a} \tag{4-10}$$

$$P=\frac{m_0x_a^2}{2C_0t_a} \tag{4-11}$$

式中，m_0 为单位体积混凝土吸收 CO_2 的能力(mol/m^3)。

方程式(4-8)和式(4-9)的解为

$$C(x,t)=C_0-C_0\mathrm{erf}\left(\frac{x}{2\sqrt{Pt}}\right) \tag{4-12}$$

式中，erf(u)称为 u 的(高斯)误差函数，定义为

$$\mathrm{erf}(u) = \frac{2}{\sqrt{\pi}}\int_0^u \mathrm{e}^{-\beta^2}\,\mathrm{d}\beta \tag{4-13}$$

对于一般的 x、t，$\mathrm{erf}\left(\frac{x}{2\sqrt{Dt}}\right)$ 将趋于0，则式(4-12)简化为

$$C(x,t) = C_0 \tag{4-14}$$

在碳化反应区，由于同时伴有扩散与反应，情况十分复杂。为此进行适当简化，假设 CO_2 与 $Ca(OH)_2$ 的反应为一级不可逆反应，即反应速率与 CO_2 浓度成正比。另外碳化十分缓慢，认为在某一时段，浓度不随时间变化，即 $\frac{\partial C}{\partial t} = 0$。把坐标原点设在碳化反应区起点，如图4-9所示。代入扩散-反应方程[16]得

$$P\frac{\partial^2 C}{\partial x^2} = kC \tag{4-15}$$

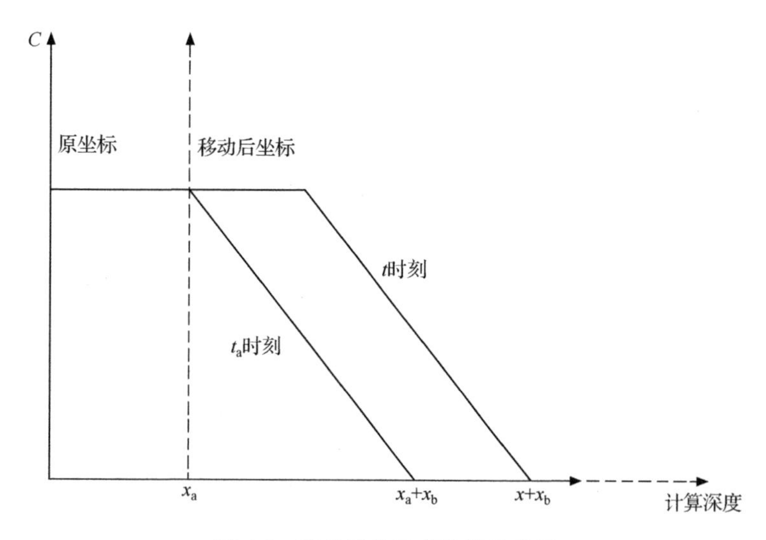

图4-9　部分碳化反应计算示意图

边界条件为

$$\begin{cases} C\mid_{x=0} = C_0 \\ C\mid_{x=x_b} = 0 \end{cases} \tag{4-16}$$

由此解得

$$C(x) = \frac{C_0\left(\mathrm{e}^{\omega(2x_b - x)} - \mathrm{e}^{\omega x}\right)}{\mathrm{e}^{2\omega x_b} - 1} \tag{4-17}$$

式中，$\omega = \sqrt{\frac{k}{P}}$，$k$ 是一级不可逆反应速率常数(1/年)；x_a 为完全碳化区与碳化反应区边界，它的充分必要条件是在 t_0 至 t_a 时刻，单位面积界面上所反应掉的 $Ca(OH)_2$ 等于 m_0，由于 $Ca(OH)_2$ 与 CO_2 反应为1∶1，上述条件可写成

$$\int_{t_0}^{t_a} kC(x_a)\,\mathrm{d}t = m_0 \tag{4-18}$$

在计算 $C(x_a)$ 时，假设：边界依 $x = \beta t^{\alpha}$ 规律向前推进，碳化反应区长度保持 x_b 不变。

则在任一 t 时刻，边界位置为 $x_a\left(\frac{t}{t_a}\right)^{\alpha}$，式(4-18) 中 $x = x_a\left(\frac{t}{t_a}\right)^{\alpha} - x_a$。于是，得

$$C(x_a) = C_0\frac{e^{\omega\left[2x_b+x_a-x_a\left(\frac{t}{t_a}\right)^{\alpha}\right]} - e^{\omega\left[x_a\left(\frac{t}{t_a}\right)^{\alpha}-x_a\right]}}{e^{2\omega x_b}-1} \tag{4-19}$$

将式(4-19)代入式(4-18)得

$$kC_0\int_{t_0}^{t_a}\frac{e^{\omega\left[2x_b+x_a-x_a\left(\frac{t}{t_a}\right)^{\alpha}\right]} - e^{\omega\left[x_a\left(\frac{t}{t_a}\right)^{\alpha}-x_a\right]}}{e^{2\omega x_b}-1}\mathrm{d}t = m_0 \tag{4-20}$$

式(4-20)积分下限 t_0 的取值：当 $x_a \leqslant x_b$ 时为 0；当 $x_a > x_b$ 时为 $x = x_a - x_b$ 所对应时刻 $t_a\left(\frac{x_a - x_b}{x_a}\right)^{\frac{1}{\alpha}}$，原因是在这之前碳化反应区前缘未到达 x_a 处。

式(4-20)为 k 与 α 关系式，给定 k，便可求出 α 与 β。对应一组 α、k，可计算相应碳化反应区 $Ca(OH)_2$ 及 $CaCO_3$ 浓度分布。某一截面 $CaCO_3$ 浓度等于这一截面已反应掉的 CO_2 浓度，计算方法与前述相似，具体表达式为

$$C(CaCO_3) = kC_0\int_{t_0}^{t_a}\frac{e^{\omega\left[2x_b+x_a+x-x_a\left(\frac{t}{t_a}\right)^{\alpha}\right]} - e^{\omega\left[-x_a-x+x_a\left(\frac{t}{t_a}\right)^{\alpha}\right]}}{e^{2\omega x_b}-1}\mathrm{d}t \tag{4-21}$$

$$C(Ca(OH)_2) = m_0 - C(CaCO_3) \tag{4-22}$$

式中，x 为计算位置距边界距离(mm)。

在计算 $Ca(OH)_2$ 及 $CaCO_3$ 浓度分布之后，与实测数据进行比较，选择最合适的碳化方程。此外，还可以算出 pH 分布，分析酚酞滴定法的准确性。

4.5 防止混凝土碳化的措施

4.1 节中已经说明混凝土碳化的影响因素可归结为与混凝土自身相关的内部因素和与环境相关的外界因素。对于特定的服役混凝土结构，由于其主要外部因素，如 CO_2 的浓度、环境温度和湿度是确定的，提高混凝土结构抗碳化能力的最好方法就是提高混凝土自身质量，密实度较高的混凝土的抗碳化能力也较高。提高混凝土密实度的相关措施与方法，参见本书第 18 章。

参考文献

[1] 龚洛书，刘春圃. 混凝土的耐久性及其防护修补. 北京：中国建筑工业出版社，1990.

[2] 杨静. 混凝土的碳化机理及其影响因素. 混凝土，1995(6)：23-28.

[3] 张亮. 钢筋混凝土结构的碳化、锈蚀和可靠性. 杭州：浙江大学硕士学位论文，1999.

[4] 杨正贤. 混凝土碳化对钢筋锈蚀的影响. 适用技术市场，1991(10)：9-11.

[5] 阿列克谢耶夫. 钢筋混凝土结构中钢筋腐蚀与保护. 黄可信，吴兴祖，蒋仁敏，等译. 北京：中国建筑工业出版社，1983.

[6] 朱安民. 混凝土碳化与钢筋锈蚀的试验研究. 济南：山东省建筑科学研究院，1989.

[7] 许丽萍，黄士元. 预测混凝土碳化深度的数学模型. 上海建材学院学报，1991(14)：347-357.

[8] 邸小坛，周燕. 混凝土碳化规律的研究. 北京：中国建筑科学研究院结构所，1994.

[9] 赵宏延. 一般大气条件下钢筋混凝土构件剩余寿命预测. 北京：清华大学硕士学位论文，1993.

[10] 牛荻涛,陆亦奇,于澍. 混凝土结构的碳化模式与碳化寿命分析. 西安建筑科技大学学报,1995(4):365-369.
[11] 蒋利学,张誉. 混凝土部分碳化区长度的分析与计算. 工业建筑,1999,(1):4-7.
[12] 王恒栋. 钢筋混凝土结构耐久性评估基础研究. 大连:大连理工大学博士学位论文,1996.
[13] 金伟良,张亮,鄢飞. 函数型神经网络发在混凝土碳化分析中的应用. 浙江大学学报,1998(5):519-525.
[14] 龚洛书. 轻骨料混凝土碳化及对钢筋保护作用的实验研究报告. 北京:中国建筑科学研究院,1986.
[15] 丁大钧. 高性能混凝土讲座第九讲:耐久性(四)——碳化. 建筑结构,1997(11):53-56.
[16] Parrott L J. Some effects of cement and curing upon carbonation and reinforcement corrosion in concrete. Materials and Structures,1996,29(3):164-173.
[17] 蒋利学. 混凝土碳化区物质含量变化规律的数值分析. 工程力学,1997(增刊):108-112.
[18] 鄢飞,金伟良,张亮. 碳化反应区物质含量变化规律的数值分析. 工业建筑,1999(1):12-16.

第 5 章　混凝土的氯盐侵蚀

混凝土结构在使用期间可能遇到的各种暴露环境中，氯化物是一种最危险的侵蚀环境介质。它不仅存在于海水中，还存在于道路除冰盐、盐湖盐碱地、工业环境中，对各种结构造成的危害程度最为严重[1]。因此，氯离子在混凝土内的输运机理及其在混凝土结构中的分布规律是混凝土结构耐久性研究的重要组成部分，至今仍是耐久性研究领域的热点。

5.1　氯离子在混凝土中的输运机理

5.1.1　氯离子在混凝土中的输运过程

氯离子在混凝土中的输运过程实质上是带电粒子在多孔介质的孔隙液中传质的过程。驱动多孔介质中带电粒子传质的主要因素包括：孔隙液中粒子化学位场的非均匀分布、直流电场对带电粒子的定向吸引以及孔隙液的渗流迁移运动[2]。上述因素作用对应于粒子传质过程中所发生的一系列基础物理化学过程包括：扩散、对流、绑定和电迁移等。

氯离子的输运过程中，扩散、对流、绑定和电迁移等基础物理化学过程并不单独发生。现实中在混凝土中发生的氯离子输运总是上述基础物理化学过程的若干组合。不同的环境作用可能对应不同的过程组合，如干湿交替作用下，混凝土中主要发生氯离子的毛细对流与扩散过程的组合；压力渗流作用下，主要发生压力渗流与扩散的组合；直流电场作用下，主要发生电迁移、扩散与电渗对流过程的组合。相同环境作用下不同的结构部位可能对应不同过程的组合，濒海混凝土结构水下区中氯离子的扩散过程占主导；水下区向大气区过渡的干湿交替区域中则往往发生对流和扩散。

可以看出，氯离子在混凝土中的输运过程可以分解为若干基础物理化学过程。下面将介绍各种基础物理化学过程的发生条件、作用机制、计算模型，以及多机制作用下氯离子输运过程的组合。

5.1.2　扩散过程

所谓扩散是指溶液中的离子在化学梯度的作用下所发生的定向迁移。根据单位时间内通过垂直于扩散方向参考平面的物质的量是否稳定，可将离子扩散过程分为稳态扩散和非稳态扩散。

稳态扩散下，扩散通量 J_d 与浓度梯度成正比，可写为 Fick 第一定律的形式：

$$J_d = -D\frac{\partial C}{\partial x} \tag{5-1}$$

式中，D 是氯离子扩散系数（m^2/s）；C 是氯离子浓度（与相应物质质量的比值，%）。1970

年意大利的 Calleparidi 等[3]首次提出，在假定混凝土材料是各向同性均质材料、氯离子不与混凝土发生反应的条件下，氯离子在混凝土中的扩散行为可用 Fick 扩散定律来描述。

非稳态扩散下的扩散方程可写为

$$\frac{\partial C}{\partial t}=\frac{\partial}{\partial x}\left(D\frac{\partial C}{\partial x}\right) \tag{5-2}$$

这是目前在氯离子扩散问题上使用最为广泛的 Fick 第二定律。求解上述偏微分方程需要确定相应的边界条件和初始条件，一维状况下，常用的边界条件和初始条件为

$$C\mid_{x=0}=C_s,\quad C_{x>0}^{t=0}=C_0$$

式中，C_s 为表面氯离子浓度；C_0 为混凝土内的初始氯离子浓度。利用上述初始条件和边界条件对式(5-2)做 Laplace 变换，可求得其解析解为[4]

$$C(x,t)=C_0+(C_s-C_0)\left[1-\mathrm{erf}\left(\frac{x}{2\sqrt{Dt}}\right)\right] \tag{5-3}$$

式中，erf 是误差函数，$\mathrm{erf}(z)=\frac{2}{\sqrt{\pi}}\int_0^z\exp(-\beta^2)\mathrm{d}\beta$。

目前式(5-3)广泛地应用于氯盐环境中混凝土结构中氯离子扩散分布的计算，其结果可作为混凝土结构耐久性寿命预测的依据。

5.1.3 对流过程

对流是指离子在压力梯度下随着载体溶液发生整体迁移的现象。单位时间内通过垂直于溶液渗流方向参考平面的离子对流通量 J_c 可以表示为

$$J_c=Cv \tag{5-4}$$

式中，v 是混凝土孔隙液渗流速率(m/s)。氯离子在混凝土中发生的对流主要是由于孔隙液在压力、毛细吸附力以及电场作用力下发生的定向渗流。

1. 压力作用

在外界压力作用下，混凝土中孔隙液发生的渗流现象实质上是液体在压力差作用下在多孔介质中发生的定向流动，其过程符合 Darcy 定律[5]：

$$Q=-\frac{k}{\eta}\frac{\mathrm{d}p}{\mathrm{d}x} \tag{5-5}$$

式中，Q 为孔隙液体积流速(m/s)；k 为渗透系数(m/s)；η 为液体的黏滞性系数(Pa · s)；p 为压力水头(m)。

在饱和渗流过程中，k 是解决压力渗流问题的核心参数。它实质上是一个仅与多孔介质孔隙结构相关的参数，应用在混凝土中，则与混凝土孔隙结构密切相关，取值较复杂，可参阅文献[6]和[7]。

2. 毛细作用

由于液体表面张力的存在，为了达到毛细管道内液面两侧压力的平衡而发生液体整体流动的现象称为毛细作用，如图 5-1 所示。混凝土桥墩水位以上区域中发生氯离子侵

蚀的原因就在于所谓的"灯芯"效应导致海水渗透进入水面以上位置，而"灯芯"效应的实质就是由毛细作用产生的；同样干湿循环过程中，风干越彻底，混凝土在循环中所吸收的氯离子数量越高的原因也是由毛细作用产生的。

毛细作用在计算上等效于压力渗流，同样可以用达西定律表述：

$$Q = -\frac{k(s)}{\eta}\frac{\mathrm{d}P}{\mathrm{d}x} \tag{5-6}$$

值得注意的是毛细渗流一般发生在非饱和的多孔介质系统中，因此这里渗透系数不仅是孔隙结构的函数，而且也是孔隙中液体饱和度的函数[8]。式(5-6)是计算非饱和状态下氯离子随孔隙液在混凝土中输运的基础，干湿循环作用区域中发生的氯离子渗透属于典型的非饱和渗透，毛细作用使得该区域混凝土构件中集中了相对较多的氯离子，我国的《混凝土结构耐久性设计与施工指南》、日本的《混凝土标准示方书》以及欧洲的混凝土结构耐久性研究项目"Dura-Crete"均将干湿交替区域作为混凝土结构耐久性设计的控制部位。

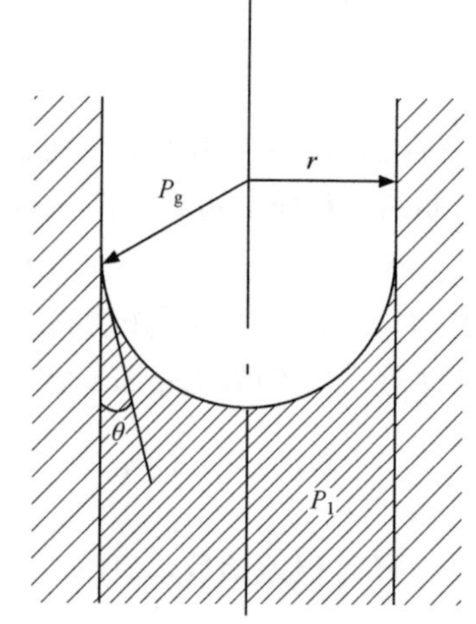

图 5-1 毛细管液面平衡示意图

5.1.4 电迁移过程

混凝土孔隙液中的离子在电场加速条件下定向迁移的过程称为电迁移。氯离子在混凝土中的电迁移是氯离子输运的重要组成部分，在混凝土耐久性研究上的应用主要集中在快速电迁移法测定氯离子扩散系数试验与既有混凝土结构中有害介质的移除以及试验室加速混凝土构件锈蚀试验等。

在电解质溶液中电荷迁移的最简单理论为：把离子看做刚性的带电球体，把溶剂作为连续介质，离子在电场力的作用下在连续介质中迁移，浓度为 C_i 的离子发生电迁移所产生的离子流量 J_i 可以表示为

$$J_i = \frac{1}{K_i} z_i C_i F E \tag{5-7}$$

式中，E 为电场强度(N/C)；z_i 为离子电价；F 为 Faraday 常量；K_i 为摩擦系数。

为了与扩散方程统一形式，假设离子的流量 J_i 与所受的力成正比，比例系数为

$$b = 1/K_i = D_i/RT$$

则式(5-7)可以化为[9]

$$J_i = \frac{z_i F E D_i}{RT} C_i \tag{5-8}$$

式(5-8)是目前求解直流电场作用下，氯离子在电场力作用下在混凝土中输运问题的核心方程。

5.1.5 绑定效应

混凝土的胶凝材料对自由氯离子存在一定的结合效应，这种结合效应对氯离子在混凝土中的输运进程产生重要影响。产生这种效应的主要原因是物理吸附和化学物质的结合，因此这种效应也称为“吸附效应”或者“绑定效应”[10]。

物理吸附主要依靠范德华力，其结合力相对较弱，容易遭破坏而使被吸附的氯离子转化为自由氯离子；而化学结合是通过化学键结合在一起，相对稳定，不易破坏掉。在总的氯离子结合量一定的情况下，化学结合量越多，说明其抗氯离子侵蚀性能越好。水泥石对氯离子的化学结合作用主要是水泥石中的 C_3Al 与氯离子结合生成了 $3CaO \cdot Al_2O_3 \cdot CaCl_2 \cdot 10H_2O$(Friedel 盐)[11]，即

$$3CaO \cdot Al_2O_3 \cdot 6H_2O + Ca^{2+} + 2Cl^- + 4H_2O \longrightarrow 3CaO \cdot Al_2O_3 \cdot CaCl_2 \cdot 10H_2O \tag{5-9}$$

化学结合也不是牢不可破的，研究表明[12]：Friedel 盐在碳化和硫酸盐侵蚀的过程中，会将结合的氯离子释放出来形成自由氯离子。Martin 等[13]建议采用式(5-10)描述结合效应对氯离子在混凝土中扩散的影响：

$$\frac{\partial C_t}{\partial t} = \frac{\partial}{\partial x}\left(D_c \omega_e \frac{\partial C_f}{\partial x}\right) \tag{5-10}$$

式中，D_c 为自由氯离子在孔隙液中的扩散系数(m^2/s)；ω_e 为可蒸发水占混凝土的体积百分比(%)；$C_t = C_b + C_f$，C_b 为结合氯离子浓度，C_f 为自由氯离子浓度。则式(5-10)可化为

$$\frac{\partial C_t}{\partial t} = \frac{D_c}{1 + \frac{1}{\omega_e}\frac{\partial C_b}{\partial C_f}} \frac{\partial^2 C_f}{\partial x^2} \tag{5-11}$$

Nilsson 等[14]将可反映绑定效应的表观氯离子扩散系数 D_a 定义为

$$D_a = \frac{D_c}{1 + \frac{1}{\omega_e}\frac{\partial C_b}{\partial C_f}} \tag{5-12}$$

式中，$\partial C_b/\partial C_f$ 是结合氯离子与自由氯离子关系曲线的斜率，表征胶凝材料对氯离子的结合能力。不同种类混凝土对应不同类型的结合能力，有无结合、线性结合、温吸附结合等类型，具体可参阅文献[15]～[17]。

5.1.6 多机制作用下氯离子输运过程的组合

综合考虑扩散、对流、结合和电迁移等过程的氯离子输运方程可以表示为

$$\frac{\partial C_t}{\partial t} = \mathrm{div}\left(D_c \frac{\partial C_f}{\partial x} + C_f(v_p + v_c + v_o) + \frac{zFED_c}{RT} C_f\right) \tag{5-13}$$

式中，v_p 为压力渗流引起的孔隙液流速(m/s)；v_c 为毛细作用引起的孔隙液流速(m/s)；v_o 为电渗引起的孔隙液流速(m/s)。

5.2 氯离子在混凝土内的输运模型

根据混凝土孔隙液是否饱和,可将氯离子在混凝土内的输运分为饱和与非饱和两种状态,当孔隙液完全饱和时,外界不存在水分压力梯度,因此氯离子在内外浓度梯度的作用下主要以扩散方式在混凝土内传输;当孔隙液不饱和时,氯离子在传输过程中既有压力梯度又有浓度梯度,因此对流和扩散是其主要的输运方式。

5.2.1 饱和状态下氯离子在混凝土内的输运模型

当混凝土构件完全浸泡在氯盐溶液中时(如海水中的水下区),可认为其处于饱和状态,此时可用Fick第二定律来进行求解,传输方程如式(5-2)所示,当表面氯离子浓度 C_s 和表观氯离子扩散系数 D_c 恒定时,可得到其解析解如式(5-3)所示。

实际检测结果表明,混凝土表面的氯离子浓度 C_s 是一个随时间逐步积累至稳定的过程,可用下列指数函数来表示[18,19]:

$$C_s = C_0(1 - e^{-rt}) \tag{5-14}$$

式中,C_0 为最终稳定后的表面氯离子浓度;r 为拟合系数。

由于水泥的不断水化导致混凝土内部越加密实,使得表观氯离子扩散系数 D_c 在暴露过程中不断减小,其随时间的变化关系可表示为[20]

$$D_c = D_0\left(\frac{t_0}{t}\right)^n \tag{5-15}$$

式中,D_0 为对应于龄期 t_0 时的表观氯离子扩散系数,一般可取养护28天时用RCM试验测得的值;n 为衰减系数。

由于表面氯离子浓度和表观氯离子扩散系数均随时间发生变化,无法得到传输方程式(5-2)的解析解,此时可采用有限差分法或有限元法进行求解。

5.2.2 非饱和状态下氯离子在混凝土内的输运模型

在氯盐环境中,干湿交替区域的混凝土构件内部由于存在氯离子浓度场梯度、温度场梯度和孔隙液饱和度场梯度,氯离子在扩散和对流等多种复杂机制耦合作用下,以相对较快的速率向混凝土内部渗透。因此干湿交替区域往往对应混凝土结构中钢筋锈蚀最严重的部位。建立适用于干湿交替区域混凝土中的氯离子侵蚀模型,对于完善混凝土结构耐久性理论、提高设计水平,具有重要意义。

1. 水分在混凝土中的渗流模型

干湿交替作用下,水分以液体和气体两种形式在混凝土内部输运。在多孔介质渗流中,孔隙压力梯度是驱动孔隙液流动的原始动力。根据Darcy定律,多孔介质的渗流流量可以表示为

$$J_m = -K(s)\mathrm{grad}(p) \tag{5-16}$$

式中，J_m 为水分的截面流速(m/s)；s 为孔隙饱和度；p 为孔隙压力水头(m)；$K(s)$ 为各向同性的渗流系数，是孔隙饱和度 s 的函数。

为了求解方便，式(5-16)经常写为 Fick 定律的形式，即

$$\frac{\partial s}{\partial t} = \mathrm{div}(D_m(s)\mathrm{grad}(s)) \tag{5-17}$$

式中，$D_m(s)$ 是水力扩散系数(hydraulic diffusivity)(m^2/s)，是孔隙饱和度 s 的函数，$D_m(s) = K(s)\partial p/\partial s$。由于水分包括了气体和液体两种状态，因此，水分的水力扩散系数应该包括两种状态的贡献，即

$$D_m(s) = D_l(s) + D_v(s) = (K_l + K_v)\frac{\partial p}{\partial s} \tag{5-18}$$

式中，$D_l(s)$ 为液态水分的水力扩散系数；K_l 为液态水分的渗透系数；$D_v(s)$ 为气态水分的水力扩散系数；K_v 为气态水分渗透系数。K_l 与 K_v 的确定过程较复杂，具体可参阅文献[21]～[25]。

2. 氯离子在混凝土中的输运模型

干湿交替区域混凝土中孔隙并非处于完全饱和状态，由于浓度扩散只能发生在孔隙溶液中，假设氯离子扩散系数与孔隙饱和度成正比关系，氯离子扩散通量可以表示为

$$J_{Cl} = -D_s s\,\mathrm{grad}(C') \tag{5-19}$$

式中，$C' = \frac{c\rho_{con}}{\phi s}$ 为孔隙液中氯离子含量(g/mL)，其中 c 为单位体积混凝土中的氯离子含量，s 为孔隙饱和度，ρ_{con} 为混凝土密度，ϕ 为混凝土孔隙率；D_s 为饱和状态下氯离子在混凝土孔隙液中的扩散系数(m^2/s)，在考虑混凝土结合氯离子效应时，可将其视为表观扩散系数。

由于干湿交替区域混凝土内部孔隙饱和度分布由表及里始终处于非均匀状态，从而形成孔隙饱和度分布场，孔隙液在场的作用下发生渗流，于是溶解于其中的氯离子随孔隙液在混凝土内部形成对流现象。氯离子在孔隙非饱和状态下的输运过程可以用对流扩散方程描述[26,27]

$$J_{Cl} = -D_s s\mathrm{grad}(C') + C'J_m \tag{5-20}$$

根据上述得到的水分渗流通量，并结合氯离子的质量守恒，可以得到如下公式。

对于渗入过程：

$$\frac{\partial C'}{\partial t} = \mathrm{div}(D_s s\mathrm{grad}(C') + C'D_{mw}\mathrm{grad}(s)) \tag{5-21}$$

对于干燥过程：

$$\frac{\partial C'}{\partial t} = \mathrm{div}(D_s s\mathrm{grad}(C') + C'D_{md}\mathrm{grad}(s)) \tag{5-22}$$

式中，D_{mw} 为水分在渗入过程中的水力扩散系数(m^2/s)；D_{md} 为水分在渗出过程中的水力扩散系数(m^2/s)。

式(5-21)和式(5-22)为多元偏微分方程，可以通过有限元法或者有限差分法进行求

解，其求解过程需要提供必要的初始条件和边界条件，而初始条件和边界条件的确定取决于干湿交替区域混凝土结构所受的环境作用。

3. 边界条件

在干湿循环过程中，湿润过程的边界条件相对简单，在接触氯离子溶液后，可以认为混凝土表面孔隙中孔隙水达到饱和，而孔隙水中氯离子浓度与环境水相同。

对于干燥过程，表层混凝土中孔隙水饱和度和氯离子浓度变化与混凝土表面水分蒸发速率相关，空气表面蒸发速率可以表示为[28]

$$v = \frac{MD_{\mathrm{v}}}{RT}\frac{p_0(1-H)}{\delta} \tag{5-23}$$

式中，D_{v} 为水蒸气的扩散系数（$\mathrm{m^2/s}$）；p_0 为饱和蒸汽压（$\mathrm{Pa/m^2}$）；H 为空气的相对湿度（%）；δ 为混凝土表面空气速率边界层的厚度（m）。根据空气动力学原理，空气速率边界层厚度可以表示为[29]

$$\delta = 1.548\frac{l}{Sc^{1/3}Re^{1/2}} = 1.548\frac{\mu_{\mathrm{a}}^{1/6}D_{\mathrm{v}}^{1/3}l^{1/2}}{u^{1/2}\rho^{1/6}} \tag{5-24}$$

式中，l 为混凝土表面沿风速方向的长度（m）；Sc 为施密特数；Re 为雷诺数；ρ 为空气密度（$\mathrm{kg/m^3}$）；μ_{a} 为空气的黏滞性系数（Pa·s）；u 为风速（m/s）。

5.3 氯离子在混凝土结构中的空间分布

为了研究干湿交替作用下氯离子在混凝土中的分布规律，为混凝土耐久性设计及防护提供理论依据。对嘉兴港乍浦港区二期一号泊位工作船码头进行现场检测试验[30]，其顶面标高（吴淞高程，下同）为＋6.00m，底面高程为＋1.00m，落差达到5m，而乍浦海域历年最高潮位达到7.38m（1997年8月18日），历年平均高潮位为4.40m，历年最低潮位为－1.78m（1981年9月2日），历年平均低潮位为－0.29m，考虑到波浪拍击作用，可以认为整个区域基本属于干湿交替作用环境，另外它与其他混凝土设施相距较远，在环境激励作用下，耦合作用可以忽略，是一个十分理想的检测环境。检测时间为2006年10月，至此该码头已服役55个月。

该码头所用混凝土配合比如表5-1所示。

表5-1 二期一号泊位工作码头混凝土墙混凝土配合比

混凝土等级	水泥标号	水	水泥	砂	石	外加剂及掺量	掺和料
C40	P.O 42.5	0.4	1	1.55	2.33	P621-C 0.3%	增强纤维 1kg/m³

5.3.1 混凝土内氯离子的竖向分布规律

现场检测试验方案如图5-2所示。对每个混凝土取样点，往混凝土内部方向分10个区段取粉，每个区段深度间隔为7mm，总计深度为7cm。检测结果如图5-3和图5-4所示，可以看出，不同标高处混凝土中氯离子浓度差异很大，在＋2.30m、＋2.80m、＋3.30m这三个标高处的氯离子浓度明显要比其他标高处的氯离子浓度大，说明标高为＋2.30～

＋3.30m 的混凝土中的钢筋最容易锈蚀，混凝土潜在的破坏趋势也最严重，在混凝土设计及防护中应引起足够的重视。

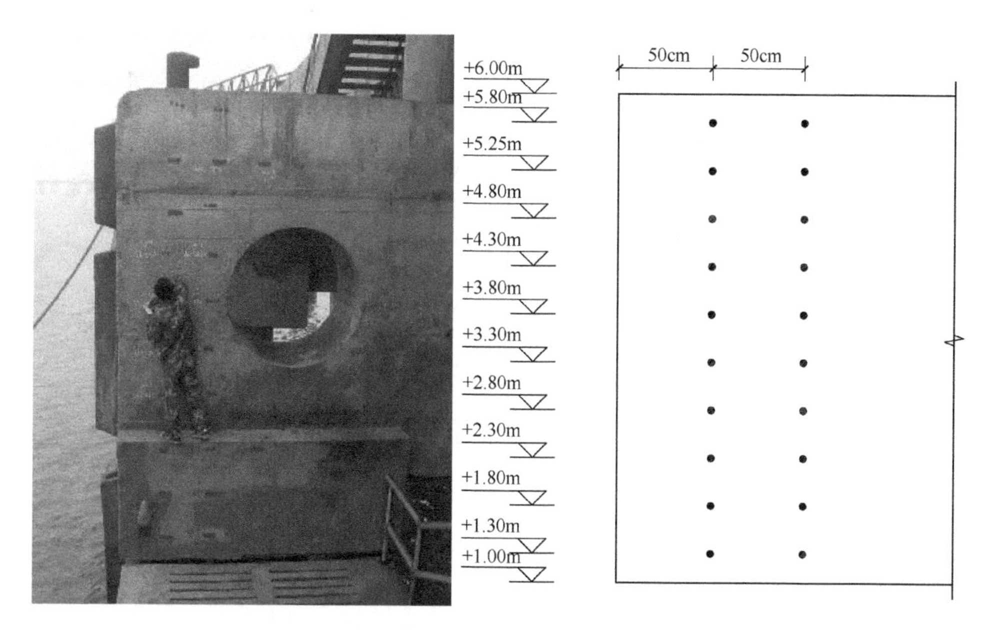

图 5-2　混凝土码头检测部位布置及示意图

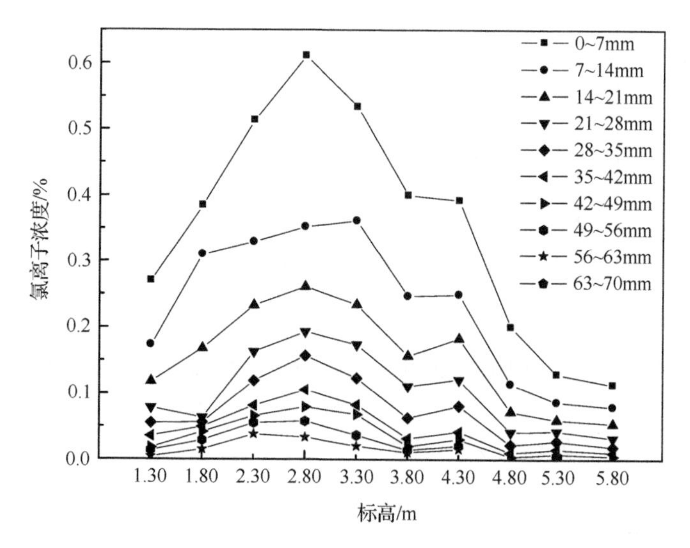

图 5-3　距边缘 50mm 处不同标高的氯离子浓度变化图

由于不同标高处混凝土的海水浸润时间比例不同，这一因素对混凝土内的氯离子含量有重要影响。统计得到不同标高处的海水浸润时间比例和表面氯离子浓度、扩散系数之间的对应关系如图 5-5 所示。可以看出，氯离子浓度先随标高变大而变大，在＋3.00m 处左右即海水浸润时间比例为 0.352 时达到最大值，随后随标高增加而减小；氯离子扩散系数同样先随标高变大而变大，在＋2.70m 处左右即海水浸润时间比例为 0.408 时达到最大值，随后也随标高增加而减小。

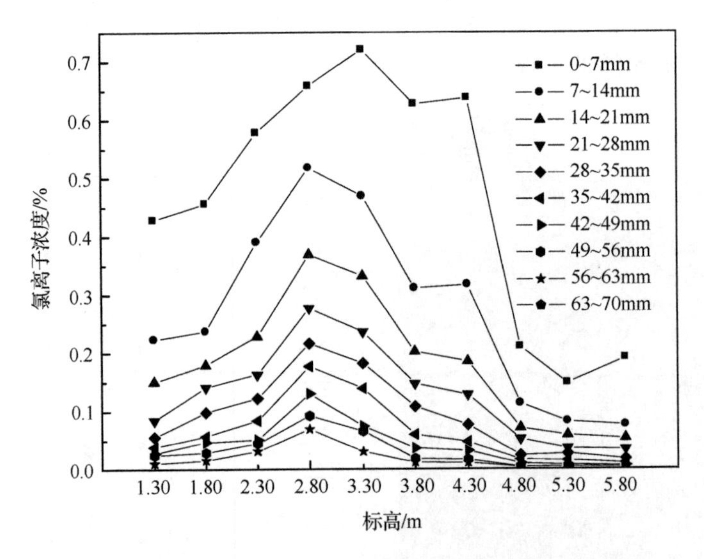

图 5-4 距边缘 100mm 处不同标高的氯离子浓度变化图

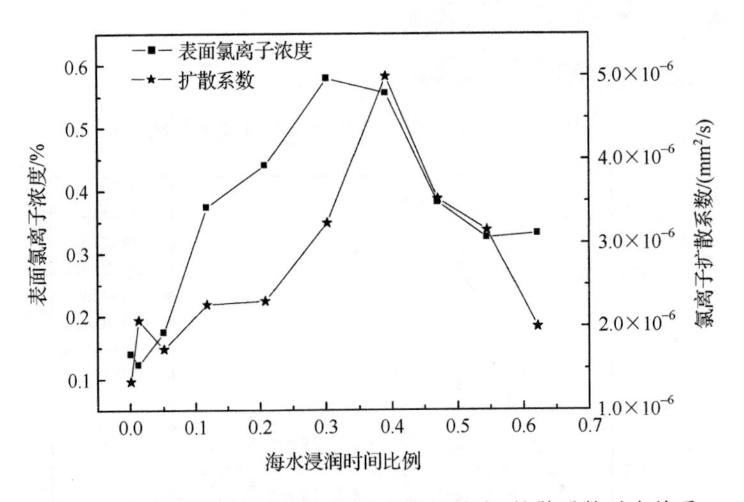

图 5-5 海水浸润时间比例与表面氯离子浓度、扩散系数对应关系

5.3.2 混凝土内氯离子的环向分布规律

考虑到下横梁及圆形柱不同面所处方位、承受的海风、波浪作用力及其他数据的不同，在圆形柱＋5.25m 高程位置，从正北方位（计为 S-0°方位角）开始，在其顺时针方向，每隔 45°定出一个检测部位，这样共有 8 个环向上的检测部位，它们依次为 S-0°、S-45°、S-90°、S-135°、S-180°、S-225°、S-270°、S-315°，分别对应于 N、NE、E、SE、S、SW、W、NW 这 8 个方位，如图 5-6 所示。

对乍浦港区一期二号泊位下的圆柱混凝土分区段采集粉样，利用与 5.3.1 节相同的方法检测，并对不同方位角、同一取粉区段的氯离子浓度进行对比，各区段氯离子浓度如图 5-7 所示。

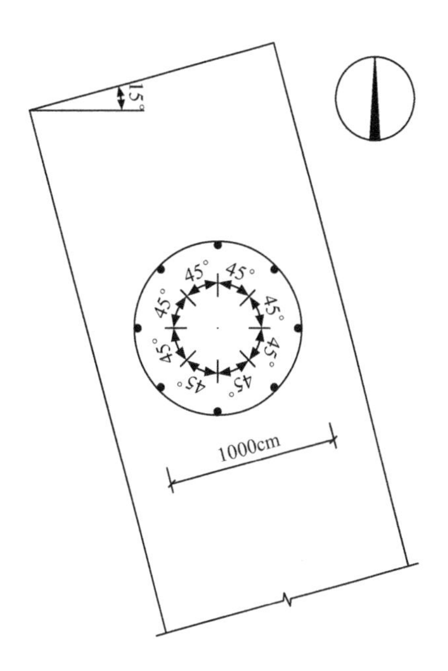

图5-6 现场检测部位布置及示意图

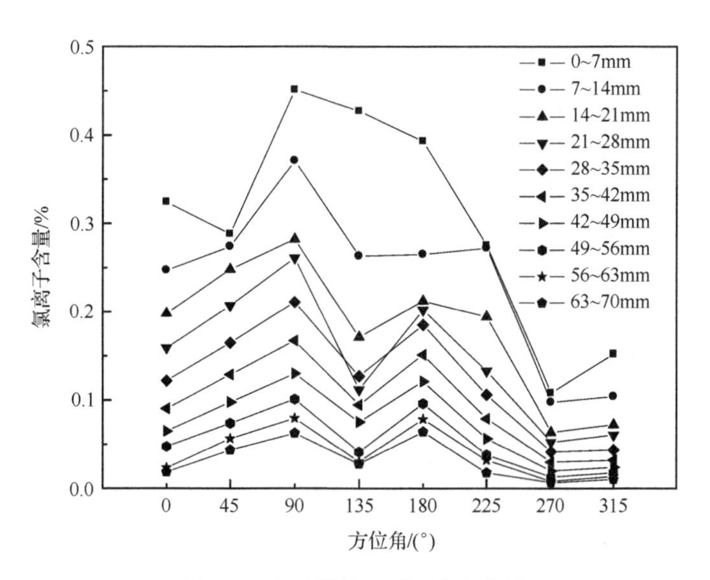

图5-7 各区段氯离子浓度变化图

根据Fick第二定律进行拟合,得到的8个方位角混凝土的表面氯离子浓度C_s、氯离子扩散系数D_{Cl}及拟合出的曲线与实测数据之间的相关系数R^2,如表5-2所示。可看出拟合度很高,由此可认为扩散是这一位置氯离子在混凝土内输运的主要方式。

各个方位角拟合得到的表面氯离子浓度如图5-8所示,可以看出C_s在W方位最小,为0.1059%;在E方位最大,为0.4572%,拟合得到的氯离子扩散系数差异不大,除在S方位D_{Cl}达到$2.162\times10^{-6}mm^2/s$,其余7个方位的D_{Cl}很接近,它们均值为1.295×

$10^{-6}mm^2/s$，标准差为 $0.247\times10^{-6}mm^2/s$。

表 5-2 各方位角混凝土氯离子分布曲线参数拟合结果

参数	方位							
	N	NE	E	SE	S	SW	W	NW
$C_s/\%$	0.322	0.370	0.457	0.342	0.355	0.305	0.106	0.115
$D_{Cl}/(10^{-6}mm^2/s)$	1.157	1.575	1.712	1.170	2.162	1.072	1.131	1.247
R^2	0.999	0.999	0.999	0.997	0.997	0.990	0.995	0.995

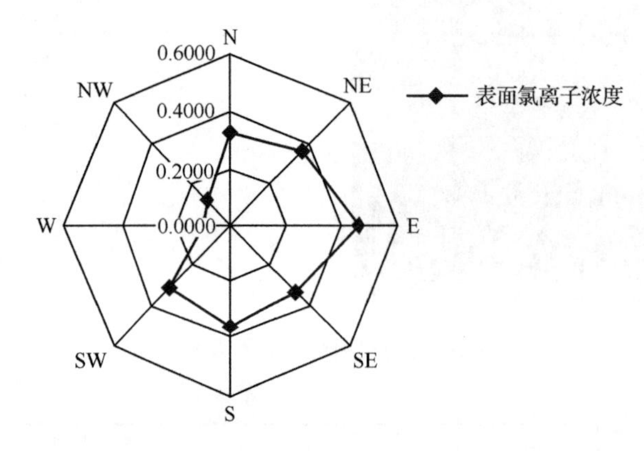

图 5-8 各检测方位表面氯离子浓度分布

因为氯离子通量表征外界氯离子源侵蚀到混凝土内部总的氯离子量，它同时涉及表面氯离子浓度 C_s 和扩散系数 D_{Cl}，氯离子通量可通过一定深度范围内(本节中指取粉深度 0～70mm)拟合曲线下的面积来表征，按式(5-25)计算：

$$J=\int_{x=0}^{70}C_s\left[1-\mathrm{erf}\left(\frac{x}{2\sqrt{D_{Cl}t}}\right)\right]\mathrm{d}x \tag{5-25}$$

氯离子通量在各方位的分布如图 5-9 所示，可以看出，不同方位混凝土内的氯离子通量有一定的差别，其中最东边混凝土内的氯离子含量最大，最西边的最小。

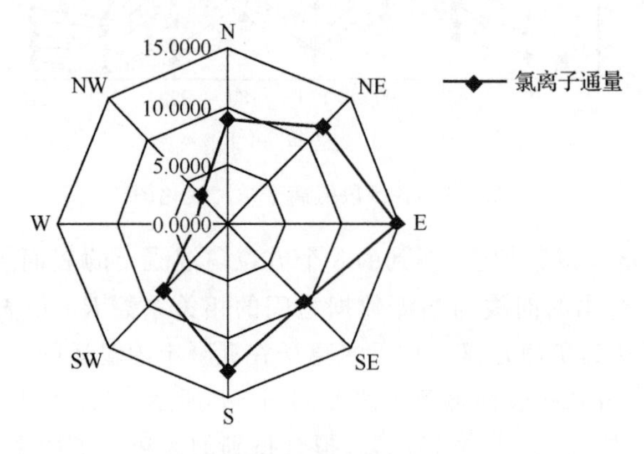

图 5-9 各检测方位氯离子通量分布

潮汐上涨之时,海水对混凝土表面产生了波浪压力,波浪力又是氯离子进入混凝土内部的主要外动力,由于作用频率、周期、波高及方位角的影响,造成了波浪压力在各方位的相对压强并不相等,8 个方位的相对压强如图 5-10 所示,也是最东边最大,最西边最小。可以看出,表面氯离子浓度和氯离子通量与相对波浪压强有着较好的正相关性。

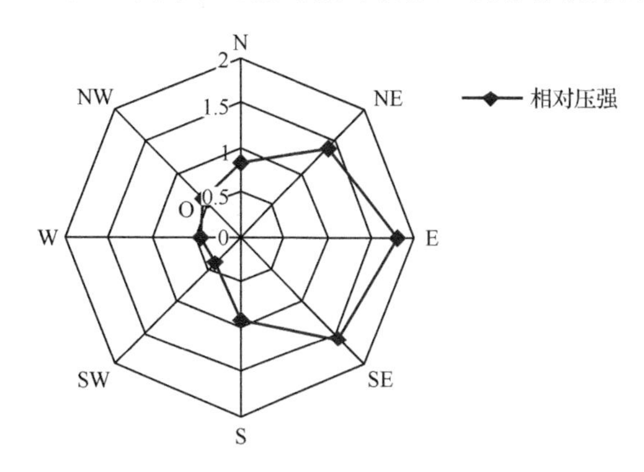

图 5-10　各检测方位相对波浪压强分布

5.3.3　表面氯离子浓度随季节变化规律

由于表面氯离子浓度对氯离子在混凝土内的传输有重要影响,因此对现场实测的表面氯离子浓度进行分析,得到的表面氯离子浓度随季节的分布如图 5-11 所示[31],可以看出,基本是 6 月份的表面氯离子浓度最高,1 月份的最低,即温度越高,表面氯离子浓度越大。将各高度实测表面氯离子浓度值取平均并归一化后得到图 5-12,可反映其随季节变化的归一化表面氯离子浓度。结合混凝土结构年均表面氯离子浓度值,可得到一年中不同月份的混凝土表面氯离子浓度值,可表示为[32]

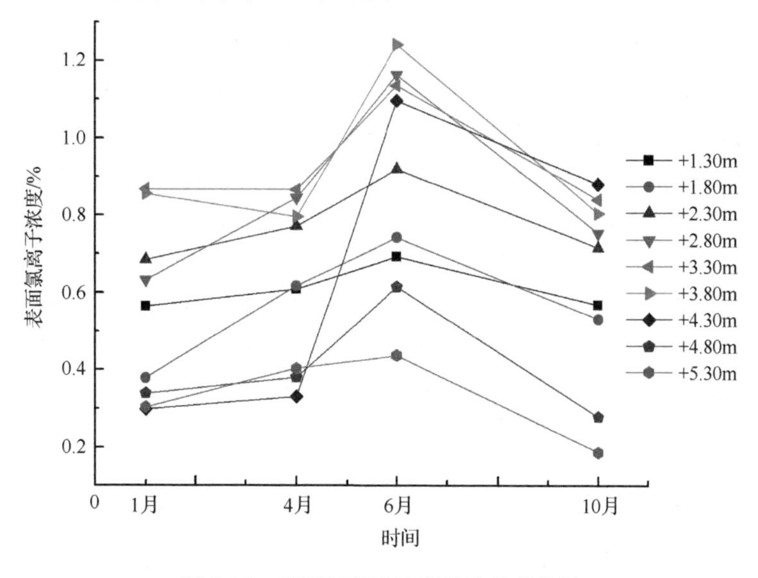

图 5-11　表面氯离子浓度随季节变化图

$$C_s(t)=C_{s0}\left[0.6058\exp\left(-\left(\frac{\text{month}-7}{1.723}\right)^2\right)+0.8731\right] \tag{5-26}$$

式中，$C_s(t)$ 为一年中不同月份的表面氯离子浓度；C_{s0} 为年均表面氯离子浓度；month 为月份，按 1～12 取值。

需要指出的是，上述拟合公式是根据杭州湾大桥区域的混凝土结构实测数据得到的，是否适用于其他环境区域的混凝土结构表面氯离子浓度随季节变化的规律尚待验证。

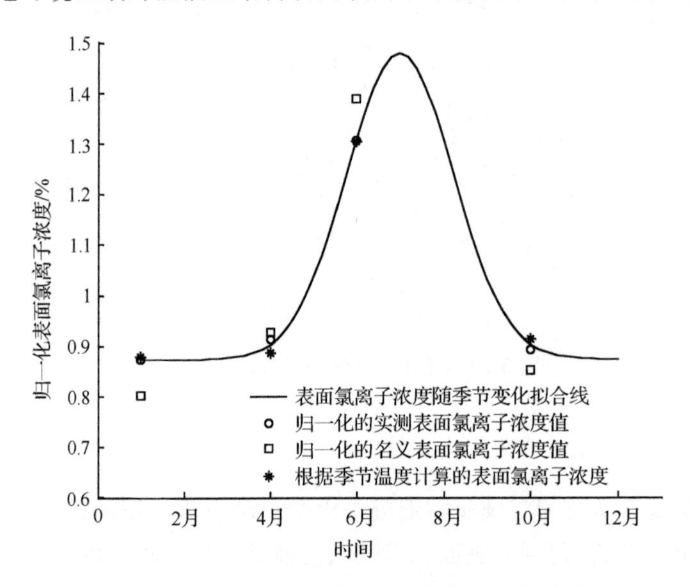

图 5-12　混凝土码头表面氯离子浓度随季节变化图

5.4　防止氯盐侵蚀的措施

通过上述理论分析及现场检测结果可以看出，氯离子在沿海地区广泛存在，且浓度较大，对海洋环境下的混凝土结构耐久性有重要影响。为了提高沿海码头桥梁的耐久性，延长其使用寿命，有必要采取一定的防止氯盐侵蚀的措施。

由于氯离子在混凝土内的含量与表面氯离子浓度和氯离子扩散系数有关，可从降低这两个参数入手来防止氯离子的侵蚀，而这两个参数均与混凝土密实性有密切关系，提高混凝土的密实性对减缓氯盐侵蚀有着重要的作用。因此，采用高性能混凝土、保证浇筑质量、采用渗透性模板等均能在不同程度上减小氯离子在混凝土内的侵蚀速率。另外，在混凝土配合过程中掺入能降低氯离子传输速率的外加剂也能在一定程度上减小后期的氯离子含量。如高品质工业废渣不仅能提高混凝土的密实性和抗渗性，还能吸附、中和一部分氯离子；复合胶凝材料也能提高混凝土的抗氯离子侵蚀性能。

降低氯盐对混凝土的侵蚀，还可以采用在混凝土表面涂抹防腐涂料的方法，它是指在刚建成的混凝土表面涂抹能有效隔绝氯离子、酸性气体等有害物质在混凝土内渗透的化学涂料，是一种针对海洋环境混凝土结构的表面防护技术，尤其适用于以盐雾水汽为特征的海洋侵蚀环境下混凝土的保护，具体请参阅本书 18.2 节。

参考文献

[1] 金伟良,袁迎署,卫军,等. 氯盐环境下混凝土结构耐久性理论与设计方法. 北京:科学出版社,2011.

[2] 王涛,朴香兰,朱慎林. 高等传递过程原理. 北京:化学工业出版社,2005.

[3] Calleparidi M, Marcialis A, Turriziani R. The kinetics of penetration of chloride ions into the concrete. I'Industria Italianadel Cemento, 1970, 67(4):157-164.

[4] 姚诗伟. 氯离子扩散理论. 港工技术与管理,2003(5):1-4.

[5] Maekawa K,Chaube R,Kishi T. Modeling of Concrete Performance. London:E&FN Spon,1999.

[6] Feldman R F,Sereda P J. A model for hydrated Portland cement paste as deduced from sorption-length change and mechanical properties. Materials and Structures,1968(1):509-519.

[7] Nyame B K,Illston J M. Relationships between permeability and pore structure of hardened cement paste. Magazine of Concrete Research,1981,33(116):139-146.

[8] Scheidegger A E. Physics of Flow Through Porous Media. Toronto: University of Toronto Press,1974.

[9] Tang L P,Nilsson L O. Rapid determination of the chloride diffusivity in concrete by applying an electrical field. ACI Materials Journal,1992,89(1):49-53.

[10] 刘芳. 混凝土中氯离子浓度确定及掺和料的作用. 杭州:浙江大学硕士学位论文,2006.

[11] Sahu S,Badger S,Thaulow N. Evidence of thaumasite formation in Southern California concrete. Cement and Concrete Composites,2002,24(3-4):379-384.

[12] 王绍东,黄煜镔,王智. 水泥组分对混凝土固化氯离子能力的影响. 硅酸盐学报,2000,28 (6):570-574.

[13] Martin P B,Zibara H,Hooton R D. A study of the effect of chloride binding on service life predictions. Cement and Concrete Research,2000,30(8):1215-1223.

[14] Nilsson L O,Massat M,Tang L. The effect of non-line chloride binding on the prediction of chloride penetration into concrete structures//Malhotra V M. Durability of Concrete. ACI sp-145,Detroit,1994:469-486.

[15] Saetta A V,Sotta R V,Vitaliani R V. Analysis of chloride diffusion into partially saturated concrete. ACI Material Journals,1993,90(5):441-451.

[16] Nilsson L O,Poulsen E,Sandberg P,et al. Chloride penetration into concrete,state of the art,transport processes,corrosion initiation,test methods and prediction models. Copenhagen: Danish Road Directorate,1996.

[17] Tang L,Nilsson L O. Chloride binding capacity and binding isotherms of OPC pastes and mortars. Cement and Concrete Research,1993,23(2):247-253.

[18] Mumtaz K,Michel G. Chloride-induced corrosion of reinforced concrete bridge decks. Cement and Concrete Research,2002,32(1):139-143.

[19] 王传坤. 混凝土氯离子侵蚀和碳化试验标准化研究. 杭州:浙江大学硕士学位论文,2010.

[20] 田俊峰,潘德强,赵尚传. 海工高性能混凝土抗氯离子侵蚀耐久寿命预测. 中国港湾建设,2002(2):1-6.

[21] Hall C. Water sorptivity of mortars and concretes:A review. Magazine of Concrete Research,1989,41(147):51-61.

[22] Pel L. Moisture transport in porous building materials. Eindhoven:Eindhoven University of Technology,1995.

[23] Mehta P K,Manmohan C. Pore size distribution and permeability of hardened cement paste//Proceedings of the 7th International Congress Chemistry of Cement, Paris,1980:1-5.

[24] 张奕. 氯离子在混凝土内的输运机理研究. 杭州:浙江大学博士学位论文,2008.

[25] 金伟良,张奕,卢振永. 非饱和状态下氯离子在混凝土中的渗透机理及模型计算. 硅酸盐学报,2008,36(10):1362-1369.

[26] Chaube R P,Shimomura T,Maekawa K. Multiphase water movement in concrete as a multi-component system//Proceedings of the 5th RILEM International Symposium on Creep and Shrinkage in Concrete,London,1993:139-144.

[27] Corless R M,Gonnet G H,Hare D E G,et al. On the lambert w function. Advances in Computational Mathematics,1996 (5):329-359.

[28] 谢舜韶,谷和平,肖人卓. 化工传递过程. 北京:化学工业出版社,2008.
[29] Skelland A H P. Diffusional Mass Transfer. New York:Wiley,1974.
[30] 姚昌建. 沿海码头混凝土设施受氯离子侵蚀的规律研究. 杭州:浙江大学硕士学位论文,2007.
[31] 高祥杰. 海港码头氯离子侵蚀混凝土实测分析研究. 杭州:浙江大学硕士学位论文,2008.
[32] 赵羽习,高祥杰,许晨,等. 海港码头混凝土表面氯离子质量分数随季节变化规律. 浙江大学学报(工学版),2009,43(11):2120-2124.

第6章　混凝土的冻融作用

冻融破坏是当今世界混凝土破坏的最主要原因之一[1]。它是指混凝土凝固硬化后微孔隙中的游离水，在温度正负交替下，形成膨胀压力以及渗透压力联合作用的疲劳应力，使混凝土产生由表及里的剥蚀破坏，并导致混凝土力学性能降低的现象[2]。混凝土的抗冻耐久性（简称抗冻性）是指饱水混凝土抵抗冻融循环作用的能力。

混凝土发生冻融破坏的必要条件有两个：一是有水渗入使其处于高饱和状态；二是温度正负交替。因此不难理解混凝土冻融破坏经常发生于寒冷地区的各种海工、水工建筑物，另外厂房、桥梁和路面等时常接触雨水、蒸汽作用的部分也会受到冻害。

我国地域辽阔，有相当大的部分处于严寒地带，致使不少水工建筑物发生了冻融破坏现象。根据全国水工建筑物耐久性调查资料[3]，在32座大型混凝土坝工程、40余座中小型工程中，22%的大坝和21%的中小型水工建筑物存在冻融破坏问题，大坝混凝土的冻融破坏主要集中在东北、华北、西北地区。尤其在东北严寒地区兴建的水工混凝土建筑物，几乎100%的工程局部或大面积地遭受不同程度的冻融破坏。

例如，东北地区的回龙山大坝[4]，建成于1972年，在6～7年后，即出现冻融破坏，20世纪90年代溢流面冻融破坏面积占溢流面总面积的65%，轻者集料外露，重者露出钢筋。与之类似的还有丰满大坝、水丰大坝、云峰大坝、参窝大坝等。黑龙江省与内蒙古东部8个热电厂的16座冷却塔[5]，由于冻融破坏作用有7座破损严重，1座于1999年冬季坍塌，长期接触水的梁和立柱等构件，表面剥落严重，1/5～1/2的面积露出钢筋。塔内壁、外壁多处发酥，深度在30～60mm，钢筋外露。常传利等[6]对黑龙江省境内的公路及43座桥梁进行调研，发现一些冻融破坏严重的路段连续数公里，路面主板、边板、拦水梗立面均产生剥蚀，出现较多裂缝；而对于80、90年代建成的桥梁，使用几年、十几年剥蚀冻害发生的比例就很高了，其混凝土出现粗集料外露，甚至钢筋外露、锈蚀。除三北地区普遍发现混凝土的冻融破坏现象，地处较为温和的华东地区的混凝土建筑物也存在冻融破坏现象。

在北欧、俄罗斯、加拿大以及美国北部等寒冷地区，混凝土结构也遭受着不同程度的冻融破坏[7]。

可见，混凝土的冻融破坏是寒冷地区建筑物老化病害的主要问题之一，严重影响了建筑物的长期使用和安全运行，为使这些工程继续发挥作用和效益，各部门每年都耗费巨额的维修费用，而这些维修费用为建设费用的1～3倍。

6.1　混凝土的孔结构及结冰规律

6.1.1　混凝土的孔结构

由于混凝土耐久性失效，其严重性在很大程度上取决于混凝土材料内部结构的多孔性和渗透性，对于冻融，混凝土的孔隙结构更是最为重要的影响因素。

混凝土是由粗、细集料和水泥等固体颗粒物质，游离水和结晶水等液体，以及气孔和缝隙中的气体等组成的非均质、非同向的三相混合材料，其内部孔隙是其施工配制和水泥水化凝固过程的必然产物，因其产生的原因和条件的不同，孔隙尺寸、数量、分布和孔形（封闭或开放式）等多有区别，典型尺寸和在混凝土内部所占体积如表 6-1 所示[8]。

表 6-1　混凝土孔隙分布及其成因[8]

序号	孔隙类型	主要形成原因	典型尺寸/μm	占总体积比例/%
1	凝胶孔	水泥水化的化学收缩	0.03～3	0.5～10
2	毛细孔	水分蒸发遗留	1～50	10～15
3	内泌水孔	钢筋或集料周界离析	10～100	0.1～1
4	水平裂隙	分层离析	$(0.1\sim1)\times10^3$	1～2
5	气孔	引气剂专门引入	5～25	3～10
		搅拌、震捣时引入	$(0.1\sim5)\times10^3$	1～3
6	微裂缝	收缩	$(1\sim5)\times10^3$	0～0.1
		温度变化	$(1\sim20)\times10^3$	0～1
7	大孔洞和缺陷	漏震、震捣不实	$(1\sim500)\times10^3$	0～5

1）凝胶孔

混凝土经搅拌后，水泥遇水发生水化作用后生成水泥石。凝胶孔就是散布于水泥凝胶体中的细微空间。凝胶孔尺寸小，多为封闭孔，渗透性能差，而且其中的水分子物理吸附于水泥浆固体表面，据估计在－78℃以上不会结冰，属于无害孔。

2）毛细孔

水泥水化后水分蒸发，凝胶体逐渐变稠硬化，水泥石内部形成细的毛细孔。毛细孔形状多样，大部分为开放型，且孔隙的总体积较大，占混凝土体积的 10%～15%，对水泥石渗透性影响很大，是导致混凝土冻害的主要内在因素。

3）非毛细孔

除了上述水泥水化必然形成的两种孔隙，在混凝土施工配制和凝结固化过程中，会形成不同形状、大小和分布的非毛细孔，主要包括：①在搅拌、震捣时自然引入的气孔；②为提高抗冻性有意掺入引气剂所产生的气孔；③混凝土拌和物离析或粗集料下方水泥浆离析、泌水产生的缝隙；④水化作用多余的拌和水蒸发遗留的孔隙；⑤内外温差引起内应力所产生的微裂缝；⑥施工操作不当在混凝土表层和内部遗留的较大孔洞和缝隙等。

其中掺引气剂所产生的气孔，一般为封闭的球状，除非混凝土长期浸水，否则是不易充满水的。在混凝土遭受冰冻时，气孔被认为具有“缓冲卸压”作用，可大大提高混凝土的抗冻性。除此之外的非毛细孔一般都具有较大孔径，对混凝土的抗渗性不利，会不同程度地降低混凝土的抗冻性。

6.1.2　孔隙水的结冰规律

混凝土孔隙水与大体积水冻结情况不同。在孔隙中，孔隙水呈弯液面，饱和蒸汽压降

低，因而孔隙水冰点下降，孔径越小，冰点越低。由热力学理论有[9,10]

$$\ln\left(\frac{T_f}{T_0}\right)=-\frac{2\gamma}{\rho_w LR} \tag{6-1}$$

式中，T_f 为孔隙水冰点(K)；T_0 为正常冰点，273.15K；γ 为冰与水间表面张力，约 39×10^{-3}N/m；ρ_w 为水的密度，为 1000kg/m^3；L 为水的相变潜热，为 333.5kJ/kg；R 为温度降至 T_f 时，能结冰的最小孔隙半径。

当 $\frac{T_0-T_f}{T_0}\ll 1$ 时，有

$$\ln\left(\frac{T_f}{T_0}\right)=\frac{T_f-T_0}{T_0}=-\frac{2\gamma}{\rho_w LR}=\frac{\theta}{T_0} \tag{6-2}$$

式中，θ 为摄氏温度(℃)。

可得孔隙半径与冰点关系为

$$R=-\frac{2\gamma T_0}{\rho_w L\theta} \tag{6-3}$$

代入相应数据，有[11]

$$R=\frac{64}{|\theta|} \tag{6-4}$$

式中，R 为孔隙半径(nm)。

6.2　冻融破坏机理

混凝土冻融耐久性研究始于 20 世纪 30 年代，各国学者从各方面做了大量的工作，发展了较为完整的基本理论。尽管由于混凝土冻融破坏问题的复杂性，人们并未完全弄清机理，但提出的如下一系列假说已在很大程度上指导了目前混凝土抗冻性的研究和工程实践。

6.2.1　早期观点

最初，人们提出“牛奶瓶”理论——冬季清晨放在门口的牛奶将会结冰而导致瓶子裂开。混凝土的冰冻破坏与此类似，是由于水结冰时体积增加 9%，当孔溶液体积超过 91%时，溶液结冰后产生的膨胀压力使混凝土发生破坏。这种观点过于简单，不能解释复杂的混凝土受冻破坏的动力学过程。如前所述，混凝土是一种多孔体系，其中孔隙中孔溶液的结冰与大体积水结冰情况不同。实验表明水饱和度低于 91%时，混凝土也可能发生冻融破坏。

Collins 基于冻土的研究，于 1944 年提出了离析成层理论[12]。该理论认为：混凝土的冻融破坏是由于混凝土由表及里孔隙水分层结冰，冰晶增大而形成一系列平行的冷冻薄层，最终造成混凝土的层状剥离破坏。虽然这种理论与冻土的情况符合很好，但是并不适用于孔隙率和渗透性都低得多的混凝土。该理论并未产生很大的影响。

在接下来的几年内，Powers 提出了静水压力假说[13,14]，很好地解释了引入气孔对改善混凝土抗冻性的机理。不久后，Powers 等又在静水压理论基础上，发展了渗透压理论。

这两大理论被广大学者所接受。

6.2.2 静水压理论

Powers 于 1945 年[13]提出静水压力假说——混凝土的冻害是由混凝土中的水结冰时膨胀产生的静水压力引起的。水结冰时体积膨胀达 9%，若水泥石毛细孔中含水率超过某一临界值(91.7%)，则孔隙中的未冻水被迫向外迁移，由 Darcy 定律可知这种水流移动将产生静水压力，作用于水泥石上，造成冻害。此压力的大小除了取决于毛细孔的含水率，还取决于冻结速率、水迁移路径长度以及水泥石渗透性等，并指出引气剂的有效性取决于气孔间距系数。当气孔间距足够小时，此静水压力将不会对水泥石造成破坏。1949 年，Powers[14]进一步定量地从理论上确定了此静水压力的大小。他用如图 6-1 所示的模型——气孔与周围“管辖区”的水泥石(厚度为 L)，作为研究单元来计算静水压力。

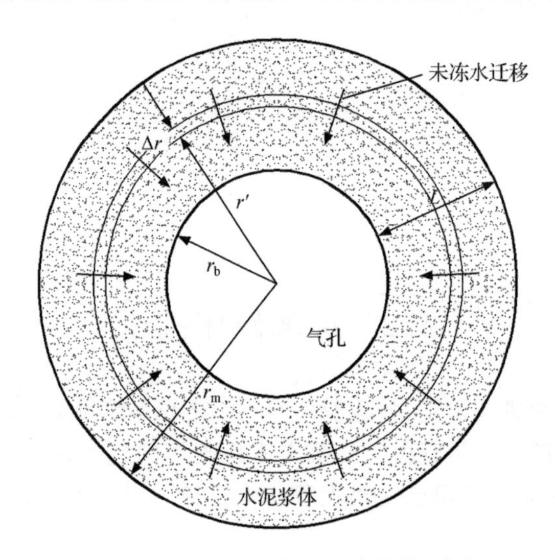

图 6-1 Powers 静水压力计算模型[14]

水泥石中的毛细孔由于毛细作用，吸水速率很快，在潮湿环境中极易达到饱和，其中水(溶液)是不受固体表面引力影响的水，在负温下可冻结，在此成为可冻水。当温度下降至冰点时，大孔隙中的水最先开始冻结，随着温度的降低，孔径较小的孔中的水也逐步结冰，结冰的水(溶液)量也逐渐增大。

水结冰体积膨胀，若孔隙含水量过高，则有可能发生两种情况：①部分未冻水被迫迁移出去；②水泥石发生膨胀。若情况②发生，由于容纳冰所需要的额外空间超过了水泥石的变形(膨胀)能力，水泥石会发生破裂。因此，Powers 假设冰冻发生时，水泥石中的未冻水就近向气孔迁移。

根据 Powers[14]分析，未完全饱和水水泥石内最大静水压力可表示为

$$P_{\max}=\frac{\eta}{3}(1.09-1/s)\frac{uR}{K}\phi(L) \tag{6-5}$$

式中，$P_{\max}$为最大静水压力；K 为水泥石的渗透系数；η 为水的动力黏滞系数；R 为降温速率；u 为温度每降低 1℃，冻结水的增加率；s 为饱和水程度；$\phi(L)$为与气孔间距、半径有关

的函数，有

$$\phi(L)=\frac{L^3}{r_b}+\frac{3L^2}{2} \tag{6-6}$$

其中，L 为气孔壁间距的一半；r_b 为气孔半径。

对于完全饱和水情况（$s=1$）

$$P_{max}=0.03\eta\frac{uR}{K}\phi(L) \tag{6-7}$$

Powers 认为此静水压力作用在整个水泥石上，当 P_{max} 超过水泥石抗拉强度，则发生开裂。由此，Powers 指出减小静水压力的最好办法就是缩小混凝土内部气孔间的距离 L。经过大量的试验证实，当混凝土的平均气孔间距不超过 250μm 时，能表现出良好的抗冻性。一般通过使用引气剂产品可以使混凝土内部含气量增加，达到抗冻性要求。静水压假说在混凝土冻害机理研究中意义重大，平均气孔间距系数已成为评价混凝土抗冻性的重要指标。

6.2.3　渗透压理论

虽然静水压力理论的提出，与一些试验现象符合得较好，也得到许多学者的支持，但 Powers 发现静水压力理论在水泥石孔隙率高、完全饱和水时，不能解释一些重要现象，如非引气浆体当温度保持不变时出现的连续膨胀、引气浆体在冻结过程中的收缩等。1975 年，Powers[15] 又发展了渗透压力理论，并认为混凝土抗冻性应考虑水泥浆体和集料两个方面。

1）水泥浆体的冻害

渗透压理论认为，水泥石体系由硬化水泥凝胶体和大的缝隙、稍小的毛细孔和更小的凝胶孔组成，这些孔中含有弱碱性溶液。随着温度下降，水泥石中大孔先结冰，由于孔溶液呈弱碱性，冰晶体的形成使这些孔隙中未冻水溶液浓度上升，这与其他较小孔中未冻溶液之间形成浓度差，这样碱离子和水分子都开始渗透：小孔中水分子向浓度高的大孔溶液渗透，而大孔中碱离子向浓度较低的小孔溶液渗透。由于水和碱离子在流经水泥石时，受到阻碍的程度不同（碱离子受较大阻碍），二者渗透速率不同（这样水泥石在某种程度上可看做渗透膜），大孔中的水将增多，渗透压随即产生。

另外，即使孔溶液呈完全中性，当毛细孔水结冰的时候，凝胶孔中水处于过冷的状态，过冷水的饱和蒸汽压比同温度下冰的饱和蒸汽压高，将发生凝胶水向毛细孔中的冰的界面渗透，直至达到平稳状态。

渗透压力与静水压力最大的不同在于未冻水迁移方向。静水压力理论认为未冻水从结冰处迁向小孔，而渗透压力理论认为未冻水从小孔迁向结冰的大孔。

2）集料的冻害

混凝土是由集料和硬化水泥浆体组成的，其中集料约占混凝土体积的 75%，因此集料的抗冻性绝对不可忽略。当集料接近饱和状态时，水结冰体积膨胀，没有足够空间来容纳的未冻水即被迫向外排出，产生静水压力。因此，集料也存在这样一个临界尺寸 $L_{cr\text{-}a}$，当集料孔隙间距超过 $L_{cr\text{-}a}$ 时，产生的静水压力将超过集料的抗拉强度，使集料破坏。该

$L_{cr\text{-}a}$与集料渗透性、冻结速率、抗拉强度和孔隙度有关。因此，粒径小且密实的集料具有良好的抗冻性。不难理解细集料一般情况下都具有好的抗冻性，因其尺寸往往小于临界尺寸。

即使本身抗冻的集料，因其向周围的水泥浆体排出孔隙水，也将在水泥浆体中产生静水压力，使得薄弱的集料-水泥浆界面区产生破坏。而引入气泡同样可以容纳从集料中排出的未冻水，起到"卸压"的作用[7]。因此，提高混凝土抗冻性，既要选择密实、粒径较小的集料，又要同时注意引入适当气泡。

综上所述，冻融对混凝土的破坏是由静水压力和渗透压力共同作用的结果。在一定饱和水情况下，多次的冻融循环使破坏作用累积，犹如疲劳作用，使冰冻引起的微裂纹不断扩大，发展成相互连通的大裂缝，使得混凝土的强度逐渐降低，最终导致混凝土结构的崩溃。

6.3 冻融循环对混凝土力学性能的影响

在设计承受冻融循环的混凝土结构中，了解混凝土的基本力学性能，如抗压强度、抗拉强度、弹性模量、应力-应变关系等，是非常重要和必需的。近年来，各国学者以试验为基本手段，对受冻融混凝土的力学性能进行了深入的研究和探讨，提出了一系列经验公式。

各研究者的试验采用的试件尺寸、冻融循环次数、混凝土强度等级等根据研究内容和目的各有所调整，表 6-2 列出了各文献中混凝土冻融循环试验的参数。

表 6-2　各文献试验参数

文献	试件尺寸	28 天立方体强度 f_{cu}/MPa	最大冻融循环次数	降温速率/(℃/h)
[16]	100mm×100mm×100mm 立方体	32.49	100	12
[17]	100mm×100mm×100mm 立方体	32.28	50	12
	150mm×150mm×150mm 立方体	30.71	50	12
[18]	100mm×100mm×100mm 立方体	36.86	125	12
[19]	100mm×100mm×300mm 棱柱体	33.1	150	12
		37.5	200	12
		46.8	150	12
[20]	直径 101.6mm、高 203.2mm 的圆柱体	47.5	90	8

6.3.1 抗压强度

1）立方体抗压强度

研究表明，混凝土的立方体抗压强度随冻融次数的增加呈线性降低，各研究者建议了多种经验计算式，如表 6-3 所示。

表 6-3　冻融后混凝土立方体抗压强度计算式

文献	计算式	编号
[16]	$\frac{f_{cuD}}{f_{cu0}}=1-0.00543N$	(6-8)
[17]	$f_{cuD100}=35.489-0.3331N$	(6-9a)
	$f_{cuD150}=28.898-0.2088N$	(6-9b)

注：① 式(6-8)中，f_{cu0}和 f_{cuD}分别为混凝土冻融前和冻融后的立方体抗压强度(MPa)；N 为冻融循环次数。

② 式(6-9)中 f_{cuD100}和 f_{cuD150}分别为冻融后边长为 100mm 和 150mm 的立方体抗压强度。

对于 28 天立方体强度 f_{cu}在 30～37MPa 的混凝土，冻融后混凝土的相对立方体抗压强度 f_{cuD}/f_{cu0}与冻融循环次数 N 的关系建议为

$$\frac{f_{cuD}}{f_{cu0}}=1-0.0048N \tag{6-10}$$

式(6-10)与各文献试验结果比较见图 6-2。

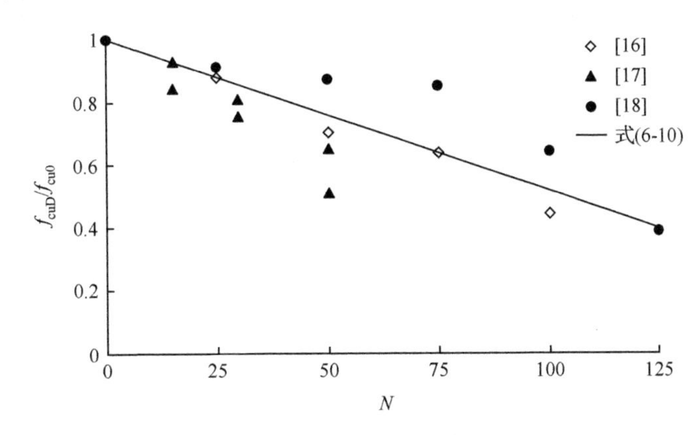

图 6-2　混凝土相对立方体强度与冻融循环次数 N 的关系

2) 棱柱体抗压强度

图 6-3 给出了文献[19]三批试件的相对峰值应力 f_{cD}/f_{c0}(f_{c0}和 f_{cD}分别为混凝土冻融循环前、后的棱柱体抗压强度)与冻融循环次数关系的试验结果，图中每个试验点为一

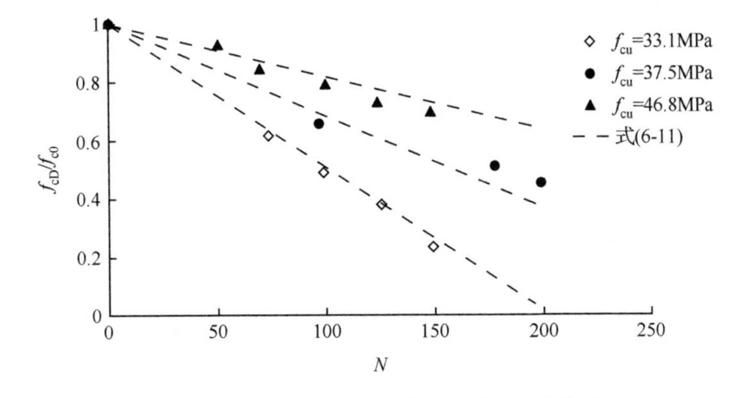

图 6-3　混凝土相对棱柱体强度与 N 的关系

组试件的平均值。随着冻融循环次数增加，混凝土棱柱体抗压强度 f_c 呈线性降低；混凝土 28 天立方体抗压强度 f_{cu} 越小，棱柱体抗压强度下降越快。建议对于 f_{cu} 在 30～50MPa 的混凝土，其相对棱柱体抗压强度与冻融循环次数 N 以及立方体抗压强度 f_{cu} 之间的关系如下：

$$\frac{f_{cD}}{f_{c0}} = 1 - 200 \times f_{cu}^{-3.0355} N \tag{6-11}$$

式(6-11)与试验数据[19]比较见图 6-3。

6.3.2　峰值应变

峰值应变指的是混凝土试件单轴受压达到峰值强度时相应的应变。文献[16]和[17]根据立方体试件抗压试验，建议了表 6-4 的计算式。

表 6-4　冻融后混凝土峰值应变(立方体试件)计算式

文献	计算式	编号
[16]	$\varepsilon_{cuD} = (0.2338 + 0.0269N) \times 10^{-2}$	(6-12)
[17]	$\varepsilon_{cuD100} = (0.2174 + 0.0057N) \times 10^{-2}$	(6-13a)
	$\varepsilon_{cuD150} = (0.1083 + 0.0042N) \times 10^{-2}$	(6-13b)

注：① 式(6-12)中，ε_{cuD} 为混凝土立方体试件冻融后的峰值应变。

② 式(6-13)中，ε_{cuD100} 和 ε_{cuD150} 分别为冻融后边长为 100mm 和 150mm 的立方体的峰值应变。

文献[19]根据三批不同强度混凝土棱柱体试件冻融后的单轴受压试验，得出结论：棱柱体试件的相对峰值应变 $\varepsilon_{cD}/\varepsilon_{c0}$（$\varepsilon_{c0}$ 和 ε_{cD} 分别为混凝土棱柱体试件冻融循环前、后的峰值应变）随着冻融循环次数的增加而增大，且混凝土 f_{cu} 越小，峰值应变增大越快。建议对于 f_{cu} 在 30～50MPa 的混凝土，其相对峰值应变与 N 以及 f_{cu} 之间的关系如下：

$$\frac{\varepsilon_{cD}}{\varepsilon_{c0}} = \exp(661742 f_{cu}^{-5.1406} N) \tag{6-14}$$

式(6-14)与试验数据[19]比较见图 6-4。

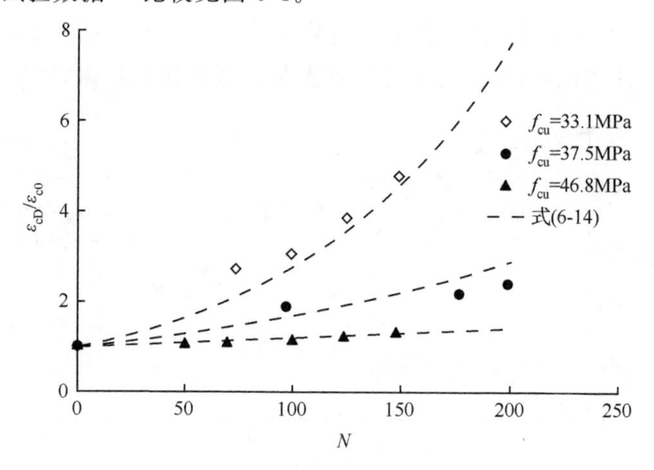

图 6-4　混凝土相对峰值应变与 N 的关系

6.3.3　弹性模量

此弹性模量是根据混凝土试件达到 40％抗压峰值应力对应的应变计算出的割线模量。文献[16]和[17]根据立方体试件抗压试验，建议了表 6-5 的计算式。

表 6-5　冻融后混凝土弹性模量（立方体试件）**计算式**

文献	计算式	编号
[16]	$\frac{E_{\mathrm{cuD}}}{E_{\mathrm{cu0}}}=0.9832-0.0076N$	(6-15)
[17]	$E_{\mathrm{cuD100}}=(3.3604-0.0435N)\times10^{4}$	(6-16a)
	$E_{\mathrm{cuD150}}=(3.5015-0.044N)\times10^{4}$	(6-16b)

注：① 式(6-15)中，E_{cu0} 和 E_{cuD} 分别为混凝土立方体试件冻融前后的弹性模量。

② 式(6-16)中，E_{cuD100} 和 E_{cuD150} 分别为冻融后边长为 100mm 和 150mm 的立方体的弹性模量(MPa)。

文献[19]根据三批不同强度混凝土棱柱体试件冻融后的单轴受压试验，得出结论：棱柱体试件的相对弹性模量 $E_{\mathrm{cD}}/E_{\mathrm{c0}}$（$E_{\mathrm{c0}}$ 和 E_{cD} 分别为混凝土棱柱体试件冻融循环前、后的弹性模量）随着冻融循环次数的增加而减小，且混凝土 f_{cu} 越小，弹性模量减小得越快。建议对于 f_{cu} 在 30～50MPa 的混凝土，其相对弹性模量与 N 以及 f_{cu} 之间的关系如下：

$$\frac{E_{\mathrm{cD}}}{E_{\mathrm{c0}}}=\exp(-1.1345\times10^{7}f_{\mathrm{cu}}^{-5.7089}N) \tag{6-17}$$

式(6-17)与试验数据[19]比较见图 6-5。

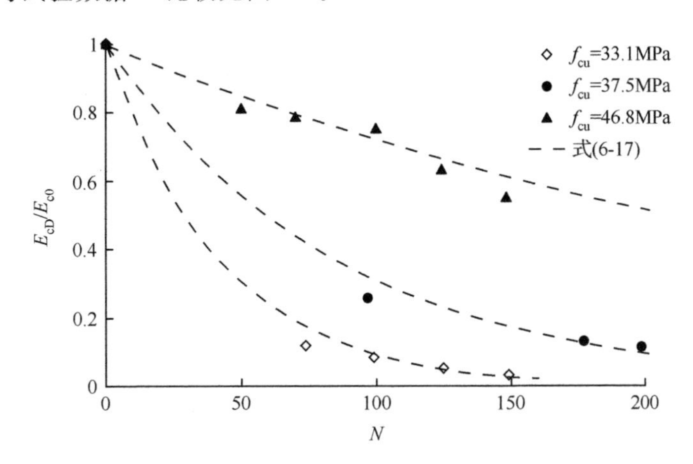

图 6-5　混凝土相对弹性模量与 N 的关系

6.3.4　受压应力-应变关系

混凝土单轴受压应力-应变全曲线反映了混凝土最基本的力学性能，是研究钢筋混凝土构件、结构的承载力和变形的主要依据之一。文献[19]测量了三批不同强度混凝土棱柱体试件冻融后单轴受压应力-应变全曲线（图 6-6），可以看出，当冻融循环次数较多时，应力-应变曲线上升段在加载初期有轻微上扬，呈现出下凹曲线形式。不同于普通混凝土应力-应变曲线上升段完全外凸。这是由于经过多次冻融循环后，混凝土内部变得疏松，

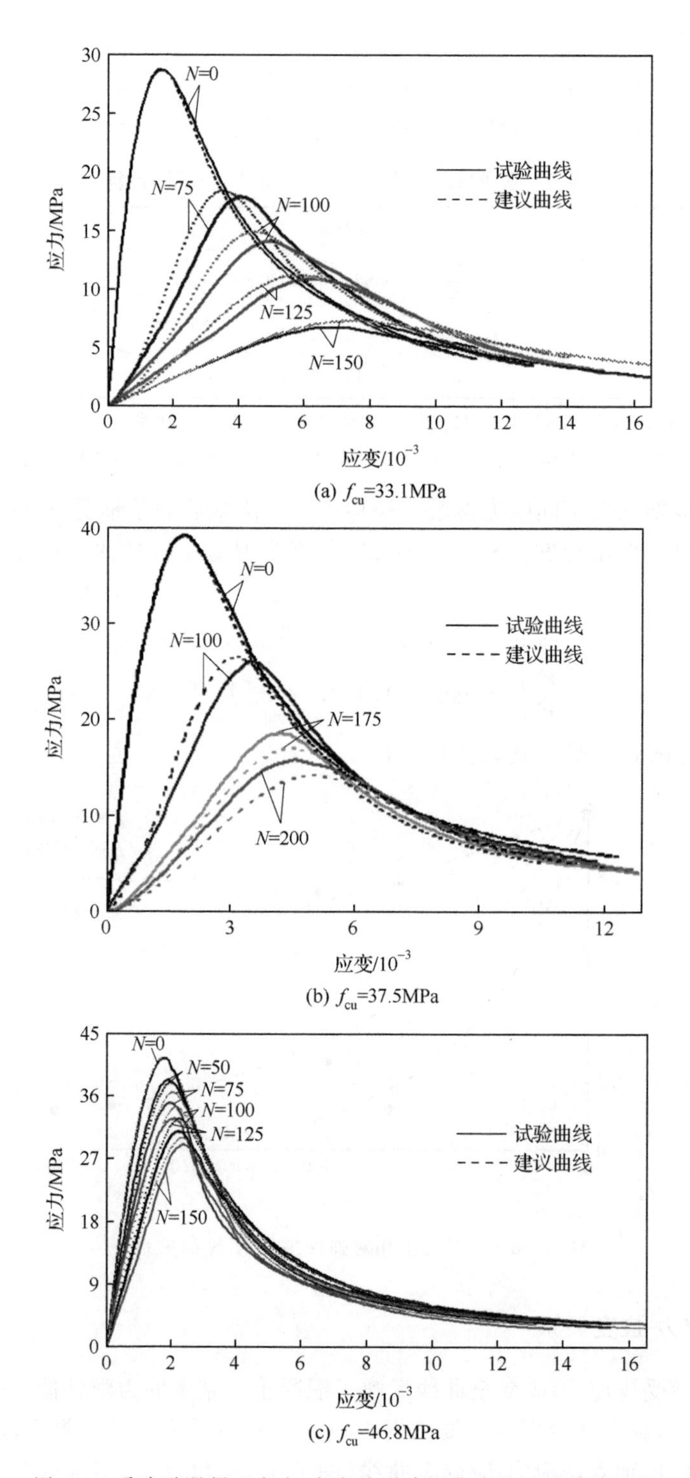

(a) f_{cu}=33.1MPa

(b) f_{cu}=37.5MPa

(c) f_{cu}=46.8MPa

图 6-6　受冻融混凝土应力-应变关系建议曲线和试验曲线比较

出现许多微裂缝;加载初期试件受压后裂缝闭合,即有被"压实"的效应,继而切线模量略微增大,直至上升段的一拐点处,曲线成为外凸形状,模量逐渐递减。

根据试验结果[19],建议对于 f_{cu} 在 30～50MPa 的混凝土冻融作用后应力-应变关系采用过镇海方程[21]:

$$\frac{\sigma}{f_{cD}}=\begin{cases}a_D\dfrac{\varepsilon}{\varepsilon_{cD}}+(3-2a_D)\left(\dfrac{\varepsilon}{\varepsilon_{cD}}\right)^2+(a_D-2)\left(\dfrac{\varepsilon}{\varepsilon_{cD}}\right)^3, & 0\leqslant\dfrac{\varepsilon}{\varepsilon_{cD}}\leqslant 1\\[2ex] \dfrac{\dfrac{\varepsilon}{\varepsilon_{cD}}}{b_D\left(\dfrac{\varepsilon}{\varepsilon_{cD}}-1\right)^2+\dfrac{\varepsilon}{\varepsilon_{cD}}}, & \dfrac{\varepsilon}{\varepsilon_{cD}}\geqslant 1\end{cases} \tag{6-18}$$

式中,σ 为压应力;ε 为压应变;f_{cD} 为峰值应力,可由式(6-11)确定;ε_{cD} 为峰值应变,可由式(6-14)确定;a_D 和 b_D 分别为受冻融混凝土上升段和下降段的控制参数,分别按照式(6-19)和式(6-20)取值。

$$a_D=[6.474\times10^{-7}N^2f_{cu}^{-7.7667}-0.5975N\exp(-0.1039f_{cu})+1]a_0 \tag{6-19}$$

$$b_D=[-5.8159N^2\exp(-0.3087f_{cu})+14.097N\exp(-0.1803f_{cu})+1]b_0 \tag{6-20}$$

其中,a_0 和 b_0 分别为常温混凝土上升段和下降段的控制参数,其取值可参考文献[21]。对于混凝土受冻融后建议的曲线和试验曲线[19]比较见图 6-6。

6.3.5　抗拉强度

混凝土是一种抗拉性能较差的材料,一般环境中的建筑结构通常忽略混凝土的抗拉能力,并允许结构带裂缝工作。但在冻融环境中,带裂缝工作的混凝土抗冻耐久性将急剧下降,这是因为渗入裂缝处的自由水结冰产生的冻胀应力将助长裂缝的继续发展,加速冻融损伤的进程,直至蔓延至结构内部,导致整个结构性能迅速退化。因此,对于冻融环境中工作的混凝土结构,在设计环节就应该充分考虑到其抗拉、抗裂性能随冻融循环的衰减,适当提高结构的抗裂等级,建议通过增强、增韧的方法改善混凝土的抗拉能力[22]。

1) 轴心抗拉强度

文献[16]测定了立方体试件冻融后的轴心抗拉强度 f_t,回归试验结果,建议了相对抗拉强度 f_{tD}/f_{t0}(f_{t0} 和 f_{tD} 分别为混凝土冻融循环前、后的立方体抗拉强度)和冻融循环次数 N 的关系式:

$$\frac{f_{tD}}{f_{t0}}=\begin{cases}1-0.0232N, & 0\leqslant N\leqslant 25\\ 0.475-0.0022N, & 25< N\leqslant 100\end{cases} \tag{6-21}$$

2) 劈拉强度

研究表明,受冻融混凝土劈拉强度随 N 的增加呈线性降低,文献[18]和[20]分别测量了立方体试件和圆柱体试件(直径 101.6mm、高 203.2mm)受冻后的劈拉强度。回归试验结果[18,20],得到表 6-6 的关系式。

表 6-6 冻融后混凝土劈拉强度计算式

文献	计算式		编号
[18]	$\frac{f_{tsD}}{f_{ts0}}=1-0.0032N$		(6-22)
[20]	$\frac{f_{tsD}}{f_{ts0}}=1-0.0016N$	$f_{cu}=47.5$	(6-23a)
	$\frac{f_{tsD}}{f_{ts0}}=1-0.0008N$	$f_{cu}=72.1$	(6-23b)

注：式(6-22)和式(6-23)中，f_{ts0} 和 f_{tsD} 分别为混凝土冻融前和冻融后的劈拉强度。

3) 抗折强度

受冻融混凝土的抗折强度也随 N 的增加呈线性降低[18]，且下降幅度比抗压强度、劈拉强度都要大。回归试验结果[18]，建议对 C30 等级的混凝土受冻后抗折强度采用如下计算式：

$$\frac{f_{tfD}}{f_{tf0}}=1-0.0067N \tag{6-24}$$

式中，f_{tf0} 和 f_{tfD} 分别为混凝土冻融前和冻融后的抗折强度。

6.3.6 峰值拉应变

峰值拉应变指混凝土试件达到轴心抗拉强度 f_t 时的应变。文献[16]测定了立方体试件冻融后的峰值拉应变 ε_{tD}，发现峰值拉应变随冻融循环次数的增加而减小，建议对于冻融后的混凝土峰值拉应变采用如下计算式：

$$\varepsilon_{tD}=(0.015-0.0000908N)\times 10^{-2} \tag{6-25}$$

式中，ε_{tD} 为混凝土立方体试件冻融后的峰值拉应变。

6.4 影响混凝土抗冻性的主要因素及抗冻措施

混凝土的抗冻性与其各组成部分的性质和外部环境密切相关，以下归纳了影响混凝土抗冻性的主要因素及相应提高混凝土抗冻性的措施。

6.4.1 水灰比

水灰比直接影响混凝土的孔隙率及孔隙结构。随着水灰比的增大，不仅可饱水的开孔总体积增加，而且平均孔径也增大，导致结冰速率更快，在冻融过程中产生的静水压力和渗透压力更大，因此混凝土的抗冻性必然降低。试验表明[23]：无论是否掺加引气剂，混凝土抗冻融循环次数随着水灰比的增大而减小(图 6-7)。

因此，要提高混凝土的抗冻性，首先要严格把握水灰比和水泥用量，各国对有抗冻要求的混凝土都有最大水灰比和最低水泥用量的限制[24]，见表 6-7 和表 6-8。

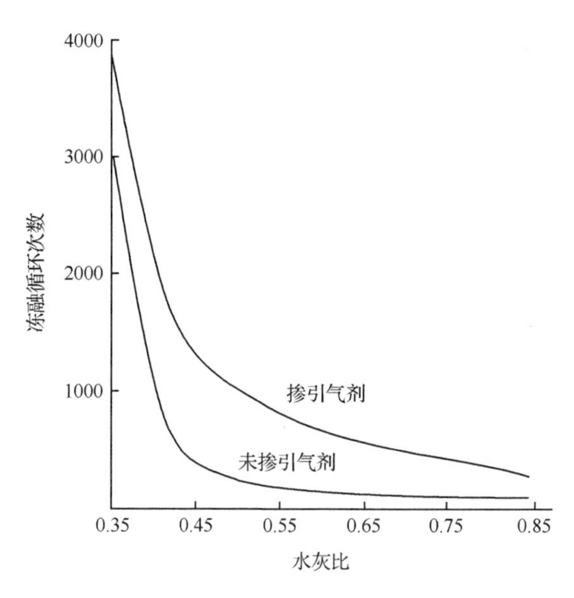

图 6-7　水灰比和引气剂对混凝土抗冻性的影响

表 6-7　海工混凝土最大水灰比和最低水泥用量[《水运工程混凝土质量控制标准》(JTJ 269—96)]

环境条件（水位变动区）	钢筋混凝土、预应力混凝土				素混凝土			
	北方		南方		北方		南方	
	水灰比	水泥用量/(kg/m³)	水灰比	水泥用量/(kg/m³)	水灰比	水泥用量/(kg/m³)	水灰比	水泥用量/(kg/m³)
严重受冻	0.45	395	—	360	0.45	395	—	280
受冻	0.5	360	—	360	0.50	360	—	280
微冻	0.55	330	—	360	0.55	330	—	280
偶冻、不冻	—	300	0.50	360	—	300	0.65	280

表 6-8　各国海工混凝土结构要求的最大水灰比和最低水泥用量[24]

标准代号或名称	混凝土所处位置					
	大气区		浪溅区		水下区	
	水灰比	水泥用量/(kg/m³)	水灰比	水泥用量/(kg/m³)	水灰比	水泥用量/(kg/m³)
《FIP 海工混凝土结构设计与施工建议》(1986 年)	0.40	360	0.40	400	0.45	360
美国 ACI357(1989 年)	0.40	350	0.40	350	0.40	350
澳大利亚 AS1480(1982 年)	0.45	400	0.45	400	0.45	360
挪威 DNV(1989 年)	0.45	300	0.45	400	0.45	300
日本土木学会编《混凝土标准规范》(1986 年)	0.45	330	0.45	330	0.50	300

6.4.2 含气量和气泡间距

通过掺引气剂引入气泡是提高混凝土抗冻性的最有效方法之一。挪威1947年首次在大坝中使用引气剂,经过20年运行后,掺引气剂的混凝土表面完好无损,而未掺引气剂的混凝土则已遭到较严重的破坏。美国伊利诺斯试验站的现场试验表明:普通混凝土经受不了一个冬季的暴露,而引气混凝土经过了16年仍能保持良好的状态。我国天津新港北防护堤的混凝土,未掺引气剂的部分,经10年的使用出现了表面剥蚀、集料外露的冻坏现象,甚至有的10年已经崩溃,而引气混凝土,使用15年以后,仍完好无损。

由6.2.2节的分析可知,气孔间距越大,冻结过程中未冻水迁移所产生的静水压力也越大。由图6-8[25]可看出,混凝土的抗冻耐久性指标随着气泡间距的增加而减小。因此,引入气泡的原则是使气孔间距尽量小。那么在含气量相同的情况下,要引入数量多且直径小的气泡,而非数量少且直径大的气泡。为保证混凝土具有良好的抗冻性,美国混凝土学会建议气孔间距系数小于200μm[26]。

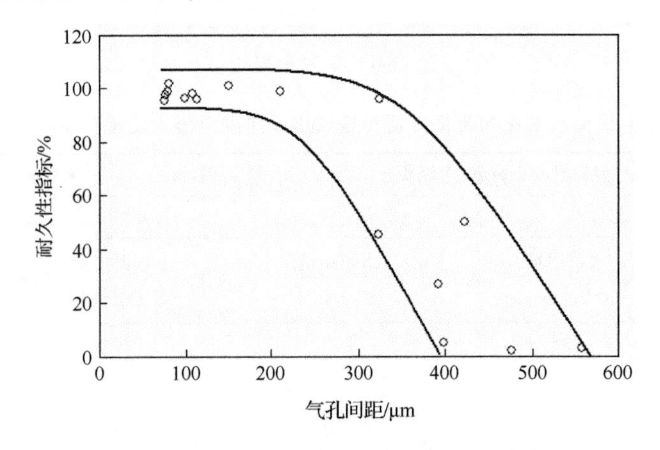

图6-8 冻融耐久性与气孔间距的关系[20]

引入气泡在提高混凝土抗冻性的同时,还会带来强度的降低。一般在水灰比不变的条件下,含气量每增加1%,混凝土的抗压强度降低4%~6%[27]。因此,必须在耐久性和强度之间寻找最佳点。我国和各国对有抗冻要求的混凝土拌和物的含气量都有一定的控制范围[24],见表6-9。

表6-9 各国对抗冻融混凝土含气量的规定

标准名称或代号	集料最大粒径/mm	含气量范围
《水运工程混凝土质量控制标准》(JTJ 269—96)	10.0	5.0%~8.0%
	20.0	4.0%~7.0%
	31.5	3.5%~6.5%
	40.0	3.0%~6.0%
	63.0	3.0%~5.0%

续表

标准名称或代号	集料最大粒径/mm	含气量范围
《FIP 海工混凝土结构设计与施工建议》(1986 年)	10	7%～10%
	20	5%～8%
	40	4%～7%
英国 BS110(1985 年)	10	7%
	20	5%
	40	4%
挪威 DNV(1989 年)	20	≥5%
	40	≥3%

6.4.3　集料

集料约占混凝土体积的 75%,因此集料的抗冻性绝对不可忽略。由 6.2.3 节可知,集料引起的冻融破坏形式分为两类:①本身抗冻性差的集料,在冻结过程中,若处于饱水状态,且颗粒尺寸超过临界尺寸,则集料本身破裂;②集料冻结时迁移的水,进入集料和水泥浆的界面,加剧混凝土的破坏。Verbck 和 Landgren 据此提出将集料分为三类[28]。

(1) 渗透性比较低且强度比较高的集料。这类集料抗冻性较好。即使处于饱水状态,其可冻结的水量比较少,在冰冻时不会发生破坏,如花岗岩和优质石灰石。

(2) 中等渗透性的集料。即总孔隙的很大部分为 500nm 数量级以及更小的孔,毛细管力使得集料在潮湿环境下极易饱水并保持水分。但冻结时,未冻水在这些尺寸的孔隙中迁移非常困难。此类集料的抗冻性很差,当集料颗粒尺寸大于临界尺寸时,就会发生破裂,如燧石和页岩。

(3) 高渗透性集料。一般含有大孔,虽然水容易进入,但冻结时迁移也容易,一般集料本身不会破坏。但挤出的水进入集料和水泥浆的界面,会加剧混凝土的破坏,如砂岩和人造轻集料。

6.4.4　掺和料

混凝土中掺入硅粉后,其粗大孔隙及毛细孔大量减少,而超细孔隙增加,如前所述:孔隙中溶液的冰点随孔径减小而降低,因此,硅粉的掺入可延缓冻融过程,降低破坏应力。试验表明:与普通混凝土比较,在胶结材总量相同,塌落度不变的条件下,硅粉混凝土的抗冻能力高于普通混凝土[29]。

在混凝土工程中正确、合理地应用粉煤灰,用粉煤灰代替部分水泥,不仅可以节省水泥、降低混凝土成本,更重要的是可以改善混凝土性能。粉煤灰作为掺和料对混凝土抗冻性有显著的影响。研究表明[30,31]:①在水胶比相同的情况下,随着粉煤灰掺量的增加,混凝土(28 天龄期)的抗冻性(尤其是抗盐冻剥蚀能力)降低,但适当充分的引气同样能显著改善粉煤灰混凝土的抗冻性;②粉煤灰的水化周期较长,故龄期对粉煤灰混凝土的性质具有重要影响,粉煤灰混凝土的后期强度发展空间很大,如果经过充分的水化,有一个比较好的养护环境，粉煤灰混凝土的长期抗冻性能是能够满足工程要求的；③由于引气剂引入的气泡可被粉煤灰中细微碳粒吸附，随着粉煤灰的掺加，在相同引气剂掺量下，混凝土的含气量呈下降趋势，所以，与普通混凝土相比，粉煤灰混凝土引气相对困难，需要更多的引气剂掺入量。

6.4.5 冻结最低温度及降温速率

由 Powers 的静水压力理论可知，混凝土受冻时受到的静水压力与降温速率成正比(式(6-5))，可见降温速率对混凝土冻融损伤影响很大，而许多混凝土抗冻性试验数据都是在“快冻法”(降温速率为 12℃/h)基础上获得的，如混凝土抗冻性最重要的指标之一是气孔间距系数 $L \leqslant 250\mu m$。Pigeon 和 Pleau[7] 在“慢冻法”基础上找出相应的 L，并通过试验，得到 L 与不同降温速率之间的关系。如图 6-9 所示，降温速率越大，所需要的气孔间距越小。

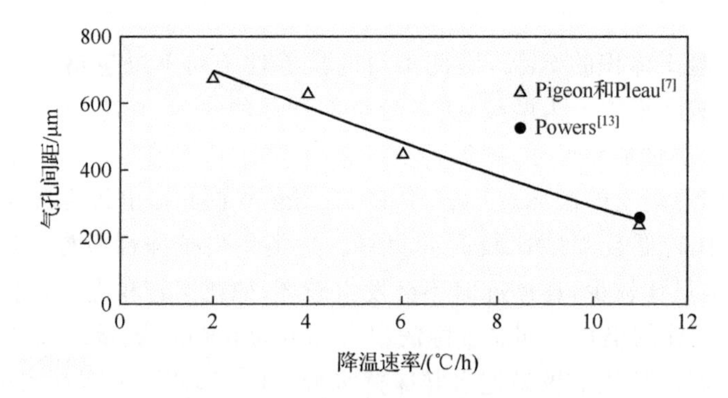

图 6-9　气孔间距系数与降温速率的关系

另外，最低冻结温度也对混凝土的冻融破坏程度有着很大的影响。当混凝土中最低冻结温度达－10℃时，冻融破坏的力量将明显加大[30,32]。因此对于混凝土冻结温度有可能到达－10℃或更低温度的建筑物，必须设计较高的抗冻标号。

6.4.6 饱水程度

混凝土的冻融破坏与其饱水程度直接相关。Fagerlund 还提出了“临界饱和度理论”[33]。该理论认为当混凝土的水饱和度低于某一临界值时，混凝土不会发生冻害；超过临界值时将迅速破坏。如图 6-10 所示，图中拐点对应的 S_{cr} 即为临界饱水度，可取为 0.9。

混凝土的饱水状态主要与混凝土结构的部位及其所处自然环境有关。一般来讲，在大气中使用的混凝土结构的含水量均达不到该极限值，而处于潮湿环境的混凝土结构的含水量比极限值明显要大。最不利的部位是水位变化区，该处的混凝土经常处于干湿交替变化的条件下，受冻时极易破坏。另外，混凝土表面层含水率通常大于其内部的含水率，因此表面破坏程度往往大于内部。相对而言，结构的平面部位比垂直部位更容易受到冻融破坏。

因此，在最初的结构设计中，应减少结构长期与水接触[26]。对于与水接触的混凝土结构(特别是经常撒除冰盐，并受到冻融循环作用的混凝土平板，包括人行道、路缘石、排水沟、桥面板、路面板，以及与公路相邻的结构，如防撞栏、桥梁下部结构等会被盐水溅到的部位）的外表面和顶面，应设计为斜面或其他构造措施减少水的滞留，避免在局部区域形成水坑。合理的排水系统有利于水的迅速排出，减少混凝土浸水的时间。

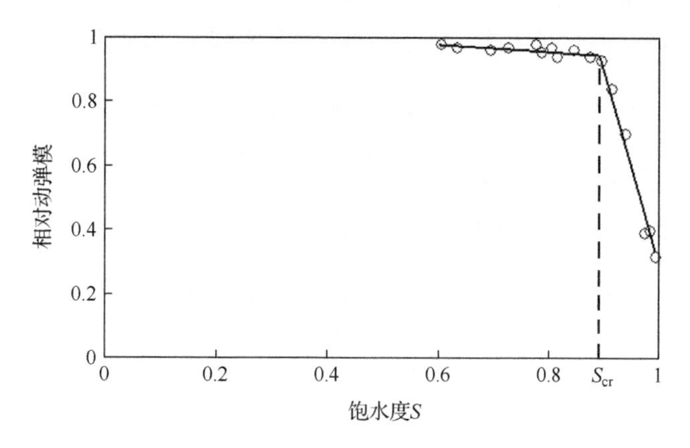

图 6-10　混凝土的临界饱水度

参考文献

[1] Mehta P K. Concrete durability-fifty years progress//Proceedings of 2nd International Conference on Concrete Durability. ACI SP 126-1, Detroit, 1991:1-31.

[2] 牛荻涛. 混凝土结构耐久性与寿命预测. 北京:科学出版社,2003.

[3] 亢景富,冯乃谦. 水工混凝土耐久性问题与水工高性能混凝土. 混凝土与水泥制品, 1997,8(4):4-10.

[4] 宋恩来. 东北地区大坝溢流面冻融和冻胀破坏. 东北电力技术,2000(3):22-26.

[5] 葛勇. 严寒地区热电厂冷却塔混凝土破坏状况调查与原因分析//邢锋,明海燕. 沿海地区混凝土结构耐久性及其设计方法. 北京:人民交通出版社,2004:563-568.

[6] 常传利,葛勇,于继寿,等. 路桥水泥混凝土冻融破坏调查与分析. 低温建筑技术,2006(6):3-4.

[7] Pigeon M, Pleau R. Durability of Concrete in Cold Climates. London: Taylor & Francis, 1995.

[8] 龚洛书,柳春圃. 混凝土的耐久性及其防护修补. 北京:中国建筑工业出版社,1990.

[9] Bazant Z P. Mathematical model for freeze-thaw durability of concrete. Journal of the American Ceramic Society, 1988,71(9): 776-783.

[10] Penttala V. Freezing-induced strains and pressures in wet porous materials and especially in concrete mortar. Advanced Cement Based Material, 1998,7(1): 8-19.

[11] Setzer M J. Micro ice lens formation and frost damage//Proceedings of the International RILEM Workshop. Minneapolis: SARL, 1999:1-15.

[12] Collins A R. The destruction of concrete by frost. Journal of Institution of Civil Engineers, 1944,23(1):29-41.

[13] Powers T C. A working hypothesis for further studies of frost resistance of concrete. ACI Journal, 1945,16(4): 245-272.

[14] Powers T C. The air requirement of frost-resistance concrete//Proceedings of Highway Research Board, Washington, D. C., 1949,29:184-202.

[15] Powers T C. Freezing effect in concrete//Scholer C F. Durability of Concrete. Detroit: American Concrete Institute, 1975:1-11.

[16] 商怀帅,宋玉普,覃丽坤. 普通混凝土冻融循环后性能的试验研究. 混凝土与水泥制品,2005(2):9-11.

[17] 冀晓东. 冻融后混凝土力学性能及钢筋混凝土粘结性能的研究. 大连:大连理工大学博士学位论文,2007.

[18] 程红强. 冻融循环对混凝土强度的影响. 河南科学,2003,21(2):214-216.

[19] 段安. 受冻融混凝土本构关系研究和冻融过程数值模拟. 北京:清华大学博士学位论文,2009.

[20] 施士升. 冻融循环对混凝土力学性能的影响. 土木工程学报,1997,30(4):35-42.

[21] 过镇海,张秀琴. 单调荷载下的混凝土应力-应变全曲线试验研究//科学研究报告集(第三集):钢筋混凝土结构的抗震性能. 北京:清华大学出版社,1981:1-18.

[22] 邹超英,赵娟,梁锋,等. 冻融作用后混凝土力学性能的衰减规律. 建筑结构学报,2008,29(1):117-123.

[23] 张海燕. 混凝土的抗冻融破坏试验研究. 西北水资源与水工程,2001,12(1):49-52.

[24] 中华人民共和国交通部. 水运工程混凝土质量控制标准(JTJ 269—96). 北京:人民交通出版社,1996.

[25] Bureau of Reclamation U S. The air-void systems of highway research board cooperative concretes. Concrete Laboratory Report No. C-824, Denver,1956.

[26] ACI 212.3R-91. Guide to durable concrete,ACI manual of concrete practice,part Ⅰ: Materials and general properties of concrete. Detroit:American Concrete Institute,1994.

[27] 覃维祖. 掺加气剂就降低混凝土强度吗. 混凝土及加筋混凝土,1983,3:49-50.

[28] Verbck G J,Landgren R. Influence of physical characteristics of aggregates on frost resistance of concrete//Proceeding of the American Society for Testing and Materials,Philadelphia,1960(60):1063-1079.

[29] 柳艳杰,王正君. 硅粉对混凝土抗冻性影响的研究. 黑龙江水专学报,2006,33(1):36-37.

[30] 徐小巍. 不同环境下混凝土冻融试验标准化研究. 杭州:浙江大学硕士学位论文,2010.

[31] 张国强. 混凝土抗盐冻性能. 北京:清华大学硕士学位论文,2005.

[32] 李金玉,曹建国,徐文雨,等. 混凝土冻融破坏机理的研究. 水利学报,1999(1):41-49.

[33] Fagerlund G. The international cooperative test of the critical degree of saturation method of assessing the freeze-thaw resistance of concrete. Materials and Structures,1977,10(58):231-253.

第 7 章　混凝土的碱-集料反应

一般认为混凝土中的集料是惰性的。然而，在一定条件下，集料中的某些活性成分，尤其是硅质矿物，可能与混凝土孔隙中的碱性溶液发生反应，反应生成的硅酸盐凝胶吸水膨胀，遇到周围已经硬化的混凝土会产生很大的膨胀压力，如果超过混凝土的抗拉强度，则使混凝土表面产生大量明显的裂缝。这种现象称为碱-集料反应（alkali-aggregate reaction，ARR），是影响混凝土耐久性的主要因素之一。

碱-集料反应普遍发生在世界各地，不过这种反应通常仅在混凝土中的局部位置发展，且这种反应往往在混凝土结构服役过程中的某时段内发生，之后可能又会减缓，因此，碱-集料反应虽然给混凝土结构带来一定的损伤，但结构仍能维持工作状态。应该指出的是，碱-集料反应不同于其他混凝土病害，其开裂破坏是由内而外的，且目前尚未有有效的全面修补方法，因此，该反应有时会称为混凝土的“癌症”。

7.1　碱-集料反应发现与研究发展

1914 年 1 月，丹麦土木工程师协会的 Poulsen 第一次提出碱-集料反应。20 世纪 30 年代，在美国加利福尼亚的几个建筑结构中发现了膨胀和开裂，研究人员通过砂浆测试表明使用当地的高碱水泥在细砂集料中会发生伴随着乳白色硅胶的膨胀反应，之后碱-集料反应开始被广泛关注[1]。

碱-集料反应引起的膨胀完全显现需要几十年的时间，不过这个问题已经逐渐在许多国家出现。一般而言，在一个国家中发现第一例此类病害后，则很快会相继发现其他病例。例如，20 世纪 50 年代在丹麦就发现了大量的乳白色燧石质和玉髓状燧石质集料引起的碱-集料反应。60 年代末，在德国北部边界附近，发现一座桥有许多由碱-硅酸反应导致的病害，之后在 70 年代中期也在许多建筑结构中发现由碱-硅酸反应引起的病害。在德国北部，病害最严重的是由于使用了当地的乳白色砂岩。这个地区性问题后来在其他地方也发生了。

20 世纪 70 年代，由于媒体关注并持续报导碱-集料反应病害，这方面的研究开始成为关注热点。英国在 1971 年和 1976 年分别在新泽西州的一座大坝和英格兰西南部的三座发电厂中发现了碱-集料反应的病害。之后类似病例又在大约 200 幢建筑结构中被发现，它们主要集中发生在英格兰西南部和中部。在 60 年代，冰岛的建筑中，由于高活性的火山碎石与高碱性的国产水泥混合使用引起的碱-集料反应产生的问题直到 1976 年才第一次被鉴定出来。南非对于碱-集料反应病害的正式确认也是在 1976 年，当时有很多病害已经在西开普省被鉴定出来。在法国，碱-集料反应病害是 20 世纪 70 年代末在一座大坝中被发现，随后对法国北部的 140 座桥梁进行的调查显示 29％的桥梁具有碱-集料反应病害的现象，其中 5％表现出反应显著减缓的现象。

20 世纪 80 年代，对挪威北部的 400 多座大坝、水电站和公路桥梁做了调查，在 31 座建筑结构中发现了碱-集料反应。同样，在 1989 年开始的对新西兰 400 多座桥梁的调查中有 100 多座被怀疑有碱-集料反应病害，占了总数的 1/3。这些建筑结构中的一半需要大型维修，甚至需要重新建造。同时，碱-集料反应也在一些意大利工业建筑和人行道中被检测出来，主要集中在亚得里亚海岸，在日本也有发现此类病害。

20 世纪 90 年代末，关于第一例碱-集料反应病害的报道相继在其他国家出现。1990 年在荷兰的一座 30 年历史的高架桥中检测到碱-集料病害，其他的病例也很明显地发生在使用当地燧石集料的地方。1993 年，在六个葡萄牙大坝和一个高架桥中检测到碱-集料病害，同时造成亚速尔群岛圣地亚哥的一个飞机场的路面裂缝的部分原因也被认定是碱-集料反应。先前认为不会受影响的国家，也相继发生了碱-集料病害。

中国在 1953 年建设第一个大型水利工程——佛子岭水库时，吴仲伟院士就吸取了美国派克坝碱-活性集料破坏的教训，建议预防碱-集料反应。水利部采纳了他的建议，也引进了当时 ASTM 对碱-集料的鉴定方法（化学法和砂浆棒长度法）[2]。

在 1962 年水利电力部颁发的《水工混凝土试验规程》中，就列入了化学法和砂浆棒长度法两种碱-活性集料的鉴定方法；1982 年修订的《水工混凝土试验规程》中，又补充了岩相法、碳酸盐集料碱活性鉴定方法以及抑制集料碱活性效应试验方法；2001 年修订的《水工混凝土试验规程》中，又补充了碱活性集料的砂浆棒长度快速鉴定法（80℃法）和混凝土棱柱体法[3]。

20 世纪 80 年代中期，中国水利水电科学研究院等单位，对全国已建的 32 座混凝土高坝和 40 余座水闸的混凝土耐久性和老化病害状态进行了调查，没有发现由于碱-活性集料反应引起工程破坏的实例。分析其原因，正是中国对水工混凝土工程的碱-活性集料反应问题重视较早。而且新中国成立以来，中国水泥工业以生产高混合材水泥为主，70 年代以前，混凝土强度等级低，单方水泥用量较少，又很少用外加剂，因此 80 年代以前的建筑、市政铁道、交通、冶金等建设工程，尚未发现碱-集料反应的报告[4]。

直到 1984 年制定了不掺混合材的硅酸盐水泥标准以后，由于这种水泥早期强度发展快，在重点工程及冬期工程中应用较多，产量逐年增加，单方水泥用量增多，而华北、西北地区生产的水泥的含碱量偏高，又使用含碱外加剂，因此中国从 20 世纪 90 年代开始，陆续在北京、天津、山东、陕西、内蒙古、河南等地的立交桥、机场或铁路轨枕中发现因碱-集料引起的破坏实例。如建成于 1984 年的北京三元立交桥，到 1993 年盖梁已全部顺筋开裂，发生了严重的碱-集料破坏[5]。

近年来在南京工业大学和中国建筑材料科学研究总院等单位对判定集料活性的试验检验方法进行了系统的研究[5,6]，提出了新的硅质集料碱活性快速试验方法、碳酸盐集料碱活性检测方法、碱-集料反应工程破坏检测方法；建立了沿长江和华东地区、京津唐地区碱活性集料分布图和分类图，明确了我国集料碱活性的分布情况，有助于重点工程混凝土用集料的优选并解决碱-集料反应的预防问题。

在关注集料碱活性检测方法研究的同时，中国还研制开发了一系列抑制碱-集料反应发生的新材料，如低碱、无氯、低渗量的液体早强剂和防冻剂，含碱量很低的硫铝酸盐或铁铝酸盐水泥，各种工业废渣制成的碱-集料反应抑制剂等。研究发现硫铝酸盐与铁铝酸盐水泥在实验周期内能够有效地抑制高活性白云质灰岩的碱-碳酸盐反应膨胀，大大延缓碱-碳酸盐反应的进行，为国际上尚未解决的碱-碳酸盐反应破坏提出一条切实可行的防治措施[7]。

7.2　碱-集料反应的机理

7.2.1　碱-集料反应的种类

从全球范围来看，碱-集料反应最主要的形式是碱-硅酸反应（alkali-silica reaction，ASR）。参与这种反应的有蛋白石、黑硅石、燧石、鳞石英、方石英、玻璃质火山岩、玉髓及微晶或变质石英等。反应发生于碱与微晶氧化硅之间，其反应产物为硅胶体。这种硅胶体遇水膨胀，产生很大的膨胀压力，能引起混凝土开裂。这种膨胀压力取决于集料中活性氧化硅的最不利含量。还有一种所谓的“碱-硅酸盐反应”，是黏土质岩石及千板岩等集料与混凝土中碱性化合物发生的反应。这种反应引起缓慢的体积膨胀，也能导致混凝土开裂。一般认为碱-硅酸盐反应本质上是一种慢膨胀型碱-硅酸反应，所以常归入碱-硅酸反应中。

碱-集料反应另外还有碱-碳酸盐反应（alkali-carbonate reactions，ACR）。碱-碳酸盐反应是指碱与含有方解石和黏土的细粒黏土质白云石质石灰石集料的总反应。这种反应最早发现于加拿大的一条混凝土路面，该路面在非寒冷季节发生了严重龟裂，经调查发现，该路面使用了白云质石灰石集料，由此证明，碱-碳酸盐集料反应也能引起混凝土体积和开裂。相比其他地区，碱-碳酸盐反应问题在加拿大和我国更严重。碱-硅酸盐反应并不普遍，所以还未进行深入研究。包括欧洲在内的大多数国家，都主要关注碱-硅酸盐反应。

7.2.2　碱-集料反应机理

如前所述，碱-集料反应是混凝土中某些活性矿物集料与混凝土孔隙中的碱性溶液之间发生的反应。可见，促使这类反应发生必须具备三个条件，即在混凝土中同时存在活性矿物集料（活性二氧化硅、白云质类石灰岩或黏土质页岩等）、碱性溶液（KOH、NaOH）和水[8]。

在水泥水化生成物中，除了 C_2S、C_3S、S_3A 和 C_4AF，还有少量的 $Ca(OH)_2$，与集料中的钾长石或钠长石反应会置换出 KOH 和 NaOH。在水泥水化反应初期，在集料颗粒四周形成 C—S—H 凝胶及 $Ca(OH)_2$ 附着层，然后 $Ca(OH)_2$ 与长石反应置换出 KOH 和 NaOH，形成发生碱-集料反应的一个必要条件。

混凝土中的活性集料与混凝土中的碱-集料发生反应：

$$Na^+\ (K^+) + SiO_2 + OH^- \longrightarrow Na(K)—Si—Hgel$$

KOH 和 NaOH 浓度较低时，不足以引起混凝土的破坏，一般认为当含碱量小于 0.6%时，可不考虑碱-集料反应。

当 KOH 或 NaOH 浓度较高时，KOH 或 NaOH 不仅能中和二氧化硅颗粒表面及微孔中的氢离子，还会破坏 O—Si—O 之间的结合键，使二氧化硅颗粒结构松散，并使这一反应不断向颗粒内部深入形成碱硅胶。这种碱硅胶会吸收微孔中的水分，发生体积膨胀。在周围水泥浆已经硬化的情况下，这种体积膨胀会受到约束，产生一定的膨胀压力。当该压力超过水泥浆抗拉强度时，就会引起混凝土开裂，使混凝土结构发生破坏。该反应引起的体积膨胀量与混凝土中的含水量有关系，水分充足时，体积可增大三倍。因此，为了减少这种膨胀压力，必须防止水分由外部渗入混凝土孔隙中，即对混凝土结构予以防水处理。

碱-硅酸盐反应的机理与碱-硅酸反应的机理是类似的，只是反应速率比较缓慢。

碱-碳酸盐反应引起的混凝土破坏目前归结为白云石质石灰岩集料脱白云石化引起的体积膨胀。白云石质石灰岩集料在碱性溶液中发生的脱白云石反应如下：

$$CaMg(CO_3)_2 + 2NaOH \longrightarrow Mg(OH)_2 + CaCO_3 + Na_2CO_3$$

式中，钠离子(Na^+)也可换作钾离子(K^+)。

这一反应不是发生在集料颗粒与水泥浆的界面，而是发生在集料颗粒的内部。另外，黏土质集料遇水也会膨胀。

7.2.3　碱-集料反应的主要影响因素

由碱-集料反应的机理可以得知，影响这一反应的主要因素为水泥的含碱量及集料本身有无反应活性，另外就是孔隙水量，这三个要素缺一不可。因此，影响碱-集料反应的因素也均与这三个要素紧密相关。

1）水泥的含碱量

碱-集料反应引起的膨胀值与水泥中的 Na_2O 的当量含量紧密相关。对于每一种反应性集料都可以找出单位混凝土含碱量与其反应膨胀量的关系。

2）混凝土的水灰比

水灰比对碱-集料反应的影响是复杂的，水灰比大，混凝土的孔隙度增大，各种离子的扩散及水的移动速率加大，会促进碱-集料反应的发生；但从另一方面看，混凝土水灰比大，其孔隙量大，又能减少孔隙水中碱液浓度，因而减缓碱-集料反应。在通常的水灰比范围内，随着水灰比减小，碱-集料反应的膨胀量有增大的趋势，在水灰比为 0.4 时，膨胀量最大。

需要指出的是：粉煤灰、高炉矿渣、硅微粉等凝胶材料，在特定的使用比例下，对于控制碱-集料反应引起的膨胀是有利的。

3）反应性集料的特性

混凝土的碱-集料反应膨胀量与反应性集料本身的特性有关，包括活性集料的含量、粒度和孔隙率等。

在低和高含量的活性集料情况下，膨胀量都比较小，只有在一定含量的活性集料时，膨胀量才会比较大，如图 7-1 所示[1]。这种现象的一种解释[1]是：在活性集料含量较低时，产生的硅胶量太少，以至于不会出现显著的膨胀；而在活性集料含量较高时，反应非常激烈，但是在混凝土完全硬化前，反应就完成了。

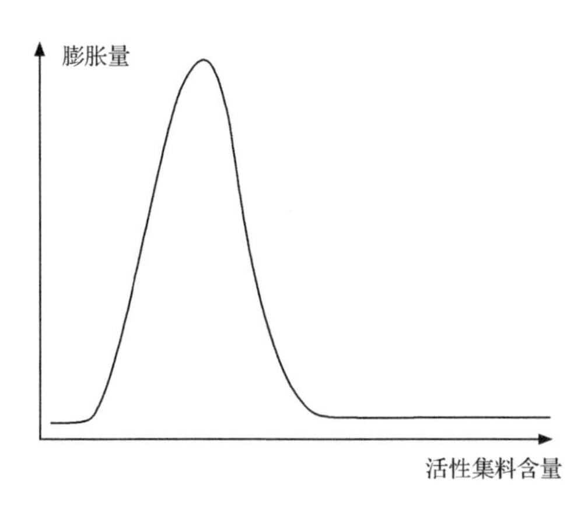

图 7-1　活性集料含量与膨胀率之间的关系图[1]

集料粒度对碱-集料反应也有影响，粒度过大或过小都能使反应膨胀量大大减小，中间粒度(0.15～0.6mm)的集料引起的反应膨胀量最大，因此时反应性集料的总表面积最大。

另外，反应性集料的孔隙率对其反应膨胀量也有影响。某些天然轻集料如火山渣及浮石中活性 SiO_2 含量很高，按照常规理论分析，用这些天然轻集料配制的混凝土理应发生碱-集料反应，但至今未发现天然轻集料混凝土发生碱-硅酸盐反应的实例，可能就是因为轻集料孔隙率大，缓解了膨胀压，这说明多孔集料能减缓碱-集料反应。

4) 混凝土孔隙率

混凝土的孔隙也能缓减碱-集料反应时胶体吸水产生的膨胀压力，因此随孔隙率增加，反应膨胀量减小，特别是细孔减缓效果更好。因此，加入引气剂能减缓碱-集料反应的膨胀。根据试验结果测试引入 4%的空气能使膨胀量减少约 40%。

5) 环境温湿度的影响

混凝土的碱-集料反应离不开水，因此环境湿度对其有明显影响。虽然在低湿度条件下混凝土孔隙中的碱溶液浓度增大会促进碱-集料反应，但在环境相对湿度低于 85%时，如果外界不供给混凝土水分，就不会发生混凝土中反应胶体的吸水膨胀，所以环境湿度对碱-集料反应的影响是不容忽视的。

环境温度对碱-集料反应也有影响。在高温下，反应速率和膨胀速率一开始会很快，但之后又会变慢。在低温下，反应速率一开始很慢，但是最终的总膨胀量会达到甚至超过高温下的总膨胀量，如图 7-2 所示[1]。一般而言，对于每一种反应性集料都有一个温度限值；在该温度以下，随温度增高膨胀量增大，而超过该温度限值，反应膨胀量明显下降。这是由于在高温下碱-集料反应加快，在混凝土未凝结之前就已完成了膨胀，而塑性状态的混凝土能吸收膨胀压力所致。

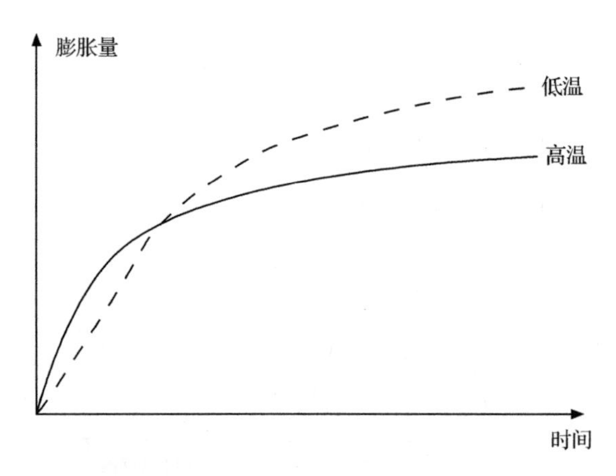

图 7-2　温度对碱-集料反应膨胀量的影响[1]

7.3　碱-集料反应对结构的影响

碱-集料反应会发生在许多混凝土结构中，会引起混凝土开裂，但并不一定会引起结构失效。

7.3.1　碱-集料反应引起的裂缝

碱-集料反应引起的裂缝开展方式取决于杆件中应力水平的大小和配筋的布置。裂缝的深度通常在 25～50mm 浮动，也有可能更深。裂缝最初是向三个方向分别发展，并产生很有特征的“马恩岛(Manx)”裂缝。不配筋区域的裂缝会发展得更加深并与临近裂缝贯通，呈现出图 7-3[1] 中的特征网状裂缝。当配筋布置在靠近表面时，受主应力的影响，裂缝的开展方式会更呈现出矩形规律，如图 7-4 所示[1]。混凝土构件中的配筋量越大，则碱-集料反应引起的膨胀在钢筋中产生的应变越小。配筋量不仅能减小膨胀量，而且也能影响裂缝开展的方式。

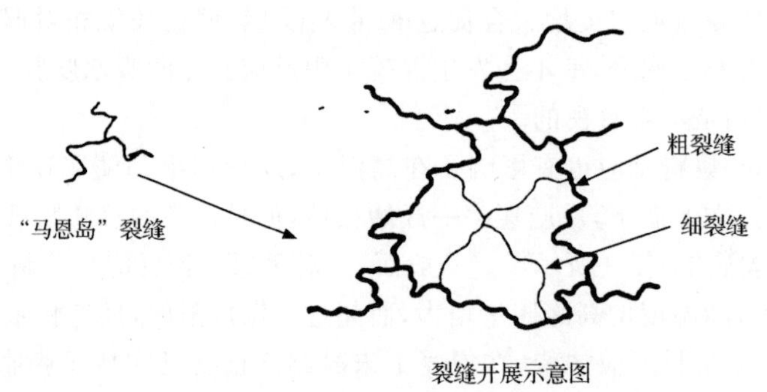

图 7-3　在不配筋区域，由碱-集料反应引起的裂缝开展方式[1]

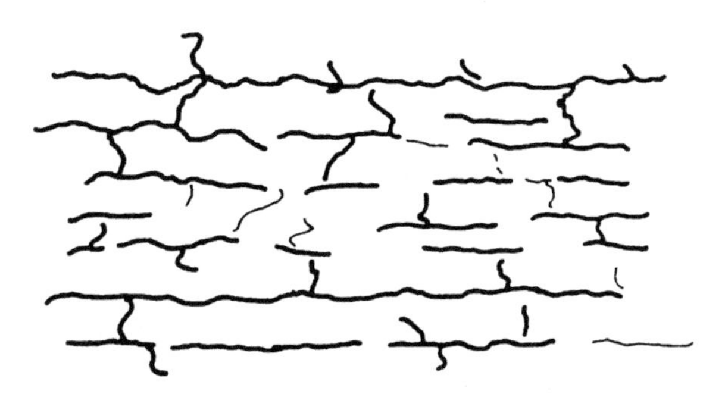

图 7-4　配筋影响下碱-集料反应引起的裂缝开展方式[1]

7.3.2　对结构使用性能的影响

碱-集料反应引起结构失效的发生率要比碱-集料反应的发生少得多。一些结构损伤一开始是发生了碱-集料反应,但是最后结构的破坏是由其他因素引起的,如冻融循环破坏。在一些需要拆除的破损的混凝土结构中也检测到了碱-集料反应,但引起这些结构失效的主要因素往往不是碱-集料反应,而是其他因素的影响,如氯离子侵蚀引起的钢筋锈蚀等。碱-集料反应生成的凝胶也可能在破损的混凝土结构的裂缝中找到,但是裂缝不一定是碱-集料反应引起的。

已有研究表明,与碱-集料反应相关的膨胀和开裂并不一定会降低结构的承载能力。Hobbs 在 1988 年的报告中指出,由于碱-集料反应造成的抗压、抗拉和抗弯强度的损失可达到 10%～30%;弹性模量随膨胀的程度而降低 20%～50%;但在满载情况下,带碱-集料病害的建筑结构性能测试结果仍是令人满意的。

然而,碱-集料反应引起的耐久性问题是一个很难解决的问题,由碱-集料反应产生的裂缝,使混凝土构件开裂区的配筋更容易受到腐蚀。另一个相关问题是冻融循环,即碱-集料反应引起的裂缝是水的入口,一旦结冰会造成裂缝的进一步扩大。

7.4　碱-集料反应发生条件

碱-集料反应是混凝土组成中的水泥、外加剂、掺和料或拌和水中的可溶性碱和混凝土孔隙中及集料中能与碱反应的活性成分在硬化混凝土中逐渐发生的一种化学反应。不论是碱-硅酸反应还是碱-碳酸盐反应,必须同时具备如下三个条件才能使发生碱-集料反应对混凝土结构造成损坏[9]:一是配制混凝土时由水泥、集料(海砂)、外加剂和拌和水中带进混凝土中一定数量的碱,或者混凝土处于有利于碱渗入的环境;二是有一定数量的碱活性集料;三是潮湿环境,可以提供反应物吸水膨胀所需要的水分。

1. 一定量的碱

混凝土中碱的来源可以是配制混凝土时形成的,也可以是混凝土建成以后从周围环境中侵入的碱。即使配置混凝土时含碱量较低,只要环境中外来的碱增加到一定程度,同样可使混凝土结构造成碱-集料反应破坏。

配制混凝土时带入的碱是混凝土中各种原材料碱含量之和，由各种原材料的含碱量及其在混凝土中的用量决定，主要是通过测定水泥和掺和料的碱含量，化学外加剂中钠或钾盐含量，及集料和拌和水中的氯离子含量来计算混凝土的碱含量的。

在混凝土的各项组分中，水泥的用量较大，它的含碱量对控制混凝土的总碱量至关重要。中国自 20 世纪 50 年代开始生产大量混合材的水泥，有的矿渣水泥的矿渣掺量高达 60%～70%，水泥熟料仅占约 30%，水泥中的混合材可以有效地缓解和抑制碱-集料反应。使用低碱水泥和混合材水泥，是抑制碱-集料反应的有效措施。

混凝土工程建成以后，从周围环境侵入的碱，例如，海边混凝土受到的海雾、海风等带来的碱侵蚀，碱附着并逐渐渗入混凝土结构中；浸在海水中的混凝土构件中的孔隙也会储存含碱离子的海水；城市的桥梁和公路冬季喷洒除冰盐防治路面行车打滑，碱离子也会渗入桥梁和排水管道中。在上述这些情况下，即使配制混凝土时含碱量较低，只要环境中外来的碱增加到一定程度，混凝土结构同样会受到碱-集料反应破坏。宁波北仑港码头的混凝土就是因为海水的作用使混凝土中的活性集料周围发生了碱-集料反应而破坏。

2. 相当数量的活性集料

在碱-硅酸反应中，由于每种活性集料与碱反应对混凝土的危害都有其自身规律，即混凝土在一定含碱量条件下，每种碱活性集料都有造成混凝土内部膨胀压力最大的最不利比率，当混凝土含碱量变化时，这一比率也发生变化。因此，碱活性集料在混凝土中的危害是一个比较复杂的问题，必须通过试验才能确定。世界各国都很重视集料活性的检测，几十年来，国际上行之有效的集料碱活性试验方法主要有岩相法、化学法、砂浆棒法、岩石柱法、混凝土柱法及各种快速测试法。

凡是处于潮湿条件下的混凝土工程、露天混凝土工程、接触除冰盐的混凝土工程及碱含量高的工程，必须选用非碱活性集料，以避免混凝土工程的破坏。

在进行工程破坏原因诊断时，可以通过查找工程资料了解工程所用砂、石的集料碱活性；或者直接从混凝土中分离出集料进行碱活性试验；或者在岩相显微镜下观察混凝土中集料的矿物组成，来确定工程所用集料的碱活性，以此判定该混凝土工程是否具备发生碱-集料反应的必要条件。

3. 足够的水分

混凝土发生碱-集料反应破坏的第三个条件是空气中相对湿度必须大于 80%，或者直接与水接触。如果混凝土的原材料具备了发生碱-集料反应的条件，则只要具备高湿度或与水直接接触的条件，反应物就会吸水膨胀，使混凝土内部受到膨胀压力，内部膨胀压力大于混凝土自身抗拉强度时，混凝土结构就遭到破坏。

如果可能发生碱-集料反应的部位能有效地隔绝水的来源，也可避免发生碱-集料反应或减少碱-集料反应的破坏程度。因此，在进行工程破坏诊断时，必须对待检工程的环境进行仔细的现场考察，了解受破坏混凝土的环境条件。

7.5　碱-集料反应破坏特征

混凝土发生碱-集料反应破坏，就会表现出碱-集料反应的特征[10]：外观上主要是表面裂缝、变形和渗出物；内部特征主要有内部凝胶、反应环、活性碱-集料、内部裂缝、碱含量等。混凝土结构一旦发生碱-集料反应出现裂缝后，会加速混凝土的其他破坏，如空气、水、二氧化碳等侵入，会使混凝土碳化和钢筋锈蚀速率加快，而钢筋锈蚀产物铁锈的体积远大于钢筋原来的体积，又会使裂缝扩大；若在寒冷地区，混凝土出现裂缝后又会使冻融破坏加速，这样就造成了混凝土工程的综合性破坏。

1. 时间性

受碱-集料反应影响的混凝土需要几年或更长时间才会出现开裂破坏。碱-集料反应是混凝土孔隙中可溶性碱与集料中的活性成分之间发生的一种化学反应，反应有渗出、溶解、发生化学反应、吸水膨胀等几个阶段，因此不可能在浇筑后很短时间内表现出开裂。根据国内外发现的碱-集料反应工程破坏的报导，一般需要几年或更长的时间。

2. 表面开裂

碱-集料反应破坏最重要的现场特征之一是混凝土表面的开裂。如果混凝土没有施加预应力，裂缝呈网状，每条裂缝长约数厘米。开始时，裂纹从网节点三分岔成三条放射状裂纹，夹角约120°，起因于混凝土表面下的反应集料颗粒周围的凝胶或集料内部产物的吸水膨胀。当其他集料颗粒发生反应时，产生更多的裂纹，最终这些裂纹相互连通，形成网状。

随着反应的继续进行，新产生的裂纹将原来的多边形分割成更小的多边形，此外，已经存在的裂纹变宽、变长。如果预应力混凝土构件遭受严重的碱-集料反应破坏，其膨胀力将垂直于约束力的方向，在预应力作用的区域，裂纹将主要沿预应力方向发展，形成平行于钢筋的裂纹，在非预应力作用的区域或预应力作用较小的区域，混凝土表面出现网状开裂。

在工程破坏诊断时，应注意碱-集料反应裂缝与混凝土收缩裂缝的区别。混凝土结构的收缩裂缝也会出现网状裂缝，但出现时间较早，多在施工后若干日内；而碱-集料反应裂缝出现较晚，多在施工后数年甚至十几年以后。收缩裂缝环境越干燥，收缩裂缝就越大，而碱-集料反应裂缝则是随环境条件湿度增大而发展的。在受约束的条件下，碱-集料反应膨胀裂缝平行于约束方向，而收缩裂缝则垂直于约束方向。

另外，碱-集料反应在开裂的同时，有时出现局部膨胀，以致裂缝的两个边缘出现不平的状态，这是碱-集料反应裂缝所特有的现象。碱-集料反应裂缝首先出现在同一工程的潮湿部位，湿度越大越严重。在同一混凝土结构中的干燥部位却安然无恙，这也是碱-集料反应膨胀裂缝与其他原因裂缝最明显的一个外观特征差别。

3. 膨胀

碱-集料反应破坏是由膨胀引起的，通过检查工程接头或相邻混凝土单元的位移可以提供混凝土是否发生膨胀的信息。

碱-集料反应膨胀可使混凝土结构工程发生整体变形、位移等现象，如有些桥梁支点因膨胀增长而错位，有的大坝因膨胀致使坝体升高，有些横向构件在两端限制的条件下因膨胀而发生弯曲、扭翘等现象。

4. 渗出凝胶

碱-硅酸反应生成的碱-硅酸凝胶有时候会从裂缝中流到混凝土表面，新鲜的凝胶呈透明或浅黄色，外观类似树脂状。脱水后，凝胶变成白色。凝胶的渗出与否，取决于碱-硅酸反应进行的程度和集料的种类，反应程度较轻或者集料中碱活性组分为分散分布的微晶质或隐晶质石英等矿物时，一般难以观察到明显的凝胶渗出。当集料只具有碱-碳酸盐反应活性时，混凝土中没有类似碱-硅酸凝胶的物质生成，因此混凝土表面也不会有凝胶渗出。

凝胶在流经裂缝、孔隙的过程中吸收钙、铝、硫等化合物，也可能变成茶褐色以至黑色，流出的凝胶多有较湿润的光泽，长时间干燥后变为无定形粉末状，借助放大镜，可以与颗粒状的结晶盐析物区分开来。混凝土结构在受雨水冲刷后，体内的氢氧化钙也会溶解流出，在空气中碳化后成为白色，这可用稀盐酸加以区别。混凝土结构中的氯盐、硫酸盐和硝酸盐等溶出时也会出现渗流物，用水擦洗可以去掉，而混凝土中渗出的凝胶则不那么容易擦掉。

5. 内部凝胶

碱-集料反应后的膨胀是由反应生成碱-硅酸凝胶吸水引起的，因此凝胶的存在是混凝土发生了碱-硅酸反应最直接的证明。通过检测混凝土芯样的原始表面、切片面、光面和薄片，可在空洞、裂纹、集料与浆体的截面等处找到凝胶。因为凝胶的流动性较大，有时可以在远离反应集料的地方找到凝胶。

在进行工程破坏原因诊断时，必须把凝胶、开裂、膨胀和集料的特性等因素联系在一起进行考虑，因为少量凝胶的生成有时并不产生破坏。另外，当集料的活性组分为分散分布的微晶质或隐晶质石英等矿物时，混凝土一般难以检测到碱-硅酸凝胶。当集料只具有碱-碳酸盐反应活性的集料时，混凝土中就没有类似于碱-硅酸凝胶的物质生成，因此混凝土中就不会观察到凝胶。

6. 反应环

有些集料在与碱发生反应以后，会在集料周围形成一个深色的薄圈，称为反应环。但有些集料发生碱-集料反应后不形成反应环，因此不能将反应环的存在与否用来直接判定是否存在碱-集料反应的破坏特征。

7. 活性集料

活性集料是混凝土遭受碱-集料反应破坏的必要条件。通过检查混凝土芯样薄片,可以确定粗集料的岩石类型,不同岩石的数量、形状、尺寸,具有潜在碱活性的岩石类型及其活性矿物类型;也可以确定细集料的组成、各种颗粒的数量、是否具有潜在碱活性及活性矿物所占的比例。此外,薄片观察还可以确定混凝土的裂纹是否与活性集料相连接、集料是否发生了开裂等。

8. 内部裂纹

当碱-集料反应引起超量膨胀时,会在混凝土中心形成内部裂纹,裂纹常常充满了凝胶。混凝土暴露面限制了内部混凝土的膨胀,从而导致了面层的拉应力。如果反应程度足够大,在合适的角度就会产生大的裂纹。

不仅碱-集料反应会产生混凝土内部裂纹,其他作用也可能诱发膨胀和收缩,产生裂纹,包括:塑性收缩、热收缩、干缩、对水分敏感的集料的膨胀和收缩,硫酸盐侵蚀、冰冻侵蚀,钢筋锈蚀等。正确识别内部裂纹有助于破坏原因的诊断。由碱-集料反应产生过度膨胀而引起的混凝土内部裂纹经常是被凝胶填充或部分填充,在混凝土中心处形成网状裂缝,许多裂缝互相交叉在一起。

9. 混凝土碱含量

碱含量高是混凝土发生碱-集料反应的重要条件。一般认为,对于高活性的硅质集料,混凝土含量大于 $2.1kg/m^3$ 时将发生碱-集料反应破坏;对于中等活性的硅质集料,混凝土含碱量大于 $3.0kg/m^3$ 时将发生碱-集料反应破坏;当集料具有碱-碳酸盐反应活性时,混凝土的含碱量只需要大于 $1.0kg/m^3$ 就有可能发生碱-集料反应破坏。在工程中,确定混凝土碱含量时,最好从内部取芯样进行分析,以减少外界因素的干扰和影响。

7.6 防止碱-集料反应的措施

根据碱-集料反应的机理及影响该反应的主要因素,防止碱-集料反应可以从以下几方面入手[11]。

1. 采用低碱水泥

如前所述水泥的含碱量($Na_2O+0.658K_2O$)是影响碱-集料反应的重要因素之一。因此很多国家为了防止碱-集料反应都对水泥含碱量做了规定。一般规定含碱量小于0.6%的为低碱水泥;含碱量为0.6%~0.8%的为中碱水泥;含碱量大于0.8%的为高碱水泥。有的国家,如丹麦,因砂石集料中活性集料含量多,为了防止碱-集料反应,将低碱水泥的含碱量定为小于0.4%。

应该指出水泥的含碱量主要取决于其原材料的矿物成分,即使同一工厂不同时间生产的水泥,碱量也不相同。因此,当发现集料中含有能引起碱-集料反应的成分时,就应对反应使用的水泥碱度严格检查,并加以控制。

有时也用每立方米混凝土的含量来控制碱-集料反应的发生。如联邦德国水泥协会根据调查研究,确定了避免碱-集料反应的混凝土极限含碱量的曲线。我国《混凝土结构耐久性设计规范》(GB/T 50476—2008)[12]规定:单位体积混凝土中的含碱量(水溶碱、等效 Na_2O 当量)应满足以下要求。

(1) 对集料无活性且处于干燥环境条件下的混凝土构件,含碱量不应超过 3.5kg/m³。

(2) 对集料无活性但处于潮湿环境(相对湿度≥75%)条件下的混凝土结构构件,含碱量不超过 3kg/m³。

(3) 对集料有活性且处于潮湿环境(相对湿度≥75%)条件下的混凝土结构构件,应严格控制混凝土含碱量并掺加矿物掺和料。

2. 使用非活性集料

集料的活性及矿物成分也是混凝土产生碱-集料反应的重要因素。因此,为防止碱-集料反应,对集料的这一特性加以控制,特别是重点工程更应注意选用无反应活性的集料。很多国家在混凝土集料试验方法标准中都专门规定了碱-集料反应的检验方法。我国《水运工程混凝土试验规程》(JTJ 270—98)也对此做了明确规定。

如果对集料无选择余地时,则应采取前述的措施或者在混凝土中掺用部分多孔轻集料以减少碱-集料反应的膨胀能量。

3. 使用掺和料降低混凝土的碱性

掺用粉煤灰、矿渣、硅灰等掺和料都能降低混凝土的碱性,控制碱-集料反应,特别是当水泥含碱量高于允许限值时更应掺加粉煤灰等掺和料。例如,掺入水泥质量为5%~10%的硅灰可有效控制碱-集料反应及由此引起的混凝土的膨胀与损坏,掺入水泥质量为20%~25%的粉煤灰也可取得同样的效果。

应该指出,在混凝土中掺加粉煤灰掺和料必须防止钢筋锈蚀,为此除应注意检验粉煤灰的质量,还应选用超量取代法,以保证掺煤灰的混凝土等强、等稠度。掺硅灰的混凝土必须同时掺入高效减水剂,以免因硅灰颗粒过细引起混凝土需水量的增加。

大量试验研究表明,使用掺和料的混凝土不仅能够延缓或抑制碱-集料反应,对混凝土的其他性能还有一定的改善作用,同时对节约资源和保护环境也有重要的意义,比较适合我国的国情。

4. 改善混凝土结构的施工和使用条件

保证混凝土结构的施工质量,防止其因振捣不实产生蜂窝麻面,以及因养护不当引起干缩裂缝等,能防止外界水分浸入混凝土,从而能起到制止碱-集料反应的作用。

从使用条件方面来看,应尽量使混凝土结构处于干燥状态,特别是防止经常受干湿交替作用也能防止碱-集料反应引起的损坏。必要时还可采用防水或憎水涂层,或施加装饰层,如混凝土外墙等做好饰面层,同时也能防止混凝土受外界雨水等作用。

参 考 文 献

[1] Richhardson M G. Fundamentals of Durable Reinforced Concrete. London and New York:Spon Press, 2002.

[2] 赵学荣.碱-集料反应对混凝土结构耐久性影响的研究. 天津:天津大学硕士学位论文,2008.

[3] 李金玉.中国大坝混凝土中的碱骨料反应. 水利发电,2005,31(1):34-37.

[4] 姜德民,张敏强.有关碱-骨料反应问题的综述. 建筑工业,2001(7):45-47.

[5] 莫祥银,许仲梓,唐明述. 国内外混凝土碱-集料反应研究综述. 材料科学与工程,2002,20(1):128-132.

[6] 姚燕,王玲,田培. 高性能混凝土. 北京:化学工业出版社,2006.

[7] 卢都友,许仲梓,韩苏芬,等. 我国首例混凝土结构碱骨料反应破坏研究. 南京化工大学学报,1994,16(S1):1-6.

[8] 龚洛书,刘春圃. 混凝土的耐久性及其防护修补.北京:中国建筑工业出版社,1990.

[9] 王玲,田培,姚燕,等. 碱-集料反应破坏发生条件研究//王媛利,姚燕.重点工程混凝土耐久性的研究与工程应用. 北京:中国建材工业出版社,2000.

[10] 田培,王玲,姚燕,等. 碱-集料反应破坏特征//王媛利,姚燕.重点工程混凝土耐久性的研究与工程应用.北京:中国建材工业出版社,2000.

[11] 卢都友,吕忆农,莫祥银,等. 国外预防碱-集料反应的规程及评估方法评述//王媛利,姚燕.重点工程混凝土耐久性的研究与工程应用. 北京: 中国建材工业出版社,2000.

[12] 中华人民共和国住房和城乡建设部.混凝土结构耐久性设计规范(GB/T 50476—2008).北京:中国建筑工业出版社,2008.

第 8 章　混凝土其他环境侵蚀

8.1　硫酸盐侵蚀环境

混凝土的耐久性破坏主要包括混凝土的碳化、钢筋的锈蚀、冻融破坏、侵蚀性介质的腐蚀以及碱-集料反应等，其中硫酸盐侵蚀是危害较大的一种侵蚀性介质破坏，同时影响硫酸盐侵蚀的因素也最为复杂[1]。我国硫酸盐含量丰富，在内陆地区如新疆、甘肃、青海等西部地区的土壤和沿海一带的土壤中都含有丰富的硫酸盐，此外混凝土本身也含有硫酸盐，它们在各种条件下对混凝土产生侵蚀作用，使混凝土产生膨胀、开裂、剥落，从而丧失强度和黏结性而破坏[2]。近年来，在公路、桥梁、水电等工程以及建筑物基础中均发现混凝土结构受硫酸盐侵蚀的问题，如图 8-1 和图 8-2 所示，严重的甚至导致混凝土结构物的破坏[3,4]。

(a) 混凝土表面膨胀开裂

(b) 柱表面剥落

图 8-1　硫酸盐侵蚀引起的混凝土表面破坏现象

(a) 混凝土基础受硫酸盐侵蚀破坏

(b) 沿海桥梁体系受硫酸盐侵蚀现状

图 8-2　混凝土结构物的破坏现象

硫酸盐侵蚀是混凝土化学侵蚀中最广泛和最普通的形式，1982 年，米哈埃利斯发现被硫酸盐侵蚀的混凝土中有一种针粒状晶体，当时称为“水泥杆菌”，实质上是硫铝酸钙

(钙矾石)。在随后的 100 多年里,各国学者对硫酸盐侵蚀进行了大量的研究,并且不断制定出新的抗侵蚀标准,努力寻求更有效的措施提高混凝土抗硫酸盐侵蚀的能力。苏联的科学家早在 20 世纪初期就对硫酸盐侵蚀进行研究[5]。苏联、美国、欧洲等相继制定了混凝土抗腐蚀的标准,为防止和延缓混凝土的硫酸盐侵蚀取得了明显的效果。与国外相比,我国在混凝土抗硫酸盐侵蚀方面的研究起步较晚,20 世纪 50 年代初期才开始抗硫酸盐腐蚀的试验方法和破坏机理的探索,在提高水泥混凝土抗硫酸盐侵蚀性的研究方面,也取得了一定的成果。我国的相关规范中也加入硫酸盐侵蚀的相关标准。但是与混凝土耐久性中的其他问题如抗冻性、抗渗性、抗氯离子侵蚀、碳化和碱-集料反应相比,对硫酸盐侵蚀的研究还远远不够,因此作为混凝土耐久性的一个重要方面,混凝土的硫酸盐腐蚀已经成为一个十分紧迫的研究课题。

尽管科学家对其做了大量的研究和试验,但是由于其复杂的侵蚀机理和侵蚀产物,仍然没有一种方法能快速而真实地揭示混凝土硫酸盐侵蚀机理,尤其是检测长期浸泡在硫酸盐侵蚀环境中的混凝土的耐久性能。可以说,当前对混凝土硫酸盐侵蚀研究尚不完善[6]:对混凝土硫酸盐侵蚀破坏及其程度没有明确的定义,对破坏机理的认识仅存在于表面,缺乏深入研究;对混凝土抗耐久性性能评价缺乏明确回答;缺乏有效的抗硫酸盐实验室试验研究方法[7]。

8.1.1　硫酸盐侵蚀机理

混凝土硫酸盐侵蚀破坏的实质是,环境中的硫酸盐离子进入其内部或内部本身的硫酸根离子和混凝土中的组分发生化学反应,生成一些难溶的盐类矿物而引起一系列物理化学破坏。这些难溶的盐类矿物一方面可形成钙矾石、石膏等膨胀性产物而引起混凝土膨胀、开裂、剥落和解体;另一方面也可以使硬化的混凝土中的 CH 和 C—S—H 等组分溶出或分解,导致混凝土材料强度和黏结性能损失[8]。

硫酸盐侵蚀是一个复杂的过程,不同侵蚀环境的侵蚀机理是不同的,Santhanam、Cohen等系统地研究了不同硫酸盐环境中所具有的不同的侵蚀机理[9,10]。根据凝胶材料性质的不同、养护条件和侵蚀环境的温度、浓度、pH 等,混凝土在硫酸盐介质中的侵蚀类型主要包括石膏侵蚀型、钙矾石侵蚀型、镁盐侵蚀型和碳硫硅钙石侵蚀型。

1. *石膏侵蚀型*

如果硫酸盐浓度较高,则不仅生成钙矾石,而且还会有石膏结晶析出。其离子反应方程[11]为

$$Ca(OH)_2 + Na_2SO_4 \longrightarrow Ca^{2+} + SO_4^{2-} + 2Na^+ + 2OH^- \quad (8\text{-}1)$$

$$Ca^{2+} + SO_4^{2-} + 2H_2O \longrightarrow CaSO_4 \cdot 2H_2O \quad (8\text{-}2)$$

一方面石膏的生成使固相体积增大 124%,引起混凝土膨胀开裂,另一方面,消耗了 $Ca(OH)_2$,而水泥水化生成的 $Ca(OH)_2$ 不仅是 C—S—H 等水化矿物稳定存在的基础,它本身还以波特兰石的形态存在于硬化浆体中,对混凝土的力学强度有贡献,因此导致混凝土的强度损失和耐久性下降。混凝土若处于水分蒸发或干湿交替状态,即使 SO_4^{2-} 浓度不高,石膏结晶侵蚀也往往起着主导作用。因为水分蒸发使侵蚀溶液浓缩,从而导致石

膏结晶的形成，引起混凝土的破坏[12]。Tian 和 Cohen[13] 和 Santhanam 等[14] 分别用浓度为 5%和 4.44%的硫酸钠溶液浸泡 C_3S，试验结果表明膨胀是由石膏引起的。不过也有观点认为石膏并不引起膨胀，Hansen[15] 认为硫酸根离子和氢氧化钙通过特定的溶液机理形成固态石膏，不会产生体积膨胀。

2. 钙矾石侵蚀型

硫酸根离子与水泥石中的氢氧化钙和水化铝酸钙反应生成三硫型水化硫铝酸钙（钙矾石），以 Na_2SO_4 为例，其反应方程式[16] 为

$$Na_2SO_4 \cdot 10H_2O + Ca(OH)_2 = CaSO_4 \cdot 2H_2O + 2NaOH + 8H_2O \tag{8-3}$$

$$3(CaSO_4 \cdot 2H_2O) + 4CaO \cdot Al_2O_3 \cdot 12H_2O + 14H_2O \longrightarrow 3CaO \cdot Al_2O_3 \cdot 3CaSO_4 \cdot 32H_2O + Ca(OH)_2 \tag{8-4}$$

钙矾石是溶解度很小的盐类矿物，在化学结构上结合了大量的结晶水，反应后固相体积增大 94%，引起混凝土的膨胀、开裂、解体，这种破坏一般会在构件表面出现比较粗大的裂缝[17,18]。另一方面，钙矾石生长过程中的内应力也进一步加剧了膨胀[19]。这和液相的碱度密切相关[20]，碱度低时，形成的钙矾石为大的板条状晶体，此类钙矾石一般不带来有害的膨胀；碱度高时如在纯硅酸盐水泥混凝土中形成的钙矾石为针状或片状晶体，这类钙矾石的吸附能力强，可产生很大的吸水膨胀作用，在原水化铝酸钙的固相表面呈刺猬状，甚至呈凝胶状析出，形成极大的结晶应力。因此，合理控制液相的碱度是减轻钙矾石危害性膨胀的有效途径之一。

3. 镁盐侵蚀型

$MgSO_4$ 是硫酸盐中侵蚀性最大的一种，其原因主要是 Mg^{2+} 和 SO_4^{2-} 均为侵蚀源，二者相互叠加，构成严重的复合侵蚀。反应主要有以下几种[11]：

$$MgSO_4 + Ca(OH)_2 + 2H_2O = CaSO_4 \cdot 2H_2O + Mg(OH)_2 \tag{8-5}$$

$$4CaO \cdot Al_2O_3 \cdot 12H_2O + 3MgSO_4 + 2Ca(OH)_2 \longrightarrow 3CaO \cdot Al_2O_3 \cdot 3CaSO_4 \cdot 32H_2O + 3Mg(OH)_2 \tag{8-6}$$

这两种反应生成的石膏或钙矾石引起混凝土的体积膨胀，同时将 $Ca(OH)_2$ 转化成溶解度很低的 $Mg(OH)_2$，它是无胶结能力的松散物，且强度不高。反应同时降低了水泥石系统的碱度，破坏了 C—S—H 水化产物稳定存在的条件，使水化产物分解，造成混凝土强度和黏结性的损失。在混凝土系统中，若存在单硫型水化硫铝酸钙，则也会参与这类转化反应，对混凝土有类似的破坏作用。随着 $Mg(OH)_2$ 沉淀的生成，它将淤塞水泥石的毛细孔，显著地阻止 Mg^{2+} 向水泥石内部扩散，使镁盐侵蚀滞缓和完全停止[21]。但是随着时间的延长，生成的石膏和钙矾石越来越多，产生膨胀使得表面出现裂缝，从而为 Mg^{2+} 和 SO_4^{2-} 的进一步渗入形成通道。

$$C—S—H + MgSO_4 + 5H_2O \longrightarrow CaSO_4 \cdot 2H_2O + Mg(OH)_2 + 2H_2SiO_4 \tag{8-7}$$

$$2Mg(OH)_2 + H_2SiO_4 \longrightarrow 2M—S—H + H_2O \tag{8-8}$$

由于反应消耗了大量的 $Ca(OH)_2$，使得溶液的 pH 下降，为保持溶液的 pH，C—S—H 开始分解，上面两种反应将水泥石的主要强度组分 C—S—H 分解为没有胶结性能的

硅胶或进一步转化为硅酸镁[22]，导致混凝土强度损失，黏结性下降，实际工程中严重的硫酸镁侵蚀甚至将混凝土变成完全没有胶结性能的糊状物。如我国的青海盐湖地区，由于地下水中含有大量的 Mg^{2+}，混凝土的硫酸盐侵蚀破坏大多属于这一类型。

4. *碳硫硅钙石侵蚀型*

从目前研究情况看，碳硫硅钙石的化学式为 $CaCO_3 \cdot CaSiO_3 \cdot CaSO_4 \cdot 15H_2O$，结构为 $Ca_6[Si(OH)_6]_2 \cdot 24H_2O \cdot [(SO_4)_2 \cdot (CO_3)_2]$，其形成机理有两种[23,24]：钙矾石转变机理和溶液反应机理。

钙矾石转变机理认为，当钙矾石中的 Al^{3+} 被 C—S—H 凝胶中的 Si^{4+} 取代、钙矾石中的$[SO_4^{2-}+H_2O]$被$[SO_4^{2-}+CO_3^{2-}]$取代时，便形成碳硫硅钙石。这一过程的反应方程式为

$$Ca_6[Al(OH)_6]_2(SO_4)_3 \cdot 26H_2O + Ca_3Si_2O_7 \cdot 3H_2O + CaCO_3 + CO_2 + xH_2O \longrightarrow$$
$$Ca_6[Si(OH)_6]_2(CO_3)_2(SO_4)_2 \cdot 24H_2O + CaSO_4 \cdot 2H_2O + Al_2O_3 \cdot xH_2O + 3Ca(OH)_2 \quad (8\text{-}9)$$

一旦钙矾石中的 Al^{3+} 被取代，Al^{3+} 将重新释放进入混凝土孔液，导致形成新的钙矾石，这些新形成的钙矾石继而又重复以上过程转变成碳硫硅钙石。只要混凝土中有足够的 Si^{4+} 和$[SO_4^{2-}+H_2O]$，钙矾石向碳硫硅钙石的转变将不断进行。

溶液反应机理认为碳硫硅钙石是混凝土孔液中的 SO_4^{2-}、$CaCO_3$ 和 Si^{4+} 等通过反应形成的，其反应方程式为

$$Ca_3Si_2O_7 \cdot 3H_2O + 2CaSO_4 \cdot 2H_2O + 2CaCO_3 + 24H_2O \longrightarrow$$
$$Ca_6[Si(OH)_6]_2 \cdot 24H_2O \cdot [(SO_4)_2 \cdot (CO_3)_2] + Ca(OH)_2 \quad (8\text{-}10)$$

碳硫硅钙石的溶解度很低，特别是在较低温度下几乎不溶解，而水泥中的 C—S—H 凝胶的溶解度比碳硫硅钙石高。因此，生成的碳硫硅钙石越多，则溶解的 C—S—H 凝胶越多。Gaze 和 Crammond 研究指出[25]，只要体系中有足够的 SO_4^{2-} 和 CO_3^{2-} 存在，且孔液的 pH 高于 10.5，这种反应将不断进行。

值得注意的是，以上两个反应生成的 $Ca(OH)_2$ 又可进行碳化反应：

$$Ca(OH)_2 + CO_2 + nH_2O = CaCO_3 + (n+1)H_2O \quad (8\text{-}11)$$

该反应的生成物 $CaCO_3$ 和 H_2O 再参与前一层次的反应，循环往复，不断消耗水泥水化产物中的 C—S—H 凝胶和 $Ca(OH)_2$，并不断生成碳硫硅钙石。另外，研究表明碳硫硅钙石并不仅仅出现在钙矾石存在的位置，还会通过溶液生成更多的碳硫硅钙石。因此，实际中碳硫硅钙石的形成可能以上两个机理兼而有之，即碳硫硅钙石先由钙矾石转变机理而成核，一旦形成碳硫硅钙石晶核，更多的碳硫硅钙石可能直接在溶液中不断生成。随着无胶结力的碳硫硅钙石的形成和水泥石中起主要胶结作用的 C—S—H 凝胶的耗尽，使材料变成泥状而失去强度。

8.1.2 影响硫酸盐侵蚀的因素

影响硫酸盐侵蚀混凝土的因素错综复杂，总体来说可以分为内因和外因，而外因又可分为侵蚀溶液的性质和环境条件，如图 8-3 所示。

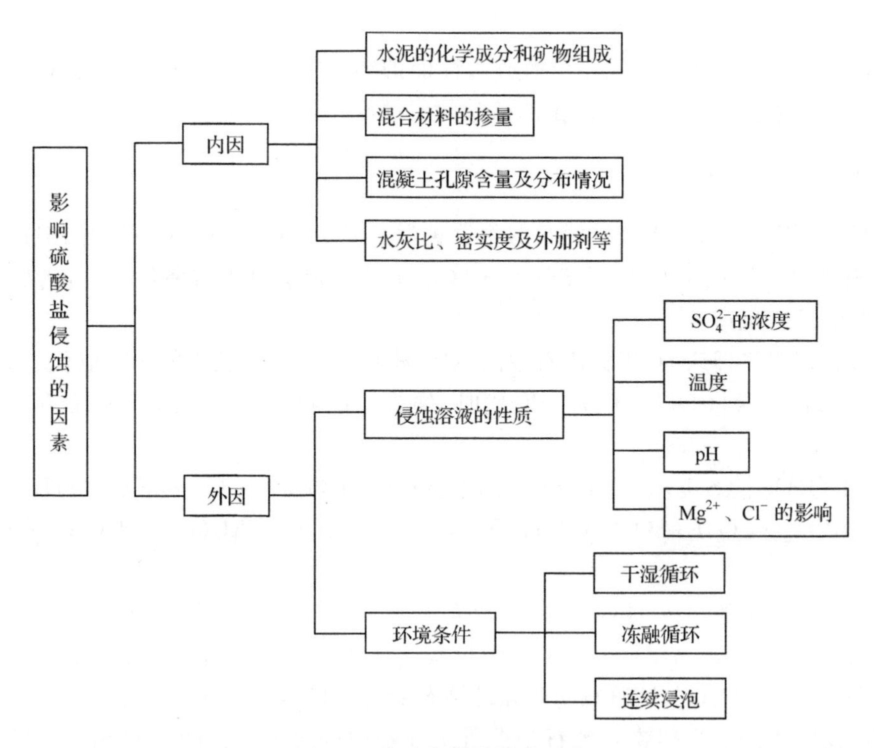

图 8-3　硫酸盐侵蚀影响因素

1. 影响硫酸盐侵蚀的内因

混凝土本身的性能是影响混凝土抗硫酸盐侵蚀的内因，主要包括水泥的化学成分和矿物组成、混合材料的掺量、混凝土孔隙含量及分布情况、水灰比、密实度以及外加剂等。

1）水泥的化学成分和矿物组成

水泥的化学成分和矿物组成是影响硫酸盐侵蚀程度和速率的重要因素，而 C_3A 和 C_3S 的含量是决定性因素[26]，因为 C_3A 水化析出的水化铝酸钙是形成钙矾石的必要组分，而 C_3S 水化析出的 $Ca(OH)_2$ 是形成石膏的必要组分，降低 C_3A 和 C_3S 的含量也就相应地减少了形成钙矾石和石膏的可能性，从而可以提高混凝土抗硫酸盐的侵蚀能力。试验证明[7]混凝土膨胀随水泥中的 C_3A 的增加而明显增长。从水泥本身化学成分方面改善混凝土抗硫酸盐侵蚀性能的研究已进行得比较多，研制开发出了各种抗硫酸盐水泥。

2）混合材料的掺量

在混凝土中掺加适量的矿渣、硅灰、粉煤灰等活性混合材水泥能够显著提高混凝土的抗硫酸盐侵蚀能力[12]。因为混凝土中掺入活性混合材料后，除了能够降低 C_3A 和 C_3S 的含量，活性混合材料还能与水化产物 $Ca(OH)_2$ 发生二次水化反应。二次水化产物主要填充水泥石的毛细孔，提高水泥石的密实度，降低水泥的孔隙率，使侵蚀介质浸入混凝土内部更为困难，同时也增加了混凝土的强度，从而增强混凝土的抗侵蚀能力。另外，由于发生二次水化反应，使水泥石中 $Ca(OH)_2$ 含量大量减少和毛细孔中石灰浓度降低，即使在 SO_4^{2-} 浓度很高的环境水中，也会使石膏结晶和钙矾石结晶侵蚀受阻。

3）混凝土孔隙含量及分布情况

混凝土的内部孔隙也是一个重要影响因素，致密性好、孔隙含量及连通孔少的混凝土可以较好地抵抗硫酸盐侵蚀。而混凝土的孔隙率及孔分布又与混凝土的原材料、配合比、制作工艺及养护方法等多种因素有关。

4）水灰比、密实度以及外加剂

对结晶侵蚀起关键作用的是水泥石中 $Ca(OH)_2$ 的含量，混凝土的强度、密实度和外加剂等。混凝土的水灰比和密实度对其抗硫酸盐侵蚀能力具有重大影响。降低水灰比，掺适量的外加剂可使混凝土的强度提高、密实度增大，从而混凝土的孔隙率减小，侵蚀溶液就难以渗入混凝土的孔隙内部，因此在水泥石孔隙内部产生的有害物质必然减少，从而显著地提高混凝土抗硫酸盐侵蚀的能力。

2. 影响硫酸盐侵蚀的外因

影响混凝土抗硫酸盐侵蚀的外因主要包括侵蚀溶液中 SO_4^{2-} 的浓度、温度、pH、其他离子的影响以及环境条件等。

1）侵蚀溶液中 SO_4^{2-} 的浓度

Biczok[20]认为，侵蚀反应机理随溶液质量分数而改变，不同的硫酸盐浓度产生不同的侵蚀产物。以 Na_2SO_4 溶液侵蚀为例，当 SO_4^{2-} 的浓度小于 1000mg/L 时，只有钙矾石晶体形成；当 SO_4^{2-} 浓度大于 1000mg/L 并逐渐增大时，钙矾石和石膏两种晶体并存，但在很大范围内，石膏晶体只起从属作用，只有在 SO_4^{2-} 浓度非常高时（$[SO_4^{2-}]>8000$mg/L），石膏晶体侵蚀才起主导作用。对于 $MgSO_4$ 溶液侵蚀，当 SO_4^{2-} 的浓度小于 4000mg/L 时，侵蚀产物以钙矾石为主；当 SO_4^{2-} 的浓度大于 7500mg/L 时，侵蚀产物以石膏为主；SO_4^{2-} 的浓度在 4000～7500mg/L 时，二者同时生成。

溶液浓度对反应速率有很大的影响，一般认为混凝土硫酸盐破坏分两个阶段[27]：第一阶段，生成的钙矾石和石膏填充了混凝土的内部孔隙，此时混凝土的膨胀可忽略不计；第二阶段，持续生成的钙矾石和石膏引起的膨胀加速混凝土的裂缝形成和发展，进而使混凝土表面剥落。Santhanam 等[28]将水泥砂浆浸泡于硫酸钠和硫酸镁溶液中，研究了溶液中 SO_4^{2-} 浓度对膨胀速率的影响，得到膨胀速率与溶液浓度的关系为：$R=k[SO_3]^n$。结果表明，试件在不同质量分数的硫酸钠和硫酸镁溶液中，膨胀仍可分成两个阶段，在硫酸钠溶液中，质量分数的增加不改变第一阶段的膨胀速率，却显著增加第二阶段的膨胀速率；而在硫酸镁溶液中，质量分数的增加能加快两个阶段的膨胀速率。

Akoz 等[29]研究了不同质量分数的硫酸钠对普通和掺硅灰的水泥砂浆的侵蚀情况，结果表明，低质量分数下的水泥砂浆在长达 100 天的侵蚀下，未见明显破坏。

2）侵蚀溶液的温度

Santhanam 等[28]通过研究发现升温会加速硫酸盐侵蚀，对硫酸镁溶液来说，温度的升高也能加快两个阶段的膨胀速率。

但实际上温度过低或过高都会影响侵蚀速率。温度过低时，侵蚀到试件内部的水分会发生结冰现象，使侵蚀溶液不能顺利深入，延长了第一阶段的侵蚀时间；温度过高时，水分损失过快，对第二阶段的膨胀速率影响较大[30]。另外，温度比较低时，侵蚀产物不是钙矾石和石膏，而是碳硫硅钙石，其直接导致水泥石中的C—S—H凝胶体分解，使混凝土最终变为一种无黏结性能的泥砂混合物，因此它比传统硫酸盐的侵蚀破坏更为严重；而提高温度无疑会增大各种水化产物的溶解度，达不到预期的效果，因为硫酸盐侵蚀试验中的各种水化产物都必须在一定浓度的石灰溶液中才能稳定存在[31]，另外，温度过高时还会造成钙矾石晶体失稳分解，改变了侵蚀机理。Lawrence[32]认为，有效避免钙矾石结构失稳的最高允许养护温度在65～70℃。对钙矾石来说，70℃是一个关键温度，国内外研究一致认为硅酸盐体系中的钙矾石分解的温度界限约为70℃[33,34]。所以提高温度不能看做加速硫酸盐侵蚀的一种方法。

3）侵蚀溶液的pH

很多年以来关于硫酸盐侵蚀的研究大多都没有对侵蚀溶液的pH给予足够的重视，席耀忠[35]的研究表明，随着侵蚀溶液pH的下降，侵蚀反应不断变化，当侵蚀溶液的pH=12～12.5时，$Ca(OH)_2$和水化铝酸钙溶解，钙矾石析出；当pH=10.6～11.6时，二水石膏析出；当pH<10.6时，钙矾石不再稳定而开始分解。与此同时，当pH小于12.5时，C—S—H凝胶将发生溶解再结晶，其钙硅比逐渐下降，由pH=12.5时的2.12下降到pH=8.8时的0.5，水化产物的溶解—过饱和—再结晶过程不断进行，引起混凝土的孔隙率、弹性模量、强度和黏结力的变化。他们认为，对pH<8.8的酸雨和城市污水，即使掺用超塑化剂和活性掺和料也难以避免混凝土遭受侵蚀。Lvarez-Ayuso和Nugteren[36]认为在一定的碱环境下才能生成钙矾石，并在pH-[SO_4^{2-}]相图中界定了钙矾石稳定性的介质条件。石云兴等[37]对钙矾石的形成条件与稳定性进行了研究，得到了钙矾石的形成与碱硅酸反应共存时的膨胀特性。

4）Mg^{2+}的影响

当侵蚀溶液中SO_4^{2-}和Mg^{2+}共存时，将发生硫酸镁破坏：

$$MgSO_4 + Ca(OH)_2 + 2H_2O = CaSO_4 \cdot 2H_2O + Mg(OH)_2 \tag{8-12}$$

上述反应不仅有$Mg(OH)_2$沉淀生成，使液相中石灰深度降低，从而促进水泥石分解，而且生成的石膏有形成石膏结晶侵蚀的可能，同时石膏又可与水化铝酸钙反应生成钙矾石，石膏结晶侵蚀和钙矾石结晶侵蚀会使水泥石表层松散，从而促进了Mg^{2+}向水泥石内部扩散，加剧了镁盐侵蚀，而镁盐侵蚀又相当于提供了大量的Ca^{2+}，又促进了石膏和钙矾石结晶侵蚀。另外，当侵蚀溶液中SO_4^{2-}和Mg^{2+}共存时，还能与水化硅酸钙（C—S—H）反应：

$$\begin{gathered}3CaO \cdot 2SiO_2 \cdot aq + MgSO_4 + 7H_2O \longrightarrow \\ CaSO_4 \cdot 2H_2O + Mg(OH)_2 + SiO_2 \cdot aq\end{gathered} \tag{8-13}$$

式中，aq是带的结合水任意的意思。上述反应能进行完全是由于$Mg(OH)_2$溶解度很小，造成其饱和溶液的pH低，约为10.5，此值低于使C—S—H稳定存在的pH(12.5)，致使C—S—H不断分解。所以当环境水中SO_4^{2-}和Mg^{2+}共存时，比其他硫酸盐有更大的侵蚀作用。

5）Cl^-的影响

当侵蚀溶液中SO_4^{2-}和Cl^-共存时，Cl^-的存在显著缓解硫酸盐侵蚀破坏的程度和速率。这是由于Cl^-的渗透速率大于SO_4^{2-}。在SO_4^{2-}和Cl^-共存时，对于表面的混凝土，水泥石中的水化铝酸钙先与SO_4^{2-}反应生成钙矾石，当SO_4^{2-}耗尽后才与Cl^-反应。而对于内部的混凝土，由于Cl^-的渗透速率大于SO_4^{2-}，因此Cl^-先行渗入并与OH^-置换，反应方程式为

$$Ca(OH)_2 + 2Cl^- \longrightarrow CaCl_2 + 2OH^- \tag{8-14}$$

当Cl^-浓度相当高时，Cl^-还可与水化铝酸钙反应生成三氯铝酸钙：

$$3CaO \cdot Al_2O_3 \cdot 6H_2O + 3CaCl_2 + 25H_2O \longrightarrow 3CaO \cdot Al_2O_3 \cdot 3CaCl_2 \cdot 31H_2O \tag{8-15}$$

由于水化铝酸钙的减少，使钙矾石结晶数量减少，从而减轻硫酸盐侵蚀破坏的程度。

混凝土受硫酸盐侵蚀破坏，往往是多种因素综合作用的结果，因此在分析侵蚀破坏问题时，不仅要研究某一因素的作用，而且要研究各种因素的综合作用，采取系统分析的方法。

6）环境条件

环境条件的影响包括的内容很多，如干湿循环、冻融循环和连续浸泡等。其中干湿循环是影响混凝土硫酸盐侵蚀较为严重的环境因素之一。干循环中通过水分蒸发或烘干作用，使孔隙中的盐成分迅速结晶析出，增加了结晶压力，引起混凝土膨胀开裂，从而为硫酸根离子向混凝土内部的渗透提供了条件；湿循环中利用毛细孔吸附力增强了表层混凝土对硫酸根离子的吸附作用，加速了硫酸根离子对混凝土的侵蚀，在硫酸根离子扩散系数不变的前提下，相比长期浸泡法可以缩短试验周期。当受硫酸盐侵蚀的混凝土处于冻融状态时，其破坏程度要加剧，这是因为此时混凝土体积会发生变化，强度降低，结构变得疏松，混凝土抗渗性能降低，SO_4^{2-}渗入所受到的阻力将减小，渗入的速率将增加，从而加速了破坏。Cody等[38]通过试验研究比较了硫酸钠溶液中经历连续浸泡、干湿循环、冻融循环的条件下混凝土的膨胀量，结果表明干湿循环中的最大，冻融循环中的次之，连续浸泡中的最小。

8.1.3　提高混凝土抗硫酸盐侵蚀的方法

1. 正确选择混凝土原材料，降低混凝土组分与硫酸盐反应的活性[12,39,40]

选择含硫酸盐少的集料、拌和水及外加剂等；选用C_3A含量低的抗硫酸盐水泥。值得注意的是，掺加矿物掺和料是改善混凝土抗硫酸盐侵蚀能力的一种重要方法，它不仅使混凝土中与硫酸盐有较强反应的活性物质尽量预先与矿物掺和料进行反应而生成能在硫酸盐侵蚀环境中较为稳定存在的物质，同时又可改善混凝土的孔结构。

2. 改善混凝土的孔隙结构

提高混凝土的致密度，使硫酸盐难以侵入混凝土内部经反应生成膨胀物质而引起破坏。主要是进行合适的配合比设计，在满足混凝土工作性的情况下，尽可能地降低单位用水量，以获得致密的混凝土，减小孔隙率和孔径；进行合理的养护，使混凝土强度稳定发展，减少温度裂缝；通过掺加矿物掺和料以提高水泥石强度及致密度，降低SO_4^{2-}的侵蚀

能力。

3. 高压蒸汽养护

采用高压蒸汽养护能消除游离的$Ca(OH)_2$,同时C_2S和C_3S都形成晶体水化物,比常温下形成的水化硅酸钙要稳定得多,而C_3A则水化成稳定的立方晶系的C_3AH_6代替了活泼得多的六方晶系的C_4AH_{12},变成低活性状态,改善了混凝土抗硫酸盐性能。

4. 进行早期空气养护

研究表明[24,40],对混凝土进行早期空气养护,使混凝土表面产生致密的碳化层可有效提高其抗碳硫硅钙石侵蚀能力。

5. 增设必要的保护层

当侵蚀作用较强、上述措施不能奏效时,可在混凝土表面加上耐腐蚀性强且不透水的保护层(如沥青、塑料、玻璃等)。

8.2 硝酸盐侵蚀环境

化肥是提高土地肥力、增加农作物产量不可或缺的物质,因此大批工业化肥企业如雨后春笋般在我国建造起来。而化肥主要是由硝酸盐(硝酸磷肥、硝酸铵、硝酸钙)生产而成的。在硝酸盐化肥生产过程中,厂房、转运栈桥、仓库出现了严重的混凝土腐蚀,使企业蒙受巨大的直接或间接的经济损失。天脊煤化工集团公司(原山西化肥厂)是国家"六五"重点建设项目,曾是亚洲最大的化肥厂,由于厂房在建造时,较少考虑防腐问题,1987年投产后二三年首先发现地面、楼板腐蚀,随后发展到设备基础、墙体、屋面、梁、柱;20世纪90年代中期开始,每年都要大量维修加固各种腐蚀构件,栈桥顶、转运亭墙体、干线厂房不少设备基础都已拆除重建。此类现象在其他化肥企业也有类似报道[41-44]。

硝酸盐对混凝土结构的腐蚀已成为各化肥企业面临的一大难题。随着20世纪80年代钢筋混凝土开始应用于工业建筑,人们便开始着手研究钢筋混凝土是否能在活性物质腐蚀条件下安全使用,以及在工业大气中混凝土的耐久性问题。20世纪初,Grun、Kleinlogel等对工业建筑中使用的混凝土和钢筋混凝土的腐蚀问题进行了系统的研究。我国对混凝土腐蚀方面的研究起步较晚,在50年代才开始了这方面的研究,主要进行抗硫酸盐侵蚀的初步研究。1989年,我国颁布了《钢筋工业建(构)筑物可靠性鉴定规程》(YBJ 219—89)。而目前国内外研究人员和学者对氯盐、硫酸盐腐蚀混凝土结构及耐久性方面进行了大量研究和探索,对受硝酸盐腐蚀的混凝土结构则研究甚少,并且仅停留在硝酸盐对混凝土的腐蚀机理分析、厂房损伤鉴定、维修加固、防护处理经验总结的初级阶段。

8.2.1 硝酸盐侵蚀机理

重要的硝酸盐有硝酸铵、硝酸钙、硝酸钠、硝酸钾、硝酸铅等,都极易溶于水。硝酸钙、硝酸钠是很好的肥料,硝酸钾是制黑色火药的原料,硝酸铵可以作为肥料和炸药。除了硝酸钠天然的少量存在，其他均由人工制成。因此对硝酸盐的认识以及对其特性的研究没有氯盐、硫酸盐那么广泛深入。

1. 硝酸铵腐蚀机理[45-48]

硬化后的水泥石是由凝胶体、未水化内核和毛细孔组成的。硝酸铵对混凝土的侵蚀包括物理作用、化学作用以及物理-化学作用。

1）物理作用

硝酸铵的分子式为 NH_4NO_3，分子量为 80.05，比重为 1.725，无色斜方或单斜晶体，熔点在 169.6℃，在 210℃分解为水和一氧化氮，易溶于水，水溶液的 pH 在 4～5，呈微酸性，在大气中易吸湿潮解。不同温度下硝酸铵的结晶产物比例不一样，在 25℃下同时存在 NH_4NO_3、$NH_4NO_3 \cdot 2H_2O$、$NH_4NO_3 \cdot 3H_2O$ 和 $NH_4NO_3 \cdot 4H_2O$；在 0℃ 时，$NH_4NO_3 \cdot 4H_2O$ 比例最高，随着温度升高而逐渐减少，且不稳定。

混凝土结构在干湿交替、温度常变的环境下，吸湿潮解的硝酸铵渗入混凝土毛细孔、孔隙、细小裂缝中。潮解的硝酸铵在孔隙内随着水分蒸发而成结晶，体积膨胀。由于其多晶现象随温度而变化，晶体结构及晶体体积随之变化，从而产生体积膨胀、收缩，使混凝土表面水泥石破裂疏松，呈粉末状，砂子脱落。

2）化学作用

混凝土结构在长期潮湿或干湿循环的环境下，硝酸铵溶解渗入混凝土毛细孔、孔隙和细小裂缝中，与水泥水化产物碳酸钙、氢氧化钙以及铝酸钙、硅酸钙中的氧化钙等反应生成硝酸钙易溶盐，还能与酸性氧化物如二氧化硅、氧化铝、氧化铁等作用生成水溶度不同的盐类，破坏水泥石的化学组成成分，表现特征为混凝土结构表面水泥石破坏溶解、砂石暴露，孔隙增大，强度降低。其主要化学反应方程式[49]如下：

$$CaCO_3 + 2NH_4NO_3 = Ca(NO_3)_2 + 2NH_3\uparrow + CO_2\uparrow + H_2O \tag{8-16}$$

$$Ca(OH)_2 + 2NH_4NO_3 = Ca(NO_3)_2 + 2NH_3\uparrow + 2H_2O \tag{8-17}$$

$$CaO + 2NH_4NO_3 = Ca(NO_3)_2 + 2NH_3\uparrow + H_2O \tag{8-18}$$

在 25℃时还会继续进行如下反应：

$$Ca(OH)_2 + Ca(NO_3)_2 + 2H_2O = Ca_2N_2O_3 \cdot 3H_2O + 2O_2\uparrow \tag{8-19}$$

3）化学-物理作用

硝酸铵和混凝土产生的化学作用首先破坏水泥石结构，膨胀等物理作用进一步扩大破坏程度，同时加速硝酸铵溶液渗入，加快化学侵蚀速率。常温下，硝酸铵溶液和水泥水化物反应后生成体积较大的水合物 $Ca(NO_3)_2 \cdot H_2O$ 结晶体，体积膨胀，混凝土结构遭到破坏。同时反应产生的砌体在混凝土孔隙内部形成内应力，加剧混凝土的破坏。其表现特征为混凝土表面水泥石破坏呈糊状溶融态，内部潮湿呈疏松体，强度明显下降。如果混凝土结构所处环境有水冲刷，则表面砂石外露、参差不齐。

硝酸铵溶液呈弱酸性，pH 为 4～5，因此对钢筋混凝土结构中的钢筋也有一定的腐蚀作用，其腐蚀作用比氯盐腐蚀弱。硝酸铵溶液通过混凝土内部孔隙或裂缝到达钢筋表面，与钢筋表面钝化膜反应。失去保护层的钢筋，环境中的腐蚀介质、氧、水分极易侵入。另外由于钢筋含有杂质，在其表面各个部分具有不同的电位，同时，溶液的酸性为钢筋的电化学腐蚀提供了环境条件。此时钢筋锈蚀后体积膨胀高达 2 倍以上，使得混凝土开裂。

Schneider 和 Chen[50]对混凝土在不同浓度的硝酸铵溶液和不同弯曲应力状态下的应力腐蚀进行研究，表明溶液浓度、应力水平、混凝土等级对应力腐蚀均有影响，其中溶液浓度影响最大，与混凝土寿命近似呈指数关系。

对于混凝土中的钢筋(软钢)，在硝酸根离子(NO_3^-)和氢氧根离子(OH^-)存在的腐蚀介质中，在特定临界电位，会出现腐蚀裂纹。根据应力-吸附裂纹机制，硝酸根离子被吸附到钢筋表面上可移动的晶体缺陷(位错)部位(高能区域)，有效地减弱了相邻铁原子之间的键合力，降低了表面能，增加了在拉应力作用下形成裂纹的趋势。

2. 硝酸钙腐蚀机理

硝酸钙是白色固体，在空气中容易潮解。硝酸钙化肥是以 $Ca(NO_3)_2 \cdot 4H_2O$ 形式存在的，且易溶于水、吸湿和潮解。但是其对混凝土腐蚀机理有别于硝酸铵，主要体现在它不与水泥水化物中的氢氧化钙、氧化钙反应。尽管如此，四水合硝酸钙电解后的 Ca^{2+}、NO_3^- 离子渗入混凝土内部，在干湿循环条件下，会再次水化结晶生成 $Ca(NO_3)_2 \cdot 4H_2O$，使混凝土内部孔隙受到膨胀应力，当超过其抗拉强度后，会使混凝土内部产生微裂缝。

3. 硝酸磷肥腐蚀机理

硝酸磷肥是由硝酸铵、磷酸一铵、磷酸二铵等成分组成的复合肥料。不同生产工艺生产的硝酸磷肥成分比例不同，但是均容易吸湿潮解，腐蚀机理和硝酸铵也基本相同，但与水泥水化产物反应生成物略有区别。它们与氢氧化钙反应生成磷酸氢钙和磷酸二氢钙，其中磷酸氢钙难溶于水，沉积在氢氧化钙表面，阻止腐蚀进一步发生。

8.2.2 影响硝酸盐侵蚀的因素

Schneider 在研究中表明材料自身强度、外荷载水平、硝酸盐溶液浓度均对混凝土耐久性寿命有影响。其中影响最严重的是硝酸盐溶液的浓度，随着溶液浓度的增加，无论混凝土是否承受外力，其寿命均显著减小。

此外，Schneider 和 Chen[51]对不同硝酸铵浓度侵蚀环境下各强度混凝土试件和水泥砂浆试件抵抗应力腐蚀的能力做了全面的研究，提出化学力学侵蚀(CME)和力学化学侵蚀(MCE)的概念，认为外荷载作用能显著加剧化学侵蚀，侵蚀溶液浓度和外荷载的大小决定混凝土试件的腐蚀程度，水泥砂浆试件抗腐蚀能力相对混凝土作用更弱。

8.2.3 提高混凝土抗硝酸盐侵蚀的方法

提高混凝土抗硝酸盐侵蚀的方法主要围绕改善混凝土自身强度、抗渗性、增设混凝土防腐层、控制侵蚀介质浓度、pH 和混凝土所受的外力水平等展开。

提高混凝土抗硝酸盐侵蚀要在设计和施工两个层面上进行[52]。

基础设计时不得采用壳体、折板等薄壁形式，应采用毛石或素混凝土或钢筋混凝土且混凝土强度不得低于 C20。如果基础附近有腐蚀液体，宜增大基础埋深。桩基础应采用实心桩，减少与腐蚀物的接触面积。此外，在 pH 小的环境下，桩尖还应涂有防腐层。在硝酸铵造粒塔基础[47]设计中，采用了沥青混凝土且水泥采用抗酸性较好的矿渣水泥，并且在基础四周布置耐酸防腐层玛蹄脂三油二毡。

在结构构件设计上，应采用实腹型，减小混凝土水灰比，强度等级不宜小于 C25，预应力构件不宜小于 C35。在液态侵蚀介质中，孔洞不易布置在受力较大的部位。黑龙江化工总厂多孔硝酸铵装置配药间地面防腐[53]构造采用耐酸瓷砖防腐面层，用热沥青玛蹄酯嵌缝。在楼板水泥砂浆和防腐面层之间还铺设 5mm 厚的热沥青玛蹄酯结合层。在铺设前还用 5％的 NaOH 溶液浸泡和刷洗露面，以此确保露面 pH 呈碱性后再进行结合层和防腐面层的铺设。

在施工过程中，要控制混凝土浇筑时的用水量，且注意充分振捣和养护，控制拆模时间，保证施工质量。

总体而言，提高建筑的抗硝酸盐防腐蚀能力，首先要重视建筑物的腐蚀防护设计[54]，了解建筑物的腐蚀方式和部位，对症下药；其次要提高混凝土的致密度，从而增加抗渗能力；再次要改善混凝土的表面极性性状，如在混凝土表面形成致密难溶膜，用合成材料密闭混凝土表面孔隙或在拌和时作为添加剂掺入水泥内部，从而使硝酸盐（离子）难以侵入混凝土内部；最后要加强生产中的防护，对重点部位进行隔离等特殊防护。

8.3 风　　蚀

风蚀是挟沙风对建、构筑物以及地貌的磨蚀作用[55]。风蚀作用主要分为物理作用和化学作用两方面。在物理破坏方面，主要是在强风作用下将地面的砂砾、小石子等卷起，直接撞击桥体混凝土，对混凝土表面造成损伤；在化学侵蚀方面，加速流动空气中的二氧化碳在混凝土表面或孔隙中更容易发生碳化作用，使混凝土的碱性材料逐渐溶解，并形成明显的裂纹。风蚀主要发生于强风干燥季节，因此，风速和气候是影响混凝土风蚀的主要因素。另外，根据 Suh 的理论，由风蚀引起的混凝土磨损与混凝土的裂纹扩展率、摩擦系数和硬度有关[56]。

提高混凝土抗风蚀的关键在于：①提高抗冲耐磨性，以提高混凝土在使用阶段的抗风蚀能力；②提高早期强度，防止混凝土强度发展阶段大风对混凝土表层的破坏；③提高抗渗性和抗冻性，降低混凝土内部气孔和缝隙数量，减少风蚀作用对混凝土内部的影响；④提高抗化学侵蚀性，抑制混凝土在风蚀后的碱-集料反应。可以看出，在外界条件无法改变的情况下，提高混凝土结构抗风蚀能力的最好方法就是提高混凝土自身质量，密实度较高的混凝土抗风蚀能力也较高。提高混凝土自身的相关措施与方法，参见本书第 18 章。

8.4 水　　蚀

对于混凝土结构，水蚀主要表现为地下水和雨水等对混凝土的冲刷、溶蚀、渗漏、积水而产生的腐蚀。如高速公路两边的混凝土护坡，虽然初期护坡效果较好，但结构不稳定，景观、生态效果差。由于没有植物的覆盖，经过日晒雨淋，混凝土开裂脱落，滑坡和水土流失将更加严重。因此，水蚀是影响水工、桥梁和隧道等混凝土结构耐久性的一个重要因素。混凝土的水蚀会造成结构开裂或使原有裂缝发展变大，造成钢筋严重锈蚀、膨胀，钢筋保护层厚度不足，从而导致混凝土开裂剥落，使混凝土侵蚀日益严重。在寒冷地区，水是影响混凝土冻胀的重要因素。水蚀常发生于混凝土路桥、水工建筑以及隧道等。

水的侵蚀类型主要包括溶出型侵蚀、硫酸盐侵蚀以及镁盐和氨化物的侵蚀[57]。溶出型侵蚀主要是指水泥石中的生成物被水分解、溶蚀造成的侵蚀，表现为外观尚完善，常有白色沉淀物，内呈多孔状，强度降低。硫酸盐侵蚀以及镁盐和氨化物的侵蚀主要指水中夹带的侵蚀性物质对混凝土产生的腐蚀。

混凝土水蚀的影响因素主要分为两类：自然因素和人为因素。自然因素是导致混凝土水蚀的先决条件。混凝土水蚀程度由许多因子决定，包括降雨量、降雨强度及其冲刷力、风力等。通常降雨量和降雨强度越大，水蚀越强。人为因素对混凝土水蚀起到加速作用。人类盲目扩大耕地，毁林毁草开荒，林木过度开采，导致生态环境的恶化和水土流失加剧。

为了提高混凝土的抗水蚀能力，可以在混凝土表面涂抹环氧树脂胶或者环氧砂浆，确保混凝土构件中的钢筋与空气隔绝，并及时疏通桥面排水设施和更换破损的伸缩缝止水带[58]。

参考文献

[1] 武志刚，王彩瑞. 混凝土硫酸盐侵蚀试验中的思考. 化学工程与装备，2008，(6)：77-78.

[2] Santhanam M，Cohen M D，Olek J. Mechanism of sulfate stack：A fresh look. Part1：Summary of experimental results. Cement and Concrete Research，2002，32：915-921.

[3] 马保国，贺行洋，苏英，等. 内盐湖环境中混凝土硫酸盐侵蚀破坏研究. 混凝土，2001(4)：11-15.

[4] 王再芳. 水工混凝土硫酸盐侵蚀与防护. 西北水电，1994(2)：34-38.

[5] 莫斯克温 B M，伊万诺夫 Φ M，阿列克谢耶夫 C H，等. 混凝土和钢筋混凝土的腐蚀及防护方法. 倪继森，何进源，孙昌宝，等译. 北京：化学工业出版社，1984.

[6] Neville A. The confused world of sulfate attack on concrete. Cement and Concrete Research，2004，34：1275-1296.

[7] 亢景富. 混凝土抗硫酸盐侵蚀研究中的几个基本问题. 混凝土，1995(3)：9-18.

[8] Ouyang C S，Nanni A. Internal and external sources of sulfate ions in Portland cement mortar：Two type of chemical attack. Cement and Concrete Research，1988，18(5)：699-709.

[9] Santhanam M，Cohen M D，Olek J. Sulfate attack research—whither now. Cement and Concrete Research，2001，31(6)：845-851.

[10] Cohen M D，Bentur A. Durability of Portland cement-silica fume pastes in magnesium sulfate and sodium sulfate solutions. ACI Material Journal，1993，85(3)：148-157.

[11] Hime W G，Mather B. "Sulfate attack" or is it. Cement and Concrete Research，1999 (29)：789-791.

[12] 张丽. 混凝土硫酸盐侵蚀的机理及影响因素. 东北公路，1998，21(4)：40-43，92.

[13] Tian B，Cohen M D. Does gypsum formation during sulfate attack on concrete lead to expansion. Cement and Concrete Research，2000，30(1)：117-123.

[14] Santhanam M，Cohen M D，Olek J. Effects of gyp sum formation on the performance of cement mortars during external sulfate attack. Cement and Concrete Research，2003，33(3)：325-332.

[15] Hansen W C. Attack on Portland cement concrete by alkali soil and water—A critical review. Highway Research

Record,1966,113:1-32.

[16] Kouznetsova T V. Development of special cement//10th ICCC,Gothenburg,1997(1):234-245.

[17] Metha P K. Mechanism of expansion associate with ettringite formation. Cement and Concrete Research,1983,13:401-406.

[18] Cohen M D. Theories of expansion in sulfoaluminate-type expansive cements:School of thought. Cement and Concrete Research,1983,13:809-818.

[19] 薛君玕. 钙矾石相的形成、稳定和膨胀. 硅酸盐学报,1983(2):247-251.

[20] Biczok I. Concrete Corrosion Concrete Protection. New York:Chemical Publishing,1967.

[21] Bonen D,Cohen M D. Magnesium sufate attack on Portland cement paste:Chemical and mineralogical analysis. Cement and Concrete Research,1992,22(4):707-718.

[22] Bonen D. Composite and appearance of magnesium silicate hydrate and its relation to deterioration of cement based materials. Journal of the American Ceramic Society,1992,10(75):2094-2096.

[23] Bensted J. Thaumasite—background and nature in deterioration of cements,mortars and concretes. Cement and Concrete Composite,1999,21(2):117-121.

[24] Crammond N J. The thaumasite form of sulfate attack in the UK. Cement and Concrete Composites,2003,25(8):809-818.

[25] Gaze M E,Crammond N J. The formation of thaumasite in a cement:Lime,sand mortar exposed to cold magnesium and potassium sulfate solution. Cement and Concrete Composites,2000,22(3):831-837.

[26] Baghabra O S,Al-Amoudi. Attack on plain and blended cements exposed to aggressive sulfate environments. Cement and Concrete Composites,2002,24(3-4):305-316.

[27] Clifton J R,Frohnsdorff G,Ferraris C. Standards for evaluating the susceptibility of cement-based materials to external sulfate attack//Skalny J,Marchand J. Material Science of Concrete—Sulfate Attack Mechanisms. Westerville:American Ceramic Society,1999: 337-355.

[28] Santhanam M,Cohen M D,Olek J. Modeling the effects of solution temperature and concentration during sulfate attack on cement mortars. Cement and Concrete Research,2002,32(4):585-592.

[29] Akoz F,Turker F,Koral S,et al. Effect of sodium sulfate concentration on the sulfate resistance of mortars with and without silica fume. Cement and Concrete Research,1995,25(6):1360-1368.

[30] 申春妮,杨德斌,方祥位,等. 混凝土硫酸盐侵蚀因素的探讨. 水利与建筑工程学报,2004,2(2):16-19.

[31] 方祥位,申春妮,杨德斌,等. 混凝土硫酸盐侵蚀速率影响因素研究. 建筑材料学报,2007,10(1):89-96.

[32] Lawrence C D. Mortar expansion due to delayed ettringite and formation. Effect of curing period and temperature. Cement and Concrete Research,1995,25(4):903.

[33] Idom G M,Skaluy J. Rapid test of concrete expansivity due to internal sulfate attack. ACI Materials Journal,1993,89(5):469-480.

[34] 游宝坤,席耀忠. 钙矾石的物理化学性能与混凝土的耐久性. 中国建材科技,2002,11(3):13-18.

[35] 席耀忠. 近年来水泥化学新进展:记第九届国际水泥化学会议. 硅酸盐学报,1993,21(6):577-588.

[36] Lvarez-Ayuso E A,Nugteren H W. Synthesis of ettringite:A way to deal with the acid wastewaters of aluminium anodising industry. Water Research,2005(39):65-72.

[37] 石云兴,王泽云,吴东,等. 钙矾石的形成条件与稳定性. 混凝土,2000(8):52-54.

[38] Cody R D,Cody A M, Spry P G, et al. Reduction of concrete deterioration by ettringite using crystal growth inhibition techtliqlles. Iowa Department of Transportation,Final Report TR-431,Ames,2001:104.

[39] 金雁南,周双喜. 混凝土硫酸盐侵蚀的类型及作用机理. 华东交通大学学报,2006,23(5):4-8.

[40] Osborne G J. The sulfate resistance of Portland and blastfurnace slag cement concrete//Proceedings of Second CANMET/ACI International Conference on the Durability of Concrete,ACI SP 126, Montreal,1991:1047-1071.

[41] 张广义. 浅谈钢筋混凝土耐久性的影响因素及对策. 科技情报开发与经济,2005,15(5):204-206.

[42] 陈元素. 受腐蚀混凝土力学性能试验研究. 大连:大连理工大学硕士学位论文,2006.

[43] 成拴成. 高性能混凝土应力腐蚀与腐蚀疲劳特性研究. 西安:长安大学博士学位论文,2004.

[44] 赵亚平,陈一飞. 提高混凝土结构耐久性的技术与措施. 建筑技术开发,2004,(3):36-37.

[45] 程建龙,雷宏刚. 混凝土结构在硝酸盐作用下的腐蚀机理研究//第7届全国建筑物鉴定与加固改造学术会议论文集,重庆,2004:488-491.

[46] 吴涛. 受硝酸及硝酸盐腐蚀下混凝土侵蚀性能研究. 太原:太原理工大学硕士学位论文,2008.

[47] 雷宏刚,吴涛,吕建国. 在硝酸盐作用下混凝土结构的腐蚀与防护. 建筑结构,2007,37(增刊):8-11.

[48] 谢洪武,李建红. 硝酸铵造粒塔基础的防腐研究与应用. 广西工学院学报,2002,13(4):85-87.

[49] Jauberthie R,Rendell F. Physicochemical study of the alteration surface of concrete exposed to ammonium salts. Cement and Concrete Research,2003(1),33:85-91.

[50] Schneider U,Chen S W. Deterioration of high-performance concrete subjected to attack by the combination of ammonium nitrate solution and flexure stress. Cement and Concrete Research,2005,35(9):1705-1713.

[51] Schnerider U,Chen S W. The chemomechanical effect and the mechanochemical effect on high-performance concrete subjected to stress corrosion. Cement and Concrete Research,1998,28(4):509-522.

[52] 杨广云. 提高硝酸盐腐蚀下混凝土结构耐久性的措施. 山西交通科技,2007,4(2):60-61.

[53] 马熙富,闫秀芳. 硝酸铵厂房楼地面腐蚀后的修补. 建筑技术,1998(6).

[54] 屈党团. 硝酸铵生产厂水泥建筑物的腐蚀与防护. 腐蚀与防护,1998,19(6):263-263.

[55] 章岩,王起才,张粉芹,等. 混凝土抗风蚀磨损表面强化处理材料的对比试验研究. 中国铁道科学,2012,33(2):43-47.

[56] Suh N P. An overview of the delamination wear of material. Wear,1977,44(1):1-16.

[57] 张宇旭. 隧道工程常见病害的危害及成因分析. 国外建材科技,2009,29(1):69-72.

[58] 陈晓飞. 阿克苏地区国省干线公路桥梁典型病害分析与防治. 公路交通科技(应用技术版),2011,82(10):129-130.

第9章　混凝土中钢筋的锈蚀

9.1　混凝土中钢筋锈蚀机理

通常情况下，早期混凝土具有很高的碱性，其 pH 一般大于 12.5，在这样高的碱性环境中埋置的钢筋容易发生钝化作用，使得钢筋表面产生一层钝化膜，能够阻止混凝土中钢筋的锈蚀。但当有二氧化碳、水汽、氯离子等介质从混凝土表面通过孔隙进入混凝土内部时，与混凝土材料中的碱性物质中和，从而导致了混凝土的 pH 降低。当混凝土的 pH 下降到一定程度时，混凝土中埋置钢筋表面的钝化膜被逐渐破坏，在其他条件具备的情况下，钢筋就会发生锈蚀。钢筋锈蚀又将导致混凝土保护层开裂、钢筋与混凝土之间黏结力破坏、钢筋受力截面减少、结构耐久性能降低等一系列不良后果。

9.1.1　碳化引起混凝土中钢筋锈蚀机理

水泥水化物的高碱性使混凝土内的钢筋产生一层致密的氧化膜。以往的研究认为，该钝化膜是由铁的氧化物构成的，但最近的研究表明，该钝化膜中含有 Si—O 键，它对钢筋有很强的保护能力[1]。然而，该钝化膜只有在高碱性环境中才是稳定的，当 $pH<11.5$ 时就开始不稳定，当 $pH<9.88$ 时该钝化膜就难以生成或已经生成的钝化膜也会逐渐破坏。

然而，大气中的二氧化碳却时刻在向混凝土的内部扩散，与混凝土中的氢氧化钙发生作用，生成碳酸盐或者其他物质，从而使水泥石原有的强碱性降低，pH 下降到 8.5 左右，已经生成的钝化膜逐渐破坏，在氧气和水分存在的条件下，钢筋锈蚀就逐渐开展。

9.1.2　氯盐侵蚀引起混凝土中钢筋锈蚀机理

钢筋混凝土结构在使用寿命期间可能遇到的各种暴露条件中，氯化物是一种最危险的侵蚀介质，它催化钢筋锈蚀的过程如图 9-1 所示。

1. 破坏钝化膜

氯离子是很强的去钝剂，氯离子进入混凝土到达钢筋表面并吸附于局部的钝化膜处时，可以使该处的 pH 迅速降低到 4 以下，从而破坏钢筋表面的钝化膜。

2. 形成腐蚀电池

如果在大面积的混凝土表面上有高浓度的氯化物，则氯化物所引起的腐蚀可能是均匀腐蚀，但是在不均匀的混凝土中常见的是局部的腐蚀。氯离子对钢筋表面钝化膜的破坏发生在局部，使这些部位露出铁基体，与尚完好的钝化膜区域形成电位差；铁基体作为阳极而受腐蚀，大面积的钝化膜区域作为阴极。腐蚀电池作用的结果是：在钢筋表面产生蚀坑，由于大阴极对应于小阳极，蚀坑发展十分迅速。

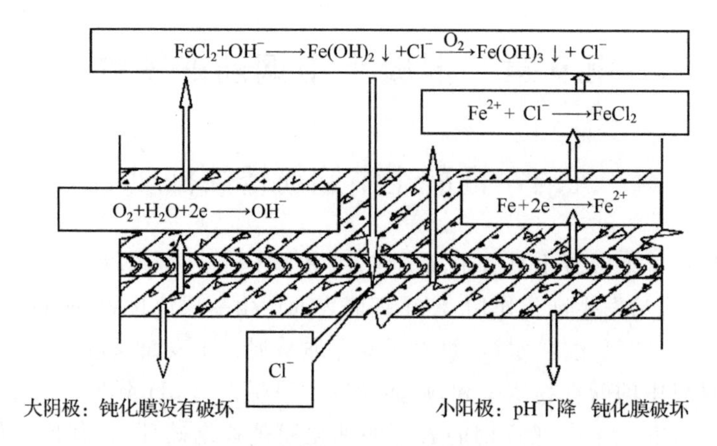

图 9-1　氯离子催化钢筋锈蚀过程示意

3. 去极化作用

离子不仅促成了钢筋表面的腐蚀电池，而且加速了电池的作用。氯离子与阳极反应产物 Fe^{2+} 结合生成 $FeCl_2$，将阳极产物及时地搬运走，使阳极氧化过程顺利甚至加速进行。通常把阳极氧化过程受阻称为阳极极化作用，而把加速阳极极化作用称为去极化作用，氯离子正是发挥了阳极去极化作用。在氯离子存在的混凝土中是很难找到 $FeCl_2$ 的，这是因为 $FeCl_2$ 是可溶的，在向混凝土内扩散时遇到 OH^- 就生成了 $Fe(OH)_2$ 沉淀，再进一步氧化成铁的氧化物，就是通常所说的铁锈。由此可见，氯离子起到了搬运的作用，却并不被消耗，也就是说，凡是进入混凝土中的氯离子就会周而复始地起到破坏作用，这也是氯离子危害的特点之一。

$$Fe^{2+} + 2Cl^- + 4H_2O \longrightarrow FeCl_2 \cdot 4H_2O$$
$$FeCl_2 \cdot 4H_2O \longrightarrow Fe(OH)_2 + 2Cl^- + 2H^+ + 2H_2O$$

4. 导电作用

腐蚀电池的要素之一是要有离子通道。混凝土中氯离子的存在强化了离子通道，降低了阴阳极之间的欧姆电阻，提高了腐蚀电池的效率，从而加速了电化学腐蚀过程。氯化物还提高了混凝土的吸湿性，这也能减少阴阳极之间的欧姆电阻。

9.1.3　影响钢筋锈蚀速率的主要因素

1. 混凝土保护层特性的影响

1）混凝土水灰比

混凝土的水灰比决定着混凝土的强度，也决定着混凝土保护层的密实程度。一般来讲，混凝土的水灰比越大，混凝土的强度越低，混凝土的密实程度越差；水分、腐蚀性介质

(CO_2、O_2、Cl^-)越容易侵入混凝土内部，使得混凝土内钢筋的锈蚀速率越高[2-8]。

2) 水泥的种类及活性掺和料的掺量

水泥种类的不同(早强水泥、普通水泥、大坝水泥、高铝水泥等)对应着熟料含量和成分的不同。硅灰混凝土能提高混凝土的电阻率，从而减少混凝土内钢筋的锈蚀电流，但是硅灰的掺量存在一最优值，低于或高于此值都将导致阻锈效果降低。文献[9]的研究认为，相同强度等级的粉煤灰混凝土(35MPa)的碳化速率高于普通混凝土 75%，且相应的混凝土内钢筋的锈蚀速率也高于普通水泥混凝土。但也有文献[10]认为，由于粉煤灰的加入，混凝土的阻抗提高、扩散系数提高以及粉煤灰二次水化引起的钢筋膜电阻、膜电容及阳极极化电位提高，使得掺粉煤灰混凝土中钢筋耐海水侵蚀的性能大大优于普通混凝土。

3) 碳化程度、氯离子含量

现有的研究表明氯离子对混凝土内钢筋的去钝化作用并不直接取决于 Cl^- 的绝对浓度，而是 Cl^- 和 OH^- 的比值，即如果 OH^- 的浓度很高，则需要的导致钢筋去钝化的 Cl^- 高，反之，随着碳化的作用，混凝土碱性程度降低，则较低浓度的 Cl^- 也可以导致钢筋锈蚀。

4) 混凝土保护层电阻率

混凝土电阻率决定着混凝土内离子的导电程度，一般来讲混凝土电阻率越低，则混凝土内钢筋锈蚀速率越高。但是混凝土的电阻率不是一个独立的量，它受到混凝土原材料的组成、氯离子含量、碳化程度、环境的温度、相对湿度等影响。

2. 环境因素的影响

1) 环境相对湿度影响

水是钢筋发生锈蚀的必不可少的条件之一，而环境相对湿度决定着混凝土内的潮湿程度(孔隙水饱和程度、含水率)。因此，环境相对湿度对混凝土内钢筋的锈蚀具有决定性的影响[11-25]。文献[12]认为对于混凝土中处于活化状态的钢筋，混凝土内部的相对湿度和混凝土保护层的电阻是控制钢筋锈蚀速率的最主要因素，相对湿度对混凝土中钢筋的锈蚀存在一临界值，约为 80%，低于此值锈蚀电流可以忽略不计，而高于 90%，由于混凝土内孔隙水趋于饱和，氧的扩散速率降低，故锈蚀电流也下降。但文献[13]的试验研究认为混凝土内钢筋的锈蚀速率与环境相对湿度基本呈线性关系，钢筋的锈蚀速率均随相对湿度的提高呈现大幅度的提高。

2) 环境温度影响

一般而言，环境温度升高，钢筋锈蚀速率会随之升高，这是因为锈蚀过程的阳极与阴极反应速率均随温度的上升而增加，同时随着温度的增加，既使氧的扩散速率增加，又减少了氧的溶解度，但氧的净运输速率还是增加了。故总的来讲，温度的提高会导致钢筋锈蚀速率有一定程度的增加。但也有研究[26]认为温度对混凝土内钢筋锈蚀率的影响在 40℃以下时，钢筋的锈蚀速率随温度的增加而增加，当温度高于 40℃时钢筋的锈蚀速率反而随温度的上升而下降。

3. 结构荷载的影响

1) 裂缝宽度、间距

钢筋混凝土构件中的裂缝种类有横向裂缝和纵向裂缝。横向裂缝与钢筋直接相交，暴露于裂缝处的钢筋面积就整根钢筋而言很小，而纵向裂缝通常长于整根钢筋，暴露于裂缝处的钢筋面积就整根钢筋而言较大。由于混凝土保护层开裂之后，二氧化碳、氧气、湿气等侵蚀性物质更加容易扩散到钢筋的表面，因此，裂缝的宽度、裂缝的间距对混凝土内钢筋的锈蚀必然产生严重的影响[27-30]。

2) 应力水平

金属在一定腐蚀介质和应力(主要是拉应力)作用下容易发生应力腐蚀，应力腐蚀和常规腐蚀不同，它会在金属局部区域加速腐蚀，从而引起结构局部加速破坏，给结构带来突发性的灾难性后果。混凝土结构都是在设计荷载下工作的，混凝土中钢筋总存在着一定的应力水平，特别是预应力构件中钢筋的应力水平接近于其屈服强度。

9.2 钢筋锈蚀的临界阈值

尚不致引起钢筋去钝化的钢筋周围混凝土孔隙液的游离氯离子的最高浓度，称为混凝土氯化物的临界浓度[31]，即氯离子阈值，通常用 C_{cr} 表示，这是一个十分重要的指标。它是正确预测钢筋初锈时间的关键参数之一。激发钢筋腐蚀的氯离子临界浓度值 C_{cr} 不是一个唯一确定的值，它受到许多因素的影响，如混凝土的配合比、水泥的类型、水泥成分含量、混凝土材料、水灰比、温度、相对湿度、碳化程度、钢筋表面状况以及其他有关氯离子渗透的来源等。本节对国内外氯离子临界阈值研究成果进行了总结与归纳，分析了临界氯离子浓度高度离散性的原因，最后着重介绍一种新的氯离子阈值快速测定方法。

9.2.1 临界氯离子浓度的研究现状

一般认为游离氯离子是引起钢筋锈蚀的主要因素而并非是氯离子总量，也就是钢筋锈蚀始发时间的长短在很大程度上取决于混凝土孔溶液中游离氯离子浓度。混凝土具有结合氯离子的能力，渗入混凝土中的氯离子一部分被水化产物中的 C—S—H 凝胶吸附，另一部分则与水化铝酸钙化学结合形成 F 盐，从而有效降低钢筋混凝土中的游离氯离子量，大大延缓了钢筋锈蚀时间，提高了混凝土的使用寿命。但是目前人们对采用混凝土孔溶液中游离氯离子含量与较多使用的总氯离子含量哪个更为准确存在分歧，一方面，由于结合氯离子作为钢筋与混凝土界面可供应氯离子源而具有潜在的腐蚀风险，这部分结合形态的氯离子在条件具备时会转化为游离氯离子，因此有人担心以游离氯离子作为钢筋锈蚀临界值存在较大风险；另一方面，当混凝土中总氯离子含量一定时，混凝土中游离氯离子含量主要取决于水泥中 C_3A 量、碱含量以及辅助性胶凝材料的种类和用量，提高水泥中 C_3A 含量或掺加大掺量的工业废渣均有利于氯离子的结合，使孔溶液中游离氯离子含量降低。有研究表明[32]，当 C_3A 含量由 2% 提高到 14% 时，对于同样 1.2% 的总氯离子含量，氯离子结合能力和钢筋锈蚀始发时间分别提高 2.43 倍和 2.45 倍。

尽管氯离子对钢筋锈蚀起主导作用,但孔溶液的氢氧根离子作为钢筋的钝化剂对抑制钢筋锈蚀也起着重要作用,实际上钢筋锈蚀的始发时间在很大程度上决定于二者之间的竞争,大气环境中混凝土孔溶液的碱度是钢筋锈蚀发生与否的关键因素已为人们所熟知,但在氯盐环境中混凝土碱度这个因素常常被忽略,事实上较高的碱度可以使钢筋在较高的氯离子含量下而不生锈,而混凝土碱度降低则钢筋会在极少的氯离子含量下开始生锈,因此有理由相信控制钢筋锈蚀始发的不仅仅是氯离子含量一个因素,混凝土的碱度也是一个不容忽视的重要因素。氯离子与氢氧根浓度比值作为钢筋锈蚀临界值的提法由来已久,对此国内外学者曾进行过大量研究。根据 Glass 和 Buenfeld[33] 以及 Alonso 等[34] 对暴露在不同环境中钢筋锈蚀临界值的分析,对钢筋脱钝临界值进行总结与归纳,结果见表 9-1。

表 9-1　引起钢筋锈蚀的氯离子阈值(占水泥的质量分数)[33,34]

作者及年代	总氯离子	游离氯离子	[Cl⁻]/[OH⁻]	暴露试件	试样类型	检测方法
Stratful 等(1975 年)	0.17～1.4	—	—	室外	结构	—
Vassie(1984 年)	0.2～1.5	—	—	室外	结构	—
Elsener 和 Bhöni (1986 年)	0.25～0.5	—	—	实验室	砂浆	—
Henriksen (1993 年)	0.3～0.7	—	—	—	—	—
Treadaway 等(1989 年)	0.32～1.9	—	—	—	—	—
Bamforth 等(1994 年)	0.4	—	—	—	—	—
Page 等(1994 年)	0.4	0.11	0.22	—	—	—
Andrade 和 Page	—	—	0.15～0.69 0.12～0.44	掺氯盐	普通水泥 矿渣水泥	腐蚀速率
Hansson 等(1990 年)	0.4～1.6	—	—	实验室	砂浆	—
Schiessl 等(1990 年)	0.5～2	—	—	实验室	混凝土	宏观电流
Thomas 等(1990 年)	0.2～0.7	—	—	海水	混凝土	质量减少
Tuutti(1993 年)	0.5～1.4	—	—	实验室	混凝土	—
Locke 和 Siman(1980 年)	0.6	—	—	实验室	混凝土	—
Lambert 等(1991 年)	1.6～2.5	—	3～20	实验室	混凝土	腐蚀速率
Lukas(1985 年)	1.8～2.2	—	—	室外	结构	—
Pettersson(1993 年)	—	0.14～0.18	2.5～6	实验室	净浆/溶液	腐蚀速率
Goni 和 Andrade(1990 年)	—	—	0.26～0.8	实验室	溶液	腐蚀速率
Diamond(1986 年)	—	—	0.3	实验室	净浆/溶液	线性极化
Hausmann(1967 年)	—	—	0.6	实验室	模拟孔液	电位变化
Yonezawa 等(1988 年)	—	—	1～40	实验室	砂浆/溶液	—
Gouda(1975 年)	—	—	0.35	实验室	模拟孔液	阴极极化
Gouda and Halaka(1970 年)	1.21～2.42	—	—	实验室	砂浆	阴极极化

9.2.2 临界氯离子浓度高离散性的原因

造成临界氯离子浓度离散性非常大的原因主要有以下几方面。

1. 材料特性

混凝土的水泥品种、水灰比、钢筋品种以及矿物掺和料等均会对临界氯离子浓度产生影响。一般而言，水灰比越大，氯离子阈值越低。研究表明，粉煤灰和硅粉的掺入降低了孔隙液 pH，导致氯离子阈值降低；但也有学者认为，粉煤灰和硅粉能显著提高混凝土电阻率，降低钢筋锈蚀的电化学活性，致使氯离子阈值增加。

2. 环境因素

混凝土测试环境温湿度对临界氯离子浓度影响很大。温度越大，钢筋电化学反应活性越大，氯离子阈值越低；湿度越高，混凝土孔隙饱和度越大，孔隙液中氧含量降低，反而会使氯离子阈值增加。

3. 测试手段多样性

氯离子阈值的测试方法包括自然腐蚀法、恒电位法、动电位法、恒电流法、交流阻抗谱法等。判断钢筋是否开始腐蚀的标准也呈现不一致。有些学者采用线性极化法测量腐蚀速率判断钢筋是否开始腐蚀，但腐蚀电流密度取何值可视为钢筋开始腐蚀尚存争议，其范围为 $1\sim2\mathrm{mA/m^2}$[35,36]。还有些学者通过腐蚀电位变化、宏电流变化判断钢筋是否开始腐蚀[37]。另外一些学者则通过肉眼观察钢筋表面是否有锈蚀物产生来进行判断[38]。

4. 表达方式多样化

还有一方面的原因是临界氯离子浓度的表达方式多样化，主要有自由氯离子含量、总氯离子含量及$[Cl^-]/[OH^-]$等方式。每种表达方式各有优缺点，众多学者众说纷纭[33]，尚无统一的表达方式。

9.2.3 氯离子阈值相关规定

Stewart 建议$[Cl^-]$值服从均值为水泥质量 0.95%（约 $3.35\mathrm{kg/m^3}$），变异系数 0.375 的正态分布。Matsushima 建议的$[Cl^-]$均值为 $3.07\mathrm{kg/m^3}$，变异系数为 0.41。日本土木学会标准在预测使用寿命时认为$[Cl^-]$一般在 $0.3\sim2.4\mathrm{kg/m^3}$，对于耐久性要求较高的钢筋混凝土，氯离子质量不超过 $0.3\mathrm{kg/m^3}$。实际环境中测得的$[Cl^-]$要比实验室条件下大，达 $1.2\sim2.4\mathrm{kg/m^3}$，所以计算中通常取$[Cl^-]$为 $1.2\mathrm{kg/m^3}$（相当于与混凝土质量的比值为 0.05%，或每立方米混凝土的胶凝材料为 400kg 时，相当于胶凝材料重的 0.3%）。目前限制钢筋周围酸溶性氯离子含量占胶凝材料 0.40%或占胶凝材料质量 0.15%的水溶性氯离子分别被欧洲和北美接受[39]。美国 ACI201、ACI 222、英国 BS 8110 及其他人建议的氯离子阈值浓度[40]见表 9-2。欧洲 DuraCrete[41]认为对于处于不同环境下的硅酸盐水泥混凝土结构，其氯离子临界浓度服从正态分布，见表 9-3。

表 9-2　不同标准或研究者报道的氯离子阈值

资料来源	氯离子阈值含量(占水泥的质量分数)	
	游离氯离子(水溶性氯离子)	总氯离子(酸溶性氯离子)
ACI 201	0.10～0.15	—
ACI 222	—	0.2
BS 8110	—	0.4
Hope 等	—	0.10～0.20
Everett 等	—	0.40
Thomas 等	—	0.50
Page 等	0.54	1.00

注：ACI 201、ACI 222、BS 8110 标准规定的氯离子含量限制，不是钢筋锈蚀始发真实阈值，即标准考虑了一定安全系数。

表 9-3　DuraCrete 规定的氯离子临界浓度(占胶凝材料的质量分数)

区域	W/B		
	0.3	0.4	0.5
水下区	$N(2.3;0.2)$	$N(2.1;0.2)$	$N(1.6;0.2)$
潮汐与浪溅区	$N(0.9;0.15)$	$N(0.8;0.1)$	$N(0.5;0.1)$

需要特别注意的是，即使钢筋表面附近的氯离子浓度达到了上述值，也并不意味着钢筋一定出现初锈，它仅仅意味着钢筋发生初锈具有较高的可性。Glass 和 Buenfeld[42] 给出了用灰度表示的钢筋初锈风险图，如图 9-2 所示。

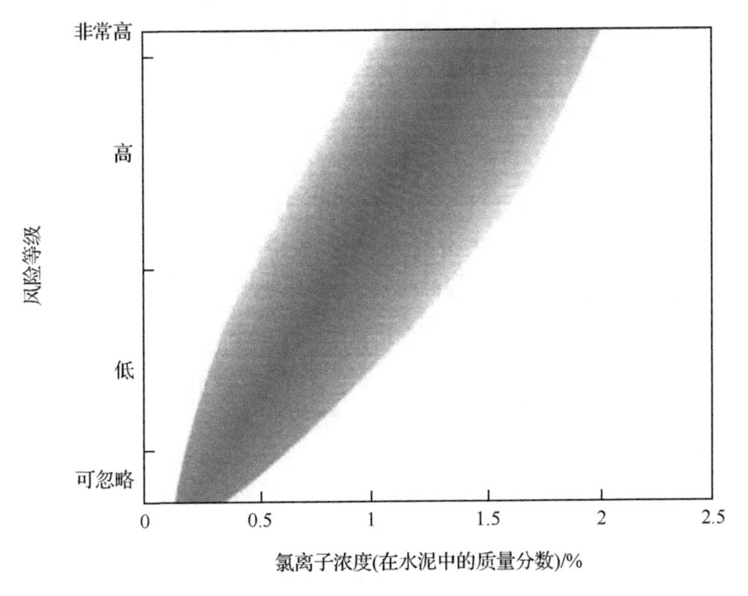

图 9-2　钢筋初锈风险图[42]

9.2.4 混凝土中氯离子阈值快速测定方法介绍

关于混凝土中氯离子阈值目前国内外已进行的大量研究大多基于自然渗透试验。为了缩短试验周期，通常采用干湿循环的加速试验方法。基于外加电场的作用下氯离子能够快速迁移至钢筋表面的特性，Castellote 等[43]提出了外加电场快速测定氯离子阈值试验方法，从而大大缩短了测试时间，如图 9-3 所示。但是，该方法存在一个明显的不足之处，即外加电场的存在会使得试块内部的钢筋同时被阳极极化，而不同的阳极极化程度会影响钢筋钝化膜的稳定性，这在文献[43]并未讨论。此外，测试过程中为确定钢筋是否脱钝，需间隔一段时间切断外电源，对钢筋进行电化学测试来确定是否脱钝。如此一来延长了测试时间，因为在切断外电源后，如此高的极化电位已经使钢筋表面处于强极化状态，至少需将试样静置一段时间使钢筋电位回落至自然状态下的电位值。

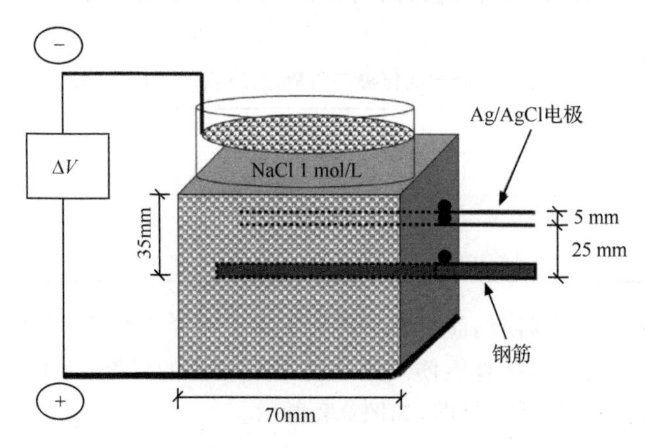

图 9-3 氯离子阈值快速测定试验装置示意

外加电场作用下，流过试块中钢筋的电流为杂散电流。文献[44]研究了杂散电流对混凝土中钢筋锈蚀的影响，指出杂散电流对钢筋锈蚀的影响主要与钢筋的极化电流密度大小以及混凝土中氯离子浓度有关。混凝土不含氯离子时，当极化电流密度等于1A/m^2，即使连续通电大于 10000h 也会与引起钢筋锈蚀；当极化电流为 10A/m^2 时，只需连续通电 231h 即可引起钢筋锈蚀，达到 263h 混凝土表面开裂。混凝土内部含 0.1%氯离子时(占水泥质量分数)，即使极化电流密度为 1A/m^2，连续通电 3885h，也能使钢筋锈蚀；并且随着氯离子含量增加，引起钢筋锈蚀的时间急剧缩短。由于钢筋极化电流与杂散电流直接相关，而杂散电流大小又由外加电场电压决定，因此，必需合理控制外加电压，确保钢筋在杂散电流作用下，表面钝化膜仍完好。此外，在外加电场持续作用条件下，需要建立一个钢筋开始锈蚀的判据。

1. 外加电场电压控制

研究发现[45]，被极化的钢筋处于析氧电位 Z_{im} 以下时，钢筋钝化膜仍完好，如图 9-4 所示。图中，钢筋析氧电位约为 580mV(v. s. SCE)，当钢筋极化电位小于 600mV 时，阻抗谱低频段容抗弧仍为倾斜直线，表明钝化膜仍完好。当极化电位为 600mV 时，阻抗谱低频段容抗弧略微收缩，表明钝化膜已发生失稳。当极化电位大于 600mV 时，阻抗谱低频段容抗弧发生急剧收缩，表明钝化膜已被击穿。其中原因如下：随着外加电场电压的增加，钢筋向着阳极方向极化，当钢筋电位超过析氧电位后，钢筋表面将发生析氧反应，即 $2H_2O \longrightarrow O_2 + 4H^+ + 4e$。氢离子的产生，将使得钢筋表面的孔隙液局部酸化，导致钢筋表面钝化膜稳定性降低。因此，为确保钢筋在通电条件下钝化膜仍然稳定，应调节电压使钢筋极化电位处于析氧电位之下。

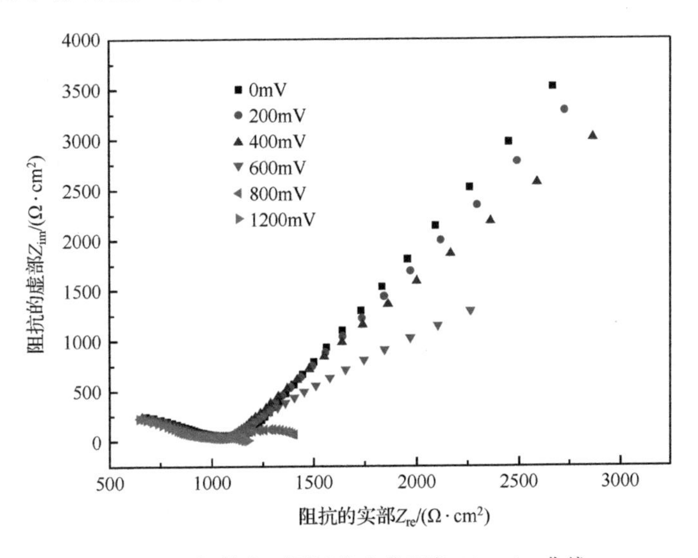

图 9-4　钢筋在不同极化电位下的 Nyquist 曲线

2. 钢筋锈蚀判定

研究发现[45]，在持续通电条件下，仍可将钢筋电位的急剧降低作为钢筋锈蚀判别标准。图 9-5 为实测持续通电下钢筋电位的变化。

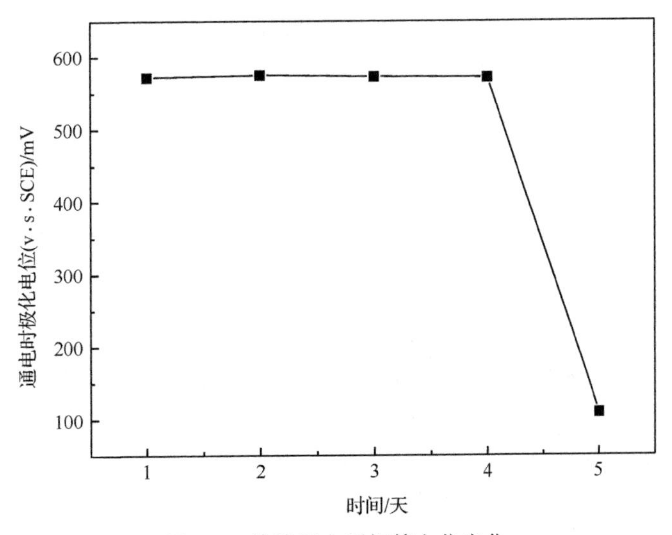

图 9-5　持续通电下钢筋电位变化

3. 与自然渗透试验比较

初步研究表明[45]，自然渗透与通电加速测得氯离子阈值的比值为1.1～1.3。自然渗透条件下的氯离子阈值略大于电场加速条件下的测试结果，但二者相差不大。这是因为，该测试方法控制的钢筋极化电位小于析氧电位，极化对钢筋钝化膜的稳定性影响不明显，因此测试得到的氯离子阈值也较为相近。

9.3 钢筋锈蚀率预测模型

混凝土中钢筋锈蚀量的计算是准确测定和预测混凝土构件中钢筋锈蚀的速率、预测保护层锈蚀开裂时间 t_{cr} 的重要前提。国内外许多学者对此进行了研究，但由于混凝土内钢筋锈蚀机理较为复杂，影响因素众多，目前研究还没有形成较统一的能适用于大多数条件的一个普遍计算模型。合理构建钢筋锈蚀速率模型是计算钢筋锈蚀量的前提，现有钢筋锈蚀速率计算模型按其建立的途径可分为三种，即理论模型、统计模型和理论统计相结合的模型。

9.3.1 理论模型

理论模型中，浙江大学模型[31]、Bazant 模型[46,47]、刘西拉模型[48]、Balabanic 模型[44]和肖从真模型[49]都认为钢筋腐蚀电流由阴极氧扩散控制，建立了复杂的理论模型，其中氧气扩散系数是用二氧化碳在混凝土中的扩散系数换算得出的，计算过程较复杂，且需利用现场实测数据，工程应用相对较困难。

1. 浙江大学模型

浙江大学金伟良和赵羽习[31]假定钢筋腐蚀电流由阴极氧扩散控制，基于氧气扩散 Fick 定律与 Faraday 定律建立了适用于碳化引起钢筋锈蚀的锈蚀速率模型。

$$\begin{cases}\rho = 0, & t < t_0 \\ \rho = 3.254\times 10^{-4}\dfrac{D_{O_2}P_{RH}}{\alpha d}\times\dfrac{a(t-t_0)^{b+1}}{b+1}, & t_0 \leqslant t \leqslant t_1 \\ \rho = 3.254\times 10^{-4}\dfrac{D_{O_2}P_{RH}}{d}\left[\dfrac{\pi(t-t_1)}{C+d}+\dfrac{a(t_1-t_0)^{b+1}}{\alpha(b+1)}\right], & t > t_1\end{cases} \tag{9-1}$$

式中，D_{O_2} 为氧气在混凝土中的扩散系数；d 为钢筋半径(mm)；C 为混凝土保护层厚度(mm)；P_{RH} 为考虑到仅当大气相对湿度大于钢筋锈蚀的临界相对湿度时钢筋才发生锈蚀，而对钢筋锈蚀量的修正，它取大气相对湿度大于钢筋锈蚀临界相对湿度(取60%)发生的概率；a、b 为待定参数，并且都是关于参数 t、r、C、α、λ 的函数，α 为碳化速率系数，λ 为碳化指数。对 a、b 有影响的参数较多，并且每个参数的影响都是不可忽略的，计算公式将十分复杂，不便于工程人员使用。因此，采用列表的方式是一种既简便又实用的方法，具体计算表格参见文献[31]。

2. Bazant 模型[46,47]

Bazant 根据混凝土中钢筋锈蚀过程中各反应物质的质量守恒、Fick 扩散定律、Maxwell 静电方程及化学反应速率方程建立了一组钢筋锈蚀速率的微分方程，并针对海洋环境下钢筋混凝土结构的特点，考虑浓差极化的作用，同时为避免三维计算，将各反应物质的扩散简化为一维稳态扩散，推导出了海洋环境下钢筋锈蚀速率简化计算的应用模型。

$$i_{\text{A}} = \frac{\Delta\phi}{\alpha_{\text{b}} R^{*} \sqrt{S_{\text{A}}}} \tag{9-2}$$

$$i_{\text{C}} = \frac{\Delta\phi}{\alpha_{\text{b}} R^{*} \sqrt{S_{\text{C}}}} \tag{9-3}$$

$$R^{*} = \frac{1}{\lambda}\left[\frac{1}{\dfrac{1}{\sqrt{S_{\text{A}}}+2C}+\dfrac{1}{\sqrt{S_{\text{C}}}+2C}}+\frac{1}{L\left(\dfrac{1}{S_{\text{A}}}+\dfrac{1}{S_{\text{C}}}\right)}\right] \tag{9-4}$$

式中，i_{A} 为阳极锈蚀电流密度；i_{C} 为阴极锈蚀电流密度；R^{*} 为锈蚀电路总电阻；S_{A} 为阳极区面积；S_{C} 为阴极区面积；C 为混凝土保护层厚度；λ 为混凝土的电阻抗；$\Delta\phi$ 为阴、阳极电位差；α_{b} 为 $x=L$ 平面上单位面积中的钢筋表面积。

该模型较完整地表述了海洋环境下钢筋锈蚀的物理过程和化学过程，概念清楚，考虑因素较全面，但其中各反应物质的扩散系数等参数难以确定，方程组的求解也有一定的难度，另外模型中将锈蚀最终产物定为 $Fe(OH)_3$，结果偏于保守。

3. 刘西拉模型[48]

刘西拉等以混凝土和钢筋界面处各反应物质的质量守恒为前提，根据 Fick 扩散定律、欧姆定律、Maxwell 静电方程，得出求解混凝土内钢筋锈蚀的方程组：

$$I = \frac{\varphi_{\text{p}}^{\text{C}} - \varphi_{\text{p}}^{\text{A}}}{R^{*}} \tag{9-5}$$

$$\varphi_{\text{p}}^{\text{A}} = \varphi_{0}^{\text{A}} - \frac{2RT}{n^{\text{A}}F}\ln[\text{OH}^{-}]_{\text{CS}}^{\text{A}} \tag{9-6}$$

$$\varphi_{\text{p}}^{\text{C}} = \varphi_{0}^{\text{C}} - \frac{4RT}{n^{\text{C}}F}\ln[\text{OH}^{-}]_{\delta} + \frac{RT}{n^{\text{C}}F}\ln[\text{O}_2]_{\text{cs}} + \frac{RT}{n^{\text{C}}F}\ln\left(1-\frac{i_{\text{C}}}{i_{L}^{\text{C}}}\right) - \frac{4RT}{n^{\text{C}}F}\ln\left(1+2\,\frac{i_{\text{A}}}{i_{\text{C}}}\right) \tag{9-7}$$

$$i_{\text{A}} = \frac{I}{S_{\text{A}}} \tag{9-8}$$

$$i = \frac{I}{S_{\text{C}}} \tag{9-9}$$

式中，i_{A} 为阳极锈蚀电流密度；i_{C} 为阴极锈蚀电流密度；R^{*} 为锈蚀电路总电阻；S_{A} 为阳极区面积；S_{C} 为阴极区面积；$\varphi_{\text{p}}^{\text{A}}$ 为阳极极化电位；$\varphi_{\text{p}}^{\text{C}}$ 为阴极极化电位；φ_{0}^{A} 为阳极初始电位；φ_{0}^{C} 为阴极初始电位。

该模型主要考虑了钢筋锈蚀过程中的氧扩散浓差极化和 OH^- 扩散浓差极化，同时假定钢筋锈蚀以均匀锈蚀为主、阴阳极的电极电位由 Nernst 方程决定；在此方程组中各反应物质的浓度和扩散系数等参数难以确定，方程组的求解也有一定的难度。

4. Balabanic 模型[44]

$$\frac{\partial C_{O_2}}{\partial t} = D_{O_2}\nabla^2 C_{O_2} \tag{9-10}$$

$$D_{O_2}\frac{\partial C_{O_2}}{\partial r} = k_3\sigma\frac{\partial\phi}{\partial r},\quad D_{O_2}\frac{\partial C_{O_2}}{\partial r} = k_4\sigma\frac{\partial\phi}{\partial r} \tag{9-11}$$

$$\phi = -0.512 - 0.0148\lg\left(\frac{C_{O_2}}{C_W}\right) \tag{9-12}$$

式中，D_{O_2} 为氧气在混凝土中的扩散系数；k_3、k_4 分别为阴、阳极反应系数；C_{O_2}、C_W 分别为单位体积混凝土内氧气、水的含量；ϕ 为阴极极化电位；σ 为混凝土电导率。

该模型主要是根据 Fick 扩散定律、Nernst 方程和 Faraday 定律得出的，氧扩散考虑了混凝土水灰比、含水率和混凝土保护层厚度对其影响，模型中混凝土含水率确定较复杂，工程实用性不强。

5. 肖从真模型[49]

$$i_A = K_1K_2n_CFD_{O_2}\frac{[O_2]^0}{C}\frac{S_C}{S_A} \tag{9-13}$$

式中，i_A 为阳极锈蚀电流密度；K_1 为氧气消耗系数；K_2 为角部钢筋修正系数；D_{O_2} 为氧气在混凝土中的扩散系数；n_C 为阴极还原反应对应的电子数；C 为混凝土保护层厚度；S_C、S_A 分别为阴、阳极区面积。

该模型主要理论依据为钢筋锈蚀速率为阴极氧扩散控制，并且氧气扩散系数是用二氧化碳在混凝土中的扩散系数换算得出的，计算过程较复杂，且需利用现场实测数据，工程应用相对较困难。

9.3.2 统计模型

统计模型中，Liu[50]、中国矿业大学[51]和 Morinaga[52]根据大量室内试验，建立了钢筋锈蚀速率与环境温度、相对湿度、水灰比等影响因素间的经验关系。

1. Liu 模型[50]

Liu 通过 5 年的室外试验，得出钢筋锈蚀的统计模型，模型考虑了氯离子含量、温度、混凝土电阻及锈蚀时间。

$$\ln(1.08i) = 7.89 + 0.7771\ln(1.69\mathrm{Cl}^-) - 3006/T - 0.000116R_c + 2.24t^{-0.215} \tag{9-14}$$

式中，i 为由 3LP 仪器测出的钢筋锈蚀电流密度（μA/cm²）；Cl^- 为混凝土中氯离子含量（kg/m³）；T 为钢筋表面绝对温度（K）；R_c 为混凝土保护层电阻（Ω）；t 为锈蚀时间（年）。

当氯离子为自由氯离子含量时，有

$$\ln(1.08i) = 8.37 + 0.618\ln(1.69\mathrm{Cl}^-) - 3034/T - 0.000105R_c + 2.32t^{-0.215} \tag{9-15}$$

2. 中国矿业大学模型[52]

对于氯盐试件：

$$i_{corr} = 2.486 \left(\frac{RH}{45}\right)^{1.6072} \left(\frac{T}{10}\right)^{0.3879} \left(\frac{w/c}{0.35}\right)^{0.4447} \left(\frac{C}{10}\right)^{-0.2761} (k_{Cl^-}^{1.7376}) \tag{9-16}$$

式中，i_{corr}为钢筋锈蚀电流密度(μA/cm^2)；RH 为环境相对湿度(%)；T 为环境温度(℃)；w/c 为混凝土水灰比；C 为混凝土保护层厚度(mm)；k_{Cl^-} 为钢筋位置处氯离子含量(%)。

对于碳化试件：

$$i_{corr} = 0.0143 \left(\frac{RH}{45}\right)^{2.841} \left(\frac{T}{10}\right)^{0.466} \left(\frac{w/c}{0.35}\right)^{0.837} \left(\frac{C}{10}\right)^{-0.436} \tag{9-17}$$

3. Morinaga 模型[53]

考虑了温度、环境相对湿度、氧气浓度、氯离子含量的钢筋锈蚀速率模型。

对于碳化试件：

$$q = 21.84 - 1.35X_1 - 35.43X_2 - 234.76X_3 + 2.33X_4 + 4.42X_5 + 250.55X_6 \tag{9-18}$$

$$X_4 = X_1X_2,\quad X_5 = X_1X_3,\quad X_6 = X_2X_3$$

式中，q 为钢筋锈蚀速率(10^{-4}g/(cm^2 · a))；X_1、X_2、X_3 分别为温度(℃)、相对湿度(%)和氧气相对浓度(%)。

对于氯盐试件：

$$\begin{aligned} q =& 2.59 - 0.05X_1 - 6.89X_2 - 22.87X_3 - 0.99X_4 + 0.14X_5 \\ &+ 0.51X_6 + 0.01X_7 + 60.81X_8 + 3.36X_9 + 7.31X_{10} \end{aligned} \tag{9-19}$$

式中，X_2 为环境相对湿度 RH=45%；X_4 为氯离子含量(%)。

以上模型中，中国矿业大学模型和 Morinaga 模型均将环境相对湿度作为影响因素考虑，因此，模型仅代表外界湿度恒定条件下混凝土内部相对湿度达到稳定态的情况。然而，实际环境中相对湿度变化较大，混凝土内部湿度变化远滞后于环境相对湿度的改变，若以环境相对湿度代入模型，计算偏差较大。Liu 模型中，引入的混凝土电阻率直接反映混凝土内部相对湿度对钢筋锈蚀速率影响，计算结果较为可信。

9.3.3 理论、统计相结合模型

理论、统计相结合模型主要有 Gonzalez 模型[53]、宋晓冰模型[20]、耿欧模型[54]，模型中某些参数由试验统计获得。

1. Gonzalez 模型[53]

$$I_{corr} = I_{O_2} = \frac{nFD_{O_2}C_{O_2}A/C}{A^*},\qquad PS = 100\% \tag{9-20}$$

$$\lg I_{corr} = \lg I_{corr}^{LC} + K\frac{PS - PS_{LC}}{PS_{UC} - PS_{LC}},\qquad 100\% \geqslant PS \geqslant 60\% \tag{9-21}$$

$$I_{corr} \approx 0,\qquad PS \leqslant 60\% \tag{9-22}$$

式中，I_{corr}为钢筋锈蚀电流密度；n 为反应的电子数；F 为 Faraday 常量；R 为气体常数；D_{O_2}为氧气在混凝土中的扩散系数；C_{O_2}为氧气浓度；A/C 为混凝土表面积和保护层厚度比；A^* 为与混凝土连接的钢筋表面积；PS 为混凝土孔隙水含水率；K、PS_{LC}、PS_{UC}、I_{corr}^{LC}为试验得出的常数。

该模型依据混凝土孔隙水含水率分为三部分：在含水率为 100％时，公式由阴极氧扩散控制而推出；在含水率低于 60％时，认为钢筋不锈蚀；而在 60％～100％时，其认为锈蚀电流密度的对数和含水率呈线性关系，由试验确定出一些常数，得出锈蚀电流密度和含水率之间的线性方程。

2. 宋晓冰模型[20]

$$i_A = KRn_C FD_{O_2}\frac{[O_2]}{C}\frac{S_C}{S_A} \tag{9-23}$$

$$K = 0.7845e^{\frac{-S_C}{11.723S_A}} + 0.3196e^{\frac{-S_C}{32.497S_A}} \tag{9-24}$$

$$\frac{S_C}{S_A} = \begin{cases} -2.82PS + 161.9, & PS < 59 \\ 1.78 + 1.14e^{\frac{-(PS-59.5)}{0.838}} + 0.945e^{\frac{-(PS-59.5)}{10.672}}, & 59 \leqslant PS < 75 \\ 2, & PS \geqslant 75 \end{cases} \tag{9-25}$$

式中，i_A 为阳极锈蚀电流密度；K 为混凝土电阻影响系数；n_C 为反应的电子数；F 为Faraday常量；R 为气体常数；D_{O_2}为氧气在混凝土中的扩散系数；$[O_2]$为混凝土表面氧气的浓度；C 为混凝土保护层厚度；S_C、S_A 为阴、阳极区面积；PS 为混凝土孔隙水含水率。

该模型考虑了混凝土电阻系数、阴阳极面积和混凝土孔隙水含水率几个因素，其理论公式是依据阴极氧扩散控制推导出的，阴阳极面积比和孔隙水含水率的关系是由试验回归得出的。

3. 耿欧模型[54]

1）高湿环境下（相对湿度大于 90％，扩散控制）

$$i(t) = \frac{\beta_1}{\left(\beta_1\beta_2 t + \sqrt{\frac{\beta_1}{i_0}}\right)^2} \tag{9-26}$$

$$\beta_1 = \alpha n_C F\frac{L_c[O_2]^0}{\pi dC}\frac{S_C}{S_A}\times 1.92\times 10^{-6}(1-RH)^{2.2} \tag{9-27}$$

$$\beta_2 = \frac{6.05\times 10^6}{F\rho_s C} \tag{9-28}$$

$$i_0 = \alpha n_C FD_{c0}\frac{L_c[O_2]^0}{\pi dC}\frac{S_C}{S_A} \tag{9-29}$$

$$D_{c0} = 2.183\times 10^{-9}(w/c)^{2.346}T^{0.423}RH^{-3.247} \tag{9-30}$$

对于中部钢筋：

$$L_c = \begin{cases} s + 2r, & s \leqslant 2C \\ 2C + 2r, & s > 2C \end{cases} \tag{9-31}$$

对于角部钢筋：

$$L_c = \begin{cases} s + 2C + 4r, & s \leqslant 2C \\ 4C + 4r, & s > 2C \end{cases} \tag{9-32}$$

式中，$i(t)$ 为阳极电流密度(A/m^2)；α 为氧气在水中溶解度，其值一般为 0.025～0.028；n_C 为阴极反应单位氧的电子数；F 为 Faraday 常量(96500C/mol)；D_{c0} 为氧气在混凝土中的初始扩散系数(m^2/s)；$[O_2]^0$ 为混凝土构件外部氧气的浓度(mol/m^3)，近似等于大气中氧气浓度，其值一般为 $8.67mol/m^3$；C 为钢筋的混凝土保护层厚度(m)；d 为钢筋直径(m)；L_c 为沿混凝土构件截面透氧范围的长度(简称透氧长度)(m)；s 为纵向钢筋间距(m)。

2) 一般湿度环境中(相对湿度不大于 90%)

$$i_{al}(t) = \frac{\Delta E i(t)}{\Delta E + \frac{\rho_{con} i(t)}{300r}} \tag{9-33}$$

$$\Delta E = 1.27 + 1.58 \times 10^{-3} T_c \tag{9-34}$$

$$\rho_{con} = [k(Cl^- - 1.8) + 100(RH - 1)^2 + 40] \exp\left[3000\left(\frac{1}{T_c + 273} - \frac{1}{298}\right)\right] \tag{9-35}$$

式中，$i_{al}(t)$ 为一般湿度环境下钢筋锈蚀电流密度(A/m^2)；k 为与混凝土水灰比相关的系数，混凝土水灰比在 0.3～0.4 时，$k=-11.1$；水灰比在 0.5～0.6 时，$k=-5.6$；Cl^- 为氯离子含量(占水泥质量分数)。

耿欧模型考虑了包括时变效应和钢筋位置在内的众多因素影响，并对模型中一些关键参数进行了统计回归，应用较为方便，唯一不足是模型中将氯离子浓度作为影响混凝土电阻的因素来考虑，并未反映氯离子对钢筋锈蚀电化学反应过程的催化作用。

9.4　钢筋锈蚀的检测与原位监测

对钢筋锈蚀的正确检测与评价可以对构件的剩余使用寿命和可能的维修提供十分重要的数据和建议。目前常用的非破损检测方法有分析法、物理法和电化学法[55]。分析法根据现场实测的钢筋直径、保护层厚度、混凝土强度、有害离子的浸入深度及其含量、纵向裂缝宽度等数据，综合考虑构件所处的环境情况推断钢筋锈蚀程度。物理法主要通过测定钢筋引起的电阻、电磁、热传导、声波传播等物理特性的变化来反映钢筋锈蚀情况，主要方法有电阻棒法、涡流探测法、射线法、红外线热像法及声发射探测法等。混凝土中钢筋锈蚀是一个电化学过程，电化学测量是反映其本质过程的有力手段，与分析法或物理法相比，电化学法还有测试速率快、灵敏度高、可连续跟踪和原位检测等优点，因此电化学检测方法得到了很大的重视和发展。在实验室已成功地用于检测混凝土试样中钢筋的锈蚀状态和瞬时锈蚀速率。电化学方法是混凝土中钢筋锈蚀无损检测的发展方向。混凝土中钢筋锈蚀的电化学检测方法主要有半电池电位、交流阻抗谱技术和极化测量技术等。恒电量法、电化噪声法、谐波法等也在发展中，但用于现场检测尚不多[56,57]。对于目前常用的钢筋锈蚀电化学检测方法可参见本书 3.3.7 节，这里主要介绍阳极极化电流法和混凝土内钢筋锈蚀的实时动态监测方法。

9.4.1 阳极极化电流法

根据电化学极化曲线方程：

$$I = I_{\mathrm{corr}}\left[\exp\left(\frac{\Delta E}{\beta_{\Lambda}}\right)-\exp\left(\frac{-\Delta E}{\beta_{\mathrm{C}}}\right)\right] \tag{9-36}$$

式中，I 为外测极化电流密度；I_{corr} 为金属腐蚀电流密度；$\Delta E=E-E_{\mathrm{corr}}$ 为腐蚀金属电极的极化值；β_{Λ}、β_{C} 为阳极与阴极的 Tafel 斜率。

当被测电极处于钝化状态时，此时阳极过程的阻值相当大，即 β_{Λ} 趋向于无穷大，极化方程变为

$$I = I_{\mathrm{corr}}\left[1-\exp\left(\frac{-\Delta E}{\beta_{\mathrm{C}}}\right)\right] \tag{9-37}$$

若保持极化过电位 ΔE 不变，当钢筋脱钝后，由于 β_{Λ} 急剧降低，I_{corr} 显著增大，将会导致外阳极极化电流密度 I 显著增加。此时，虽然 β_{C} 可能会略有增大，但比起 β_{Λ} 的降低幅度仍改变不了外阳极极化电流 I 增大的趋势。因此，可以通过观察阳极极化结束时刻的外极化电流的显著增大来判断钢筋脱钝。具体测试方法如下：直接从钢筋平衡电位开始向阳极方向极化，扫描速率为 0.15mV/s，扫描至相对于平衡电位 50mV。

1. 钢筋脱钝的阳极极化判别标准

图 9-6 为实测不同直径钢筋的临界阳极极化电流密度，所谓临界阳极极化电流密度即为测试过程中阳极极化电流密度急剧增大所对应的值。可知，随着钢筋直径的变化，极化电流密度基本维持在 0.231μA/cm^2 保持不变。当钢筋直径为 30mm 时，临界极化电流密度为 0.201μA/cm^2。出于保守考虑，可将钢筋脱钝的临界极化电流密度定为 0.2μA/cm^2。需要指出的，该临界值成立条件为，极化过电位为 50mV，且扫描速率必需设为 0.15mV/s。

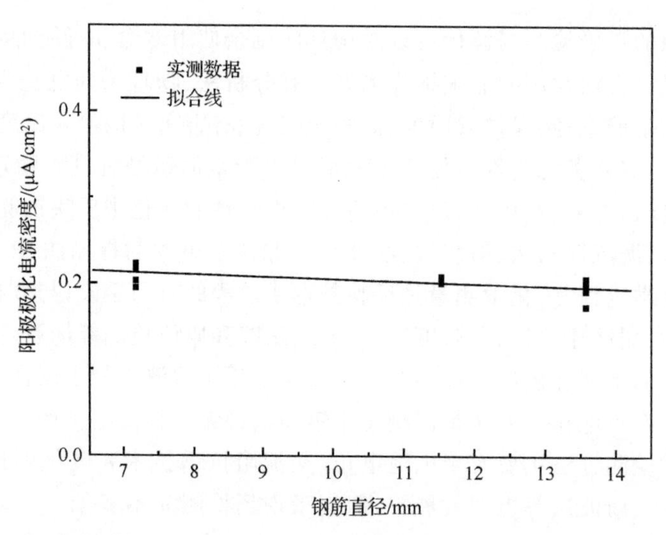

图 9-6　不同钢筋直径下的临界阳极极化电流密度(7.18mm、11.53mm、13.57mm)

2. 阳极极化电流密度与腐蚀电流密度关系

图 9-7 为实测阳极极化电流与腐蚀电流关系图。由图可知，二者之间相关性明显，转化为电流密度后，可建立如式(9-38)所示经验关系。将临界极化电流密度 0.2μA/cm² 代入式(9-38)，得到临界腐蚀电流密度为 0.134μA/cm²，该值与目前国内外公认的钢筋脱钝临界腐蚀电流密度 0.1～0.2μA/cm² 相一致。

$$i_{corr} = 0.67i \tag{9-38}$$

式中，i_{corr} 为钢筋腐蚀电流密度(μA/cm²)；i 为钢筋外极化电流密度(μA/cm²)

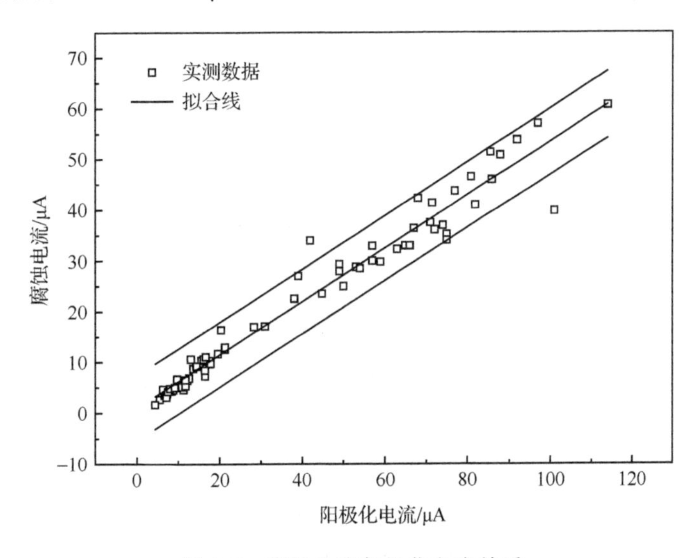

图 9-7　腐蚀电流与极化电流关系

以往极化曲线测试中，极化方式往往采用由阴极向阳极方向极化。因此，初始的阴极扰动会导致极化曲线中平衡电位负移，极化曲线失真[58]。文献[58]详细讨论了钢筋在钝化与锈蚀状态下的极化曲线特征，并对平衡电位偏移给出了合理解释。而阳极极化电流法由平衡电位开始极化，不会产生上述问题。并且，测试结束后无需对测试数据进行处理，测试简便迅速，适合实际工程应用。

9.4.2　钢筋锈蚀速率的实时动态监测法

影响保护层开裂时间的最主要因素为钢筋锈蚀速率。然而，实际结构中钢筋锈蚀速率随着环境温湿度不断发生变化，若要准确地对钢筋锈蚀程度做出定量的判断，则必须对实际结构物中钢筋的锈蚀速率进行实时动态监测。然而，在混凝土内部未埋置传感器的前提下，借助于钢筋锈蚀率测试仪器仍无法实现实时的腐蚀电流测试。基于以上考虑，本节介绍一种混凝土中钢筋锈蚀速率的实时动态监测方法。

由 9.3 节中的 Liu 模型可知，钢筋锈蚀速率主要受环境温度、混凝土电阻率、氯离子含量和时间的影响。进一步分析可知混凝土电阻率与混凝土孔隙饱和度相关，可由混凝土内部相对湿度进行表征。因此，钢筋腐蚀电流可表示为

$$I_{\text{corr}}(t)=I_{\text{S}}f(T(t))g(\text{RH}(t)) \tag{9-39}$$

式中，I_{S} 为某一标准状态下钢筋腐蚀电流；$f(\cdot)$为温度影响函数；$g(\cdot)$为湿度影响函数。其中温湿度影响函数可通过室内标定试验得到，均为相对于标准状态下的归一化函数。现定义 $\phi(T,\text{RH},t)=f(T(t))g(\text{RH}(t))$，$\phi(T,\text{RH},t)$ 为不同时刻的钢筋锈蚀速率的影响因子函数。由于混凝土内部温湿度的随机变化，$\phi(T,\text{RH},t)$ 的变化也必定为一个随机过程，如图 9-8 所示。其中，ϕ 可能大于 1 也可能小于 1，取决于标准状态的选取。正是由于这种随机过程的存在，导致实时监测钢筋锈蚀率非常困难。因为，若要准确把握每一时刻的钢筋锈蚀速率，则要连续地对钢筋腐蚀电流进行测试，这在实际工程中是不可能的。

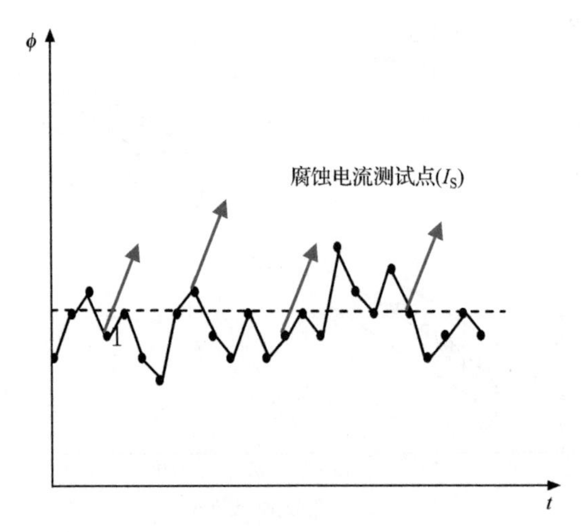

图 9-8 监测原理示意

结合以上分析，若将室外监测对象转变为对实际结构混凝土内部温湿度的实时监测，就能有效克服上述困难。图 9-8 中，箭头处表示现场测试钢筋腐蚀电流所对应时刻。测试点时间间隔不宜过长，过长则需考虑钢筋锈蚀的时变效应。一般可以月为测试时间间隔，每个月初对钢筋腐蚀电流进行测试，得到 I_{S}。那么，当月中任意时刻的腐蚀电流可由式(9-40)计算得到

$$I_{\text{corr}}=I_{\text{S}}\cdot\phi(T,\text{RH}) \tag{9-40}$$

式中，$\phi(T,\text{RH})$为当月中任意时刻的温湿度影响因子，可由混凝土内部实时温湿度数据代入温湿度影响函数计算得到。由于不同的混凝土材料的温湿度影响因子不尽相同，具体可由室内标准标定试验获得，详细计算过程参见文献[58]。

将腐蚀电流对时间进行积分，就能得到该月的钢筋锈蚀量，即

$$M_{\text{corr}}=\alpha\int I_{\text{corr}}\,\mathrm{d}t \tag{9-41}$$

式中，$\alpha=\dfrac{M}{zF}$，M 为铁的原子量(55.85g/mol)，其中，z 为单位原子电荷迁移数，取 2，F 为Faraday常量(96500C/mol)。

由以上介绍可知，应用该监测方法主要包括室外混凝土内部温湿度实时监测和室内温湿度影响函数标定两部分内容。文献[58]的研究表明，随着对混凝土内部温湿度数据采样时间间隔减小，计算精度随之提高；当采样间隔低于 0.5h 后，对计算精度的提高不太明显。此外，通过缩短对现场钢筋锈蚀速率的采样时间间隔，同样能提高计算精度，考虑到实际情况下钢筋锈蚀速率较低，时变效应不明显，测试时间间隔可定为一个月。因此，一年中只需对混凝土中钢筋进行 12 次现场测试，便可达到实时动态监测的效果。

9.5　钢筋锈蚀表征和力学性能

9.5.1　钢筋锈蚀电化学阻抗谱表征

钢筋锈蚀诱因主要有两种：氯盐侵蚀和混凝土碳化。对于沿海环境，氯离子侵蚀是主导因素。因此，有必要对由氯离子引起钢筋锈蚀的电化学阻抗谱特征进行分析，找出相应的等效电路模型。

电化学阻抗谱的测量由美国 Gamry 公司生产的型号为 Reference600 的电化学工作站完成。激励信号为正弦波，幅值为 5mV，频率范围为 $10^{-3}\sim10^{6}$ Hz。测量时控制钢筋电位为开路电位。

1. 氯离子引起钢筋锈蚀的电化学阻抗谱特征

图 9-9(a)为第一个循环中浸泡 7 天后所测得的 Nyquist 图(钢筋未锈)，图 9-9(b)为 Bode 图。对比 Bode 图，发现 Nyquist 图中在高频区($f>10$Hz)与低频区($f<0.1$Hz)分别存在两段容抗弧，其中低频区的圆弧接近于直线，这是混凝土中钢筋处于钝化状态的典型特征，与许多学者的测试结果相一致[59-62]。低频区接近于直线的容抗弧表明钢筋表面双电层的传递电阻非常大，即钢筋钝化。图 9-10 为钢筋半电位随循环次数的变化规律，在经历第七次循环后，钢筋半电位迅速降低至－696mV(SCE)，表明钢筋已经脱钝，此时的阻抗谱测试结果如图 9-11 所示。可以清楚地看到，Nyquist 图中的低频区出现了斜率接近于 45°的直线，说明等效电路中开始出现与扩散有关的元件 W(Warburg 阻抗)，此时钢筋表面的钝化膜破裂，从稳定的钝态转入腐蚀活性状态，而整个电极过程的控制步骤也从电化学电荷传递过程转变为腐蚀反应物或产物的传递过程[63-65]。由于测试是在浸泡 7 天后进行的，外界氧气难以扩散至钢筋表面，氧气扩散便成为了电化学反应的控制步骤。此外，对比右 Bode 图，发现在中频区($0.1\text{Hz}<f<10$Hz)也出现了容抗弧。文献[63]、[66]和[67]认为中频区的容抗弧与钢筋表面坑蚀形成的锈层有关。图 9-12 为放入恒温恒湿箱 7 天后测试得到的 Nyquist 图，低频区的 Warburg 阻抗扩散效应已经不明显，对比 Bode 图，中频区仍然存在一段容抗弧。这是因为，试块放入相对湿度为 50%的恒温恒湿箱中后，随着试块孔隙中的水分逐渐蒸发，外界氧气能通过混凝土孔隙到达钢筋表面，氧气扩散的控制效应也就逐渐减弱。

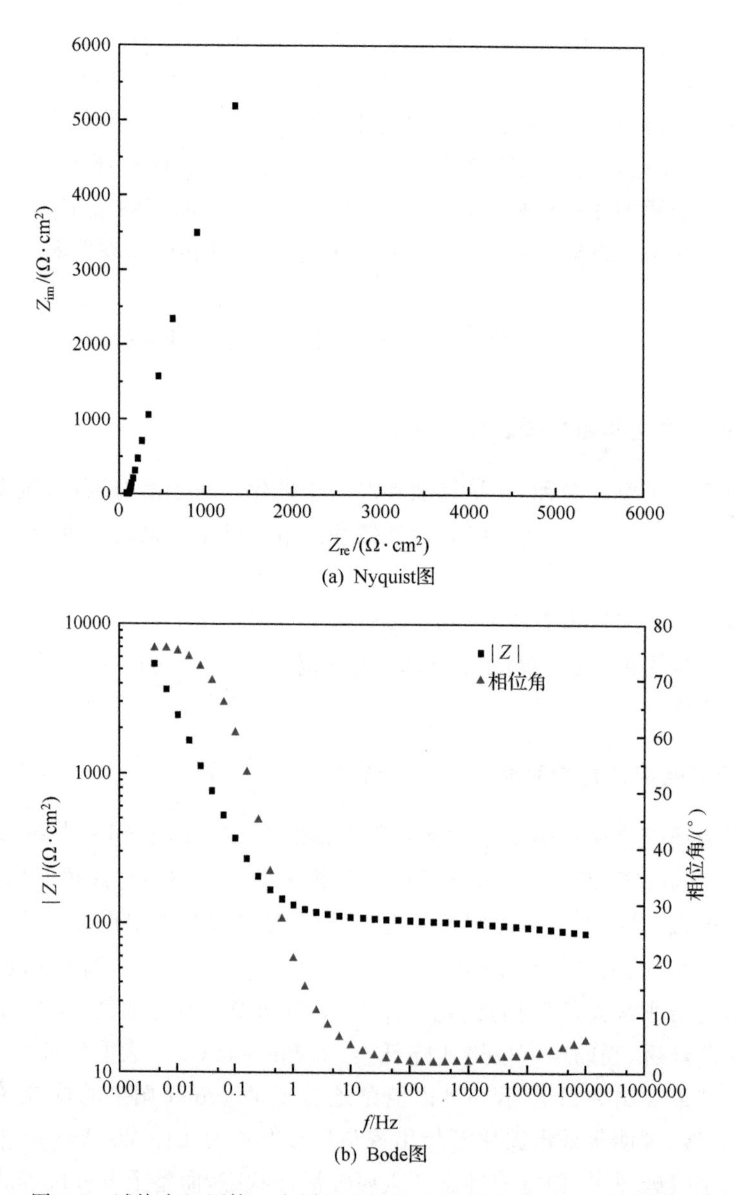

(a) Nyquist图

(b) Bode图

图 9-9　试块在经历第一个循环中浸泡 7 天后的 Nyquist 图(钝化态)

2. 碳化引起钢筋锈蚀的电化学阻抗谱特征

图 9-13 为碳化试验试块电化学阻抗谱测试结果。其中,图 9-13(a)和图 9-13(b)分别为试块在温度 25℃,相对湿度 95%和相对湿度 50%环境下的 Nyquist 图。与氯盐侵蚀试块不同的是,碳化试块的 Nyquist 图中只有两个容抗弧。低频段的容抗弧随着环境湿度的增加而发生收缩,容抗弧的半径逐渐减小,反映在等效电路上即钢筋表面双电层的传递电阻降低,钢筋锈蚀加剧;高频段的容抗弧随着环境湿度的增加也发生了收缩现象,即容抗弧的半径减小。

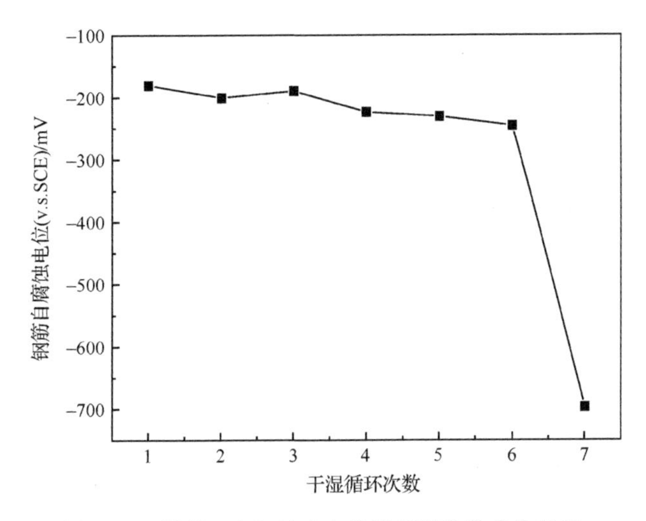

图 9-10　混凝土中钢筋半电位随循环次数变化规律

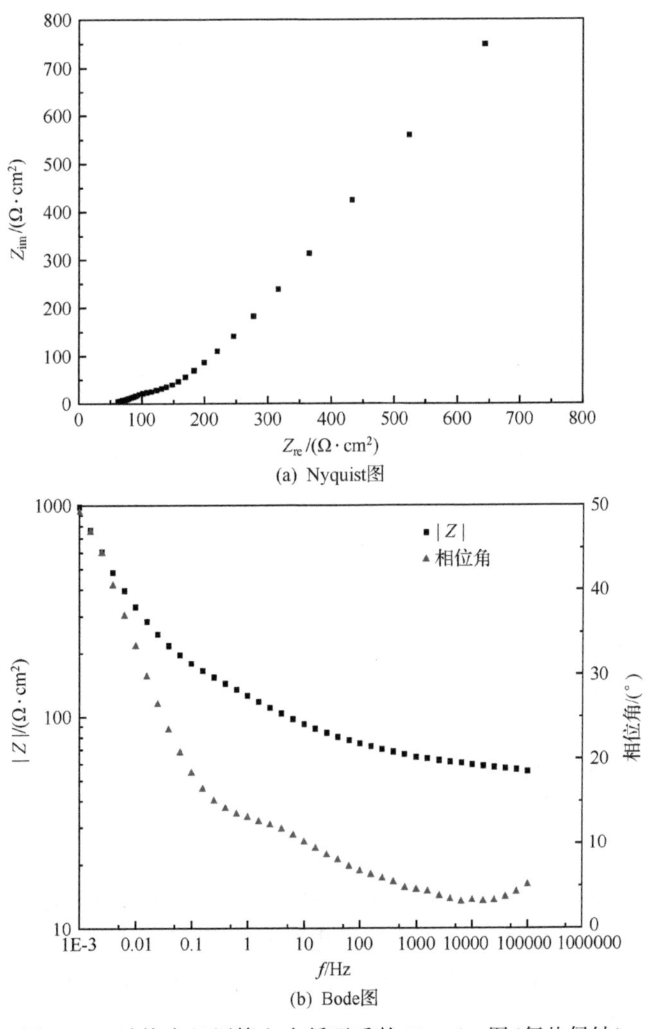

图 9-11　试块在经历第七个循环后的 Nyquist 图(氯盐侵蚀)

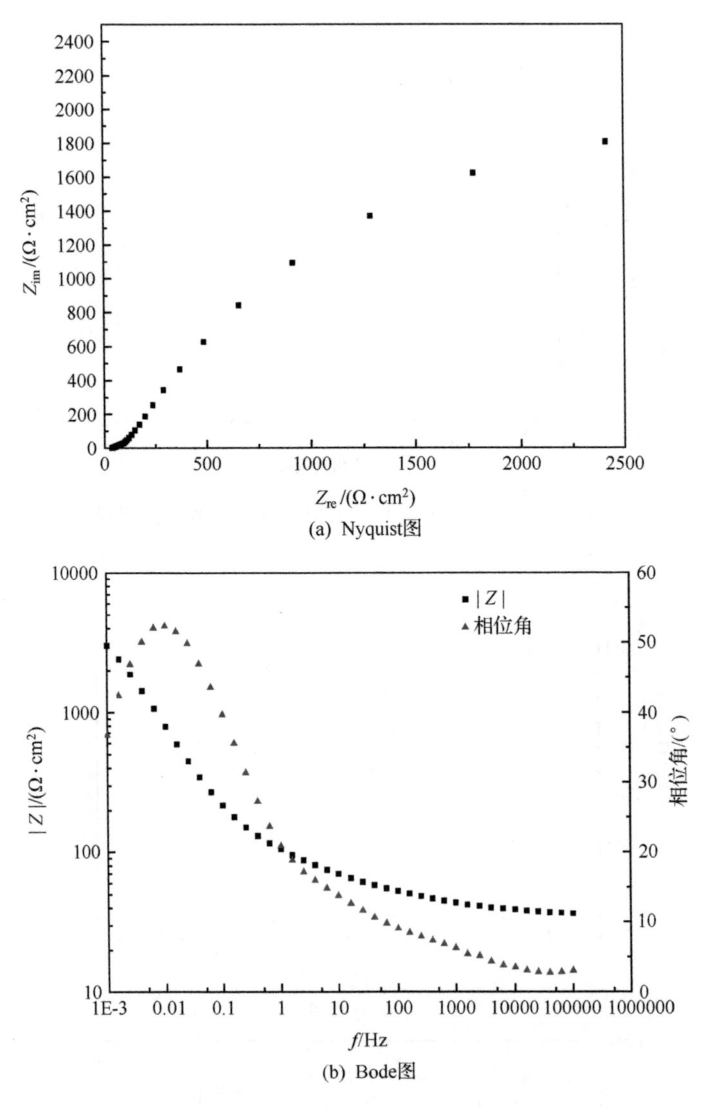

图 9-12　试块在恒温恒湿箱 7 天后的 Nyquist 图(氯盐侵蚀)

3. 钢筋锈蚀的等效电路模型

由氯盐侵蚀引起钢筋锈蚀的电化学阻抗谱特征可知,对于钢筋处于钝化状态的试块,Nyquist 图中存在两段容抗弧,即存在两个时间常数;对于钢筋处于活化状态的试块,Nyquist 图中存在三段容抗弧,即存在三个时间常数。由此,可以得到相应的等效电路模型,如图 9-14 所示。

文献[58]通过试验分析,对等效电路模型中各元件的物理意义进行解释。R1 为溶液电阻,即参比电极端部至混凝土表面的溶液电阻;R2 为混凝土保护层电阻;R3 为腐蚀孔底部钢筋溶解过程双电层的电荷转移电阻;R4 为钢筋表面溶解过程双电层的电荷转移电阻,即线性极化电阻。

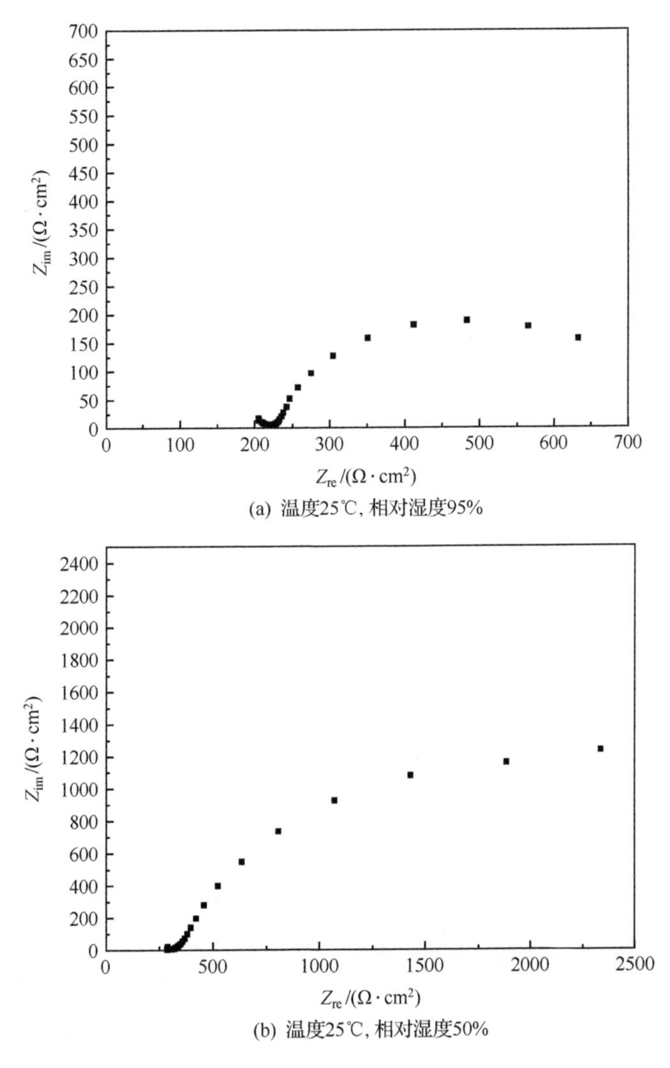

图 9-13　碳化试块 Nyquist 图

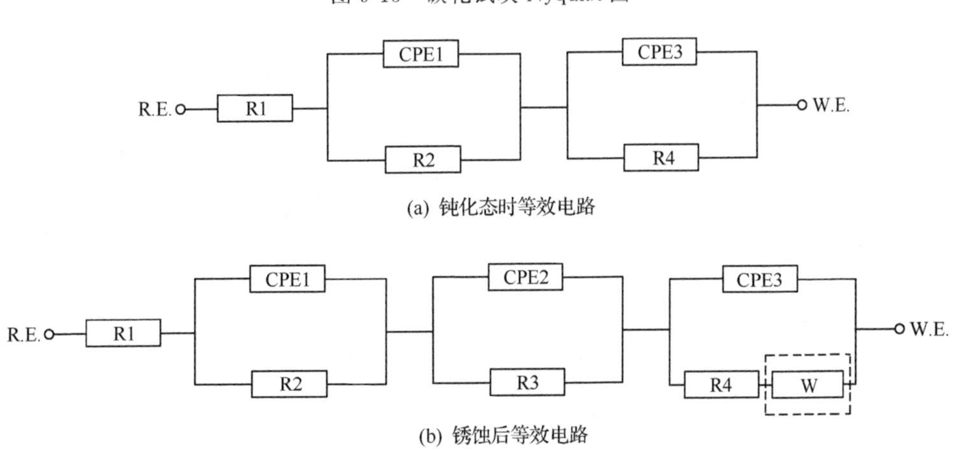

图 9-14　氯盐侵蚀引起钢筋锈蚀的电化学阻抗谱等效电路

由碳化引起钢筋锈蚀的电化学阻抗谱特征可知，碳化试块阻抗谱与氯盐侵蚀试块不同，钢筋锈蚀试块只存在两段容抗弧，即只有两个时间常数。原因是，碳化引起的钢筋锈蚀为均匀锈蚀[31,68]，腐蚀微电池均匀分布于钢筋表面，与氯盐引起的钢筋局部孔蚀明显不同，在锈蚀处不会产生很大的欧姆电压降。因此，可采用图 9-14(a)的等效电路模型对测试数据进行拟合。

9.5.2 钢筋锈蚀程度物理表征

为了准确评价钢筋的锈蚀程度，首先必须正确地描述钢筋锈蚀程度。对钢筋锈蚀程度的描述，应分别针对钢筋不同的锈蚀类型，选择相应的锈蚀参数，目前常用来表征钢筋锈蚀程度的参数主要可以分为两类：一类是反映钢筋平均锈蚀程度的参数，如钢筋截面锈蚀率或钢筋平均锈蚀深度等；另一类是反应钢筋非均匀锈蚀情况的参数，如钢筋局部坑蚀深度或钢筋锈层沿钢筋周长非均匀分布的情况等。

1. 平均锈蚀

钢筋平均锈蚀参数主要有钢筋截面平均锈蚀率 η_{average} 和钢筋相对平均锈蚀深度 χ_{average}，如图 9-15(a)所示，各参数的定义如下：

$$\eta_{\text{average}} = \frac{\Delta A_{\text{s,average}}}{A_{\text{s,0}}} \tag{9-42}$$

$$\chi_{\text{average}} = \frac{\Delta d_{\text{s,average}}}{d_{\text{s,0}}} \tag{9-43}$$

式中，$\Delta A_{\text{s,average}}$ 为锈蚀钢筋的锈蚀截面平均锈蚀面积；$A_{\text{s,0}}$ 为钢筋的原始截面面积；$\Delta d_{\text{s,average}}$ 为钢筋的平均锈蚀深度；$d_{\text{s,0}}$ 为钢筋的原始直径。

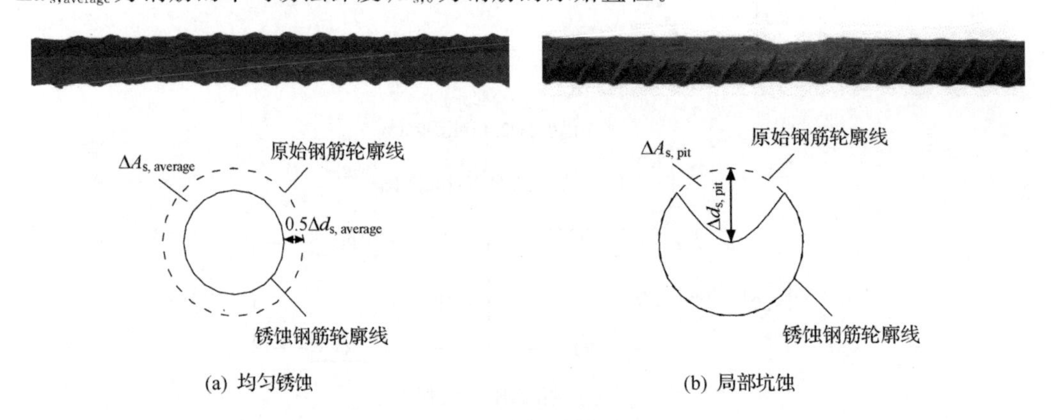

图 9-15 不同钢筋锈蚀情况

η_{average}与χ_{average}的互相转换如下：

$$\eta_{\text{average}} = 2\chi_{\text{average}} - \chi_{\text{average}}^2 \tag{9-44}$$

$$\chi_{\text{average}} = 1 - \sqrt{1 - \eta_{\text{average}}} \tag{9-45}$$

2. 局部坑蚀

反映钢筋非均匀锈蚀情况的参数包括局部坑蚀参数和钢筋锈层非均匀分布参数。后者将在 10.4 节做专门介绍，此处仅讨论局部坑蚀参数的计算方法。

钢筋局部坑蚀参数主要有钢筋截面局部坑蚀锈蚀率 η_{pit} 和钢筋相对局部坑蚀深度 χ_{pit}，如图 9-15(b)所示，各参数的定义如下：

$$\eta_{pit} = \frac{\Delta A_{s,pit}}{A_{s,0}} \tag{9-46}$$

$$\chi_{pit} = \frac{\Delta d_{s,pit}}{d_{s,0}} \tag{9-47}$$

式中，$\Delta A_{s,pit}$ 为锈蚀钢筋的最大坑蚀处的截面锈蚀面积；$\Delta d_{s,pit}$ 为钢筋的局部坑蚀深度。

由于钢筋坑蚀生成的锈蚀坑形状的不确定性，坑蚀面积 $\Delta A_{s,pit}$ 的确定较为困难，文献[69]中提出了半球形坑蚀模型，本节将半球形坑蚀模型经过转换得到 η_{pit} 与 χ_{pit} 的关系如下：

$$\eta_{pit} = \begin{cases} \eta_1 + \eta_2, & \chi_{pit} < \dfrac{1}{\sqrt{2}} \\ 1 - \eta_1 + \eta_2, & \dfrac{1}{\sqrt{2}} \leqslant \chi_{pit} \leqslant 1 \\ 1, & \chi_{pit} > 1 \end{cases} \tag{9-48}$$

式中

$$\eta_1 = \frac{2}{\pi}\left(\frac{\theta_1}{4} - \alpha\left|\frac{1}{2} - \chi_{pit}^2\right|\right)$$

$$\eta_2 = \frac{2}{\pi}(\theta_2 - \alpha)\chi_{pit}^2$$

其中

$$\alpha = 2\chi_{pit}\sqrt{1 - \chi_{pit}^2}$$

$$\theta_1 = 2\arcsin\alpha, \quad \theta_2 = 2\arcsin\left(\frac{\alpha}{2\chi_{pit}}\right)$$

为了评定坑蚀的程度，可以引入某一时刻钢筋最大坑蚀深度与平均锈蚀深度的比值作为坑蚀深度系数 $R_{pit,x}$ 来表示[70]：

$$R_{pit,x} = \frac{\Delta d_{s,pit}}{\Delta d_{s,average}} \tag{9-49}$$

图 9-16 给出了钢筋截面平均锈蚀率与钢筋坑蚀截面锈蚀率随 $R_{pit,x}$ 变化的关系。随着 $R_{pit,x}$ 的增大，坑蚀现象表现为越来越占据主导地位；随着 $R_{pit,x}$ 的减小，钢筋中的锈蚀越来越表现为均匀锈蚀。确定钢筋锈蚀量的关键就在于确定坑蚀深度系数 $R_{pit,x}$ 的值，影响 $R_{pit,x}$ 的因素很多，如钢筋的合金成分、表面状态、介质成分、钢筋周围孔隙液的 pH 和温度等。实验研究表明[36]，自然锈蚀时，$R_{pit,x}$ 的变化范围在 4～8；通电加速锈蚀时，$R_{pit,x}$ 的变化范围在 5～13。

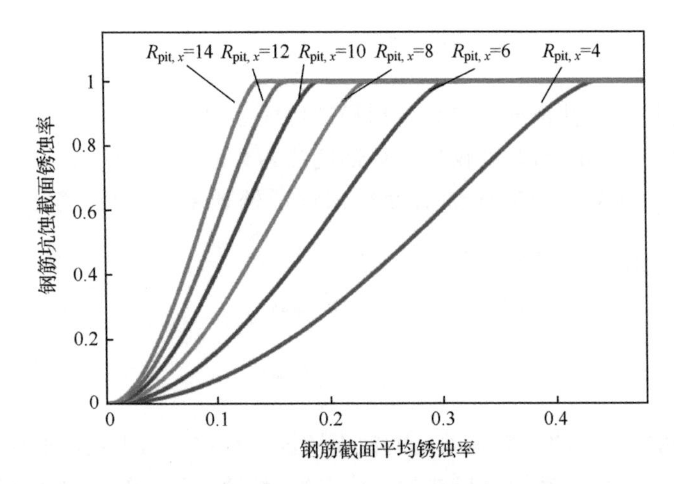

图 9-16　钢筋截面平均锈蚀率与钢筋坑蚀截面锈蚀率随 $R_{pit,x}$ 变化的关系

坑蚀深度系数反映的是锈蚀深度的关系，由于坑蚀截面形状具有不规则性，仅仅用坑蚀深度系数很难反映坑蚀面积的大小，为了反映坑蚀引起的锈蚀面积的不均匀性，定义坑蚀面积系数 $R_{pit,a}$ 为

$$R_{pit,a}=\frac{\Delta A_{s,pit}}{\Delta A_{s,average}}=\frac{\eta_{pit}}{\eta_{average}} \tag{9-50}$$

坑蚀面积系数 $R_{pit,a}$ 可以很好地反映钢筋坑蚀对钢筋截面积的影响，可以更加直观地反映坑蚀引起的钢筋性能退化。

上述公式中参数 $\eta_{average}$、$\chi_{average}$、η_{pit} 和 χ_{pit} 具体量测方法可参见文献[71]。

9.5.3　锈蚀钢筋力学性能试验

采用 WAW-2000D 电液伺服万能试验机进行钢筋的拉伸试验，试验过程中数据采集系统会自动采集引申记数据以及 N-S 曲线。试件拉断后，用钢直尺(精确到 0.5mm)量取 $5d$ 标距范围内的断后伸长率 δ_5。

一般情况下典型完好和锈蚀钢筋的 N-S 曲线有如下规律。

(1) 完好钢筋屈服平台较为明显且较长，当钢筋强化到最高点后，会产生明显的颈缩现象，应力开始下降，但变形仍增大，钢筋表现出较好的延性(图 9-17(a))。

(2) 对于轻度锈蚀钢筋，屈服平台略有缩短，屈服强度略有下降，钢筋强化到最高点后应力下降速率变快，变形能力也开始下降(图 9-17(b))。

(3) 对于中等锈蚀钢筋，屈服平台变得不平稳，并呈现出多个“短平台”现象，屈服强度进一步降低，钢筋强化到最高点后变形能力急剧下降，破坏时下降段近乎消失(图 9-17(c))。

(4) 对于严重锈蚀钢筋，屈服平台不明显，甚至消失，钢筋在强化过程中突然被拉断，非常容易引起结构突然的脆性破坏(图 9-17(d))。

完好钢筋断裂位置具有随机性，而锈蚀钢筋断裂位置一般发生在坑蚀截面处(图9-18)。

目前，常用的钢筋快速锈蚀通过混凝土外钢筋通电加速锈蚀方法实现(以下简称为混

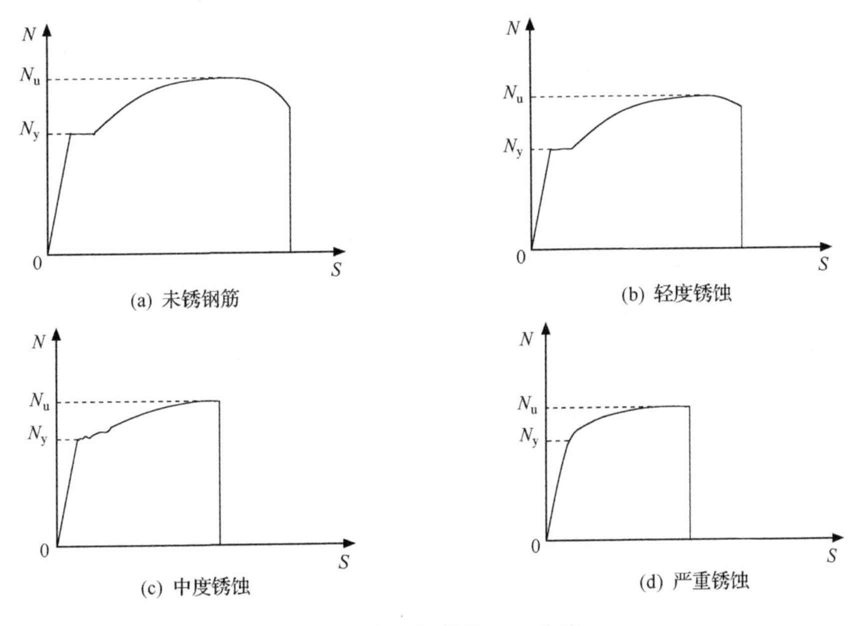

图 9-17　典型钢筋的 N-S 曲线

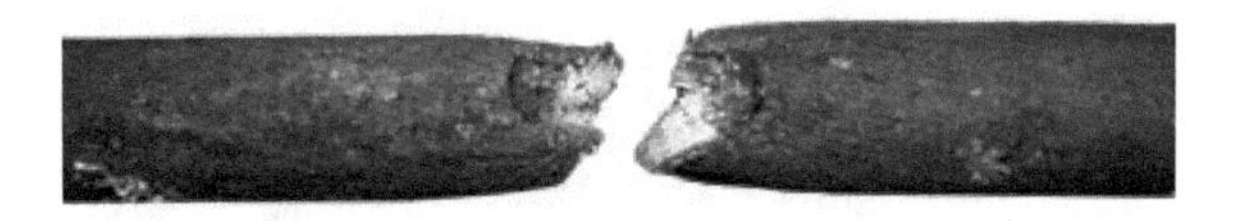

图 9-18　锈蚀后钢筋拉断位置

凝土外锈蚀钢筋)，如图 9-19 所示。然而，由此方法得到的钢筋锈蚀状态为均匀锈蚀，与实际混凝土结构在氯盐侵蚀条件下引起的非均匀锈蚀差别较大。为此，通过 3.2.5 节介绍的电渗方法，对混凝土中钢筋进行了快速非均匀锈蚀(以下简称为混凝土内锈钢筋)，并与混凝土外锈蚀钢筋一起进行了力学性能试验，具体试验结果如下。

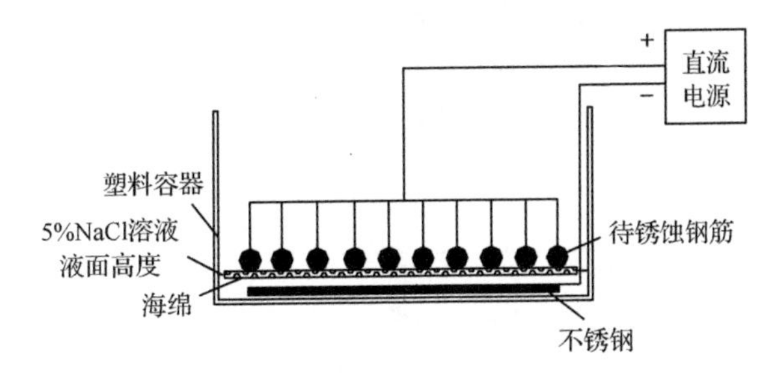

图 9-19　混凝土外钢筋通电加速锈蚀装置示意图

1. 屈服强度

由于锈后钢筋屈服平台变得不明显，锈后钢筋屈服强度如何确定变得困难，钢筋屈服强度按图 9-17 的方法选取，对屈服平台不明显的钢筋，屈服强度按 N-S 曲线中直线段转折点处拉力选取。相对钢筋屈服强度定义为锈蚀钢筋屈服强度与完好钢筋屈服强度之

比，即

$$\kappa_{r,y} = \frac{F_{y,c}}{F_{y,0}} \tag{9-51}$$

图 9-20 比较了混凝土外锈蚀钢筋和混凝土内锈蚀钢筋屈服强度退化的区别，从图中可以看出：①相对屈服强度下降的线性拟合优度不高，这可能是由锈蚀后钢筋屈服强度不明显，对锈蚀后钢筋屈服强度定义方法导致的；②混凝土外锈蚀钢筋的相对屈服强度退化比例大约为钢筋截面平均减小面积的 1.18 倍，而混凝土内锈蚀钢筋的相对屈服强度退化比例大约为钢筋截面平均减小面积的 2.10 倍，这是由于混凝土外锈蚀钢筋一般表现为均匀锈蚀，坑蚀现象不明显，而混凝土内锈蚀钢筋的坑蚀现象趋于明显，从而导致钢筋相对屈服强度退化速率加快。

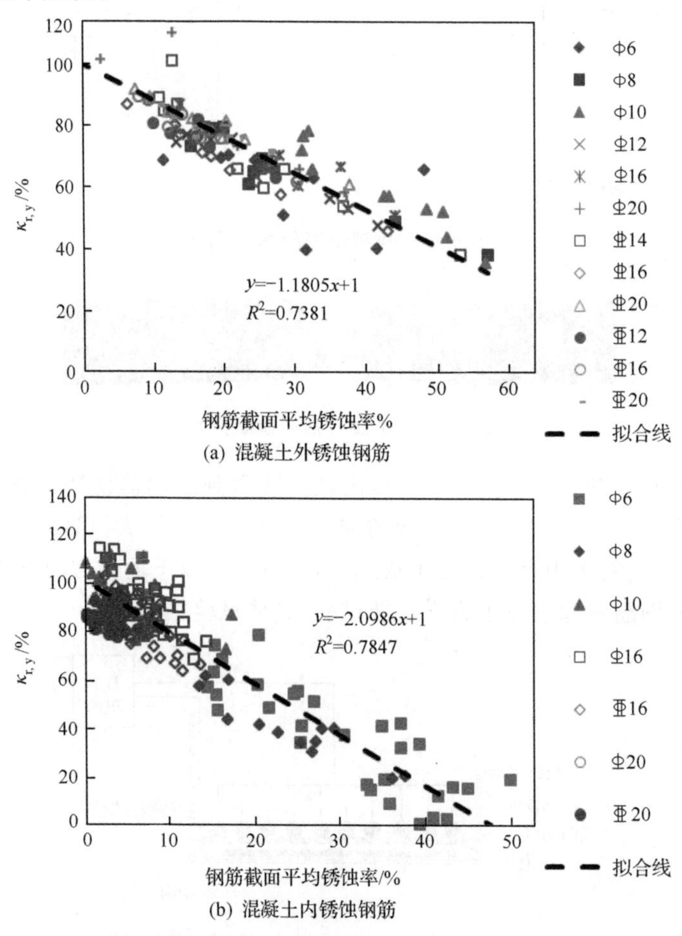

图 9-20　钢筋截面平均锈蚀率与相对屈服强度的关系

2. 极限强度

与屈服强度相比，锈蚀钢筋极限强度的获得方法就容易得多，相对钢筋极限强度定义为锈蚀钢筋极限强度与完好钢筋极限强度之比，即

$$\kappa_{r,u}=\frac{F_{u,c}}{F_{u,0}} \tag{9-52}$$

图 9-21 比较了混凝土外锈蚀钢筋和混凝土内锈蚀钢筋极限强度退化的区别，从图中可以看出：①与相对屈服强度退化相比，相对极限强度下降的线性拟合优度较高；②混凝土外锈蚀钢筋的相对极限强度退化比例大约为钢筋截面平均减小面积的 1.16 倍，而混凝土内锈蚀钢筋的相对极限强度退化比例大约为钢筋截面平均减小面积的 2.11 倍，其原因与上述屈服强度退化相同。

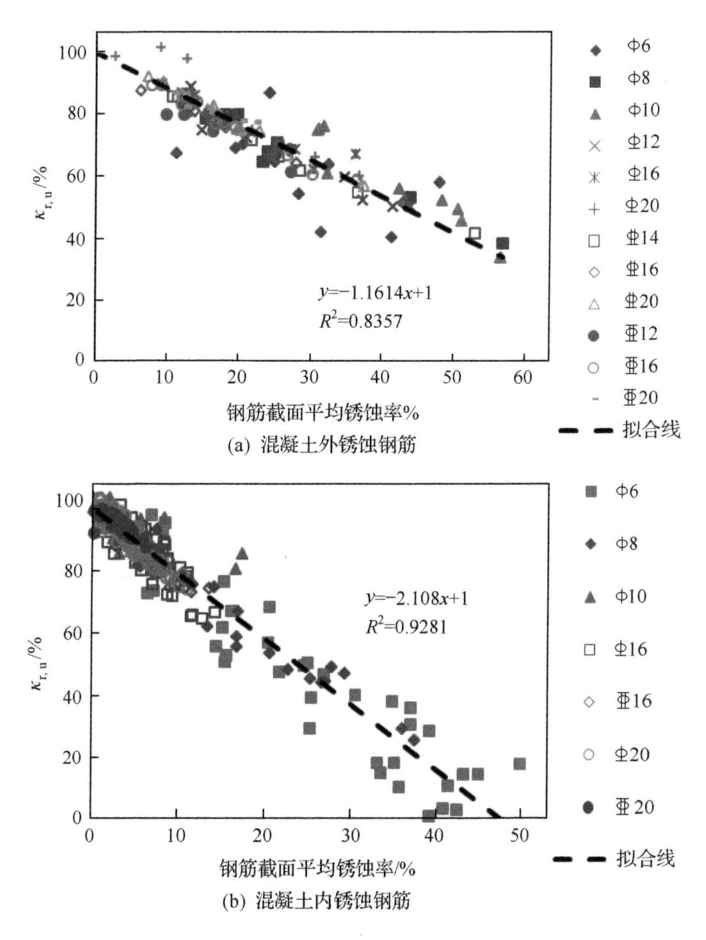

图 9-21　钢筋截面平均锈蚀率与相对极限强度的关系

3. 屈强比

钢筋的屈服强度与极限强度的比值，称为屈强比。屈强比低表示钢筋的塑性较好；屈强比高表示钢筋的抗变形能力较强，不易发生塑性变形。如图 9-22 所示，钢筋的屈强比大部分在 0.6～0.9，混凝土外锈蚀钢筋屈强比随钢筋锈蚀程度增加变化不大，混凝土内锈蚀钢筋屈强比随着钢筋锈蚀程度的增加有增大的趋势。以上表明，随着锈蚀程度的增加，钢筋的塑性性能有降低的趋势。

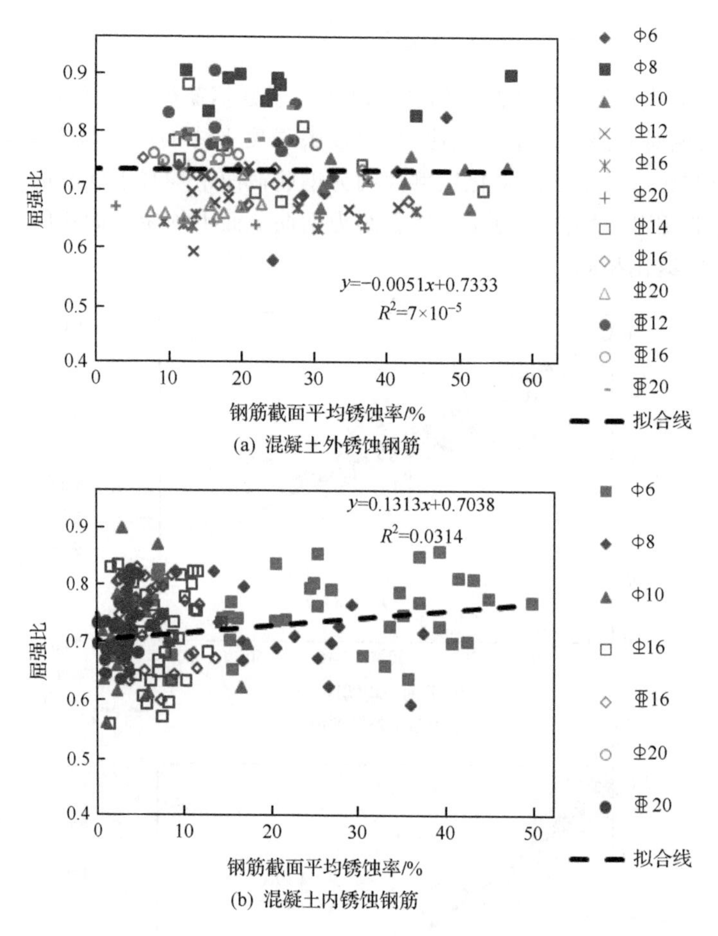

图 9-22　钢筋截面平均锈蚀率与屈强比的关系

4. 断后伸长率

伸长率表明钢筋的塑性变形能力，是钢材的重要技术指标之一，伸长率越高，表明钢筋的塑性越好，变形能力越强；相反，伸长率越低，表明钢筋的塑性越差。本次试验测量了钢筋 5 倍直径标距的断后伸长率 δ_5，如图 9-23 所示。图中给出了 δ_5 与钢筋截面平均锈蚀率的关系，钢筋的断后伸长率 δ_5 大部分在 0～40%，混凝土外锈蚀钢筋 δ_5 随钢筋锈蚀程度增加变化不大，混凝土内锈蚀钢筋 δ_5 随着钢筋锈蚀程度的增加有减小的趋势。因此，随着锈蚀程度的增加，钢筋的塑性性能有降低的趋势。

9.5.4　锈蚀钢筋力学性能退化模型研究

根据 9.5.3 节的试验结果，锈蚀后钢筋屈服强度和极限强度可分别按式(9-53)和式(9-54)计算：

$$F_{y,c} = \kappa_{r,y} F_{y,0} \tag{9-53}$$

$$F_{u,c} = \kappa_{r,u} F_{u,0} \tag{9-54}$$

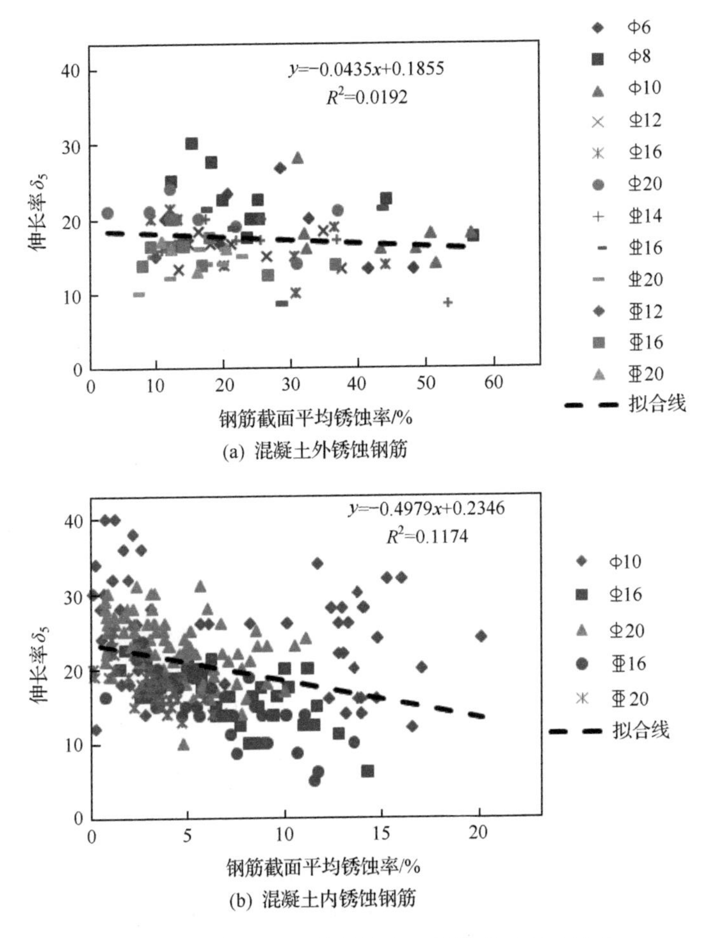

图 9-23　钢筋截面平均锈蚀率与钢筋伸长率的关系

$$\kappa_{r,y} = 1 - \alpha_y \eta_{average} \tag{9-55}$$

$$\kappa_{r,u} = 1 - \alpha_u \eta_{average} \tag{9-56}$$

式中，α_y、α_u 分别为坑蚀截面对钢筋屈服强度和极限强度的影响系数，其值可取为

$$\alpha_y = \begin{cases} 1.18, & \text{溶液中锈蚀钢筋} \\ 2.10, & \text{氯盐侵蚀环境} \end{cases} \tag{9-57}$$

$$\alpha_u = \begin{cases} 1.16, & \text{溶液中锈蚀钢筋} \\ 2.11, & \text{氯盐侵蚀环境} \end{cases} \tag{9-58}$$

参考文献

[1] 洪乃丰. 混凝土中钢筋腐蚀与防护技术——钢筋腐蚀危害与对混凝土的破坏作用. 工业建筑，1999，29(8)：66-68.

[2] 蔡光汀. 钢筋混凝土腐蚀机理和防腐蚀措施探讨. 混凝土，1992(1)：18-24.

[3] 贺鸿珠，陈志源. 掺粉煤灰混凝土中钢筋耐海水侵蚀性能的电化学研究. 混凝土，2000(4)：38-41.

[4] Baweja D，Roper H，Sirivivatnanon V. Chloride-induced steel corrosion in concrete：Part 1-Corrosion rates，corrosion activity，and attack areas. ACI Materials Journal，1998，95(5)：207-217.

[5] Balabanic G, Bicanic N, Durekovic A. The influence of w/c ratio, concrete cover thickness and degree of water saturation on the corrosion rate of reinforcing steel in concrete. Cement and Concrete Research, 1996, 26(5): 761-769.

[6] Mohammed T U, Otsuki N, Hisada M. Corrosion of steel bars with respect to orientation in concrete. ACI Materials Journal, 1999, 96(2): 154-159.

[7] Otsuki N, Miyazato S, Diola N B, et al. Influences of bending crack and water-cement ratio on chloride-induced corrosion of main reinforcing bars and stirups. ACI Materials Journal, 2000, 97(4): 454-464.

[8] Lorentz T, French C. Corrosion of reinforcing steel in concrete: Effects of materials, mix composition, and cracking. ACI Materials Journal, 1995, 92(2): 181-190.

[9] Haque M, Kawamura M. Carbonation and chloride induced corrosion in concrete. ACI Materials Journal, 1992, 89(1): 41-48.

[10] 王清辉,龚章群. 人工气候环境实验室. 通信电源技术,1993(4):6-11.

[11] Lopez W, Gonzalez J A. Influence of the pore saturation on the resistivity of concrete and the corrosion rate of steel reinforcement. Cement and Concrete Research, 1993, 23(2): 368-376.

[12] Enevoldsen J N, Hansson C M, Hope B B. The influence of internal relative humidity on the rate of corrosion of steel embedded in concrete and motar. Cement and Concrete Research, 1994, 24(7): 1373-1382.

[13] Glass G K, Page C L, Short N R. Factors affecting the corrosion rate of steel in carbonated mortars. Corrosion Science, 1991, 32(12): 1283-1294.

[14] Gonzalez J A, Lopez W, Rodriguez P. Effects of moisture availability on corrosion kinetics of steel embedded in concrete. Corrosion, 1993, 49(12): 1004-1010.

[15] Pech-Canul M A, Castro P. Corrosion measurements of steel reinforcement in concrete exposed to a tropical marine atmosphere. Cement and Concrete Research, 2002, 32(3): 491-498.

[16] Millard S G, Law D, Bungey J H, et al. Environmental influences on linear polarization corrosion rate measurement in reinforced concrete. NDT & E International, 2001, 34(6): 409-417.

[17] Suryavanshi A K, Scantlebury J D, Lyon S B. Corrosion of reinforcement steel embedded in high water-cement ratio concrete contaminated with chloride. Cement and Concrete Composites, 1998(20): 263-281.

[18] Montemor M F, Cunha M P, Ferreira M G. Corrosion behaviour of rebars in fly ash mortar exposedto carbon dioxide and chlorides. Cement and Concrete Composites, 2002, 24(1): 45-53.

[19] Andrade C, Keddam M, Novoa X R, et al. Electrochemical behaviour of steel rebars in concrete: Influence of environmental factors and cement chemistry. Electrochemical Acta, 2001, 46(24-25): 3905-3912.

[20] Song X B, Liu X L. Experiment research on corrosion of reinforcement in concrete through cathode-to-anode area ratio. ACI Materials Journal, 2000, 97(2): 148-155.

[21] 阎培渝,游铁. 含氯混凝土中钢筋宏电池腐蚀的研究. 材料科学与工程,2000,18(2): 46-48.

[22] 李金桂, 赵闺彦. 腐蚀和腐蚀控制手册. 北京:国防工业出版社,1988.

[23] 克舍 H. 金属腐蚀. 吴荫顺译. 北京:化学工业出版社,1984.

[24] 埃文斯 U R. 金属腐蚀基础. 赵克清译. 北京:冶金工业出版社,1987.

[25] 王光雍. 自然环境的腐蚀与防护·大气·海水·土壤. 北京:化学工业出版社,1997.

[26] 沈德建,李祖阳,吴胜兴. 环境温度对混凝土中钢筋腐蚀率的影响. 建筑技术开发,2002,29(3):34-35.

[27] Francois R, Arliguie G. Effect of microcracking and cracking on the development of corrosion in reinforced concrete members. Magazine of Concrete Research, 1999, 51(2): 143-150.

[28] de Schutter G. Quantification of the influence of cracks in concrete structures on carbonation and chloride penetration. Magazine of Concrete Research, 1999, 51(6): 427-435.

[29] Yoon S, Wang K J, Jason W, et al. Interaction between loading, corrosion, and serviceability of reinforced concrete. ACI Materials Journal, 2000, 97(6): 637-644.

[30] Schiebl P, Raupach M. Laboratory studies and calculations on the influence of crack width on chloride-induced corrosion of steel in concrete. ACI Materials Journal, 1997, 47(1): 56-61.

[31] 金伟良,赵羽习. 混凝土结构耐久性. 北京:科学出版社,2002.

[32] 刘志勇. 基于环境的海工混凝土耐久性试验与寿命预测方法研究. 南京:东南大学硕士学位论文,2006.

[33] Glass G K,Buenfeld N R. The presentation of the chloride threshold level for corrosion of steel in concrete. Corrosion Science, 1997,39(5): 1001-1013.

[34] Alonso C,Andrade C,Castellote M,et al. Chloride threshold values to depassivate reinforcing bars embedded in a standardized OPC mortar. Cement and Concrete Research, 2000,30(7): 1047-1055.

[35] Gonzalez J A,Andrade C. Effect of carbonation, chlorides and relative ambient humidity on the corrosion of galvanized rebars embedded in concrete. British Corrosion Journal, 1982,17(21):123-137.

[36] Gonzalez C, Andrade C, Alonso C, et al. Companison of rate of general corrosion and maximum pitting penetration on concrete embedded steel reinforcement. Cement and Concrete Research, 1995, 25(2):257-264.

[37] Alonso C, Andrade C, Castellote M, et al. Chloride threshold values to depassivate reinforcing bars embedded in a standardized OPC mortar. Cement and Concrete Research, 2000, 30(7):1047-1055.

[38] West R E,Hime W G. Chlonide profiles in salty concrete. Materials Performance, 1985,24 (7):87-93.

[39] Thomas M. Chloride thresholds in marine concrete. Cement and Concrete Research, 1996,26(4) : 513-519.

[40] Hussain S E,Al-Gahtani A S,Rasheeduzzafar. Chloride threshold for corrosion of reinforcement in concrete. ACI Materials Journal,1996,93(6): 534-538.

[41] European Union-Brite EuRam. General guidelines for durability design and redesign. DuraCrete BE 95-134. Bruxelles: Brite-Euram Project,2000.

[42] Glass G K,Buenfeld N R. Chloride-induced corrosion of steel in concrete. Progress in Structural Engineering and Materials,2000,2(4): 448-458.

[43] Castellote M,Andrade C,Alonso C. Accelerated simultaneous determination of the chloride depassivation threshold and of the non-stationary diffusion coeffcient values. Corrosion Science,2002,44(11):2409-2424.

[44] Bertolini L,Carsana M,Pedeferri P. Corrosion behaviour of steel in concrete in the presence of stray current. Corrosion Science,2007,49(3):1056-1068.

[45] 金伟良,许晨. 钢筋脱钝氯离子阈值快速测定新方法. 浙江大学学报(工学版),2011,(3):520-525.

[46] Bazant Z P. Physical model for steel corrosion in concrete sea structures—Theory. ASCE Journal of Structural Division,1979,105(ST6):1137-1154.

[47] Bazant Z P. Physical model for steel corrosion in concrete sea structures—Application. ASCE Journal of Structural Division,1979,105(ST6):1155-1166.

[48] 刘西拉,苗澍柯. 混凝土结构中的钢筋腐蚀及其耐久性计算. 土木工程学报,1990,23(4):69-78.

[49] 肖从真. 混凝土中钢筋腐蚀的机理研究及数论模拟方法. 北京:清华大学硕士学位论文,1995.

[50] Liu T,Weyers R W. Modeling the dynamic corrosion process in chloride contaminated concrete structures. Cement and Concrete Research,1998,28(3):356-379.

[51] 李果. 钢筋混凝土耐久性的环境行为与基本退化模型研究. 徐州:中国矿业大学硕士学位论文,2004.

[52] Morinaga S. Prediction of service life reinforced concrete buildings based on the corrosion rate of reinforcing steel. Durability of building materials and components//Proceedings of the 5th International Conference on Durability of Building Materials and Components, Brighton,1990.

[53] Gonzalez J A,Lopez W,Rodriguez P. Effects of moisture availability on corrosion kinetics of steel embedded in concrete. Corrosion,1993,49(12):1004-1010.

[54] 耿欧. 混凝土构件中钢筋锈蚀速率预计模型研究. 徐州:中国矿业大学硕士学位论文,2008.

[55] 张伟平,张誉,刘亚芹. 混凝土中钢筋腐蚀的电化学检测方法. 工业建筑,1998,28(12):21-25.

[56] 魏宝明. 金属腐蚀理论及应用. 北京:化学工业出版社,1984.

[57] 梁成浩. 金属腐蚀学导论. 北京:机械工业出版社,1999.

[58] 许晨. 混凝土结构钢筋锈蚀电化学表征与相关检监测技术. 杭州:浙江大学博士学位论文,2012.

[59] 刘晓敏,史志明,许刚,等. 钢筋在混凝土中腐蚀行为的电化学阻抗特征. 腐蚀科学与防护技术,1999,11(3):

161-164.
[60] Qiao G F, Ou J P. Corrosion monitoring of reinforcing steel in cement mortar by EIS and ENA. Electrochimica Acta, 2007, 52(28): 8008-8019.
[61] Suryavanshi A K, Scantlebury J D, Lyod S B. Corrosion of reinforcement steel embedded in high water-cement ratio concrete contaminated with chloride. Cement and Concrete Composites, 1998, 20(4): 263-381.
[62] Koleva D A, Hu J, Fraaij A L A, et al. Quantitative characterisation of steel/cement paste interface microstructure and corrosion phenomena in mortars suffering from chloride attack. Corrosion Science, 2006, 48(12): 4001-4019.
[63] 曹楚南. 腐蚀电化学原理. 北京:化学工业出版社,2008.
[64] 胡融刚,杜荣归,林昌健. 氯离子侵蚀下钢筋在混凝土中腐蚀行为的 EIS 研究. 电化学,2003,9(2):189-195.
[65] 储炜,史苑芗,魏宝明. 钢筋在混凝土模拟孔溶液及水泥净浆中的腐蚀电化学行为. 南京化工学院学报,1995,17(3):14-19.
[66] Andrade C, Keddam M, Novoa X R, et al. Electrochemical behaviour of steel rebars in concrete: Influence of environmental factors and cement chemistry. Electrochimica Acta, 2001, 46(24-25): 3905-3912.
[67] Ismail M, Ohtsu M. Corrosion rate of ordinary and high-performance concrete subjected to chloride attack by AC impedance spectroscopy. Construction and Building Materials, 2006, 20(7): 458-469.
[68] Law W, Cairns J, Millard S G, et al. Measurement of loss of steel from reinforcing bars in concrete using linear polarisation resistance measurements. NDT & E International, 2004, 37(5): 381-388.
[69] Val D V, Melchers R E. Reliability of deteriorating RC slab bridges. Journal of Structural Engineering Structures, 1997, 123(12): 1638-1644.
[70] Val D V. Effect of pitting corrosion on strength and reliability of reinforced concrete beams//Proceedings of the 9th International Conference of Structural Safety. ICOSSAR'05, Rotterdam, 2005: 859-865.
[71] 夏晋. 锈蚀钢筋混凝土构件力学性能研究. 杭州:浙江大学博士学位论文,2010.

第10章　混凝土结构锈胀破坏

在影响混凝土结构耐久性的众多因素中，钢筋锈蚀引起的混凝土结构开裂被认为是钢筋混凝土结构耐久性失效的主要原因。环境中的有害介质侵入混凝土内部，破坏钢筋表面的钝化膜，引起钢筋的锈蚀。锈蚀产物的体积是原有体积的2～4倍，其体积膨胀行为受到周围混凝土的限制，产生钢筋/混凝土界面锈胀力。钢筋锈胀力会使周围的混凝土产生拉应力。随着锈蚀量的增加，在钢筋与混凝土交界面首先出现锈胀裂缝。锈胀裂缝由内而外逐渐扩展，最终贯穿混凝土保护层。一旦保护层完全开裂，环境中的氯盐等有害介质就会通过锈胀裂缝直接侵入混凝土内部接触到钢筋，从而导致钢筋锈蚀大大加剧，进一步加剧裂缝的扩展，甚至导致混凝土保护层剥落，严重影响混凝土结构的耐久性。因此，研究钢筋锈蚀引起的混凝土保护层开裂，对混凝土结构的使用性能评估和剩余寿命预测有着重要的意义。

国内外学者在混凝土结构锈胀开裂方面已经做了大量的研究，包括试验研究，数值模拟和理论分析等方法，取得了卓有成效的成果。对于混凝土结构的锈胀开裂过程，目前得到普遍认可的是Liu和Weyers[1]提出的锈裂三阶段理论，即从混凝土构件钢筋脱钝到混凝土保护层开裂，大致要经历以下三个阶段(图10-1[2])。

(1) 铁锈自由膨胀阶段。由于混凝土固有的材料特性和制作工艺，钢筋与混凝土交界面的水泥石，存在着一些毛细孔和微小孔隙。钢筋脱钝开始锈蚀以后，其产生的铁锈，首先填入这些毛细孔和孔隙中，在铁锈填满孔隙之前，不会对外围混凝土作用钢筋锈胀力。

(2) 混凝土保护层受拉应力阶段。即从混凝土保护层中受到拉应力，到混凝土保护层开始出现裂缝的阶段。当铁锈填满钢筋与混凝土交界面毛细孔以后，钢筋进一步锈蚀产生的铁锈将对外围混凝土作用钢筋锈胀力，而使得混凝土保护层受到拉应力。混凝土保护层受到的拉应力将随着钢筋锈蚀的发展而增大。

(3) 混凝土保护层开裂阶段。即从混凝土保护层出现裂缝，到裂缝发展到混凝土表面，贯穿整个混凝土保护层厚度的阶段。当钢筋锈蚀深度达到一定值时，混凝土保护层在钢筋表面附近首先出现裂缝，并随着钢筋锈蚀的发展而逐渐开展到混凝土表面。这一阶

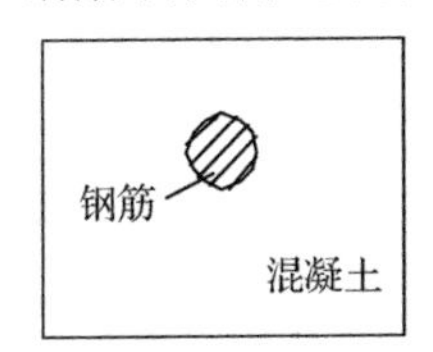

(a) 钢筋脱钝开始锈蚀

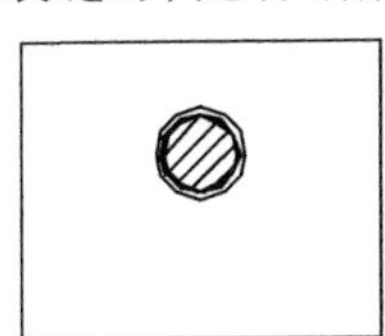
(b) 铁锈填入毛细孔
阶段1

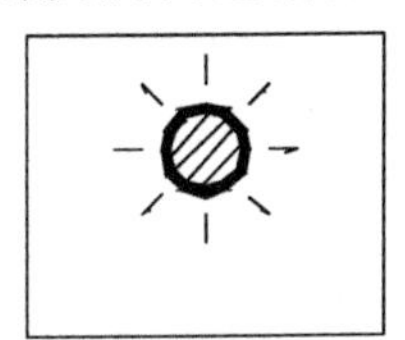
(c) 混凝土受到锈胀力的作用
阶段2

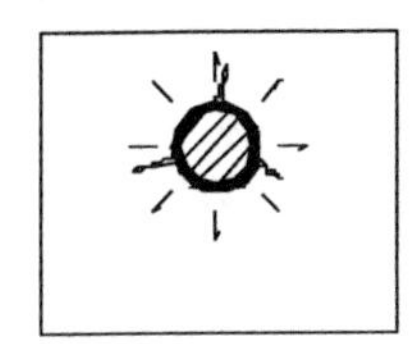
(d) 混凝土受到锈胀力而开裂
阶段3

图10-1　混凝土结构锈裂三阶段

段产生的铁锈，使得混凝土保护层中的裂缝不断开展，同时，也会逐渐填充到开展的裂缝中。

由三阶段理论可知，混凝土胀裂时刻的钢筋锈蚀深度由三部分组成：①钢筋锈蚀深度δ_{pore}，即铁锈自由膨胀阶段产生的锈蚀深度；②钢筋锈蚀深度δ_{stress}，其锈蚀产物使钢筋、混凝土界面产生钢筋锈胀力，导致混凝土保护层受拉开裂，在阶段2和阶段3产生；③钢筋锈蚀深度δ_{crack}，其锈蚀产物填充到裂缝中，在阶段3产生。即混凝土胀裂时刻的钢筋锈蚀深度为

$$\delta = \delta_{pore} + \delta_{stress} + \delta_{crack} \tag{10-1}$$

以往的研究主要集中于对使混凝土中产生拉应力的钢筋锈蚀量的研究，对另外两部分的钢筋锈蚀量的研究则比较少。

10.1　锈胀开裂试验研究

对混凝土保护层锈胀开裂的试验研究，主要集中于两个方面：第一，从钢筋脱钝锈蚀到保护层表面开裂的时间或表面开裂时刻的钢筋锈蚀量；第二，开裂以后裂缝宽度的发展情况。在试验研究的基础上，许多学者们建立了表面开裂时间以及裂缝宽度的经验模型。

在对混凝土结构的锈裂过程进行研究时，为了得到真实的锈裂情况，一些学者将钢筋混凝土试块长期暴露于氯盐环境中，进而观测其锈裂情况，例如，Vidal等[3]对两根自然锈蚀时间分别为14年和17年的梁进行研究，Zhang等[4]也对两根分别经历14年和23年自然锈蚀的梁进行研究。但是，通常的锈裂试验研究中，由于时间所限，学者们都是采取通电加速锈蚀的方法，从而能在较短的时间内达到试验的目的。研究发现[5,6]，加速锈蚀的通电电流不宜大于100μA/cm^2，这样在加速钢筋锈蚀、缩短试验时间的同时，还能保证锈蚀接近于自然锈蚀的情况。另外，为了促使锈蚀的发生，通常在混凝土浇筑时添加氯盐，用量为水泥用量的1%～5%。下面，对以往的锈胀开裂试验研究的情况进行介绍，并对经验公式的可行性进行一些对比讨论。

10.1.1　混凝土保护层表面锈裂

一旦混凝土表面出现裂缝，外界溶液便能通过裂缝渗入混凝土内部，直接接触到钢筋表面，从而加速钢筋的锈蚀，因此，混凝土表面开裂是锈裂过程中非常重要的时刻。很多学者对表面开裂时刻的钢筋锈蚀量或开裂时间进行了试验研究[5-11]。

为了验证混凝土保护层表面开裂的经验模型的适用性，采用Alonso、Rodriguez、Webster和Oh的模型分别对文献[5]～[11]的试件情况进行预测，预测结果见图10-2。图中的直线为准确预测线，数据点离该直线越近，预测结果越准确。可以看出，这些经验公式预测的钢筋锈蚀深度的结果与试验值都存有较大误差。特别是Oh的公式预测结果，远远大于实际的试验结果。分析其原因，是由于混凝土结构的锈裂过程受混凝土材料、保护层厚度、钢筋直径和位置、环境等多种因素的影响，而经验公式只与一个或两个因素相关。这就导致了从某一试验中得到的经验公式不适用于其他锈裂试验的情况。由此可见，采用经验公式对锈裂过程进行预测，存在很大的局限性。

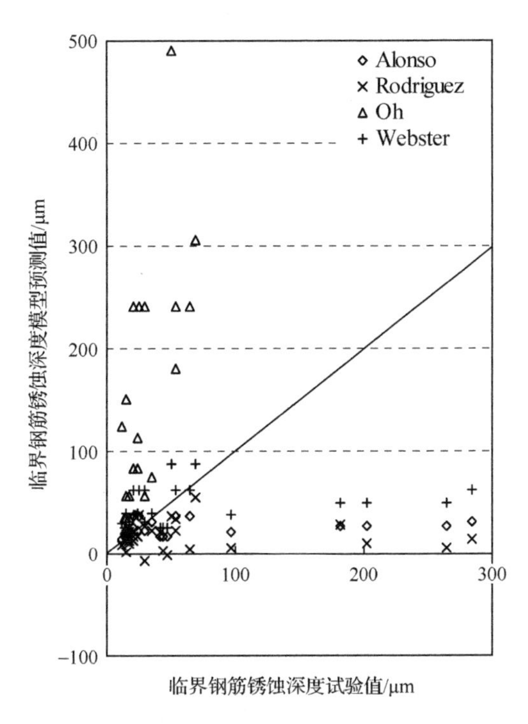

图 10-2 临界钢筋锈蚀深度预测值与试验值的对比

10.1.2 混凝土保护层表面锈裂开展

由于混凝土保护层表面的裂缝宽度能够直观地反映锈裂的情况,对其进行观测也非常简便,因此,大部分锈胀开裂的试验中[3,4,6,7,11,12],都对表面裂宽的开展进行了研究。

以 Vu 等[11]试验中的试件为例,来验证各经验公式的实用性。该试件保护层厚度为25mm,钢筋直径为 16mm,混凝土抗压强度为 20MPa,抗拉强度为 3.06MPa,电流密度为 $140\mu A/cm^2$,在 95.5h 时观察到表面裂缝,折算成钢筋锈蚀深度即为 17.7μm。分别用 Vidal 等[3]、Zhang 等[4]、Rodriguez 等[7]、Vu 等[11]、Mullard 和 Stewart[12]的经验公式来预测裂缝开展的情况。图 10-3 表示了各模型预测的混凝土保护层表面裂缝宽度与钢筋

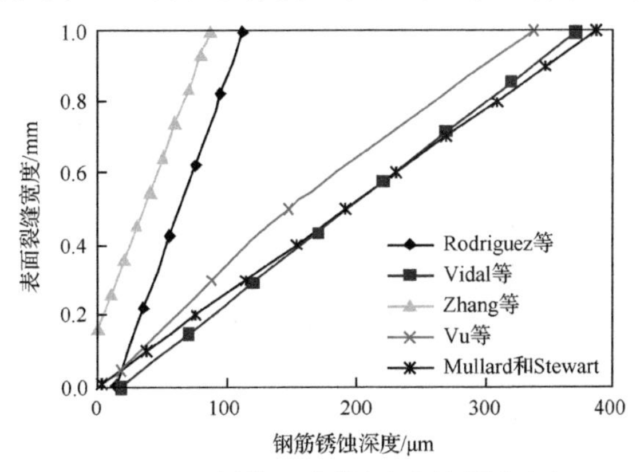

图 10-3 不同模型对裂缝宽度的预测对比

锈蚀深度的关系。其中，Vu 等的模型预测是由自身的试验拟合而来的，将它近似看做真实的情况。可以看出，Vidal 等和 Mullard 等的预测尚符合真实情况，而 Rodriguez 等和 Zhang 等的预测结果则大大偏小。由此可见，通过试验建立的经验公式的适用性仍有待探讨和进一步的研究。

10.2　锈胀开裂模型研究

国内外很多学者对混凝土结构的锈胀开裂过程进行理论分析，建立了锈裂模型，主要集中于对使混凝土中产生拉应力的钢筋锈蚀量的研究，对填充到交界面毛细孔和锈胀裂缝中者两部分的钢筋锈蚀量的研究则比较少。

10.2.1　铁锈自由膨胀阶段

根据混凝土锈裂三阶段理论，钢筋与混凝土界面产生的铁锈首先填入界面混凝土的毛细孔和孔隙中，在铁锈填满孔隙之前，不会对外围混凝土作用钢筋锈胀力，这个阶段即“铁锈自由膨胀阶段”。铁锈自由膨胀阶段产生的铁锈 δ_{pore}，是混凝土表面锈裂时刻铁锈总量的重要组成部分。表 10-1 总结了相关研究成果。

表 10-1　铁锈填充区域的试验研究

文献	锈蚀方法	第一阶段：钢筋-混凝土界面混凝土孔隙中的铁锈填充情况
[13]	直流通电加速锈蚀	铁锈填充区域随着锈裂过程的发展逐渐增长，直至锈胀裂缝产生之后，最大值约为 0.6mm
[14]	直流通电加速锈蚀	验证了填充区域的存在，并指出填充区域并不是存在于整个钢筋周围，铁锈在填满砂浆中的孔隙后，开始对砂浆层产生挤压。未进行定量研究
[15]	干湿循环加速锈蚀	对于不同锈蚀程度的试样，铁锈填充区域的平均深度在 100～200μm，分布在钢筋锈蚀严重的一侧
[16]	直流通电加速锈蚀	从 SEM 图像中可观察到铁锈在混凝土中的填充，但并未对此进行定量研究
[17]	干湿循环加速锈蚀	钢筋锈蚀产物向混凝土中的填充与其在钢筋/混凝土界面处的积累是同时进行的

10.2.2　混凝土受拉应力开裂阶段

混凝土保护层受拉应力作用开裂的相关研究已有较多成果发表，各模型具体的情况对比见表 10-2。这些模型对钢筋混凝土结构锈胀开裂过程进行了较好的分析，但是，任何模型都存在一定的不足之处。在对混凝土开裂后的剩余强度的考虑、钢筋锈蚀产物的力学性能对锈裂过程的影响、铁锈填充裂缝的情况等方面，各模型都难以做到完善的考虑。因此，采用现有模型预测钢筋锈蚀引起混凝土锈裂的研究尚有待深入。

表 10-2　锈裂模型汇总

文献	研究方法	混凝土模型	裂缝的影响	铁锈力学性能	锈胀裂缝中铁锈填充
[1]	弹性力学	单层圆筒	未考虑	未考虑	未考虑
[18]	弹性力学	单层圆筒	未考虑	考虑	考虑
[19]	弹性力学	单层圆筒	未考虑	未考虑	未考虑
[20]	弹性力学	双层圆筒	弥散裂缝，考虑开裂区混凝土的软化	未考虑	未考虑
[21]、[22]	弹性力学	双层圆筒	开裂区的弹性模量取值不同	未考虑	未考虑
[23]	弹性力学	双层圆筒	由混凝土应力-应变关系曲线确定开裂混凝土的性能	未考虑	考虑
[24]	弹性力学	双层圆筒	开裂区环向弹性模量随半径改变	未考虑	未考虑
[25]	弹性力学	单层圆筒	未考虑	未考虑	未考虑
[26]	弹性力学	单层圆筒	弥散裂缝	考虑	考虑
[27]	弹性力学	单层圆筒	未考虑	未考虑	考虑
[28]	弹性力学	单层圆筒	未考虑	未考虑	未考虑
[29]	弹性力学	单层圆筒	未考虑	考虑	未考虑
[30]	断裂力学 弹性力学	单层圆筒	断裂理论	考虑	未考虑
[31]	断裂力学 弹性力学	双层圆筒	弥散裂缝	未考虑	未考虑
[32]	断裂力学 弹性力学	单层圆筒	断裂理论	未考虑	未考虑
[33]	损伤力学	单层圆筒	损伤理论	考虑	未考虑
[34]	Muskhelishvili 复变函数	无限大平面	未考虑	未考虑	未考虑

10.2.3　锈胀裂缝中的铁锈填充阶段

对于填充到锈胀裂缝中的铁锈，由于没有试验研究的结果，在理论分析时，学者的研究都是基于假设的。例如，Pantazopoulou 和 Papoulia[23] 认为裂缝形状为三角形，裂缝在开展过程中，铁锈完全填入裂缝之中；赵羽习等则认为裂缝形状为长方形，假定铁锈填充到一半保护层厚度的位置时，裂缝开展到混凝土保护层表面[18]。陆春华等[26] 认为，对于长期自然锈蚀，锈蚀产物会进入并填满裂缝，而对于短期加速锈蚀，由于锈蚀产物生成速率快，导致锈胀力快速增大，在锈蚀产物没有完全进入裂缝之前混凝土保护层就有可能完全锈胀开裂，因此引入了修正系数对不同锈蚀情况下的锈蚀深度进行修正。

铁锈在锈胀裂缝中填充非常有限的试验测试结果总结于表 10-3 中。这方面的研究尚未成熟，仍需要进一步探索。

表 10-3 铁锈填充行为研究汇总

文献	锈蚀方法	第三阶段:裂缝中的铁锈填充
[13]	直流通电加速锈蚀	在通电锈蚀的过程中,铁锈并未填入裂缝中
[15]	干湿循环加速锈蚀	观测到裂缝中的铁锈,但未能得出定性的结论
[16]	直流通电加速锈蚀	铁锈不会填充到裂缝中
[17]	干湿循环加速锈蚀	混凝土表面开裂前,铁锈不会填入锈胀裂缝中

10.3 混凝土锈胀开裂全过程损伤分析

本节在前人对钢筋混凝土结构保护层锈胀开裂过程的理论分析工作的基础上,考虑由于裂缝造成的混凝土保护层中不同程度的损伤,利用损伤力学和弹性力学的理论建立了混凝土保护层的锈胀开裂模型,推导锈裂过程的解析解[35]。

10.3.1 混凝土锈胀开裂分析模型

在研究混凝土锈胀开裂时,通常将混凝土保护层简化为均匀内压作用下的厚壁圆筒,将钢筋锈胀力等效为均匀内压径向作用于圆筒内表面,圆筒厚度等于混凝土保护层厚度。本章中,以混凝土和钢筋锈蚀产物作为研究对象,对混凝土保护层受拉应力至混凝土保护层表面开裂阶段进行分析,获得此阶段中混凝土和钢筋锈蚀产物的应力-应变解析解,并得到钢筋锈蚀深度 δ_{stress} 的理论计算值,与试验结果进行对比。

分析模型如图 10-4 所示。可以看出,混凝土保护层在锈胀力作用下,将经历未裂和

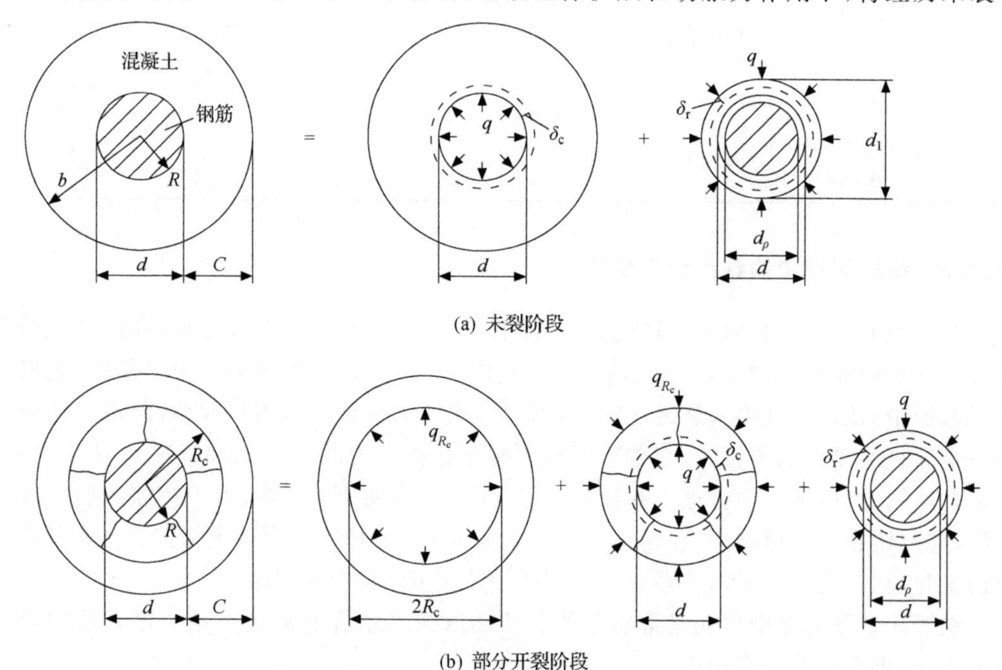

图 10-4 锈胀力作用下钢筋与混凝土的变形计算

部分开裂两个阶段。图 10-4(a)为未裂阶段，此时混凝土和钢筋锈蚀产物均按弹性理论计算。图 10-4(b)为开裂阶段，裂缝将混凝土划分成开裂区和未开裂区两个部分，未开裂区仍按弹性理论计算，而对于开裂区的混凝土，由于其在不同半径处发生了不同程度的损伤，因此，引入损伤变量这一概念来考虑混凝土的损伤情况，采用损伤理论来进行分析，而钢筋锈蚀产物仍按弹性理论计算。

10.3.2 锈裂过程分析

1. 未裂阶段

1）应力、应变与位移

此阶段中，钢筋锈蚀产物铁锈与混凝土均处于弹性状态，按弹性力学方法计算。分析模型见图 10-4(a)。图中，R 为钢筋半径，C 为混凝土保护层厚度，q 为钢筋/混凝土界面锈胀力，d_1 为钢筋锈蚀自由膨胀后名义直径，d_ρ 为钢筋锈后净直径，δ_c 为混凝土在钢筋锈胀力 q 作用下与铁锈交界面处的径向位移，δ_r 为铁锈在钢筋锈胀力 q 作用下与混凝土交界面处的径向位移。

对于 $R \leqslant r \leqslant b$ 的混凝土圆筒，拉梅解答给出了应力、应变、位移解[36]。

应力分量：

$$\begin{cases} \sigma_r = \dfrac{qR^2}{b^2 - R^2}\left(1 - \dfrac{b^2}{r^2}\right) \\ \sigma_\theta = \dfrac{qR^2}{b^2 - R^2}\left(1 + \dfrac{b^2}{r^2}\right) \end{cases} \tag{10-2}$$

应变分量：

$$\begin{cases} \varepsilon_r = \dfrac{1+\nu_c}{E_c}\dfrac{qR^2}{b^2 - R^2}\left(1 - 2\nu_c - \dfrac{b^2}{r^2}\right) \\ \varepsilon_\theta = \dfrac{1+\nu_c}{E_c}\dfrac{qR^2}{b^2 - R^2}\left(1 - 2\nu_c + \dfrac{b^2}{r^2}\right) \end{cases} \tag{10-3}$$

位移分量：

$$u_r = \frac{1+\nu_c}{E_c}\frac{qR^2}{b^2 - R^2}\left(1 - 2\nu_c + \frac{b^2}{R^2}\right)r \tag{10-4}$$

式中，$b = R + C$；E_c 和 ν_c 分别为混凝土的弹性模量(MPa)和泊松比；σ_r、σ_θ 分别为混凝土中径向和环向的应力；ε_r、ε_θ 分别为混凝土中径向和环向的应变；u_r 为混凝土径向的位移。

当钢筋/混凝土界面处的环向拉应变达到混凝土的极限拉应变时，认为混凝土保护层的内表面 $r=R$ 处开裂，进入部分开裂阶段，即

$$\varepsilon_\theta \big|_{r=R} = \varepsilon_t \tag{10-5}$$

式中，ε_t 为混凝土的极限拉应变，可由 $\varepsilon_t = f_t / E_c$ 近似计算，f_t 为混凝土的抗拉强度。

联立式(10-3)和式(10-5)，可求得混凝土保护层内裂的临界锈胀力 q^{inner} 为

$$q^{\text{inner}} = \frac{E_c}{1+\nu_c}\frac{\varepsilon_t(b^2 - R^2)}{R^2}\frac{1}{1 - 2\nu_c + b^2/R^2} \tag{10-6}$$

2）钢筋锈蚀率 η

由式(10-4)知，混凝土与铁锈交界面处混凝土的位移为

$$\delta_{\mathrm{c}}=u_{r}=\frac{1+\nu_{\mathrm{c}}}{E_{\mathrm{c}}}\frac{qR^{2}}{b^{2}-R^{2}}\left(1-2\nu_{\mathrm{c}}+\frac{b^{2}}{R^{2}}\right)R \tag{10-7}$$

文献[3]给出了混凝土与铁锈的变形协调关系及铁锈的位移：

$$R+\delta_{\mathrm{c}}=R_{1}+\delta_{r},\quad \delta_{r}=-\frac{n(1-\nu_{\mathrm{r}}^{2})R\sqrt{(n-1)\eta+1}}{E_{\mathrm{r}}\{[(1+\nu_{\mathrm{r}})n-2]+2/\eta\}}q \tag{10-8}$$

式中，$R_{1}=d_{1}/2$，为钢筋锈蚀自由膨胀后名义半径，由几何换算可知，$R_{1}=R\sqrt{(n-1)\eta+1}$；$E_{\mathrm{r}}$ 和 ν_{r} 分别为铁锈的弹性模量和泊松比，文献[37]对铁锈的弹性模量进行了深入的研究，建议 E_{r} 可按 10^{2}MPa 考虑，本节取 100MPa，通过铁锈与相近性质材料的对比，取铁锈泊松比 $\nu_{\mathrm{r}}=0.25$；n 为钢筋锈后体积膨胀率，通常为 2～4；η 为钢筋锈蚀率，按钢筋截面重量损失率计算。

由式(10-7)和式(10-8)可计算得到锈胀力为

$$q=\frac{\sqrt{(n-1)\eta+1}-1}{\dfrac{(1+\nu_{\mathrm{c}})(R+C)^{2}+(1-\nu_{\mathrm{c}})R^{2}}{E_{\mathrm{c}}(2RC+C^{2})}+\dfrac{n(1-\nu_{\mathrm{r}}^{2})\sqrt{(n-1)\eta+1}}{E_{\mathrm{r}}\{[(1+\nu_{\mathrm{r}})n-2]+2/\eta\}}} \tag{10-9}$$

相应的钢筋锈蚀率表达式为

$$\eta=\frac{x^{2}-1}{n-1} \tag{10-10}$$

式中，x 的物理含义为锈蚀自由膨胀后的钢筋直径扩大率，即 $x=d_{1}/d$，其解析表达式比较复杂，可参阅文献[35]。

钢筋锈蚀深度 δ_{stress} 为

$$\delta_{\text{stress}}=(d-d_{\mathrm{p}})/2 \tag{10-11}$$

式中，$d_{\mathrm{p}}=\sqrt{1-\eta}\cdot d$，为此时的钢筋净直径。

将式(10-6)中求得的 q^{inner} 代入式(10-11)，即可求得混凝土保护层内裂临界锈蚀深度 $\delta_{\text{stress}}^{\text{inner}}$。

2. 部分开裂阶段

裂缝一旦产生后，就将混凝土保护层划分为开裂区和未开裂区两个部分。定义 R_{c} 为开裂区与未开裂区的分界面半径。则位于 $R\leqslant r\leqslant R_{\mathrm{c}}$ 的区域为开裂区，引入损伤变量来考虑混凝土在不同半径处的不同程度的损伤；位于 $R_{\mathrm{c}}<r\leqslant b(b=R+C)$ 的区域为未开裂区，认为其中混凝土的变形仍符合弹性理论，用弹性力学的方法解答。分析模型见图 10-4(b)。

1）未开裂区 ($R_{\mathrm{c}}<r\leqslant b$)

未开裂区的计算同未裂阶段，混凝土中的应力、应变解如下。

应力分量：

$$\begin{cases} \sigma_r = \dfrac{q_{R_c} R_c^2}{b^2 - R_c^2}\left(1 - \dfrac{b^2}{r^2}\right) \\ \sigma_\theta = \dfrac{q_{R_c} R_c^2}{b^2 - R_c^2}\left(1 + \dfrac{b^2}{r^2}\right) \end{cases} \tag{10-12}$$

应变分量：

$$\begin{cases} \varepsilon_r = \dfrac{1+\nu_c}{E_c}\dfrac{q_{R_c} R_c^2}{b^2 - R_c^2}\left(1 - 2\nu_c - \dfrac{b^2}{r^2}\right) \\ \varepsilon_\theta = \dfrac{1+\nu_c}{E_c}\dfrac{q_{R_c} R_c^2}{b^2 - R_c^2}\left(1 - 2\nu_c + \dfrac{b^2}{r^2}\right) \end{cases} \tag{10-13}$$

式中，q_{R_c} 表示作用于开裂区、未开裂区分界面上的压力。

2）开裂区（$R \leqslant r \leqslant R_c$）

对于开裂区，考虑到裂缝由内向外发展，不同半径处混凝土的损伤程度也有所不同。由于锈胀裂缝一般从钢筋与混凝土交界面逐渐向混凝土外表面发展，所以，离钢筋越近的混凝土损伤程度越严重。因此，基于 Mohr-Coulomb 屈服准则和 Mazars 损伤演化理论，引入损伤变量这一概念，对开裂区进行分析。

（1）应力与钢筋锈胀力。

本节采用文献[38]提出的基于 Mohr-Coulomb 屈服准则的损伤解答方法，对之进行修正，并同时考虑由于钢筋锈蚀引起的内压 q 的增长，得到钢筋锈蚀这一动态过程中的力学解。

轴对称问题的平衡方程为

$$\frac{\mathrm{d}\sigma_r}{\mathrm{d}r} + \frac{\sigma_r - \sigma_\theta}{r} = 0 \tag{10-14}$$

考虑损伤后用径向应力和环向应力表示的 Mohr-Coulomb 屈服准则[38]为

$$\sigma_\theta = \sigma_r \frac{1-(1-D)\sin\varphi}{1+(1-D)\sin\varphi} + \frac{2c\cos\varphi}{1+(1-D)\sin\varphi} \tag{10-15}$$

式中，D 为损伤变量；c 和 φ 分别为混凝土的黏聚力和内摩擦角，文献[39]中对它们的取值进行了讨论。

由式(10-14)和式(10-15)得

$$\sigma_r = \mathrm{e}^{-\int_R^r \frac{2(1-D)\sin\varphi}{[1+(1-D)\sin\varphi]x}\mathrm{d}x}\left(\int_R^r \frac{2c\cos\varphi}{\xi[1+(1-D)\sin\varphi]}\mathrm{e}^{\int_R^\xi \frac{2(1-D)\sin\varphi}{[1+(1-D)\sin\varphi]x}\mathrm{d}x}\mathrm{d}\xi + C\right) \tag{10-16}$$

边界条件如下：

当 $r = R$ 时

$$\sigma_r = -q \tag{10-17}$$

当 $r = R_c$ 时

$$\begin{cases} D = 0 \\ \sigma_r = -q_{R_c} \\ \varepsilon_\theta = \varepsilon_t \end{cases} \tag{10-18}$$

将式(10-17)代入式(10-16)，求得

$$C = -q \tag{10-19}$$

由式(10-18)和式(10-19)得

$$q_{R_c} = \frac{E}{1+\nu_c} \frac{\varepsilon_t (b^2 - R_c^2)}{R_c^2} \frac{1}{1 - 2\nu_c + b^2/R_c^2} \tag{10-20}$$

联立式(10-16)、式(10-18)、式(10-19),求得此时的钢筋锈胀力为

$$q = q_{R_c} \left(\frac{R_c}{R}\right)^{\frac{2\sin\varphi}{1+\sin\varphi}} + \frac{c\cos\phi}{\sin\phi}\left[\left(\frac{R_c}{R}\right)^{\frac{2\sin\varphi}{1+\sin\varphi}} - 1\right] \tag{10-21}$$

令 $R_c = R$,则由公式(10-21)计算出的钢筋锈胀力等于公式(10-6)的计算结果。因此,未裂阶段和部分开裂阶段的计算是连续的。

(2) 应变与位移。

根据弥散裂缝[40]的概念,将径向裂缝等效分布在混凝土圆筒的各个方向,把开裂柱体看做正交各向异性弹性体。由于裂缝沿径向产生,假定混凝土径向的弹性模量不发生改变,环向的弹性模量随着混凝土损伤程度的改变而变化,即 $E_\theta = (1-D)E_r$,并引入系数 $k = E_\theta/E_r = 1-D$。由于裂缝自内而外逐步开展,在不同的半径处,混凝土损伤程度不同,距离钢筋越近的位置,损伤程度越严重,损伤变量 D 也越大,因此,不能将损伤区作为一个整体进行计算。本模型将混凝土保护层开裂区域划分成一系列等厚度的同心圆环,如图 10-5 所示,认为同一圆环中的损伤变量 D 近似相等。混凝土保护层中的同心圆环划分越细,则模型计算结果越接近真实情况。

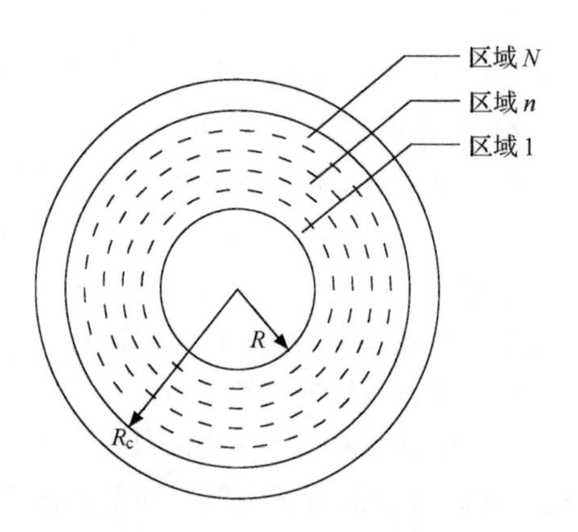

图 10-5 开裂区划分情况

对于每个圆环,有径向平衡方程:

$$\frac{d^2u}{dr^2} + \frac{1}{r}\frac{du}{dr} - k\frac{u}{r^2} = 0, \qquad k = 1-D \tag{10-22}$$

位移、应变解如下:

$$u_r = C_1 r^{\sqrt{1-D}} + C_2 r^{-\sqrt{1-D}} \tag{10-23}$$

$$\begin{cases} \varepsilon_r = C_1\sqrt{1-D}r^{\sqrt{1-D}-1} - C_2\sqrt{1-D}r^{-\sqrt{1-D}-1} \\ \varepsilon_\theta = C_1 r^{\sqrt{1-D}-1} + C_2 r^{-\sqrt{1-D}-1} \end{cases} \tag{10-24}$$

假定划分的圆环厚度为 ΔR,则损伤发展过程如下:当未裂阶段计算的 $\varepsilon_\theta|_{r=R} = \varepsilon_t$ 时,混凝土内表面开裂,损伤发生,即认为产生厚度为 ΔR 的损伤圆环。随着钢筋锈蚀量的增加,混凝土中的应变值也逐渐增大,当 $\varepsilon_\theta|_{r=R+\Delta R} = \varepsilon_t$ 时,认为下一层圆环也发生损伤,即损伤区的厚度达到 $2\Delta R$。由此递增,直至整个保护层发生损伤,即损伤区厚度等于保护层厚度,此时,认为混凝土保护层完全开裂。详细计算过程参见文献[35]。

依照上述步骤逐步求解,最后得到图 10-5 中区域 1 的位移基本方程为

$$u_r = C_1 r^{\sqrt{1-D^1}} + C_2 r^{-\sqrt{1-D^1}} \tag{10-25}$$

(3) 钢筋锈蚀率。

由式(10-25)知，混凝土与铁锈交界面处混凝土的位移为

$$\delta_c = u_r\big|_{r=R} = C_1 R^{\sqrt{1-D^1}} + C_2 R^{-\sqrt{1-D^1}} \tag{10-26}$$

(4) 混凝土保护层胀裂时刻的钢筋锈蚀深度 $\delta_{\mathrm{stress}}^{\mathrm{surface}}$。

当开裂区厚度等于混凝土保护层厚度，即 $R_c = b$ 时，混凝土保护层完全开裂，此时计算得到的钢筋锈蚀深度 δ_{stress} 即为混凝土保护层胀裂时刻的临界钢筋锈蚀深度。计算方法同上。

10.3.3　混凝土锈裂影响参数分析

基于 10.3.2 节的混凝土锈裂全过程分析模型，本节选取一个算例进行混凝土表面锈裂影响参数的计算与分析。

计算基本参数取值为：钢筋直径 $d = 20\mathrm{mm}$，混凝土保护层厚度 $C = 35\mathrm{mm}$；混凝土抗拉强度 $f_t = 2.2\mathrm{MPa}$，混凝土弹性模量 $E_c = 3.15\times10^4\mathrm{MPa}$，混凝土泊松比 $\nu_c = 0.2$，铁锈弹性模量 $E_r = 100\mathrm{MPa}$，铁锈泊松比 $\nu_r = 0.25$，铁锈膨胀率 $n = 2$，混凝土黏聚力 $c = 3\mathrm{MPa}$，混凝土内摩擦角 $\varphi = 55°$，Mazars 模型的系数 $A_t = 0.7$，$B_t = 10000$。计算圆环厚度 $\Delta R = 0.5\mathrm{mm}$。

1. 混凝土保护层厚度的影响

混凝土保护层厚度分别为 25mm、35mm、45mm 和 55mm，图 10-6 描述了混凝土保护层外裂时刻钢筋锈蚀深度与保护层厚度之间的关系。从图中可以看出，随着混凝土保护层厚度的增加，混凝土保护层外裂时刻的钢筋锈蚀深度增加。

2. 钢筋直径的影响

取钢筋直径分别为 18mm、20mm、22mm、25mm 和 28mm，图 10-7 绘制了混凝土保护层外裂时刻的钢筋直径与钢筋锈蚀深度之间的关系。从图中可以看出，随着钢筋直径的增加，混凝土保护层外裂时刻的钢筋锈蚀深度有小幅度的减小。因此，钢筋直径的增大将导致表面锈裂时刻提前。

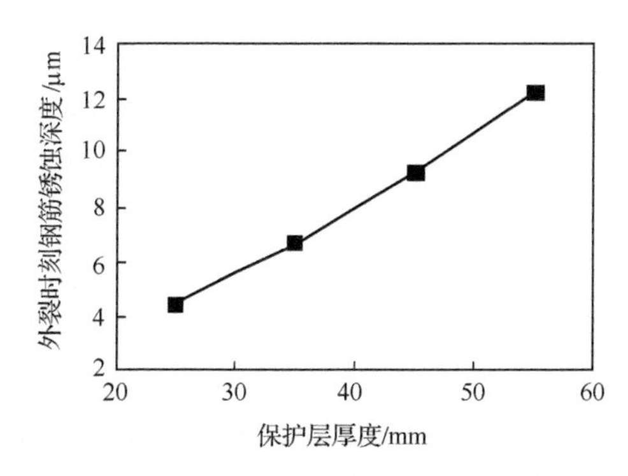

图 10-6　保护层厚度对钢筋锈蚀深度的影响

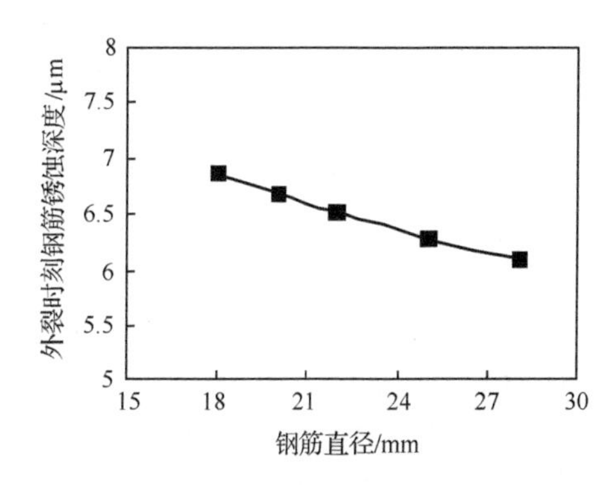

图 10-7　钢筋直径对钢筋锈蚀深度的影响

3. 铁锈膨胀率的影响

图 10-8 为外裂时刻的铁锈膨胀率与保护层厚度之间的关系，其中铁锈膨胀率取值分别为 2、2.5、3、3.5、4。从图中可以看出，随着铁锈膨胀率的增加，混凝土保护层外裂时刻的钢筋锈蚀深度有所减小。

4. 混凝土抗拉强度的影响

取混凝土抗拉强度分别为 2MPa、2.5MPa、3MPa 和 3.5MPa，则抗拉强度对表面锈裂时刻的钢筋锈蚀深度的影响见图 10-9。可以看出，随着抗拉强度的增大，表面锈裂时刻的钢筋锈蚀深度增加。

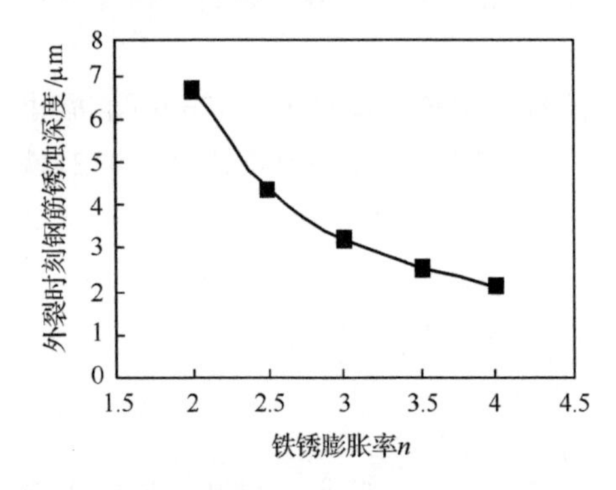

图 10-8　铁锈膨胀率对钢筋锈蚀深度的影响

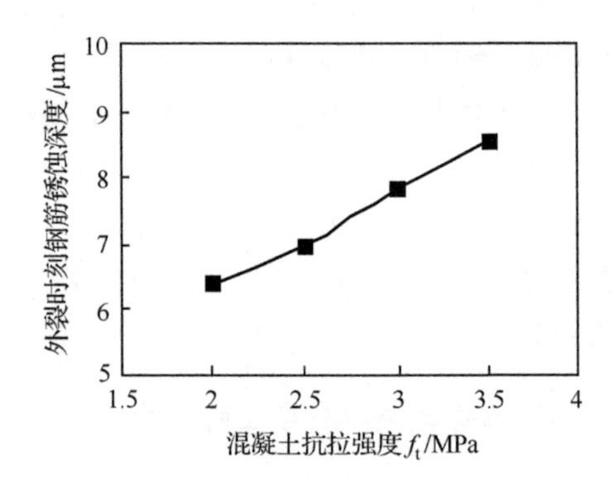

图 10-9　抗拉强度对钢筋锈蚀深度的影响

10.3.4　变形钢筋的情况

应当注意到，上述结论是通过光面钢筋在混凝土构件中锈蚀的过程而得来的，对于变形钢筋，这样的结论也是成立的，但此时尚需考虑钢筋混凝土构件受力时变形钢筋变形肋产生的径向分力对混凝土保护层开裂的影响。

埋有变形钢筋的混凝土构件受力时，变形钢筋的变形肋也会对混凝土产生径向分力，如图 10-10 所示。这时，钢筋外围混凝土受到的径向力是两部分力的叠加，即钢筋锈胀力 q 和变形钢筋变形肋产生的径向分力 $q_{肋}$：

$$q_{总} = q + q_{肋} \tag{10-27}$$

变形钢筋外围的混凝土在 $q_{总}$ 作用下，产生环向拉应力，直至最后混凝土保护层开裂。q 的取值见式(10-21)，而 $q_{肋}$ 的取值与变形钢筋的几何尺寸以及钢筋混凝土构件的受力情况有关。

由图 10-10 中的几何关系可知

$$q_{肋} = p = \tau\tan\theta \tag{10-28}$$

式中，各符号的含义见图 10-10。

变形钢筋与混凝土的黏结力包括胶着力、摩擦力和咬合力三部分，但变形钢筋和混凝土的黏结力强度主要取决于钢筋表面的变形肋与混凝土的机械咬合力，而其余两部分力的作用相对较小。这里近似认为图 10-10 中表示了钢筋与混凝土的黏结力，其与钢筋混

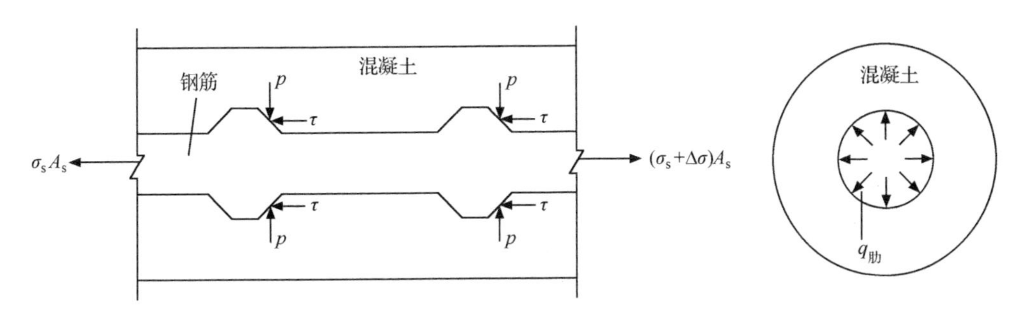

图 10-10　变形钢筋受力时产生的径向分力

凝土构件的受力关系表示为

$$\tau = \frac{d}{4}\frac{\mathrm{d}\sigma}{\mathrm{d}x} \tag{10-29}$$

将式(10-29)代入式(10-28)，可得到

$$q_{肋} = \frac{d\tan\theta}{4}\frac{\mathrm{d}\sigma}{\mathrm{d}x} \tag{10-30}$$

从式(10-28)可以看出，$q_{肋}$ 与变形钢筋变形肋的斜面倾角有关。当斜面倾角为零时，$q_{肋}$ 为零，则退化到光面钢筋的情况；当斜面倾角增大时，$q_{肋}$ 亦增大，可见变形钢筋倾角不宜太大，否则对变形钢筋外围混凝土环向抗裂是不利的。

径向力 $q_{肋}$ 与黏结力 τ 是同时产生的，有着与黏结力 τ 相似的性质，即其值与钢筋应力大小无关，而与钢筋应力变化率有关。在钢筋应力不变处，没有黏结力，也不会产生径向力；而在钢筋应力变化较大处，黏结力和径向力都有较大值。在构件出现横向裂缝边上的混凝土往往比其他地方更早出现纵向裂缝，原因之一是在横向裂缝处，空气、水分容易进入，致使该处附近的钢筋锈蚀比其他地方更严重，因此有着较大的锈胀力 q；另一个重要的原因就是裂缝边上钢筋应力变化梯度大，而产生了较大的 $q_{肋}$。这就是钢筋混凝土钢筋横向裂缝边上容易出现纵向裂缝的原因。

10.4　钢筋表面的非均匀锈层模型

本节对人工环境中劣化达两年的钢筋混凝土试块进行切片，利用数码显微镜观察并测量了锈蚀钢筋与混凝土界面的非均匀锈层厚度。基于试验测试数据提出了钢筋锈层非均匀分布的高斯模型，并对模型中参数的物理意义进行了分析；研究成果可为混凝土内由钢筋锈胀引起的应力发展及混凝土锈裂的理论分析和有限元模拟提供非均匀钢筋锈蚀荷载施加的依据。

10.4.1　钢筋非均匀锈层厚度试验与模型

本次试验所用的钢筋混凝土试块的尺寸为300mm×150mm×150mm，顶部埋有三根Φ16钢筋，如图10-11左图所示，混凝土的配合比如表10-4所示。试块的28天抗压强度值为56.0MPa。

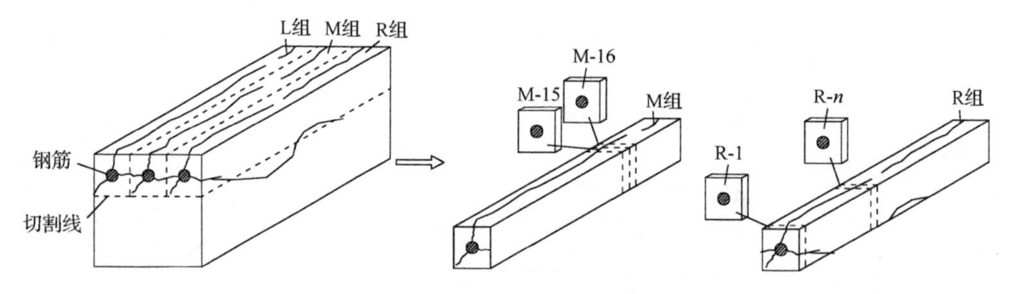

图 10-11　切割样本示意图

表 10-4　混凝土试块的配合比　　（单位：kg/m³）

水泥	磨细矿渣	粉煤灰	砂	石	水	水胶比	减水剂	防腐剂
126	168	126	735	1068	145	0.345	5.04	8.4

试件在浙江大学混凝土结构耐久性实验室内的步入式人工气候实验箱中进行加速劣化过程。干湿循环过程的周期为 3 天，其中喷洒 3.35％的氯化钠溶液 4h，周期内剩余的时间在 40℃下恒温干燥。试块在上述人工气候环境中经历两年，为了确保在加速劣化过程中氯离子的单向扩散，试块的四周表面和底面用环氧树脂和聚氨酯底漆做了表面处理。因此氯离子只能通过试块的顶面渗入混凝土内部。

混凝土试块中样本的切取如图 10-11 所示。试块的切割先采用混凝土切割机切成条状，然后用精密切割机（SYJ200）进行切片。观测设备采用数码显微镜（Pro-micro Scan 5866）。

采用极坐标体系来表示测量得到的沿钢筋周长分布的锈层厚度数据。根据笔者的实验测试结果可知，高斯分布能够较好地体现锈层的分布形态[41]，钢筋非均匀锈蚀可以分为表 10-5 所示的两种情况。

表 10-5　两种钢筋非均匀锈蚀模型[41]

	情况 1	情况 2
图示	锈层　T_r　r　θ_2　θ_1　0(2π)	锈层　T_r　r　T_0　0(2π)
分析模型	$T_r=\dfrac{a_1}{a_2\sqrt{2\pi}}e^{-\left(\frac{\theta-a_3}{\sqrt{2}b}\right)^2}$ 式中，T_r 是锈层的厚度；θ 是反映沿钢筋周长位置的极坐标参数；a_1、a_2、a_3 是描述锈层分布特点的参数	$T_r=\dfrac{a_1}{a_2\sqrt{2\pi}}e^{-\left(\frac{\theta-a_3}{\sqrt{2}b}\right)^2}+T_0$ 式中，T_r 是锈层的厚度；θ 是反映沿钢筋周长位置的极坐标参数；T_0 是锈层厚度的最小值

续表

	情况 1	情况 2
边界条件	① $T_r = 0, \theta = \theta_1$ ② $T_r = 0, \theta = \theta_2$ ③ $\int_{\theta_1}^{\theta_2} T_r \mathrm{d}(\theta \cdot r) = A_r$ 式中，r 是钢筋的半径；A_r 是铁锈的总面积	① $T_r = T_0, \theta = 0$ ② $T_r = T_0, \theta = 2\pi$ ③ $\int_{0}^{2\pi} T_r \mathrm{d}(\theta \cdot r) = A_r$ 式中，r 是钢筋的半径；A_r 是铁锈的总面积

为研究非均匀锈层的分布形态，对于观测样本并不统一其极坐标零方向的位置，而在数据回归过程中将测试的锈层厚度最大值保持在 $\theta=\pi$ 处。极坐标测量体系如图 10-12(a)所示。

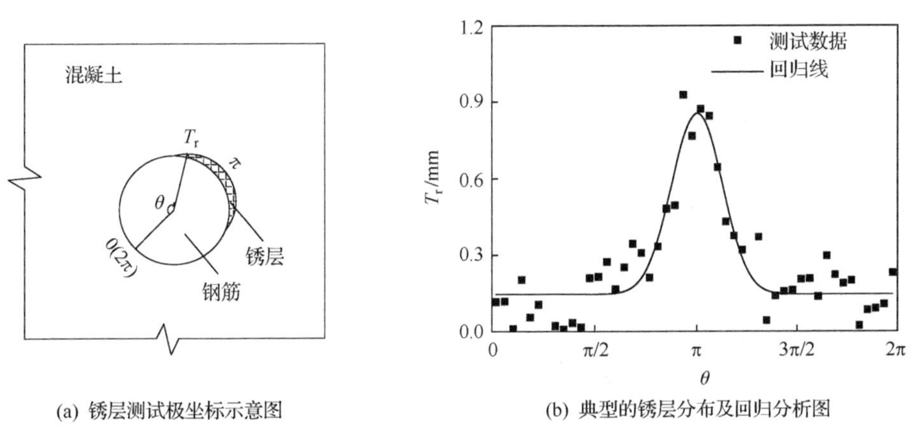

(a) 锈层测试极坐标示意图　　(b) 典型的锈层分布及回归分析图

图 10-12　钢筋锈层厚度的测试与回归分析

需要说明的是，由于本次试验关心的重点是钢筋周围锈层的分布情况，而在样本中锈蚀的变形钢筋侧肋的点蚀较严重，所以数据点在此处会有突变，因此在以下数据回归当中剔除了侧肋附近个别的数据点，以便得出锈层分布规律。本节采用下述方程表达描述钢筋锈层厚度 T_r 的分布模型：

$$T_r = \frac{a_1}{a_2 \sqrt{2\pi}} \mathrm{e}^{-\left(\frac{\theta-\pi}{\sqrt{2}a_2}\right)^2} + a_3 \tag{10-31}$$

式中，T_r 为锈层厚度；θ 为钢筋周围的极坐标；a_1、a_2、a_3 是描述锈层分布特点的参数，a_1 为锈层的非均匀系数，a_2 为锈蚀扩展系数，a_3 为锈层的均匀系数。典型试样的钢筋锈层厚度数据的回归分析如图 10-12(b)所示。

10.4.2　钢筋非均匀锈层模型的参数讨论

1. 锈层的均匀系数 a_3

当钢筋周围只有一部分存在锈蚀产物时，a_3 接近于 0；当整个钢筋周围都存在锈蚀产物时，它与锈层的最小厚度 $T_{r\text{-min}}$ 有关系。由于试样的最小厚度这个单一值具有一定的离散性，本次分析将所测得的锈层厚度数据点中最小的 10 个值的平均值 $\bar{T}_{\text{r-min}}$ 来替代锈层最小厚度 $T_{\text{r-min}}$。如图 10-13 所示，a_3 与 $\bar{T}_{\text{r-min}}$ 基本呈线性关系。因此 a_3 可表示为

$$a_3 = \begin{cases} 0, & \text{部分锈蚀} \\ 1.46\bar{T}_{\text{r-min}}, & \text{全部锈蚀} \end{cases} \tag{10-32}$$

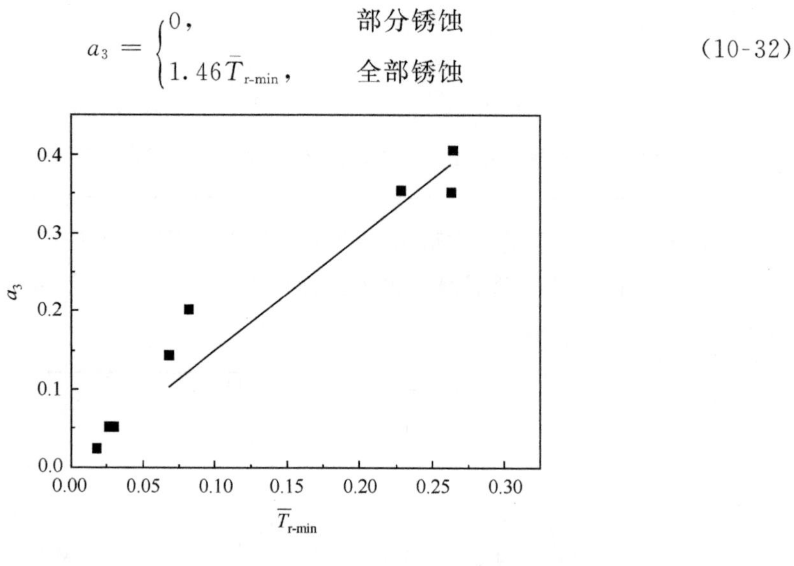

图 10-13　a_3 与 $\bar{T}_{\text{r-min}}$ 的关系

2. 锈层的非均匀系数 a_1

a_1 能够反映非均匀锈蚀量的大小，随着 a_1 的增大，钢筋锈蚀中非均匀锈蚀量会逐渐增大。下面分部分锈蚀和全部锈蚀两个方面对此系数进行讨论。

1) 钢筋全部锈蚀情况

当钢筋周围都存在锈蚀产物时，将锈层的分布按照两部分来叠加(图 10-14)，下部为参数 a_3 反映的钢筋均匀锈蚀，上部突出部分则为由参数 a_1 反映的非均匀锈蚀。参数 a_1 数值越大，对应的锈峰面积也越大，相应的非均匀锈蚀程度越大。

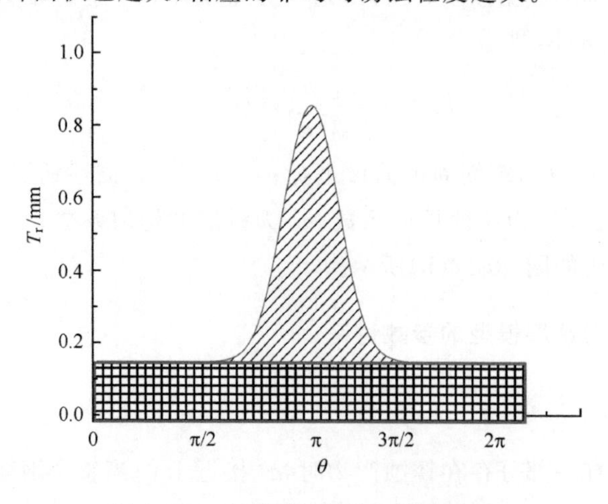

图 10-14　全部锈蚀情况的锈峰面积

2）钢筋部分锈蚀情况

当钢筋周围只有一部分存在锈蚀产物时，则钢筋锈蚀仅由非均匀锈蚀组成。这种情况下，参数 a_1 可反映出钢筋的锈蚀总量，如图 10-15 所示。

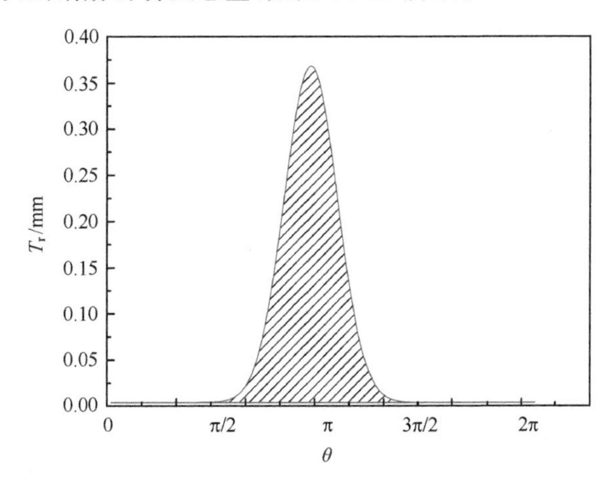

图 10-15　部分锈蚀情况的锈峰面积

如图 10-16 所示，钢筋部分锈蚀样本的 a_1 与锈蚀率基本呈线性关系，a_1 可表示为

$$a_1 = 49\rho \tag{10-33}$$

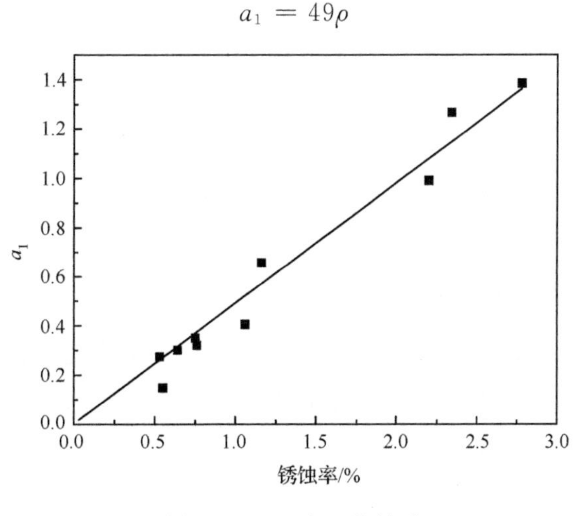

图 10-16　a_1 与 ρ 的关系

3. 锈蚀扩展系数 a_2

此系数与锈蚀扩展的范围有关，如图 10-17 所示。此系数越大，锈层在钢筋周围分布越均匀，在回归曲线上体现得越平缓，如样本 R-6；此系数越小，锈层在钢筋的某个部位分布很密集，而在其他部位则很少，在回归曲线上体现得越陡峭，如样本 R-9。

综合前述对 a_1 和 a_2 的讨论，可以看出非均匀锈层的峰值是由参数 a_1 与 a_2 共同决定的。在 a_2 不变的情况下，随着 a_1 的增大，锈峰的值会逐渐增大；在 a_1 不变的情况下，随着 a_2 的减小，锈峰的值会逐渐增大。

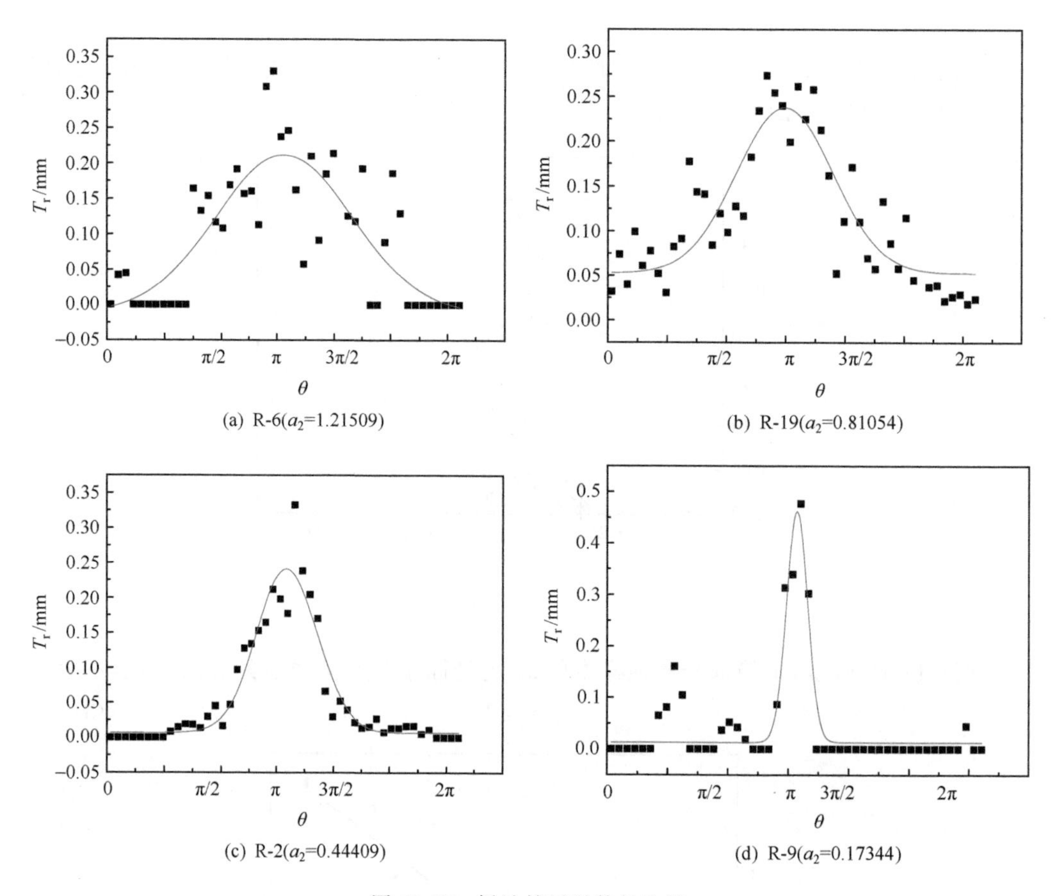

(a) R-6(a_2=1.21509)

(b) R-19(a_2=0.81054)

(c) R-2(a_2=0.44409)

(d) R-9(a_2=0.17344)

图 10-17 锈蚀扩展系数的比较

10.4.3 钢筋非均匀锈层模型在有限元分析中的应用

为了得到保护层因钢筋锈胀力产生的力学响应和裂缝开展状况，许多研究中利用了有限元分析方法，通常采用内部带有圆孔的二维模型，通过虚拟的内部压力来模拟锈胀力，但是几乎所有非均匀锈蚀的模型都采用了假设的荷载分布形式。针对以往研究中存在的问题，本章 10.4.1 节中的试验已经利用电子显微镜观察并测量了锈蚀钢筋混凝土构件中的非均匀钢筋锈层厚度分布情况，并据此分析得到了钢筋锈层厚度的解析模型。本节主要利用上述锈层厚度的解析模型作为有限元模型中位移荷载分布的依据，对 10.4.1 节中的锈蚀钢筋混凝土试件进行有限元分析，研究非均匀锈蚀胀裂过程。

1. 模型与网格划分

如图 10-18 所示，数值模型采用二维的平面应变模型，混凝土试件的尺寸为150mm×150mm，钢筋直径为 16mm，因为本研究只关注锈胀作用下混凝土保护层的应力和开裂状况，所以钢筋用同样尺寸的孔洞代替。网格划分情况如图 10-19 所示，为保证计算精度，在钢筋周围对网格进行加密，网格尺寸大约为 2mm×2mm。单元选取 8 节点的四边形等参平面应变单元，如图 10-19 所示。

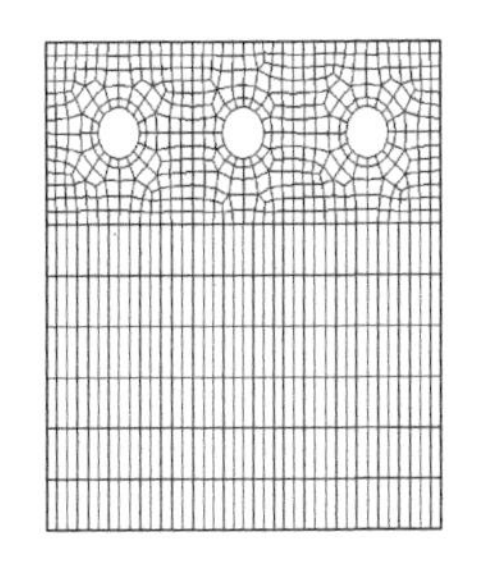

图 10-18　模型和网格划分

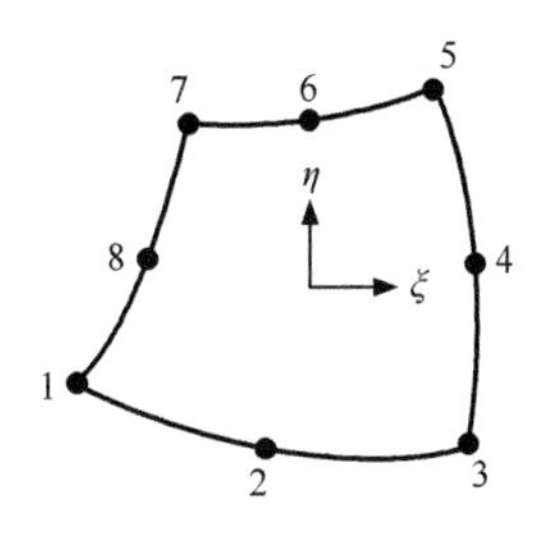

图 10-19　混凝土单元

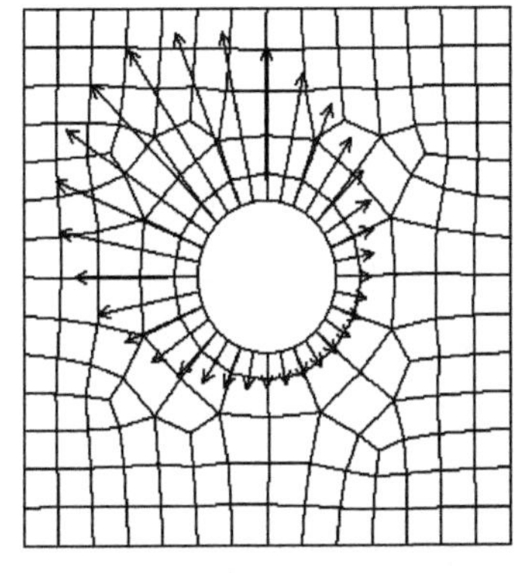

图 10-20　非均匀锈蚀对应的节点位移荷载

2. 边界条件和荷载

有限元模型中假设只有左上角的钢筋发生锈蚀，其余的两根钢筋均未锈蚀。钢筋锈蚀产生的锈胀力是通过在钢筋/混凝土边界上施加相应的节点位移来实现的。钢筋非均匀锈蚀的位移荷载分布如图 10-20 所示。锈层分布解析模型中相应的参数见文献[32]。在试件锈蚀的过程中，试件底部受到地面的约束，此约束表现为垂直于地面的支持力和与地面平行的静摩擦力，在有限元模型中通过约束底部边界平面内的两个位移来模拟地面对试件的约束。

3. 有限元分析结果

有限元分析可以得到钢筋非均匀锈蚀导致的周围混凝土的应力场分布状态、锈胀裂缝开展与分布状况、钢筋与混凝土界面锈胀力等试验方法无法测试的结果。由于本有限元分析的荷载采用位移输入法，而输入的位移来自于实测分析数据(参见 10.4.1 节)；为了能与试验结果做对比，这里用便于观测的裂缝发展说明有限元分析结果。

通过计算得到了混凝土保护层在不同锈胀力作用下，裂缝开展过程，如图 10-21 所示。试块左上边角钢筋的实际锈蚀情况是符合非均匀的，图 10-21 的裂缝模型分布形式

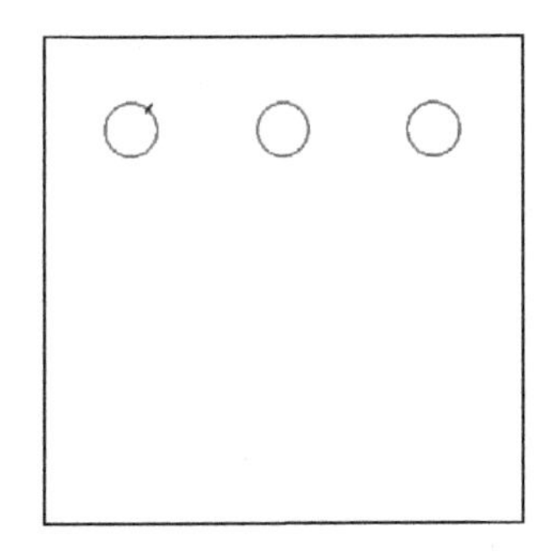

(a) 破坏阶段1

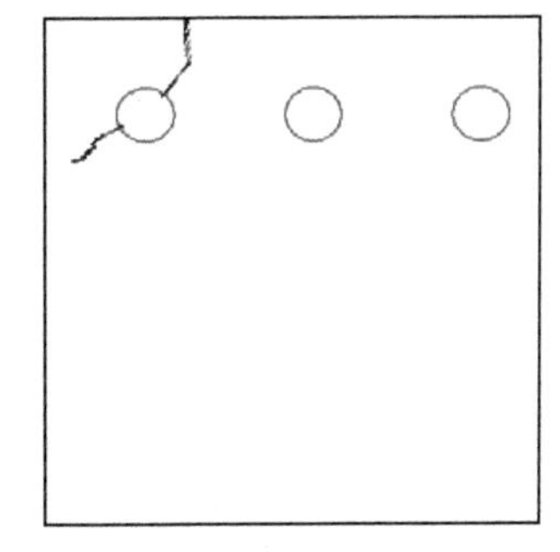

(b) 破坏阶段2

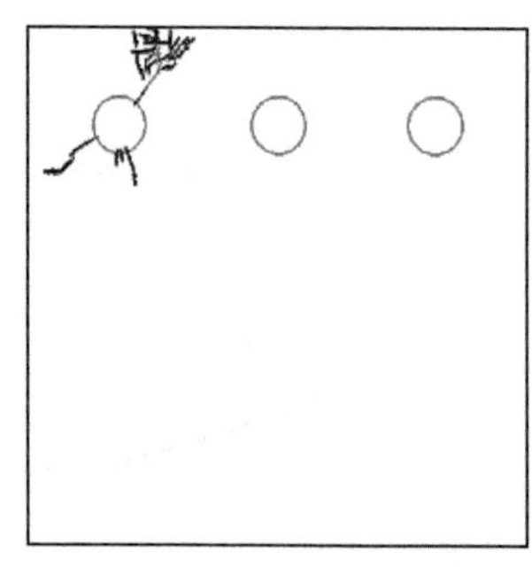

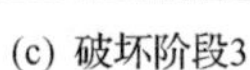

(c) 破坏阶段3

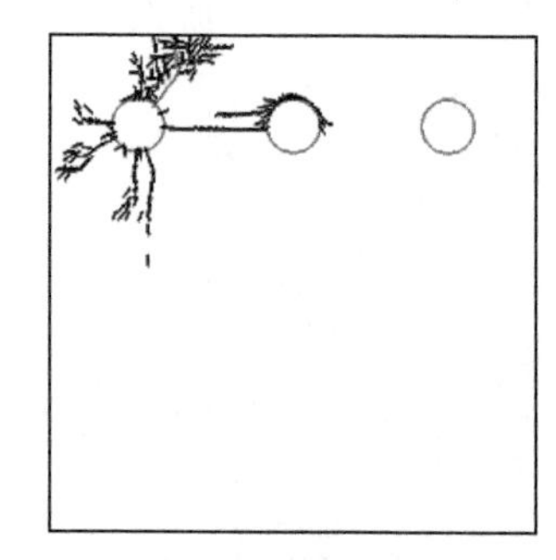

(d) 破坏阶段4

图 10-21　非均匀锈蚀裂缝逐渐开展过程的数值模拟

和 10.4.1 节试验中观测到的实际裂缝情况(图 10-22)是相吻合的。研究成果一方面验证了本项研究提出的钢筋锈层厚度解析模型能够较好地描述钢筋周围锈层的分布;另一方面也证明了采用有限元方法分析钢筋混凝土构件锈胀开展过程是完全可行的,为预测钢筋锈蚀所致裂缝开展规律和混凝土结构耐久性能评估提供了有效的技术与方法。

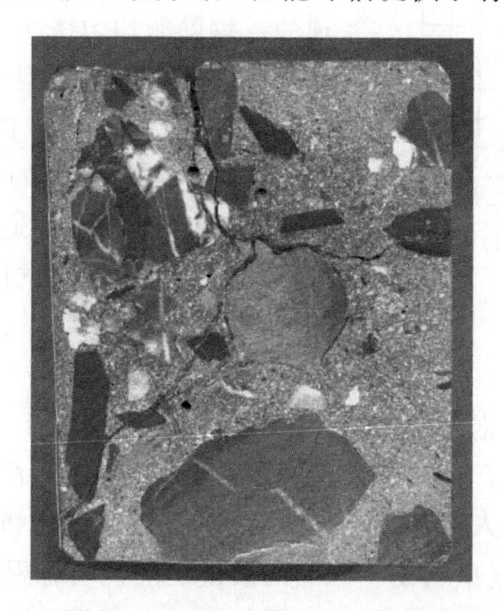

图 10-22　混凝土试件右上角非均匀锈蚀裂缝情况

参 考 文 献

[1] Liu Y,Weyers R E. Modeling the time-to-corrosion cracking in chloride contaminated reinforced concrete structures. ACI Material Journal,1998,95(6): 675-681.

[2] 赵羽习,金伟良. 钢筋锈蚀导致混凝土构件保护层胀裂的全过程分析. 水利学报,2005,36(8): 939-945.

[3] Vidal T,Castel A,Francois R. Analyzing crack width to predict corrosion in reinforced concrete. Cement and Concrete Research,2004,34: 165-174.

[4] Zhang R,Castel A,Francois R. Concrete cover cracking with reinforcement corrosion of RC beam during chloride-induced corrosion process. Cement and Concrete Research,2010,40:415-425.

[5] Andrade C,Alonso C,Molina F J. Cover cracking as a function of bar corrosion: Part 1—Experimental test. Materials and Structures,1993,26: 453-464.

[6] Alonso C, Andrade C, Rodriguez J, et al. Factors controlling cracking of concrete affected by reinforcement corrosion. Materials and Structures, 1998, 31: 435-441.

[7] Rodriguez J, Ortega L M, Casal J, et al. Corrosion of reinforcement and service life of concrete structures//Proceedings of 7th International Conference on Durability of Building Materials and Components, London, 1996, 117-126.

[8] Webster M P, Clark L A. The structural effect of corrosion-an overview of the mechanism//Proceeding of Concrete Communication, Birmingham, 2000(15): 409-421.

[9] Oh B H, Kim K H, Jang B S. Critical corrosion amount to cause cracking of reinforced concrete structures. ACI materials Journal, 2009, 106(4): 333-339.

[10] Rasheeduzzafar, Al-Saadoun S S, Al-Gahtani A S. Corrosion cracking in relation to bar diameter, cover, and concrete quality. Journal Material and Civil Engineering, 1992, 4(4): 327-343.

[11] Vu K, Stewart M G, Mullard J. Corrosion-induced cracking: Experimental data and predictive models. ACI Structural Journal, 2005, 102(5): 719-726.

[12] Mullard J A, Stewart M G. Corrosion-induced cover cracking of RC structures: New experimental data and predictive models. Research Report No. 275. 05, 2009.

[13] Michel A, Pease B J, Geiker M R, et al. Monitoring reinforcement corrosion and corrosion-induced cracking using nondestructive X-ray attenuation measurements. Cement and Concrete Research, 2011, 41(11): 1085-1094.

[14] Caré S, Nguyen Q T, L'Hostis V, et al. Mechanical properties of the rust layer induced by impressed current method in reinforced mortar. Cement and Concrete Research, 2008, 38(8-9): 1079-1091.

[15] Wong H S, Zhao Y X, Karimi A R, et al. On the penetration of corrosion products from reinforcing steel into concrete due to chloride-induced corrosion. Corrosion Science, 2010, 52(7): 2469-2480.

[16] Zhao Y X, Yu J, Jin W L. Damage analysis and cracking model of reinforced concrete structures with rebar corrosion. Corrosion Science, 2011, 53(10): 3388-3397.

[17] Zhao Y X, Wu Y Y, Jin W L. Distribution of millscale on corroded steel bars and penetration of steel corrosion products in concrete. Corrosion Science, 2013, 66: 160-168.

[18] Zhao Y X, Jin W L. Modeling the amount of steel corrosion at the cracking of concrete cover. Advances in Structural Engineering, 2006, 9(5): 687-696.

[19] Bazant Z P. Physical model for steel corrosion in sea structures-applications. Journal of Structural Division, 1979, 105(6): 1155-1166.

[20] 郑建军，周欣竹，Li C Q. 钢筋混凝土结构锈蚀损伤的解析解. 水利学报，2004(12): 62-68.

[21] Bhargava K, Ghosh A K, Mori Y, et al. Modeling of time to corrosion-induced cover cracking in reinforced concrete structures. Cement and Concrete Research, 2005, 34(11): 2203-2218.

[22] Bhargava K, Ghosh A K, Mori Y, et al. Analytical model for time to cover cracking in RC structures due to rebar corrosion. Nuclear Engineering and Design, 2006, 236(11): 1123-1139.

[23] Pantazopoulou S J, Papoulia K D. Modeling cover-cracking due to reinforcement corrosion in RC structures. Journal of Engineering Mechanics, 2001, 127(4): 342-351.

[24] Chernin L, Val D V, Volokh K Y. Analytical modelling of concrete cover cracking caused by corrosion of reinforcement. Materials and Structures, 2010, 43(4): 543-556.

[25] Maaddawy T E, Soudki K. A model for prediction of time from corrosion initiation to corrosion cracking. Cement & Concrete Composites, 2007, 29(3): 168-175.

[26] 陆春华，赵羽习，金伟良. 锈蚀钢筋混凝土保护层锈胀开裂时间的预测模型. 建筑结构学报，2010, 31(2): 85-92.

[27] Kim K H, Jang S Y, Jang B S, et al. Modeling mechanical behavior of reinforced concrete due to corrosion of steel bar. ACI Structural Journal, 2010, 107(2): 106-113.

[28] Malumbela G, Alexander M, Moyo P. Model for cover cracking of RC beams due to partial surface steel corrosion. Construction and Building Materials, 2011, 25(2): 987-991.

[29] 冯瑞，袁迎曙，朱辉，等. 钢筋非均匀锈胀力的理论分析. 徐州工程学院学报，2008，23(4)：5-10.
[30] 王海龙，金伟良，孙晓燕. 基于断裂力学的钢筋混凝土保护层锈胀开裂模型. 水利学报，2008，39(7)：863-869.
[31] Li C Q, Melchers R E, Zheng J J. Analytical model for corrosion-induced crack width in reinforced concrete structures. ACI Structural Journal, 2006, 103(4)：479-487.
[32] 王显利，郑建军，吴智敏. 钢筋临界锈胀力预测的断裂模型. 水力发电，2007，33(2)：49-52.
[33] 罗晓辉，卫军，徐港. 钢筋锈胀时混凝土保护层损伤模型. 华中科技大学学报(自然科学版)，2008，36(6)：115-118.
[34] Li S C, Wang M B, Li S C. Model for cover cracking due to corrosion expansion and uniform stresses at infinity. Applied Mathematical Modeling, 2008, 32(7)：1436-1444.
[35] 余江. 混凝土结构保护层锈胀开裂全过程损伤分析与试验研究. 杭州：浙江大学硕士学位论文，2011.
[36] 徐芝纶. 弹性力学(上册). 北京：人民教育出版社，1979.
[37] 任海洋. 不同环境下钢筋锈蚀产物的力学性能研究. 杭州：浙江大学硕士学位论文，2010.
[38] 沈新普，杨璐. 混凝土损伤理论及试验. 北京：科学出版社，2009.
[39] 李云安，葛修润，糜崇蓉，等. 岩-土-混凝土破坏准则及其强度参数估算. 岩石力学与工程学报，2004，23(5)：770-776.
[40] 沈聚敏，王传志，江见鲸. 钢筋混凝土有限元与板壳极限分析. 北京：清华大学出版社，1991.
[41] 江见鲸. 钢筋混凝土结构非线性有限元分析. 西安：陕西科学技术出版社，1994.

第 11 章　锈蚀钢筋与混凝土之间的黏结性能

混凝土结构中钢筋在受力后要发生变形，但由于周围混凝土的存在，会对纵向钢筋的变形产生约束作用。这种相互作用会在钢筋与混凝土接触表面产生剪应力，即为黏结应力。由于钢筋与混凝土的变形能力不同，当剪应力达到一定程度时，接触面将发生相对滑移。

钢筋与混凝土间的黏结是钢筋混凝土构件共同工作的必要条件，通过黏结传递混凝土和钢筋的应力、协调变形。钢筋与混凝土之间的黏结力由三部分组成：①钢筋与混凝土接触面上的化学胶着力；②钢筋与混凝土之间的摩擦力；③钢筋与混凝土的机械咬合力。如图 11-1 所示，在钢筋发生锈蚀后，钢筋与混凝土产生的铁锈层会导致钢筋与混凝土接触面上的化学胶着力和摩擦力发生变化；钢筋锈胀引起的保护层开裂会降低混凝土对钢筋的约束作用；锈蚀的钢筋横肋会降低钢筋与混凝土的机械咬合力。这些因素的共同作用，最终会使钢筋与混凝土间的黏结性能发生变化。

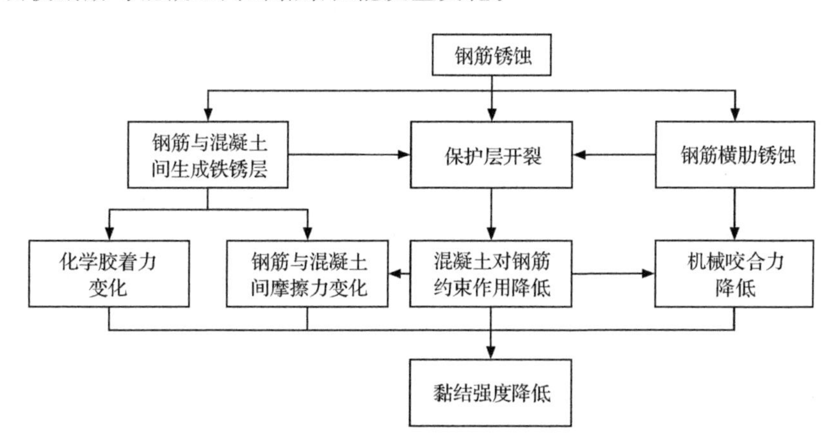

图 11-1　钢筋锈蚀引起黏结强度退化

11.1　锈蚀钢筋的极限黏结力承载力试验研究

影响黏结强度的因素很多，如钢筋表面形状、钢筋直径、混凝土强度等级、混凝土保护层厚度和横向钢筋等。在以往对锈蚀钢筋混凝土的黏结性能研究中，并没有同时考虑这些因素的共同影响，为了充分考虑这些因素对黏结强度的共同作用，本试验旨在研究不同表面形状钢筋、不同直径钢筋、不同混凝土强度等级以及是否配置横向钢筋的锈蚀钢筋混凝土构件中钢筋与混凝土的黏结性能变化规律，为锈蚀钢筋混凝土黏结强度计算方法提供依据。

11.1.1　试验方案

1. 材料

试件浇筑用混凝土分为Ⅰ、Ⅱ、Ⅲ三类，用 42.5 号普通硅酸盐水泥，石子最大粒径为16mm，塌落度为 70mm，混凝土轴心抗压强度用 150mm×150mm×150mm 立方体试块实测后换算得到，混凝土配合比及其 28 天轴心抗压强度值如表 11-1 所示。试件中拔出钢筋分为光圆钢筋（直径分别为 6mm、8mm、10mm）和变形钢筋（直径分别为 12mm、16mm、20mm），钢筋的实际力学性能如表 11-2 所示。

表 11-1　拔出试件混凝土配合比及其力学性能

混凝土类型	水/kg	水泥/kg	砂/kg	石/kg	轴心抗压强度/(N/mm²)
Ⅰ	220	412.5	641.2	1046.1	25.93
Ⅱ	220	512.0	561.3	1042.4	30.30
Ⅲ	220	611.6	486.4	1033.5	35.55

注：表中水、水泥、砂、石用量为每立方米混凝土所用重量。

表 11-2　拔出试件中钢筋力学性能

钢筋级别	钢筋公称直径/mm	称重法实测截面面积/mm²	屈服强度/(N/mm²)	极限强度/(N/mm²)	弹性模量/(N/mm²)	伸长率 δ_5/%
HPB235	6	33.59	321.80	441.11	1.96×10^5	34.44
HPB235	8	46.00	463.87	515.70	1.98×10^5	25.00
HPB235	10	90.04	319.60	461.86	2.07×10^5	32.00
HRB500	12	116.30	583.34	708.39	1.95×10^5	28.89
HRB500	16	195.72	574.56	756.00	2.07×10^5	25.00
HRB500	20	306.80	570.83	715.88	2.03×10^5	24.00

2. 试件设计

拉拔试件分为 12 组，每组试件各 6 个，共计 72 个。试件的尺寸和其详细情况如图 11-2 和表 11-3 所示，PA 类型试件为未配箍筋拉拔试件；PB 类型试件为配箍筋拉拔试件，配置两根Φ6 箍筋，间距为 100mm。试件尺寸均为 150mm×150mm×150mm，拔出钢筋置于试件中心位置，拔出钢筋一端露出 300mm，另一端露出 20mm，拔出钢筋与混凝土黏结长度为 100mm，为防止拔出试验中混凝土承压面约束对黏结强度的影响，在混凝土中设置无黏结部分，无黏结部分用硬质的光滑塑料套管套住钢筋，套管末端与钢筋之间空隙用油灰封闭，同时为了保护拔出端混凝土外钢筋不被腐蚀，塑料套管伸出试件足够长度。构件浇筑好后，用环氧树脂涂覆伸出混凝土钢筋末端，以防止钢筋末端被腐蚀。

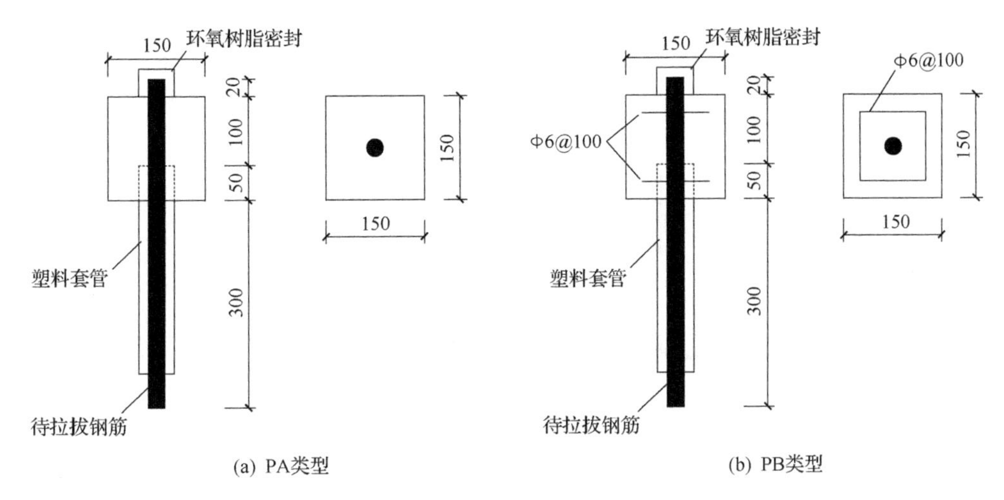

图 11-2　拔出试件尺寸示意图

表 11-3　拔出试件详细情况

拔出试件组号	拔出试件类型	混凝土类型	拔出钢筋直径/mm	钢筋类型	试件个数/个
PAⅠ-6	PA	Ⅰ	6	光圆钢筋	6
PAⅠ-8	PA	Ⅰ	8	光圆钢筋	6
PAⅠ-10	PA	Ⅰ	10	光圆钢筋	6
PBⅠ-10	PB	Ⅰ	10	光圆钢筋	6
PAⅡ-10	PA	Ⅱ	10	光圆钢筋	6
PAⅢ-10	PA	Ⅲ	10	光圆钢筋	6
PAⅠ-12	PA	Ⅰ	12	变形钢筋	6
PAⅠ-16	PA	Ⅰ	16	变形钢筋	6
PAⅠ-20	PA	Ⅰ	20	变形钢筋	6
PBⅠ-20	PB	Ⅰ	20	变形钢筋	6
PAⅡ-20	PA	Ⅱ	20	变形钢筋	6
PAⅢ-20	PA	Ⅲ	20	变形钢筋	6

注：拔出试件类型参照图 11-2 分类，混凝土类型参照表 11-1 分类，每组拔出试件各 6 个，编号从 0～5。编号 0 表示未锈蚀试件，作为参考试件；编号 1～5 为锈蚀试件，目标锈蚀率随编号增大依次增大。

3. 加速锈蚀试验

待试件浇筑完养护 28 天后，开始对试件进行加速锈蚀试验。每组试件中 0 号为未锈蚀对比试件，1～5 号为锈蚀试件，设计锈蚀率根据编号依次增大。为了缩短试验周期，采用恒电流通电加速锈蚀法，在通电试验前首先将待锈蚀试件放入 5%的 NaCl 溶液中浸泡 7 天，需锈蚀的钢筋连接稳流电源阳极，用另一不锈钢连接稳流电源阴极，通以大小为 0.2mA/cm^{2}的恒电流，形成电解池，对待锈蚀试件进行加速腐蚀，加速腐蚀装置如图 11-3 所示。

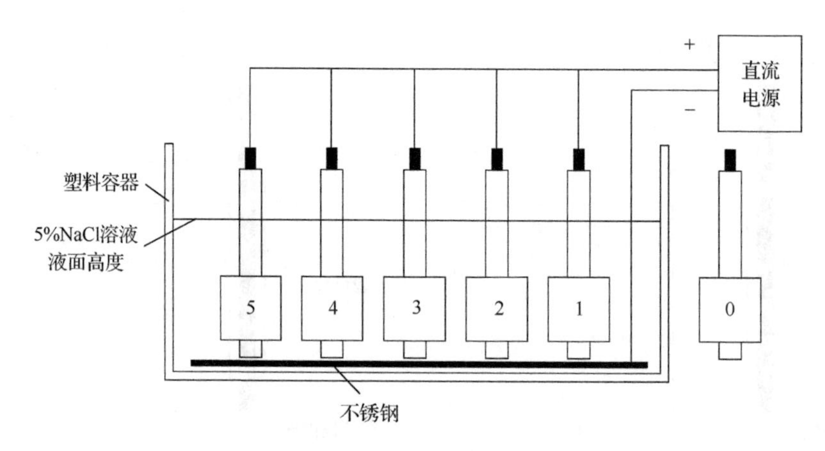

图 11-3 拉拔试件电化学加速锈蚀

加速腐蚀通电时间见表 11-4 和表 11-5。待试件锈蚀好后，将试件从溶液中取出，去除钢筋外部塑料套管以及环氧树脂，放置至充分干燥后做拉拔试验，如图 11-4 所示。

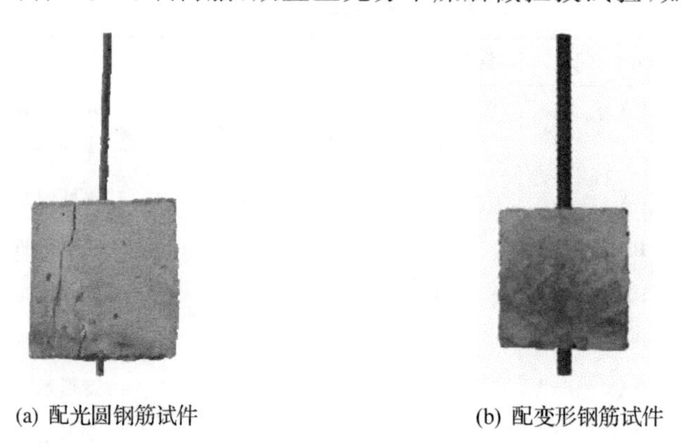

(a) 配光圆钢筋试件 (b) 配变形钢筋试件

图 11-4 锈蚀后拉拔试件

4. 锈胀裂缝量测

由于锈蚀产物体积膨胀对混凝土的影响，导致部分锈蚀较为严重的试件产生锈胀裂缝，混凝土表面锈胀裂缝宽度采用“思韦尔裂缝观测仪”进行量测，仪器测量精度为 0.02mm。实际测得拔出试件表面锈胀裂缝宽度见表 11-4 和表 11-5。

5. 钢筋拉拔试验

拉拔试验系统如图 11-5 所示，将拔出试件置于专门设计制作的拔出装置上，用 WE-100 型液压式万能试验机进行加载，加载速率根据各种钢筋的直径确定，每种钢筋施加荷载的速率应按式(11-1)计算：

$$v_F = 0.03 d_{s,0}^2 \tag{11-1}$$

式中，v_F 为加载速率(kN/min)。

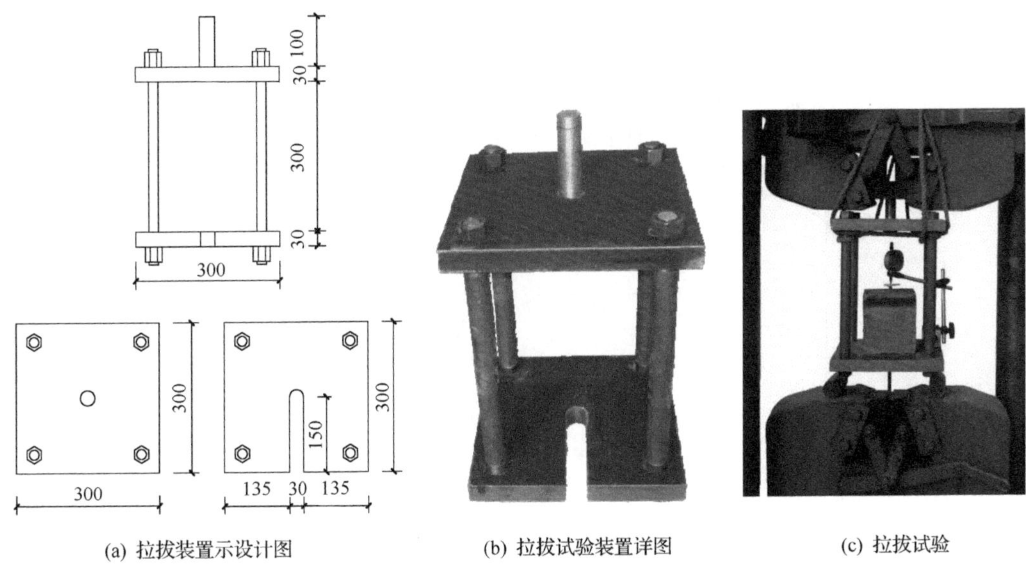

(a) 拉拔装置示设计图　(b) 拉拔试验装置详图　(c) 拉拔试验

图 11-5　拉拔试验系统

6. 锈蚀程度评价

由于本试验中黏结性能反映的是沿钢筋长度方向钢筋与混凝土的一种平均黏结力，锈蚀引起的黏结性能变化应该是由钢筋的均匀锈蚀引起的[1]。因此，为了对钢筋锈蚀程度进行评价，在进行完拉拔试验后还应对拔出试件进行破形试验并测量钢筋截面平均锈蚀率 $\eta_{average}$，拔出试件中钢筋的实际锈蚀程度见表 11-4 和表 11-5。

11.1.2　试验结果分析

为了便于试验结果的分析，定义相对极限黏结强度 κ_p 为锈蚀拔出试件极限黏结强度 $\tau_{uc,ex}$ 与完好未锈蚀拔出试件极限黏结强度 $\tau_{u0,ex}$ 之比，即

$$\kappa_p = \frac{\tau_{uc,ex}}{\tau_{u0,ex}} \tag{11-2}$$

式中，κ_p 是一无量纲参数，可以描述锈后极限黏结强度的变化情况。从后面绘制的 κ_p-$\eta_{average}$ 曲线中可以看出，$\eta_{average}$ 对 κ_p 的影响基本可以划分为四个阶段，如图 11-6 所示。

阶段Ⅰ：$0 < \eta_{average} \leqslant \eta_{average,u}$，$\kappa_p$ 值随 $\eta_{average}$ 的增大而增大，这主要是由于钢筋在锈蚀后体积膨胀，会对钢筋周围混凝土产生锈胀力，锈胀力反过也会增大混凝土对钢筋的握裹力，从而增大了钢筋与混凝土之间的摩阻力，提高了钢筋与混凝土的极限黏结强度。

阶段Ⅱ：$\eta_{average,u} < \eta_{average} < \eta_{average,cr}$，随着锈蚀产物的增加，$\kappa_p$ 开始下降，这是由于混凝土内部锈胀微裂缝的开始，使部分界面间的锈蚀产物部分渗出，减弱了锈胀力的影响，另外，锈蚀产物在钢筋与混凝土的界面之间起到一种“润滑”作用，从而导致极限黏结强度开始随着锈蚀量的增加而降低。

阶段Ⅲ：$\eta_{average,cr} \leqslant \eta_{average} < \eta_{average,r}$，随着锈蚀程度的进一步增加，当混凝土表面出现锈胀裂缝时，κ_p 进入急剧下降阶段。

阶段Ⅳ：$\eta_{average} \geqslant \eta_{average,r}$，混凝土表面锈胀裂缝进一步开展，$\kappa_p$ 维持在某一极小的残余值附近不再变化。

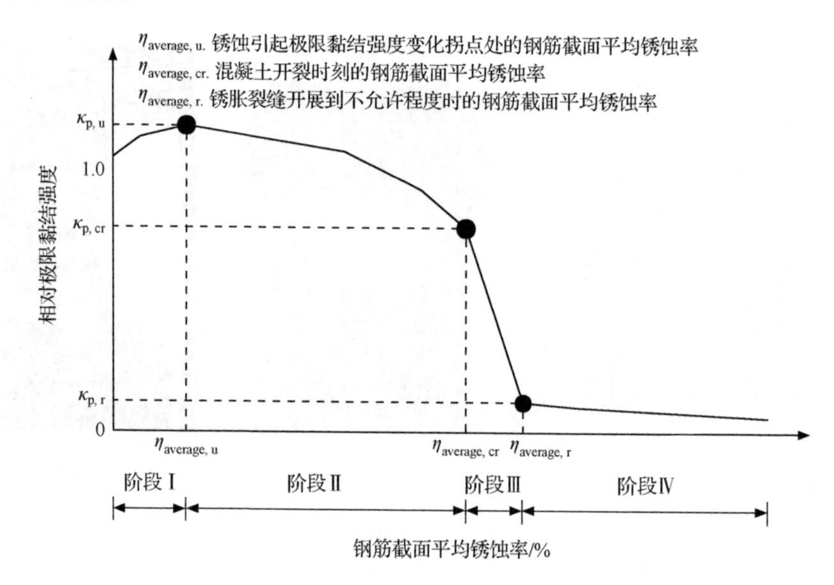

图 11-6　典型 κ_p-$\eta_{average}$ 曲线

一般来说，阶段Ⅲ的过程很短，当锈蚀程度发展到 $\eta_{average,cr}$ 后，κ_p 值会急剧下降，极大地削弱钢筋与混凝土的黏结性能，因此，本节最关心的是 $\eta_{average,u}$ 和 $\eta_{average,cr}$ 何时发生，也就是阶段Ⅰ和阶段Ⅱ间的 κ_p-$\eta_{average}$ 关系，以便对结构进行准确的评估并给予及时的修复。影响 $\eta_{average,u}$ 和 $\eta_{average,cr}$ 的因素很多，如混凝土水胶比、钢筋类型、钢筋直径、混凝土保护层厚度、是否配箍筋等，因此，应根据具体情况区别对待。下面分别对光圆钢筋拔出试件和变形钢筋拔出试件的试验结果进行分析。

1. 光圆钢筋拔出试件

图 11-7 给出了各组光圆钢筋拔出试件的黏结-滑移曲线（τ-s 曲线），光圆钢筋拔出试件中钢筋理论锈蚀量、实际锈蚀量、锈胀裂缝宽度、极限黏结强度和残余黏结强度等试验结果汇总于表 11-4。

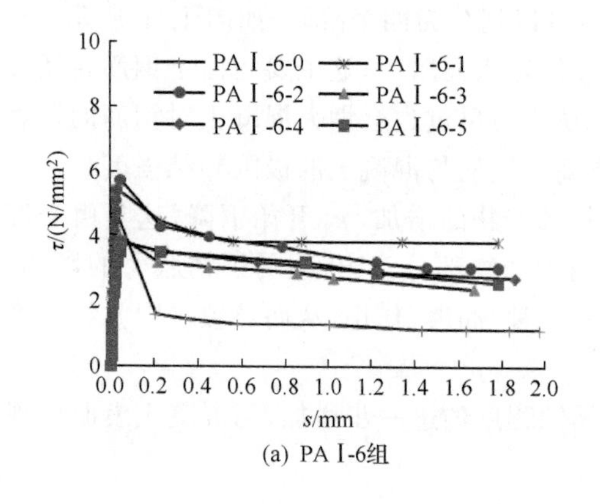

(a) PAⅠ-6组

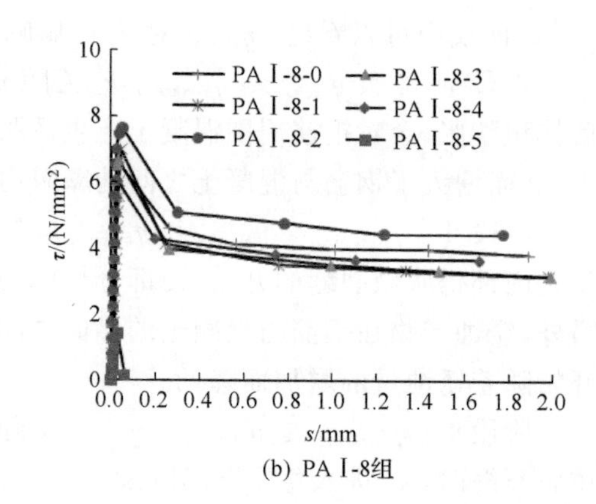

(b) PAⅠ-8组

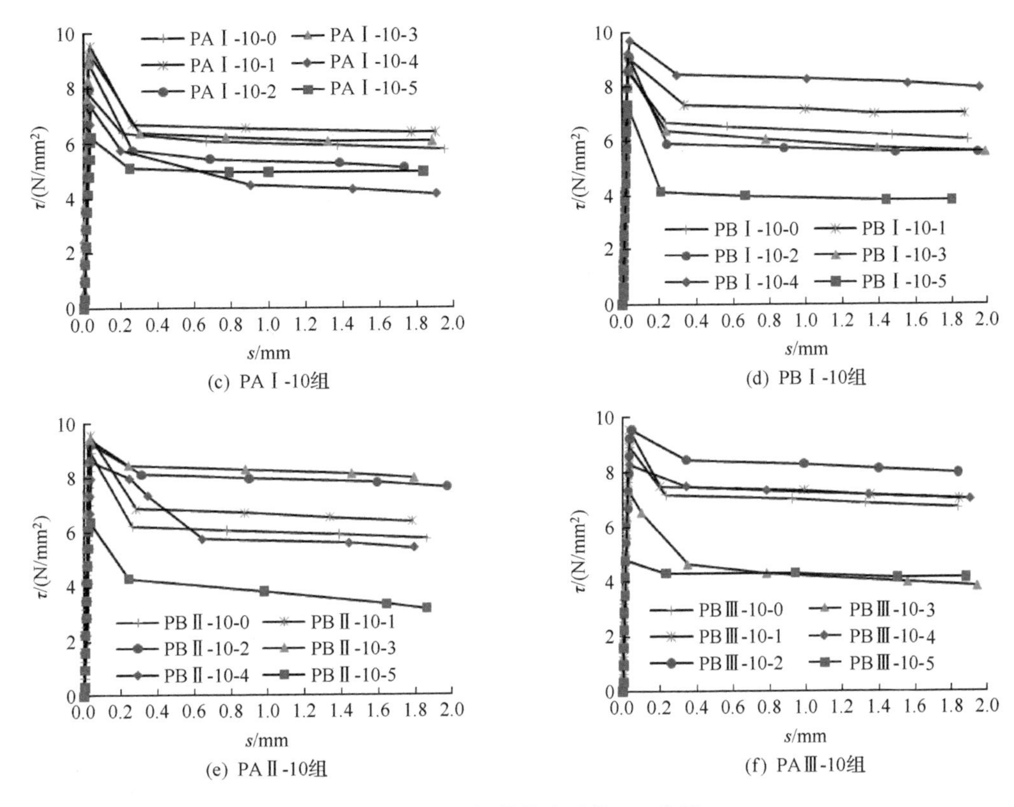

(c) PAⅠ-10组　(d) PBⅠ-10组　(e) PAⅡ-10组　(f) PAⅢ-10组

图 11-7　光圆钢筋拔出试件 τ-s 曲线

表 11-4　光圆钢筋拔出试件中钢筋理论锈蚀量 $\eta_{average,th}$ 和实际锈蚀量 $\eta_{average,ex}$ 比较及拔出试验结果概要

拔出试件编号	通电时间/天	$\eta_{average,th}$/%	$\eta_{average,ex}$/%	锈胀裂缝宽度/mm	极限黏结强度 $\tau_{u,ex}$/(N/mm²)	残余黏结强度/(N/mm²)	破坏模式
PAⅠ-6-0	0	0	0.00	—	4.62	1.11	剪切型
PAⅠ-6-1	4.68	2	1.62	—	5.41	3.82	剪切型
PAⅠ-6-2	9.41	4	3.34	—	5.73	3.02	剪切型
PAⅠ-6-3	14.2	6	5.87	—	3.98	2.39	剪切型
PAⅠ-6-4	19.03	8	8.32	—	3.82	2.71	剪切型
PAⅠ-6-5	23.91	10	9.74	—	3.82	2.55	剪切型
PAⅠ-8-0	0	0	0.00	—	6.68	3.82	剪切型
PAⅠ-8-1	6.2	2	1.85	—	7.00	3.18	剪切型
PAⅠ-8-2	12.47	4	3.88	—	7.64	4.46	剪切型
PAⅠ-8-3	18.8	6	5.69	—	6.68	3.18	剪切型
PAⅠ-8-4	25.2	8	8.03	—	6.05	3.66	剪切型
PAⅠ-8-5	31.67	10	11.20	0.63	1.43	0.16	劈裂型

续表

拔出试件编号	通电时间/天	$\eta_{average,th}$/%	$\eta_{average,cx}$/%	锈胀裂缝宽度/mm	极限黏结强度 $\tau_{u,cx}$/(N/mm²)	残余黏结强度/(N/mm²)	破坏模式
PAⅠ-10-0	0	0	0.00	—	7.80	5.73	剪切型
PAⅠ-10-1	7.85	2	1.88	—	9.55	6.37	剪切型
PAⅠ-10-2	15.77	4	4.05	—	8.91	5.09	剪切型
PAⅠ-10-3	23.78	6	5.28	—	9.23	6.05	剪切型
PAⅠ-10-4	31.88	8	7.88	—	7.32	4.14	剪切型
PAⅠ-10-5	40.06	10	9.54	—	6.21	4.93	剪切型
PBⅠ-10-0	0	0	0.00	—	8.59	6.05	剪切型
PBⅠ-10-1	7.85	2	1.83	—	9.07	7.00	剪切型
PBⅠ-10-2	15.77	4	3.44	—	9.07	5.57	剪切型
PBⅠ-10-3	23.78	6	5.65	—	8.59	5.57	剪切型
PBⅠ-10-4	31.88	8	7.45	—	9.71	7.96	剪切型
PBⅠ-10-5	40.06	10	9.85	—	7.32	3.82	剪切型
PAⅡ-10-0	0	0	0.00	—	8.91	5.73	剪切型
PAⅡ-10-1	7.85	2	1.88	—	9.55	6.37	剪切型
PAⅡ-10-2	15.77	4	3.64	—	9.23	7.64	剪切型
PAⅡ-10-3	23.78	6	5.37	—	9.39	7.96	剪切型
PAⅡ-10-4	31.88	8	7.56	—	8.59	5.41	剪切型
PAⅡ-10-5	40.06	10	9.13	—	6.37	3.18	剪切型
PAⅢ-10-0	0	0	0.00	—	8.91	6.68	剪切型
PAⅢ-10-1	7.85	2	2.23	—	9.55	7.00	剪切型
PAⅢ-10-2	15.77	4	3.87	—	9.55	7.96	剪切型
PAⅢ-10-3	23.78	6	6.42	—	7.32	3.82	剪切型
PAⅢ-10-4	31.88	8	7.88	—	8.28	7.00	剪切型
PAⅢ-10-5	40.06	10	11.24	—	4.77	4.14	剪切型

注：①锈胀裂缝宽度一列中“—”代表无锈胀裂缝。

②部分拔出试件在拔出过程瞬间劈裂破坏，故无残余黏结强度。

从表 11-4 可以看出，除 PAⅠ-8-5 号试件，所有光圆钢筋拔出试件的破坏模式均属于剪切型，在试验中表现为：当加荷初期，拉力较小，钢筋与混凝土界面上开始受剪时，化学胶着力起主要作用，此时，界面上无滑移，随着拉力的增大，从加荷端开始化学胶着力逐渐丧失，摩擦力开始起主要作用，此时，滑移逐渐增大，黏结刚度逐渐减小，当黏结应力到达峰值后，滑移量急剧增大，τ-s 曲线进入下降段，此时，嵌入钢筋表面凹陷处的混凝土被陆续剪碎磨平，摩擦力不断减小，之后 τ-s 曲线逐渐趋于平缓，破坏时，钢筋从试件内拔出，拔出钢筋表面与其周围混凝土表面沾满了水泥和铁锈粉末，并有明显的纵向摩擦痕迹。PAⅠ-8-5 拔出试件破坏模式为劈裂型，与上述剪切型的不同在于，当黏结应力到达峰值后，混凝土试块瞬间沿着锈胀裂缝劈开，试件达到破坏。

2. 变形钢筋拔出试件

图 11-8 给出了各组变形钢筋拔出试件的 τ-s 曲线，变形钢筋拔出试件中钢筋理论锈蚀量、实际锈蚀量、锈胀裂缝宽度、极限黏结强度和残余黏结强度等试验结果汇总于表 11-5。

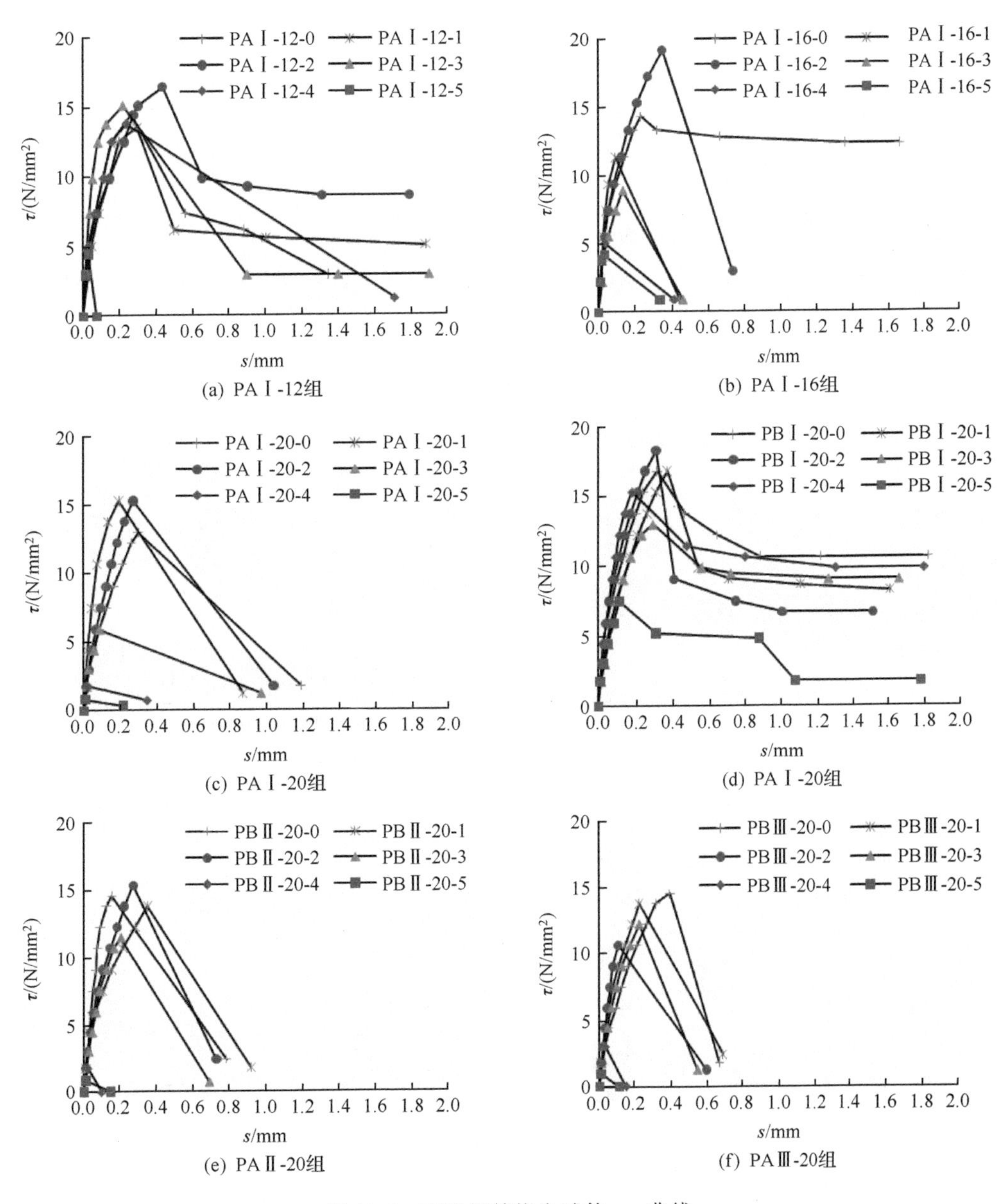

(a) PAⅠ-12组　(b) PAⅠ-16组
(c) PAⅠ-20组　(d) PAⅠ-20组
(e) PAⅡ-20组　(f) PAⅢ-20组

图 11-8　变形钢筋拔出试件 τ-s 曲线

表 11-5　变形钢筋拔出试件中钢筋理论锈蚀量和实际锈蚀量比较及拔出试验结果概要

拔出试件编号	通电时间/天	$\eta_{average,th}$/%	$\eta_{average,cx}$/%	锈胀裂缝宽度/mm	极限黏结强度 $\tau_{u,cx}$/(N/mm^2)	残余黏结强度/(N/mm^2)	破坏模式
PAⅠ-12-0	0	0	0.00	—	14.45	2.95	劈裂型
PAⅠ-12-1	9.37	2	1.33	—	13.52	5.04	刮犁型
PAⅠ-12-2	18.83	4	2.89	—	16.43	8.61	刮犁型
PAⅠ-12-3	28.39	6	5.65	—	15.11	2.95	劈裂型
PAⅠ-12-4	38.06	8	7.42	—	13.79	1.22	劈裂型
PAⅠ-12-5	47.82	10	9.01	0.50	4.49	0.00	劈裂型
PAⅠ-16-0	0	0	0.00	—	15.27	12.32	刮犁型
PAⅠ-16-1	12.53	2	1.43	—	11.33	0.92	劈裂型
PAⅠ-16-2	25.19	4	3.25	—	19.11	2.97	劈裂型
PAⅠ-16-3	37.98	6	5.33	—	8.86	0.92	劈裂型
PAⅠ-16-4	50.91	8	7.05	0.05	5.08	0.92	劈裂型
PAⅠ-16-5	63.98	10	8.45	0.50	4.20	0.92	劈裂型
PAⅠ-20-0	0	0	0.00	—	13.00	1.77	劈裂型
PAⅠ-20-1	15.69	2	1.33	—	15.29	1.22	劈裂型
PAⅠ-20-2	31.55	4	3.05	—	15.29	1.77	劈裂型
PAⅠ-20-3	47.57	6	5.42	—	5.93	1.22	劈裂型
PAⅠ-20-4	63.76	8	7.20	—	1.77	0.73	劈裂型
PAⅠ-20-5	80.13	10	9.21	2.50	0.82	0.32	劈裂型
PBⅠ-20-0	0	0	0.00	—	16.79	10.65	刮犁型
PBⅠ-20-1	15.69	2	1.55	—	16.79	8.27	刮犁型
PBⅠ-20-2	31.55	4	3.28	—	18.26	6.70	刮犁型
PBⅠ-20-3	47.57	6	5.06	—	13.00	9.06	刮犁型
PBⅠ-20-4	63.76	8	6.52	—	15.29	9.86	刮犁型
PBⅠ-20-5	80.13	10	8.31	0.25	7.48	1.77	劈裂型
PAⅡ-20-0	0	0	0.00	—	14.53	2.37	劈裂型
PAⅡ-20-1	15.69	2	1.23	—	13.77	1.77	劈裂型
PAⅡ-20-2	31.55	4	3.08	—	15.29	2.37	劈裂型
PAⅡ-20-3	47.57	6	5.33	—	11.44	0.73	劈裂型
PAⅡ-20-4	63.76	8	7.54	0.30	1.77	0.00	劈裂型
PAⅡ-20-5	80.13	10	9.37	2.50	0.87	0.00	劈裂型

续表

拔出试件编号	通电时间/天	$\eta_{average,th}$/%	$\eta_{average,cx}$/%	锈胀裂缝宽度/mm	极限黏结强度 $\tau_{u,cx}$/(N/mm²)	残余黏结强度/(N/mm²)	破坏模式
PAⅢ-20-0	0	0	0.00	—	14.53	1.77	劈裂型
PAⅢ-20-1	15.69	2	1.75	—	13.77	2.37	劈裂型
PAⅢ-20-2	31.55	4	3.56	—	10.65	1.22	劈裂型
PAⅢ-20-3	47.57	6	5.43	—	12.22	1.22	劈裂型
PAⅢ-20-4	63.76	8	7.64	0.40	3.02	0.00	劈裂型
PAⅢ-20-5	80.13	10	9.23	2.50	0.97	0.00	劈裂型

注：①锈胀裂缝宽度一列中“—”代表无锈胀裂缝。

②部分拔出试件在拔出过程瞬间劈裂破坏，故无残余黏结强度。

从表 11-5 可以看出，变形钢筋拔出试件破坏模式分为劈裂型和刮犁型两种，变形钢筋拔出试件劈裂型破坏表现为当黏结应力到达峰值后，混凝土试块瞬间劈裂成若干块，试件达到破坏，将劈裂试件混凝土剖开后，在混凝土劈裂面上留有清晰的钢筋肋印，肋前的混凝土被挤碎，在钢筋横肋之间的根部嵌固着挤碎的粉末状混凝土。而对于刮犁型破坏试件，当黏结应力到达峰值后，滑移量急剧增加，黏结应力迅速下降，最终保持在某一残余值处，τ-s 曲线逐渐趋于平缓，破坏时，钢筋从试件内拔出，钢筋的肋与肋之间全部被混凝土粉末紧密地填实。

11.2　锈蚀钢筋的极限黏结力承载力预测模型

11.2.1　黏结试验数据回归分析

从 11.1 节的试验结果可以发现，影响锈后钢筋与混凝土黏结强度的因素众多，如钢筋类型、混凝土保护层厚度、钢筋直径、水胶比、横向钢筋和钢筋截面平均锈蚀率等，有的因素间还存在耦合作用，因而，使得要获得到 κ_p-$\eta_{average}$ 关系变得十分困难。根据本书的试验结果，并结合图 11-6 所示的典型 κ_p-$\eta_{average}$ 曲线的四个阶段，阶段Ⅱ和阶段Ⅲ较难划分，故合并一同考虑，将试验结果按不同 $\eta_{average}$ 区间划分为三部分后分别回归，可以得到 κ_p-$\eta_{average}$ 关系如式(11-3)所示。图 11-9 给出了式(11-3)的计算值与试验实测值的比较。

$$\kappa_p = \begin{cases} 1+2.79\eta_{average}, & \eta_{average}<4\% \\ 1.59-11.88\eta_{average}, & 4\% \leqslant \eta_{average}<10\% \\ 0.40, & \eta_{average} \geqslant 10\% \end{cases} \tag{11-3}$$

11.2.2　锈蚀钢筋混凝土黏结强度退化实用模型

在 κ_p-$\eta_{average}$ 曲线中式(11-3)可以表示为图 11-10 中虚线部分，图中试验点为 11.1 节中的试验数据，从图中可以发现，大量试验点位于虚线下方，这表明仅通过式(11-3)来计算锈后试件的黏结性能是偏不安全的，为了使黏结强度退化模型具有更好的应用性，保证

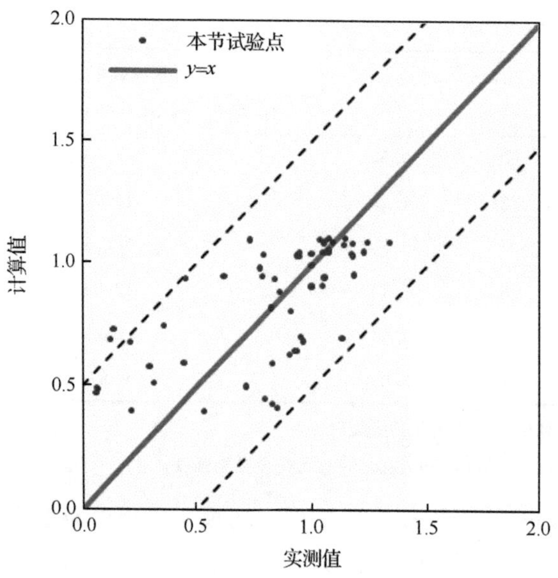

图 11-9　κ_p-$\eta_{average}$ 回归公式计算值与实测值比较

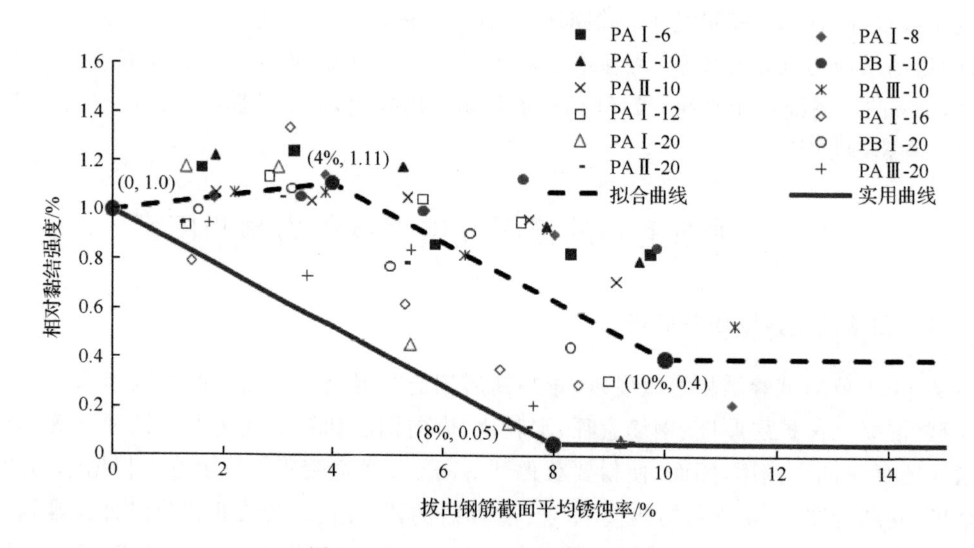

图 11-10　κ_p-$\eta_{average}$ 模型以及试验点

一定的安全度，在考虑 95%的保证率的情况下，可以将虚线以点(10%，0.40)为基点平移至点(8%，0.05)处，并忽略小锈蚀率情况下 $\eta_{average}$ 对 κ_p 的有利作用，对 κ_p-$\eta_{average}$ 曲线采用双折线模型，即图中实线部分，这就是 κ_p-$\eta_{average}$ 关系实用模型。在 κ_p-$\eta_{average}$ 图中，当 $\eta_{average}<8\%$ 时，用一条通过点(0，1.00)和点(8%，0.05)的曲线表示锈蚀构件黏结强度的下降，当 $\eta_{average}\geqslant 8\%$ 时，用通过点(8%，0.05)的水平直线表示锈蚀构件黏结强度的残余段，用表达式表示为

$$\kappa_p=\begin{cases}1-11.875\eta_{average}, & \eta_{average}<8\% \\ 0.05, & \eta_{average}\geqslant 8\%\end{cases} \tag{11-4}$$

11.2.3　模型验证

在图 11-10 中，97.2%的试验点位于实用模型曲线上方，这保证了用式(11-4)来计算锈蚀钢筋混凝土黏结强度的安全性。为了进一步验证锈蚀钢筋混凝土黏结强度退化回归公式和实用模型的可靠性以及稳定性，本书收集国内外 250 个锈蚀钢筋拔出试件的试验数据，将这些数据建立一个数据库进行分析，表 11-6 给出了这些试验数据的概况。

表 11-6　国内外锈蚀钢筋混凝土黏结试验概况

试验者	时间	钢筋类型	箍筋	w/c	保护层厚度/mm	最大 $\eta_{average}$/%	试件个数
Al-Sulaimani 等[2]	1990	—	有/无	0.45～0.55	65～70	13.8	83
Cabrera[3]	1996	—	有/无	0.55	20～44	12.4	34
Almusallam 等[4]	1996	变形	有	0.45	63.5	79.9	18
Stanish 等[5]	1999	—	无	0.40	20	20.6	12
Amleh 和 Mirza[6]	1999	变形	无	0.45	40	17.5	8
袁迎曙等[7]	1999	变形	无	0.50	25	8.0	8
范颖芳和黄振国[8]	1999	变形	—	—	20	31.7	8
Auyeung 等[9]	2000	变形	无	0.60	79.5	5.2	11
赵羽习和金伟良[10]	2002	光圆/变形	无	0.55	44	9.7	28
Fang 等[11]	2004	光圆/变形	有/无	0.44	60	9.0	40

注：表中“—”表示文献中未报道。

图 11-11 为表 11-6 中列出所有试验的试验点的实测值和用回归公式(11-3)计算得到的计算值比较，可以发现图 11-9 和图 11-10 的试验点分布均比较相似，证实了回归公式(11-3)的稳定性。

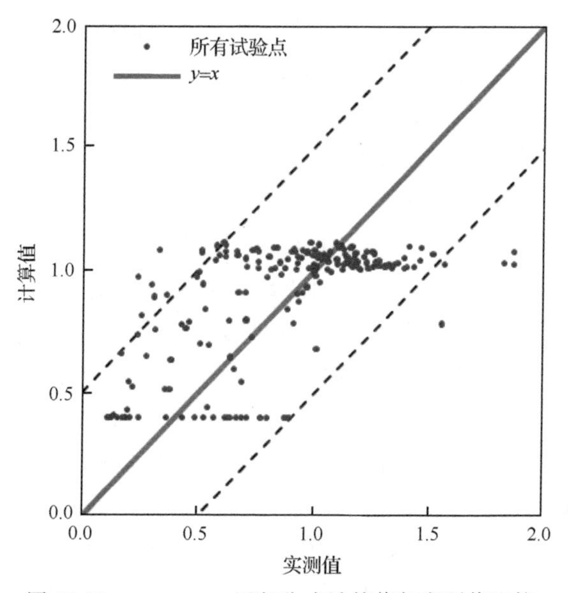

图 11-11　κ_p-$\eta_{average}$ 回归公式计算值与实测值比较

图 11-12 给出了表 11-6 中列出所有试验的试验点分布情况，经统计，95.0%的试验点位于锈蚀钢筋混凝土黏结强度退化实用模型曲线上方，与图 11-10 中的 97.2%试验点位于锈蚀钢筋混凝土黏结强度退化实用模型曲线上方比较可以说明，锈蚀钢筋混凝土黏结强度退化实用模型是安全的、可靠的和稳定的。

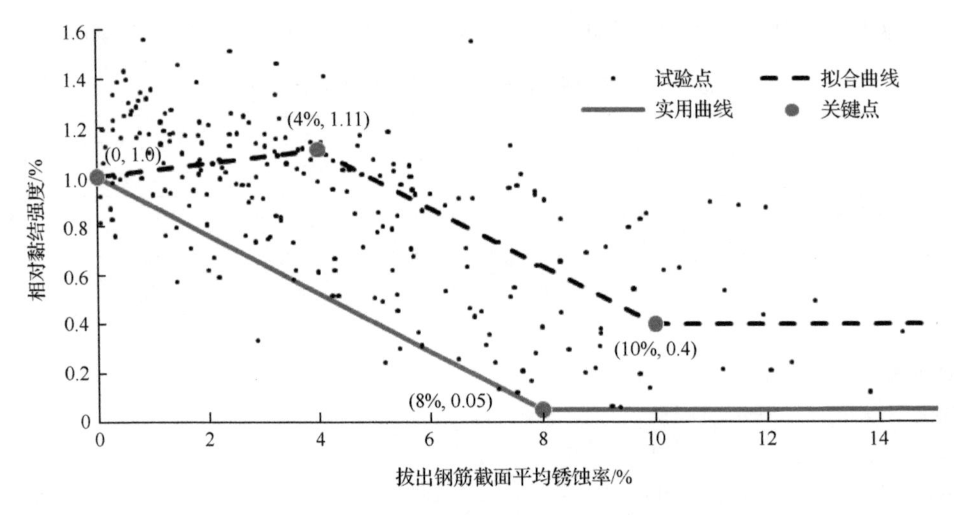

图 11-12　κ_p-$\eta_{average}$ 双折线模型以及各试验点

11.3　锚固对锈蚀钢筋与混凝土之间黏结性能的影响

钢筋与混凝土两种不同性质材料之所以可以共同作用，是因为它们之间存在着黏结锚固作用，正是这种黏结锚固作用使钢筋与混凝土之间建立起结构承载力所必需的工作应力，因此，对不同强度等级的混凝土与外观形态不同的钢筋在同样条件下所需要的钢筋锚固长度是不同的。试验结果表明：钢筋的锚固长度受混凝土强度、保护层相对厚度、锚筋外形特征、混凝土浇筑状况以及锚筋受力情况等多种因素影响。如粗钢筋的锚固长度明显长于较细钢筋，这是因为带肋钢筋的外形参数并不随直径成比例变化，直径加大时相对肋面积增加不多，而相对肋高降低，因此锚固作用降低；又如表面有环氧树脂涂层的钢筋与混凝土之间的黏结能力比一般状态下的钢筋较差；再如当钢筋在混凝土施工过程中易受扰动时，如滑模施工，其与混凝土之间的黏结能力也相对较弱；而当钢筋的混凝土保护层厚度或钢筋间距较大时，混凝土对钢筋的握裹作用加强，如在锚固区配有箍筋，更可有效阻止混凝土径向裂缝的发展，提高钢筋的锚固能力。考虑到锚固条件的变化对锚固强度产生的影响，《混凝土结构设计规范》(GB 50010—2011)规定了对应不同锚固条件的修正系数，实际应用时，应由计算所得基本锚固长度 l_a 乘以修正系数加以修正，并不小于规范规定的最小锚固长度。

同样的，当钢筋发生锈蚀时，钢筋表面状况和混凝土约束作用都会发生明显变化，原来锚固良好的钢筋混凝土构件会出现锚固不足现象，从而改变原有构件的受力状态，甚至会使构件发生锚固不足引起的构件破坏。从图 11-13 所示混凝土中钢筋的受力情况不难得出钢筋的锚固长度与其极限黏结应力存在如下关系：

$$l_a = \frac{f_y}{4\tau_u}d \tag{11-5}$$

式中，l_a为锚固长度；f_y为钢筋屈服强度；τ_u 为极限黏结强度；d 为钢筋的直径。当钢筋发生锈蚀时，钢筋的锚固长度变为

$$l_{a,c} = \frac{f_y}{4\kappa_p\tau_u}d \tag{11-6}$$

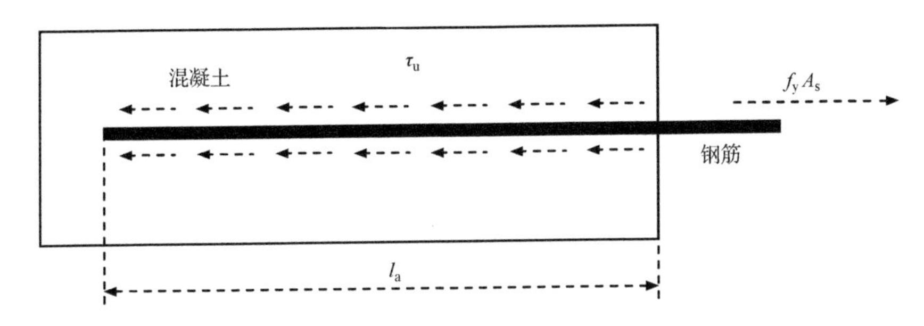

图 11-13　混凝土中钢筋受力状况

我国《混凝土结构设计规范》(GB 50010—2011)中提出的锚固长度计算方法为

$$l_a = \alpha\frac{f_y}{f_t}d \tag{11-7}$$

式中，α 为钢筋外形系数；f_t为混凝土轴心抗拉强度设计值。因此，当钢筋发生锈蚀时，可取 $l_{a,c} = l_a/\kappa_p$ 作为锈蚀钢筋所需的锚固长度。

钢筋锚固的重要性在于它是钢筋与混凝土变形一致、共同受力的保证，而钢筋的锚固长度及方式是影响锚固强度的重要因素。所以，在对既有混凝土结构进行评估时，应认真根据混凝土中钢筋的锈蚀状况正确重新分析，保证钢筋的锚固充分。

参考文献

[1] Dekoster M，Buyle-Bodin F，Maurel O，et al. Modelling of the flexural behaviour of RC beams subjected to localized and uniform corrosion. Engineering Structures，2003，25(10)：1333-1341.

[2] Al-Sulaimani G J，Kaleemullah M，Basunbul I A. Influence of corrosion and cracking on bond behavior and strength of reinforced concrete members. ACI Structural Journal，1990，87(2)：220-231.

[3] Cabrera J G. Deterioration of concrete due to reinforcement steel corrosion. Cement and Concrete Composites，1996，18(1)：47-59.

[4] Almusallam A A，Al-Gahtani A S，Aziz A R. Effect of reinforcement corrosion on bond strength. Construction and Building Materials，1996，10(2)：123-129.

[5] Stanish K，Hooton R D，Pantazopoulou S J. Corrosion effects on bond strength in reinforced concrete. ACI Structural Journal，1999，96(6)：915-921.

[6] Amleh L，Mirza S. Corrosion influence on bond between steel and concrete. ACI Structural Journal，1999，96(3)：415-423.

[7] 袁迎曙，余索，贾福萍. 锈蚀钢筋混凝土的黏结性能退化的试验研究. 工业建筑，1999，29(11)：47-50.

[8] 范颖芳，黄振国. 受腐蚀钢筋混凝土构件中钢筋与混凝土黏结性能研究. 工业建筑，1999，29(008)：49-51.
[9] Auyeung Y，Balaguru P，Chung L. Bond behavior of corroded reinforcement bars. ACI Materials Journal，2000，97(2)：214-220.
[10] 赵羽习，金伟良. 钢筋与混凝土黏结本构关系的试验研究. 建筑结构学报，2002，23(01)：32-37.
[11] Fang C Q，Lundgren K，Chen L G，et al. Corrosion influence on bond in reinforced concrete. Cement and Concrete Research，2004，34(11)：2159-2167.

第 12 章　锈蚀钢筋混凝土构件力学性能研究

12.1　锈蚀钢筋混凝土梁抗弯性能

钢筋混凝土梁是钢筋混凝土结构中的重要受弯构件之一，研究钢筋混凝土梁中钢筋锈蚀后对其抗弯性能的影响，是钢筋混凝土耐久性研究中十分重要的问题。如图 12-1 所示，影响锈蚀钢筋混凝土梁抗弯性能退化的主要原因可以分为三个方面：一是钢筋作用的退化，包括纵筋截面的损失、纵筋力学性能的降低；二是混凝土与钢筋共同作用的退化，即钢筋混凝土黏结性能的退化；三是混凝土作用的退化，包括锈胀剥落引起的受压区混凝土截面减小，在锈胀力的作用下还会引起混凝土受力状态的改变。这些因素的共同作用最终会影响锈蚀钢筋混凝土梁的抗弯性能。锈蚀钢筋混凝土梁抗弯性能退化主要表现为梁的承载力降低、梁的延性退化、梁的破坏形态发生变化。本节对锈蚀钢筋混凝土梁进行弯曲破坏试验研究，不仅丰富了锈蚀钢筋混凝土梁抗弯性能试验的试验数据，也为完善和发展锈蚀钢筋混凝土梁的抗弯强度计算方法提供了一定的依据。

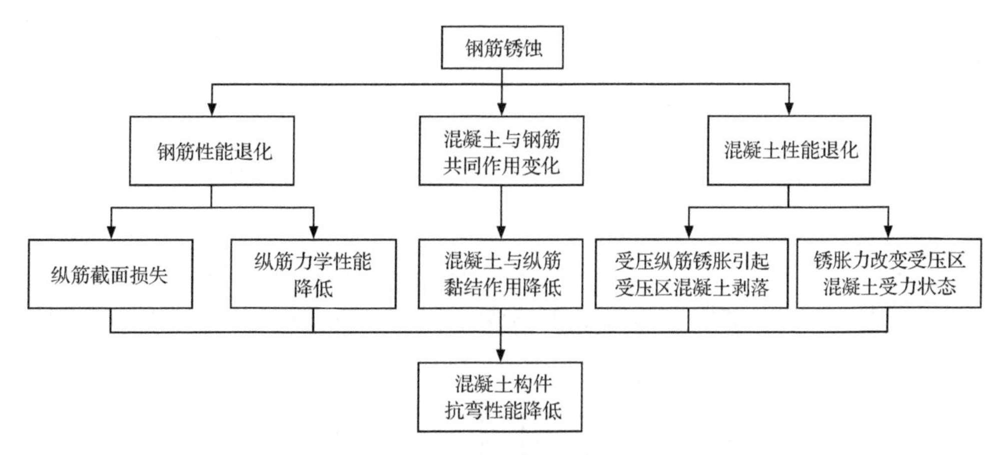

图 12-1　钢筋锈蚀引起抗弯性能退化

12.1.1　锈蚀钢筋混凝土梁抗弯性能试验研究

1. 试验目的

在过去的研究中[1-17]，多是考虑钢筋截面平均锈蚀率与锈蚀钢筋混凝土梁抗弯承载力的关系，然而，在钢筋发生非均匀锈蚀时，锈蚀钢筋混凝土梁中钢筋的锈蚀形状在空间上往往具有很大的不确定性，梁中弯矩最大截面与钢筋坑蚀最严重截面往往不会在空间上重合，因此，锈蚀钢筋混凝土梁受弯破坏时不一定会发生在弯矩最大截面，在某些弯矩相对较小的截面上，当钢筋坑蚀更为严重时，梁的弯曲破坏也发生在这些截面上。因此，仅仅用钢筋截面平均锈蚀率来反映锈蚀钢筋混凝土梁的抗弯承载力是不够的，还应考虑钢筋坑锈的影响。

另外，随着中国建筑用钢体系的完善，HRB500 钢筋的推广使用也迫在眉睫，配高强钢筋的锈蚀钢筋混凝土梁抗弯性能与配普通钢筋的锈蚀钢筋混凝土梁抗弯性能有何区别也是本章试验研究的重点之一，这也为配高强钢筋混凝土抗弯构件设计提供了依据。

2. 试验设计

抗弯梁试件浇筑用混凝土分为Ⅰ、Ⅱ两类，用 42.5 号普通硅酸盐水泥，石子最大粒径为 16mm，塌落度为 70mm，混凝土轴心抗压强度用 150mm×150mm×150mm 立方体试块实测后换算得到，混凝土配合比及其 28 天轴心抗压强度值如表 12-1 所示。梁中钢筋的实际力学性能见表 12-2。

表 12-1　抗弯梁混凝土配合比及其力学性能

混凝土类型	水/kg	水泥/kg	砂/kg	石/kg	轴心抗压强度 f_c/(N/mm²)
Ⅰ	220	412.5	641.2	1046.1	25.93
Ⅱ	220	611.6	486.4	1033.5	35.55

注：表中水、水泥、砂、石用量为每立方米混凝土所用重量。

表 12-2　抗弯梁中钢筋力学性能

钢筋级别	钢筋公称直径/mm	称重法实测截面面积/mm²	屈服强度/(N/mm²)	极限强度/(N/mm²)	弹性模量/(N/mm²)	伸长率/%
HPB235	8	46.00	463.87	515.70	1.98×10⁵	25.00
HPB235	10	90.04	319.60	461.86	2.07×10⁵	32.00
HRB335	16	171.71	425.47	652.99	1.99×10⁵	24.17
HRB500	16	195.72	574.56	756.00	2.07×10⁵	25.00

试验梁共计 20 根，如图 12-2 和表 12-3 所示，分为 BAⅠ和 BBⅡ两组，每组梁各 10

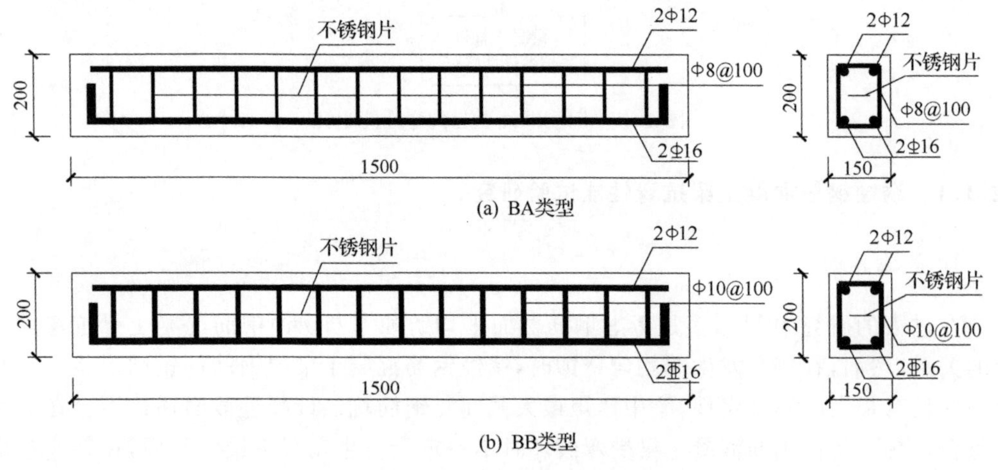

图 12-2　抗弯梁尺寸及其配筋示意图

根，其中 BAⅠ组试验梁试件类型为 BA 型，混凝土为Ⅰ型，受拉纵筋为 2Φ16，两端均弯起 100mm 以保证锚固要求，箍筋为Φ8@100，上部架立钢筋为 2Φ10；BBⅡ组试验梁试件类型为 BB 型，混凝土为Ⅱ型，受拉纵筋为 2Φ16，两端均弯起 100mm 以保证锚固要求，箍筋为Φ10@100，上部架立钢筋为 2Φ10。所有试验梁中部布置一块尺寸为 30mm×1300mm×0.2mm 的不锈钢片，抗弯梁尺寸均为 150mm×200mm×1500mm，保护层厚度为 30mm。

表 12-3　抗弯梁具体情况

抗弯梁组号	抗弯梁类型	混凝土类型	抗弯梁根数/根
BAⅠ	BA	Ⅰ	10
BBⅡ	BB	Ⅱ	10

注：抗弯梁类型参照图 12-2 分类，混凝土类型参照表 12-1 分类，每组抗弯梁各 10 根，编号从 0～9。编号 0 表示未锈蚀抗弯梁，作为参考梁；编号 1～9 为锈蚀抗弯梁，锈蚀率随编号增大依次增加。

待抗弯梁浇筑完养护 28 天后，开始对梁进行加速锈蚀试验。每组梁中 0 号为未锈蚀参考梁，1～9 号梁为锈蚀梁，设计锈蚀率随编号的增加依次增大。采用本书 3.2.5 节中提出的电渗—恒电流—干湿循环加速锈蚀方法，对试件进行加速锈蚀。

抗弯梁的加载试验如图 12-3 所示，加载采用两集中力加载，纯弯段长度为 500mm，支座为铰接，分别在支座处、加载点处和跨中布置百分表，在梁跨中侧面和顶部布置混凝土应变片，另外，在浇筑时预先在纵筋跨中位置粘贴了应变片，用东华 3815N 静态应变测试仪对应变数据进行采集。用最大荷载为 30t 的千斤顶进行加载，荷载通过分配梁传递到试验梁上。

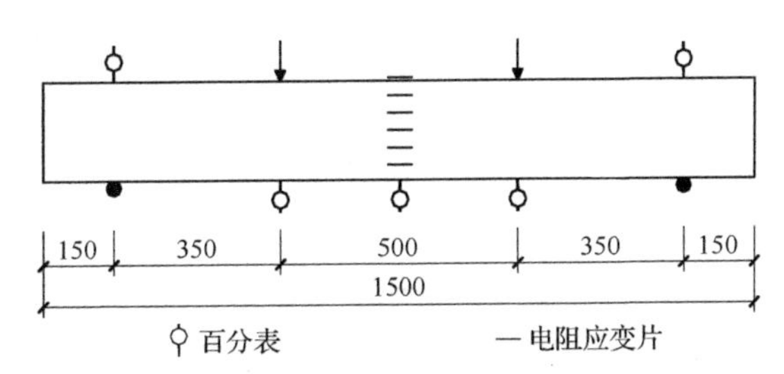

图 12-3　抗弯梁加载试验布置示意图

为了对钢筋锈蚀程度进行评价，在进行完加载试验后，对抗弯梁进行破形试验并测量其纵筋的锈蚀情况，抗弯梁中钢筋的实际锈蚀程度见表 12-4。

3. 试验结果分析

1）荷载-挠度曲线

图 12-4 和图 12-5 分别给出了 BAⅠ组和 BBⅡ组抗弯梁的荷载-挠度曲线，从图中可以看出，在荷载达到 60%梁的极限荷载之前，锈蚀梁和未锈梁的荷载-挠度曲线基本相同，在荷载接近极限荷载时，随着梁锈蚀程度的增加，锈蚀梁的刚度减弱、变形能力减弱、延性越来越差。

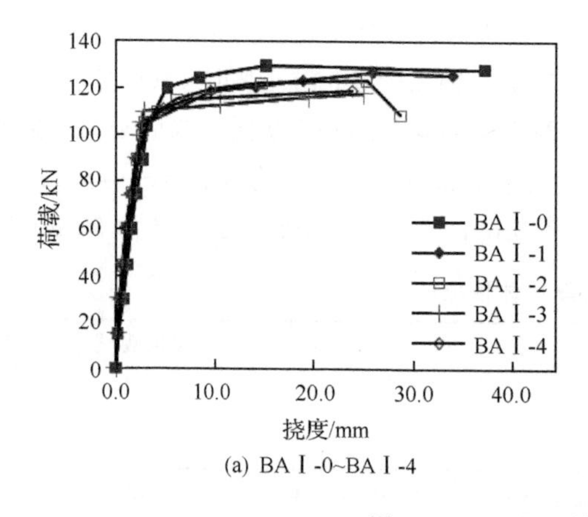

(a) BA Ⅰ-0~BA Ⅰ-4

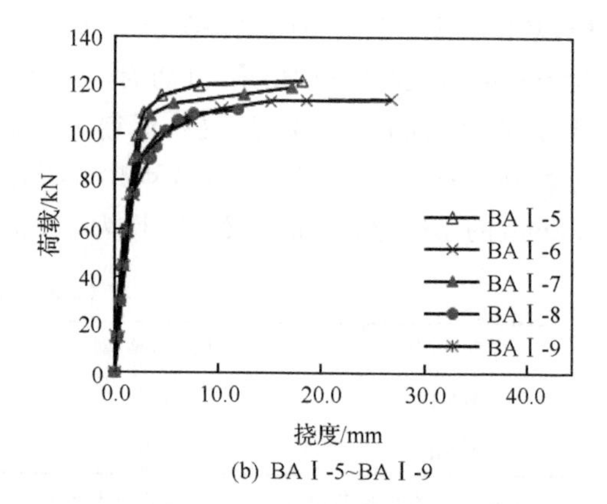

(b) BA Ⅰ-5~BA Ⅰ-9

图 12-4　BA Ⅰ组抗弯梁荷载-挠度曲线

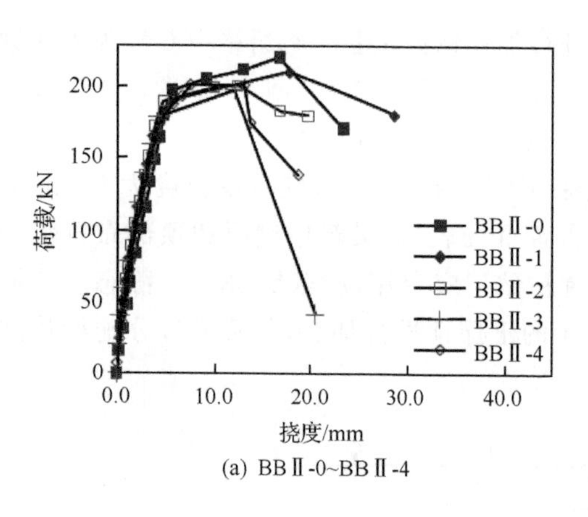

(a) BB Ⅱ-0~BB Ⅱ-4

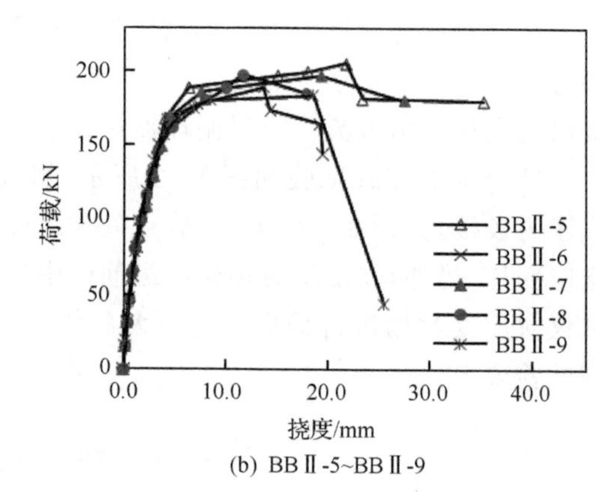

(b) BB Ⅱ-5~BB Ⅱ-9

图 12-5　BB Ⅱ组抗弯梁荷载-挠度曲线

2）抗弯承载力分析

定义相对极限抗弯强度 κ_b 为锈蚀抗弯梁极限荷载 M_{uc} 与完好未锈蚀抗弯梁极限荷载 M_{u0} 之比，即

$$\kappa_b = \frac{M_{uc}}{M_{u0}} \tag{12-1}$$

式中，κ_b 是一无量纲参数，可以描述抗弯梁锈后极限强度的变化情况。表 12-4 给出了抗弯梁中钢筋的锈蚀情况以及极限弯矩。

表 12-4　抗弯梁中钢筋理论锈蚀量和实际锈蚀量比较及抗弯试验结果概要

抗弯梁编号	通电时间/天	$\eta_{average,th}$/%	$\eta_{average,cx}$/%	$\kappa_{r,u}$/%	$M_{u,cx}$/(kN·m)
BA Ⅰ-0	0.00	0	0.00	0.00	22.68
BA Ⅰ-1	25.09	4	3.25	8.49	22.24
BA Ⅰ-2	31.44	5	4.50	7.64	21.63
BA Ⅰ-3	37.83	6	5.19	15.74	20.65

续表

抗弯梁编号	通电时间/天	$\eta_{average,th}$/%	$\eta_{average,cx}$/%	$\kappa_{r,u}$/%	$M_{u,cx}$/(kN·m)
BAⅠ-4	44.25	7	6.97	12.00	20.84
BAⅠ-5	50.71	8	7.39	16.13	21.37
BAⅠ-6	57.20	9	8.37	18.98	20.00
BAⅠ-7	63.72	10	9.91	21.27	20.84
BAⅠ-8	71.27	11	10.08	25.07	19.22
BAⅠ-9	77.96	12	11.55	28.85	18.34
BBⅡ-0	0.00	0	0.00	0.00	38.50
BBⅡ-1	25.09	4	2.91	8.47	36.75
BBⅡ-2	31.44	5	3.28	9.65	35.00
BBⅡ-3	37.83	6	4.06	10.21	34.48
BBⅡ-4	44.25	7	5.14	10.88	35.04
BBⅡ-5	50.71	8	6.60	18.24	35.88
BBⅡ-6	57.20	9	7.16	16.52	33.08
BBⅡ-7	63.72	10	8.65	19.25	34.39
BBⅡ-8	69.29	11	9.03	17.52	34.48
BBⅡ-9	75.80	12	10.21	21.77	32.13

注：$M_{u,cx}$为抗弯梁抗弯极限强度测试值。

随着锈蚀程度的增加，对钢筋来说，会导致钢筋锈蚀率增加、钢筋屈服强度降低、钢筋极限抗拉强度降低等；对混凝土来说，会导致混凝土表面锈蚀裂缝宽度增大、保护层剥落等。通过这些表征现象可以反映锈蚀构件的承载力下降，下面比较钢筋截面平均锈蚀率$\eta_{average}$、钢筋抗拉强度降低系数$\kappa_{r,u}$、锈胀裂缝平均宽度$w_{c,average}$和锈胀裂缝最大宽度$w_{c,max}$对锈蚀钢筋混凝土梁相对极限抗弯强度κ_b的影响(图12-6)。比较各图可以得出以下结论。

(1) BAⅠ组和BBⅡ组抗弯梁的下降趋势基本一致，这表明配HRB335和配HRB500钢筋的锈蚀钢筋混凝土梁抗弯性能退化规律是基本相似的。

(2) 随着$\eta_{average}$、$\kappa_{r,u}$、$w_{c,average}$或$w_{c,max}$的增大，κ_b值有下降的趋势，但从线性拟合优度上来看，$w_{c,average}$与κ_b的线性化程度最高。这说明，用锈胀裂缝宽度来反映锈蚀混凝土梁抗弯承载力的退化也是可行的。

(3) 从检测手段上来看，对于既有结构，$\eta_{average}$和$\kappa_{r,u}$一般很难获得，而现场检测锈胀裂缝宽度往往相对较为容易，准确性也更高，所以用锈胀裂缝宽度来评估锈蚀梁抗弯承载力更具可行性和实用性。

3) 破坏模式

本次试验中抗弯梁的失效模式主要可以分为两种：一是受压区混凝土被压碎破坏；二是受拉纵筋被拉断破坏。如图12-7所示，当钢筋锈蚀程度较小时，抗弯梁的破坏形式一

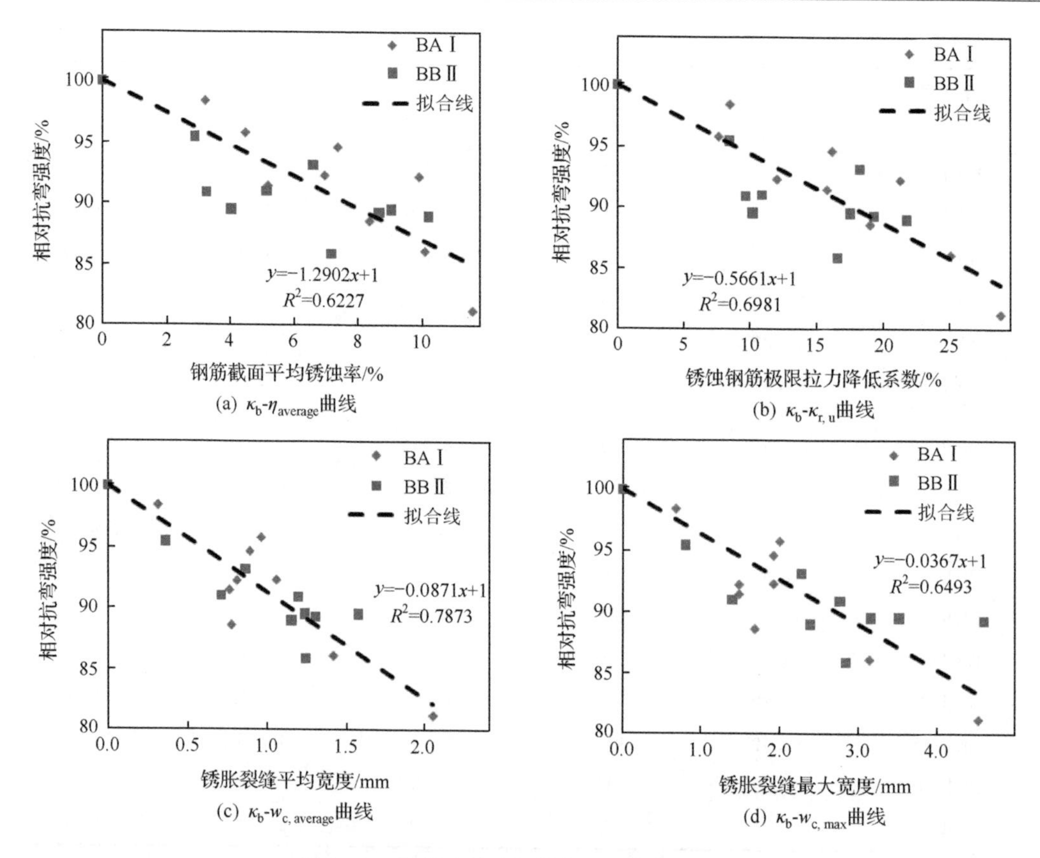

(a) κ_b-$\eta_{average}$曲线　(b) κ_b-$\kappa_{r,u}$曲线

(c) κ_b-$w_{c,average}$曲线　(d) κ_b-$w_{c,max}$曲线

图 12-6　抗弯梁相对极限抗弯强度退化曲线

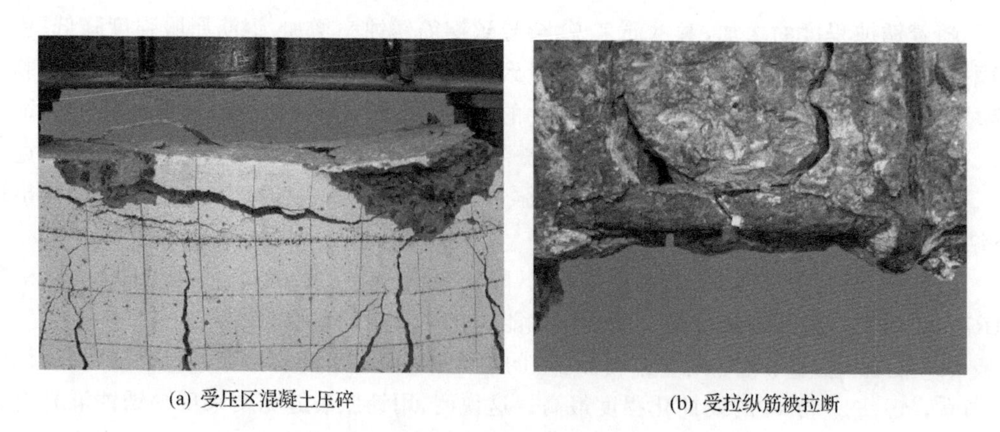

(a) 受压区混凝土压碎　(b) 受拉纵筋被拉断

图 12-7　抗弯梁破坏模式

般为前者，破坏过程中梁经历了一个裂缝和挠度均有较大发展的过程，破坏时，在众多的裂缝中，有一条主要的破坏裂缝，其宽度较大，延伸较高，挠度剧增，有明显的预兆，表现出良好的延性；当锈蚀程度较大时，由于不均匀锈蚀的产生，会极大削弱抗弯梁坑蚀发生处截面的承载力，导致受拉纵筋被拉断失效，破坏时往往比较突然，梁底挠度急剧增大，并伴随一声钢筋被拉断的巨响，形成类似少筋梁的破坏。

12.1.2 锈蚀钢筋混凝土梁抗弯承载力计算方法

基于锈蚀钢筋混凝土梁抗弯试验通过数据回归，可以得到锈蚀钢筋混凝土梁抗弯承载力的简化表达式为

$$M_{uc} = \kappa_b M_{u0} \tag{12-2}$$

关于 $\eta_{average}$、$\kappa_{r,u}$、$w_{c,average}$ 和 $w_{c,max}$ 四种参数对 κ_b 的影响，通过本书试验数据进行回归分析(图 12-6)，可以得到

$$\kappa_b = 1 - 1.2902\eta_{average} \tag{12-3}$$

$$\kappa_b = 1 - 0.5661\kappa_{r,u} \tag{12-4}$$

$$\kappa_b = 1 - 0.0871 w_{c,average}, \quad C = 30\text{mm}, \quad d_{s,0} = 16\text{mm} \tag{12-5}$$

$$\kappa_b = 1 - 0.0367 w_{c,max}, \quad C = 30\text{mm}, \quad d_{s,0} = 16\text{mm} \tag{12-6}$$

12.2 锈蚀钢筋混凝土梁抗剪性能

设计时选用适当的混凝土保护层厚度，是保护钢筋不受锈蚀的有效手段之一。在混凝土结构设计中箍筋比纵向受力钢筋更接近混凝土表面，更容易受到外界物质的侵蚀。另外，由于施工质量的原因还会出现箍筋外露现象，进一步加速了箍筋的腐蚀。箍筋常常作为提高混凝土梁抗剪承载力的受力钢筋布置在钢筋混凝土梁的受剪区内，箍筋的腐蚀必然会影响到梁的抗剪性能。如图 12-8 所示，影响锈蚀钢筋混凝土梁抗剪性能退化的主要原因可以分为三个方面：一是钢筋作用的退化，包括箍筋截面的损失、箍筋力学性能的降低和销栓作用的降低；二是混凝土与钢筋共同作用的退化；三是混凝土作用的退化，包括锈胀剥落引起的剪压区混凝土截面减小，在锈胀力的作用下还会改变箍筋对混凝土的约束作用。这些因素的共同作用最终会影响锈蚀钢筋混凝土梁的抗剪性能。混凝土梁的抗剪破坏为脆性破坏，一旦发生，其后果要比抗弯破坏严重，本节试图通过试验分析研究箍筋锈蚀对混凝土梁抗剪性能的影响。

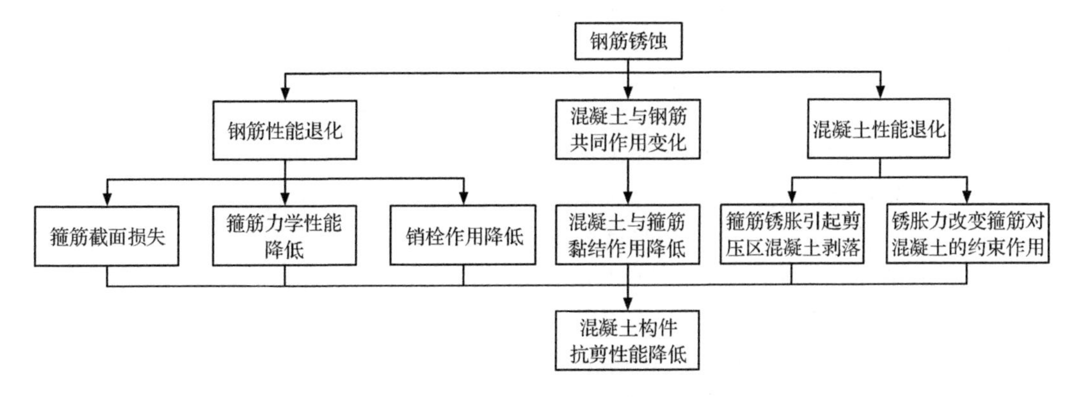

图 12-8　钢筋锈蚀引起抗剪性能退化

12.2.1 锈蚀钢筋混凝土梁抗剪性能试验研究

1. 试验目的

目前在实际工程中，由于箍筋锈蚀而发生梁斜截面受剪破坏的现象比较多，而国内外对普通钢筋混凝土梁的抗剪承载力还没有形成统一的认识，对箍筋锈蚀后梁的斜截面力学性能方面的研究也比较少[18-25]。基于这两方面的不足，本节设计一批构件，通过对一部分梁进行加速锈蚀，另外一部分不锈蚀，以寻求更精确的计算梁抗剪承载力的公式，并建立箍筋锈蚀后钢筋混凝土梁的斜截面力学性能退化模型。

2. 试验设计

抗剪梁试件浇筑用混凝土用42.5号普通硅酸盐水泥，石子最大粒径为16mm，塌落度为70mm，混凝土轴心抗压强度用150mm×150mm×150mm立方体试块实测后换算得到，混凝土配合比及其28天轴心抗压强度值如表12-5所示。梁中钢筋的实际力学性能见表12-6。

表12-5　抗剪梁混凝土配合比及其力学性能

水/kg	水泥/kg	砂/kg	石/kg	轴心抗压强度 f_c/(N/mm²)
220	412.5	641.2	1046.1	25.93

注：表中水、水泥、砂、石用量为每立方米混凝土所用重量。

表12-6　抗剪梁中钢筋力学性能

钢筋级别	钢筋公称直径/mm	称重法实测截面面积/mm²	屈服强度/(N/mm²)	极限强度/(N/mm²)	弹性模量/(N/mm²)	伸长率 δ_5/%
HPB235	6	33.59	321.80	441.11	1.96×10^5	34.44
HPB235	8	46.00	463.87	515.70	1.98×10^5	25.00
HPB235	10	90.04	319.60	461.86	2.07×10^5	32.00
HRB335	20	291.79	380.05	582.10	1.86×10^5	32.00
HRB500	20	306.80	570.83	715.88	2.03×10^5	24.00

试验梁共计18根，如图12-9和表12-7所示，分为SA、SB和SC三组，每组梁各6根，其中SA组试验梁受拉纵筋为2Φ20，两端均弯起100mm以保证锚固要求，箍筋为Φ6@100，上部架立钢筋为2Φ10；SB组试验梁受拉纵筋为2Φ20，两端均弯起100mm以保证锚固要求，箍筋为Φ6@100，上部架立钢筋为2Φ10；SC组试验梁受拉纵筋为2Φ20，两端均弯起100mm以保证锚固要求，箍筋为Φ8@150，上部架立钢筋为2Φ10；所有试验梁两端受剪区中部各布置一块尺寸为30mm×300mm×0.2mm的不锈钢片，抗剪梁尺寸均为120mm×230mm×1200mm，保护层厚度为30mm。

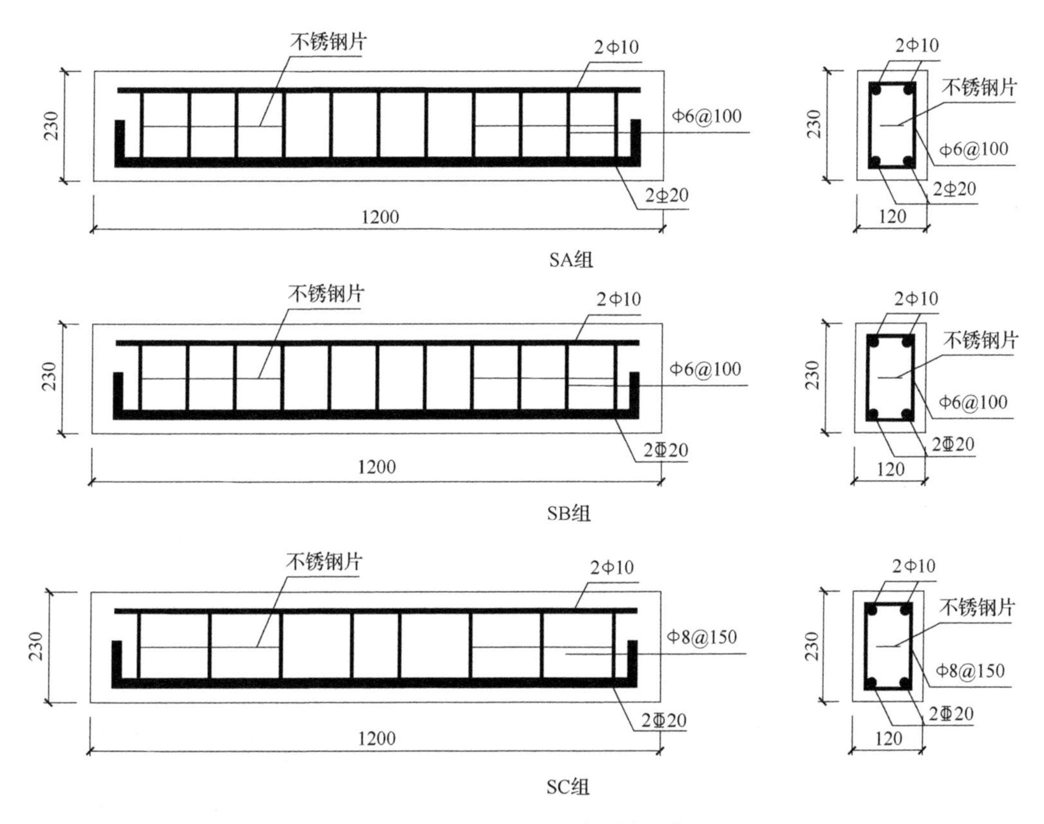

图 12-9　抗剪梁尺寸及其配筋示意图

表 12-7　表抗剪梁具体情况

抗剪梁组号	纵筋	箍筋	抗剪梁根数/根
SA	2Φ20	Φ6@100	6
SB	2Φ20	Φ6@100	6
SC	2Φ20	Φ8@150	6

注：每组抗剪梁各 6 根，编号从 0～5。编号 0 表示未锈蚀抗剪梁，作为参考梁；编号 1～5 为锈蚀抗剪梁，锈蚀率随编号增大依次增加。

待抗剪梁浇筑完养护 28 天后，开始对梁进行加速锈蚀试验。每组梁中 0 号为未锈蚀参考梁，1～5 号为锈蚀梁，设计锈蚀率随编号的增加依次增大。采用本书 3.2.5 节中提出的电渗—恒电流—干湿循环加速锈蚀方法，对试件进行加速锈蚀。

抗弯梁的加载试验如图 12-10 所示，加载采用两集中力加载，剪跨比为 1.5，支座为铰接，分别在支座处、加载点处和跨中布置百分表，在梁跨中侧面和顶部布置混凝土应变片，另外，在浇筑时预先在受剪区箍筋以及销栓作用点处纵筋上粘贴了应变片，用东华 3815N 静态应变测试仪对应变数据进行采集。用最大荷载为 30t 的千斤顶进行加载，荷载通过分配梁传递到试验梁上。

为了对钢筋锈蚀程度进行评价，在进行完加载试验后，对抗剪梁进行破形试验并测量其受剪区箍筋的实际锈蚀情况，抗剪梁中钢筋的实际锈蚀程度见表 12-8。

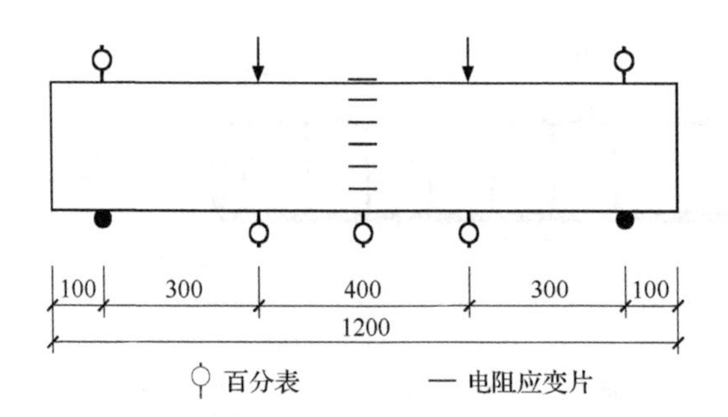

图 12-10 抗剪梁加载试验

3. 试验结果分析

1) 荷载-挠度曲线

图 12-11 分别给出了 SA 组、SB 组和 SC 组抗剪梁的荷载-挠度曲线，从图中可以看出，在加荷初期，锈蚀梁和未锈梁的荷载-挠度曲线基本相同，随着荷载的增加，锈蚀程度较大的锈蚀梁刚度明显下降，变形能力减弱，但对锈蚀率不大的抗剪梁，其刚度减小不明显。总体上来说，在达到极限荷载后，抗剪梁都表现为脆性破坏，延性较差。

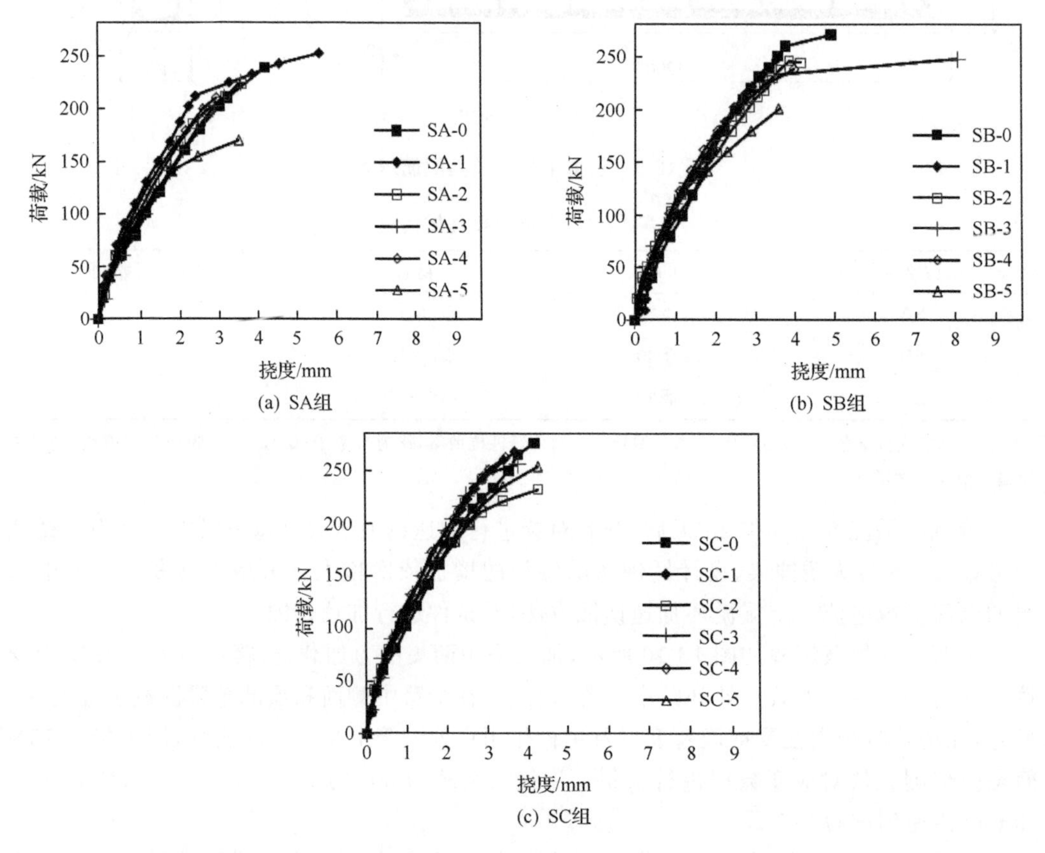

图 12-11 抗剪梁荷载-挠度曲线

与抗弯梁中加载裂缝分布相似，完好钢筋混凝土梁弯曲裂缝分布均匀，各级荷载下裂缝宽度也比较均匀，裂缝开展也比较规律，裂缝均从梁底部向中性轴方向开展，剪切斜裂缝从支座处向加载点延伸；锈蚀梁中弯曲裂缝分布不规律，各级荷载下裂缝宽度也不均匀，裂缝开展往往受锈胀裂缝影响改变开展方向，且开展过程中往往是某条裂缝占据主导作用，其他裂缝不开展或是开展缓慢，剪切斜裂缝开展过程中会受锈胀裂缝影响改变方向，与锈胀裂缝相交，引起受剪区混凝土在加载过程中发生剥落。

2）抗剪承载力分析

定义相对极限抗剪强度 κ_s 为锈蚀抗剪梁极限荷载 V_{uc} 与完好未锈蚀抗剪梁极限荷载 V_{u0} 之比，即

$$\kappa_s = \frac{V_{uc}}{V_{u0}} \tag{12-7}$$

式中，κ_s 是一无量纲参数，可以描述抗剪梁锈后极限抗剪强度的变化情况。表 12-8 给出了抗剪梁中钢筋的锈蚀情况以及极限剪力值。

表 12-8　抗剪梁中钢筋理论锈蚀量和实际锈蚀量比较及抗剪试验结果概要

抗剪梁编号	通电时间/天	$\eta_{average,th}$/%	$\eta_{average,cx}$/%	$\kappa_{r,u}$/%	$V_{u,cx}$/kN
SA-0	0.00	0	0.00	0.00	119.5
SA-1	23.93	10	10.68	4.61	126.4
SA-2	49.23	20	27.01	36.56	112.0
SA-3	76.16	30	37.13	49.89	112.5
SA-4	105.10	40	42.54	80.31	105.4
SA-5	136.57	50	54.15	94.15	85.2
SB-0	0.00	0	0.00	0.00	135.6
SB-1	23.93	10	12.94	22.61	124.0
SB-2	49.23	20	21.75	39.76	123.3
SB-3	76.16	30	29.23	60.69	124
SB-4	105.10	40	41.48	73.68	119.4
SB-5	136.57	50	51.42	85.83	100.3
SC-0	0.00	0	0.00	0.00	138.2
SC-1	31.48	10	6.53	8.71	133.9
SC-2	64.76	20	11.73	23.40	129.0
SC-3	100.19	30	19.54	41.39	128.1
SC-4	138.26	40	25.74	53.41	131.5
SC-5	179.66	50	32.38	63.74	127.0

注：$V_{u,cx}$ 为试验梁极限抗剪强度测试值。

图 12-12 比较了钢筋截面平均锈蚀率 $\eta_{average}$、钢筋抗拉强度降低系数 $\kappa_{r,u}$、锈胀裂缝平均宽度 $w_{c,average}$ 和锈胀裂缝最大宽度 $w_{c,max}$ 对锈蚀钢筋混凝土梁相对极限抗剪强度 κ_s

的影响。从表 12-8 和图 12-12 中可以得到以下结论。

(1) 从抗剪承载力的绝对值上来看,SB 组一般要高于 SA 组,由此可以看出,纵筋对梁的抗剪性能也有一定的影响:随着配筋率的增加,梁的抗剪承载力有所提高。

(2) 锈蚀后 SB 组梁的抗剪承载力下降要比 SC 组快,其原因将在后面的分析中解释。

(3) 随着 $\eta_{average}$ 和 $\kappa_{r,u}$ 的增加,三组抗剪梁的相对抗剪强度 κ_s 的下降趋势基本一致,先是 κ_s 随着 $\eta_{average}$ 和 $\kappa_{r,u}$ 的增加缓慢下降,当 $\eta_{average}$ 和 $\kappa_{r,u}$ 达到一定程度后,κ_s 的下降速率加快。这主要因为是当锈蚀达到一定程度后,会引起混凝土保护层的剥落,削弱了抗剪截面的有效宽度,加速了抗剪承载力的下降。

(4) 随着 $w_{c,average}$ 和 $w_{c,max}$ 增加,SA 组与 SB 组抗剪梁抗剪强度的下降趋势基本一致,SC 组抗剪梁抗剪强度的下降规律则与其不同,这主要是由于 SA 组与 SB 组中箍筋直径均为 6mm,而 SC 组中箍筋直径为 8mm,箍筋直径不同、箍筋保护层厚度不同直接导致抗剪承载力随裂缝宽度变化规律上的差异。

(5) 从线性拟合优度上来看,$w_{c,average}$ 与 κ_s 的线性化程度较高,用箍筋的锈胀裂缝宽度来反映锈蚀混凝土梁抗剪承载力的退化也是可行的,但对不同钢筋直径和保护层厚度应该区别对待。

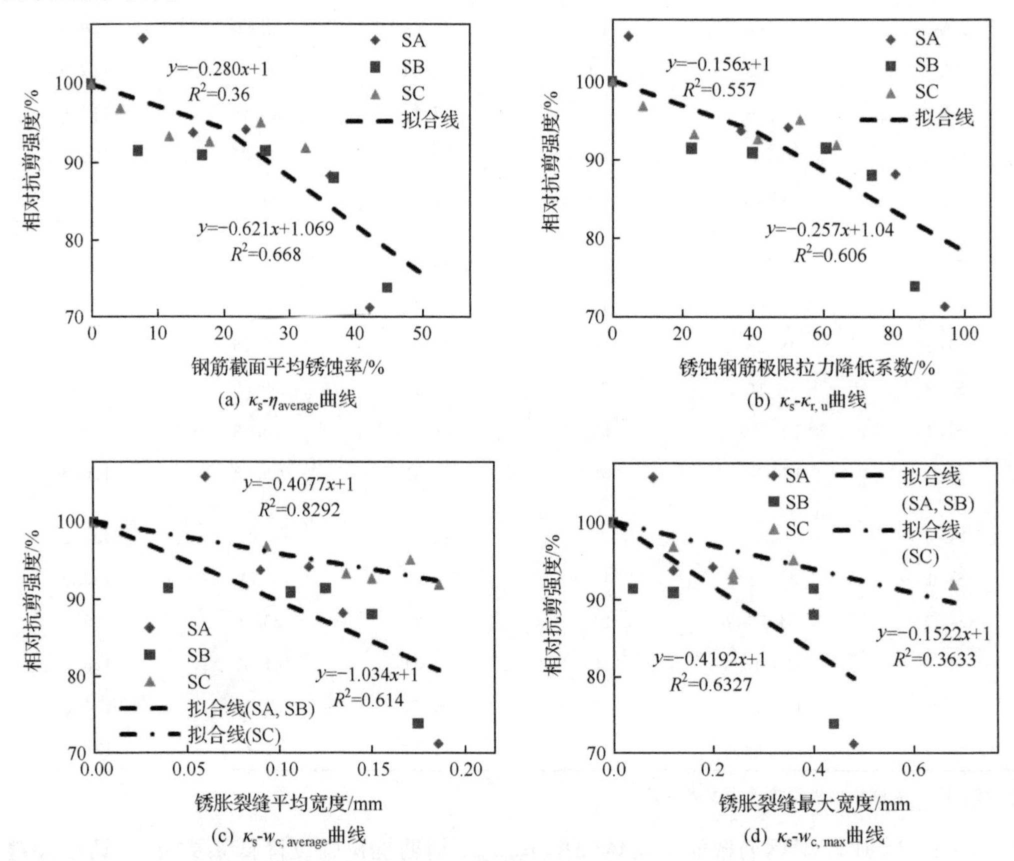

图 12-12 抗剪梁相对极限抗剪强度退化曲线

3）破坏模式

本次试验中抗剪梁的失效模式主要可以分为两类，如图 12-13 所示。第一类失效模式是剪压面混凝土压碎破坏，即剪压破坏，加载后在梁的弯剪段内先出现若干条弯剪斜裂缝，随荷载的增大，其中出现一条延伸较长、开展较宽的主要斜裂缝，即临界斜裂缝，随着荷载的继续增大，临界斜裂缝将不断向加载作用点处延伸，使斜裂缝上端的混凝土的剪压面不断减小，最后剪压面在正应力和剪应力的共同作用下，混凝土达到复合受力极限强度破坏，对于伸长率较高、延性较好的箍筋，当锈蚀程度较小时，抗剪梁的失效模式一般为此类。第二类失效模式是箍筋被拉断破坏，加载后在临界斜裂缝过程中，随着荷载的继续增大，当箍筋延性不足、斜裂缝开展到一定宽度时，箍筋突然被拉断而破坏，对于伸长率不高、延性不好的箍筋，或钢筋锈蚀程度较大时，抗剪梁的失效模式一般为此类。

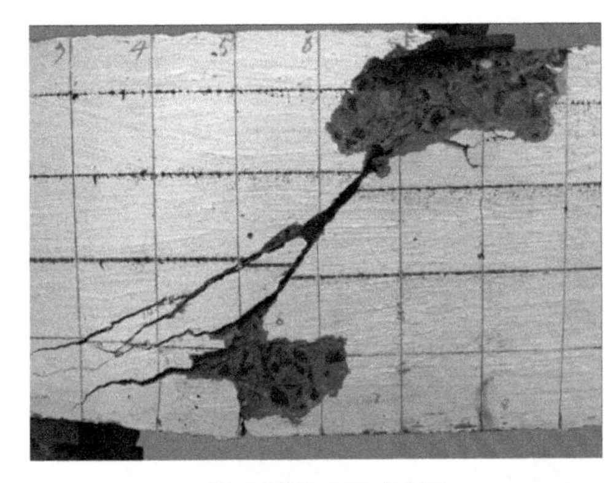

(a) 剪压面混凝土压碎破坏　　(b) 箍筋拉断破坏

图 12-13　抗剪梁破坏模式

12.2.2　锈蚀钢筋混凝土梁抗剪承载力计算方法

1. 锈蚀钢筋混凝土梁抗剪试验数据回归模型

锈蚀钢筋混凝土梁抗剪承载力可由下式计算得到

$$V_{uc} = \kappa_s V_{u0} \tag{12-8}$$

关于 $\eta_{average}$、$\kappa_{r,u}$、$w_{c,average}$ 和 $w_{c,max}$ 四种参数对 κ_s 的影响，通过本书试验数据进行回归分析（图 12-12），可以得到

$$\kappa_s = \begin{cases} 1 - 0.280\eta_{average}, & \eta_{average} < 20\% \\ 1.069 - 0.621\eta_{average}, & \eta_{average} \geqslant 20\% \end{cases} \tag{12-9}$$

$$\kappa_s = \begin{cases} 1 - 0.156\kappa_{r,u}, & \kappa_{r,u} < 40\% \\ 1.04 - 0.257\kappa_{r,u}, & \kappa_{r,u} \geqslant 40\% \end{cases} \tag{12-10}$$

$$\kappa_s = \begin{cases} 1 - 0.4077w_{c,average}, & a = 30\text{mm}, d_{s,0} = 8\text{mm} \\ 1 - 1.034w_{c,average}, & a = 30\text{mm}, d_{s,0} = 6\text{mm} \end{cases} \tag{12-11}$$

$$\kappa_s = \begin{cases} 1 - 0.1522w_{c,max}, & a = 30\text{mm}, d_{s,0} = 8\text{mm} \\ 1 - 0.4192w_{c,max}, & a = 30\text{mm}, d_{s,0} = 6\text{mm} \end{cases} \tag{12-12}$$

2. 锈蚀钢筋混凝土梁抗剪承载力理论模型

对于仅配箍筋的梁，其抗剪强度可以分为由钢筋和混凝土所承担的两个部分，在计算锈蚀钢筋混凝土梁抗剪性能时应该同时考虑锈蚀对这两部分抗剪承载力的削弱。

1）箍筋承担剪力部分

抗剪梁中承担剪力的有效箍筋面积可以按斜裂缝所穿越的数目计算，取斜裂缝与梁轴线夹角为45°（图12-14），有效箍筋数的计算公式为

$$n_v = \frac{h}{s} \tag{12-13}$$

式中，h 为截面高度；s 为箍筋的间距。

对于本书的双肢箍筋，每根箍筋面积 $A_{sv,i}$ 为

$$A_{sv,i} = A_{sv,i1} + A_{sv,i2} \tag{12-14}$$

式中，$A_{sv,i1}$、$A_{sv,i2}$ 分别为每肢箍筋截面面积。

因此，抗剪梁中的有效箍筋面积为

$$A_{sv} = \sum_{i=1}^{n_v} A_{sv,i} \tag{12-15}$$

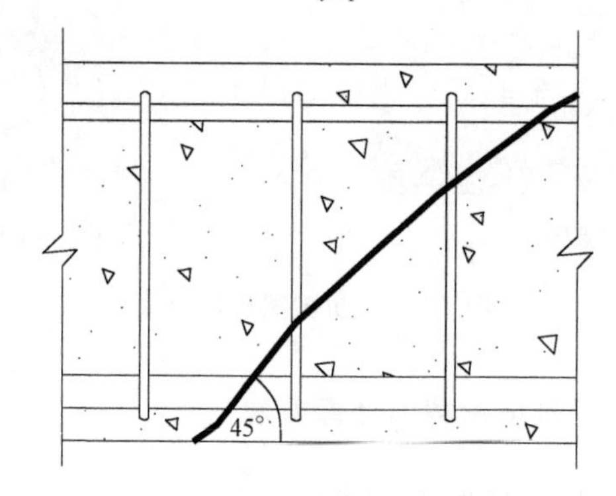

图12-14　临界斜裂缝穿越箍筋数

2）混凝土承担剪力部分

对于轻度锈蚀箍筋，当混凝土保护层尚未开裂或是裂缝开展不严重时，抗剪梁的有效宽度可以直接取梁的原始宽度；当箍筋锈蚀严重时，会引起混凝土保护层的剥落，对梁截面的宽度造成了削弱，因此在计算抗剪梁混凝土部分所承担剪力时应该考虑截面的有效宽度，如图12-15所示，根据混凝土的剥落角度 α、箍筋间距 s、保护层厚度 C 和箍筋直径 d_v 不同，梁截面的有效宽度 b_{eff} 可以分为以下两种情况计算。

当 $s < 2C_v\cot\alpha$ 时（C_v 为箍筋的保护层厚度），锈蚀梁截面的有效宽度为

$$b_{eff} = b - 2(C + d_v) + \frac{s\tan\alpha}{2} \tag{12-16}$$

当 $s \geqslant 2C_v\cot\alpha$ 时，锈蚀梁截面的有效宽度为

$$b_{eff} = b - 2(C + d_v) + 2\left[\frac{s(C + d_v) - (C + d_v)^2\cot\alpha}{s}\right] = b - \frac{2}{s\tan\alpha}(C + d_v)^2 \tag{12-17}$$

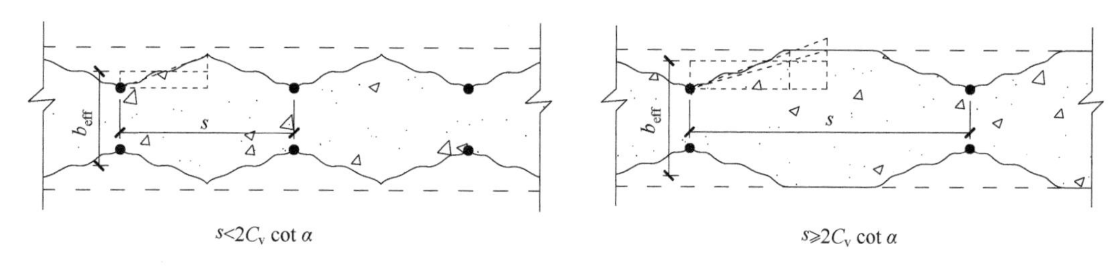

图 12-15　箍筋锈蚀对混凝土的损伤

对于一般箍筋引起的剥落，α 可以根据实际测量得到，本节中取 $\alpha=20°$。从上面可以看出，在相同条件下，箍筋越密，当混凝土发生剥落后，b_{eff} 也越小，从而导致了梁的抗剪能力的下降，这也很好地解释了为什么配箍率基本相同的 SB、SC 两组抗剪梁，SB 组要比 SC 组抗剪承载力下降快的原因。

3）锈蚀钢筋混凝土抗剪性能模型

本节采用文献[26]中提出的抗剪承载力计算模型，当 $a_v/h_0>2.5$ 时，有

$$V_u=\left[\lambda\frac{C}{h_0}f_{ct}+\left(0.5+0.25\frac{a_v}{h_0}\right)\rho_v f_{vy}\right]b_{eff}h_0 \tag{12-18}$$

式中，$\lambda=1.2-0.2a_v\geqslant 0.65$；$f_{ct}=0.3f_c^{2/3}$；$a_v$ 为抗剪梁加载点到支座的距离；C 为混凝土保护层厚度；h_0 为截面有效高度；f_{vy} 为箍筋屈服强度；b_{eff} 为截面有效宽度；ρ_v 为考虑锈蚀箍筋截面损失后的配箍率，即

$$\rho_v=\frac{A_{sv}}{b_{eff}s} \tag{12-19}$$

当 $a_v/h_0\leqslant 2.5$ 时，有

$$V_u=\frac{b_{eff}h_0}{a_v/h_0}\left[\frac{c_s}{h_0}\left(1-0.5\frac{c_s}{h_0}\right)f_c+0.5\rho_v f_{yv}\left(1-\frac{c_s}{h_0}\right)^2\left(\frac{a_v}{h_0}\right)^2\right] \tag{12-20}$$

式中，c_s 为临界斜裂缝上部混凝土受压区高度，为弯曲裂缝上部混凝土受压区高度 c 的一部分，可得到

$$\frac{c_s}{h_0}=\frac{1+0.27\left[\left(\frac{a_v}{h_0}\right)^2+\frac{\rho_v}{\rho}\right]}{1+\left(\frac{a_v}{h_0}\right)^2+\frac{\rho_v}{\rho}}\frac{c}{h_0} \tag{12-21}$$

$$\frac{c}{h_0}=0.5\left[\sqrt{\left(\frac{600\rho}{f_c}\right)^2+4\left(\frac{600\rho}{f_c}\right)}-\left(\frac{600\rho}{f_c}\right)\right] \tag{12-22}$$

式中，ρ 为配筋率，即

$$\rho=\frac{A_s}{b_{eff}h_0} \tag{12-23}$$

综合锈后箍筋和混凝土抗剪性能的退化后，便可通过式(12-18)和式(12-20)计算锈蚀梁的抗剪承载力。

4）模型验证

下面通过本书的试验数据对上述模型进行验证，表 12-9 给出了抗剪梁极限抗剪强度理论计算值与试验值，表中试验值与计算值比值的平均值为 0.986，标准差为 0.0605。

图 12-16 为本书试验值与模型计算值的比较，从图中可以看出，试验值与计算值还是比较吻合的。表明本节所提出的计算模型可以运用到实际的工程之中。

表 12-9 抗剪梁极限抗剪强度理论计算值与试验值

抗剪梁编号	$V_{u,cx}$ /kN	$V_{u,th}$ /kN	$\frac{V_{u,cx}}{V_{u,th}}$	抗剪梁编号	$V_{u,cx}$ /kN	$V_{u,th}$ /kN	$\frac{V_{u,cx}}{V_{u,th}}$
SA-0	119.5	120.3	1.01	SC-3	128.1	125.6	0.98
SA-1	126.4	119.4	0.94	SC-4	131.5	124.2	0.94
SA-2	112.0	118.5	1.06	SC-5	127.0	123.1	0.97
SA-3	112.5	117.6	1.05	SB-0	135.6	122.0	0.90
SA-4	105.4	116.3	1.10	SB-1	124.0	121.2	0.98
SA-5	85.2	88.2	1.04	SB-2	123.3	120.1	0.97
SC-0	138.2	128.8	0.93	SB-3	124.0	119.0	0.96
SC-1	133.9	128.0	0.96	SB-4	119.4	118.0	0.99
SC-2	129.0	126.7	1.09	SB-5	100.3	89.1	0.89

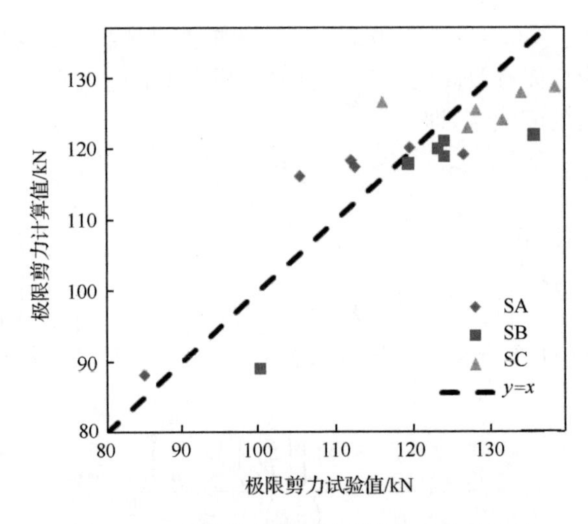

图 12-16 抗剪强度理论计算值与试验值比较

12.3 锈蚀钢筋混凝土柱抗压性能

受压构件和受弯构件一样，也是工业与民用建筑中应用最为广泛的基本构件之一，最常见的就是柱子。如图 12-17 所示，影响锈蚀钢筋混凝土柱抗压承载力的因素可以分为三个部分：一是钢筋作用的退化，主要是受力纵筋的截面损失和力学性能的降低；二是混凝土与钢筋共同作用的退化；三是混凝土作用的退化，纵向钢筋和箍筋锈蚀后引起的混凝土保护层剥落均会导致混凝土受压截面减小，另外，锈胀力还会改变受压核心混凝土的受力状态。在这些影响的作用下，混凝土柱抗压性能也会随之发生退化。

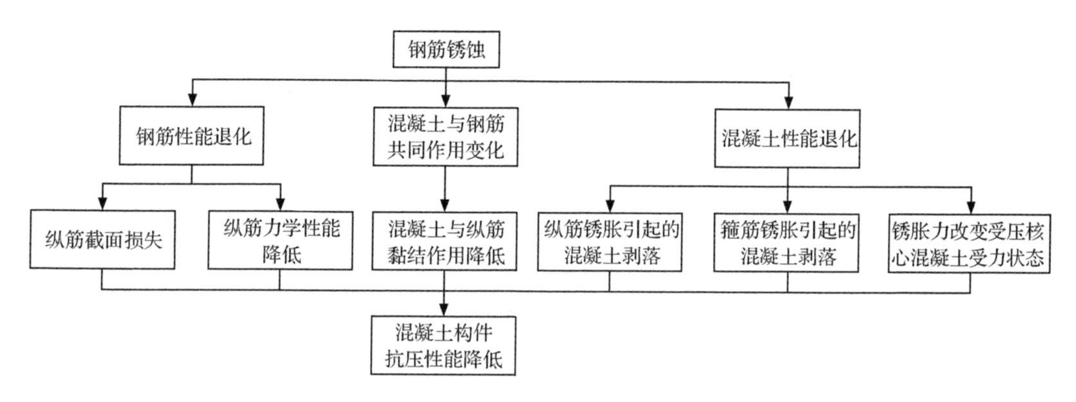

图 12-17　钢筋锈蚀引起抗压性能退化

受压构件按受力情况不同，分为轴心受压和偏心受压构件两大类。在实际的工程中，理想的轴心受压构件是比较少的，由于荷载作用位置的偏差、混凝土的非均匀性、配筋的不对称以及施工制作误差等原因，往往存在差或多或少的初始偏心距。而锈胀引起的混凝土保护层剥落，会使受压柱的力学中心发生改变，从而改变混凝土柱的偏心距，甚至改变混凝土柱的偏心状态。本节将重点研究大偏心和小偏心受压构件锈后力学性能的退化规律。

12.3.1　锈蚀钢筋混凝土柱抗压承载力试验研究

1. 试验目的

在以往研究锈蚀钢筋混凝土柱受力性能时[26-35]，一般采用溶液浸泡外加直流电方法对其进行加速腐蚀，通过此种方法加速锈蚀构件，锈蚀产物往往会随溶液一并渗出，释放了部分锈胀力，从而使得锈胀裂缝的开展与实际构件中的情况不一致。对于受压构件，在锈胀力的作用下，会使柱中受压混凝土处于一种双向异号应力状态，其抗压强度会显著降低。因此，为了能更好地模拟实际锈蚀受压构件的劣化情况，本节采用电渗—恒电流—干湿循环加速锈蚀钢筋混凝土柱，并比较不同配箍率的锈蚀钢筋混凝土柱分别在小偏压和大偏压下的受力性能。

2. 试验设计

抗压柱浇筑用混凝土用 42.5 号普通硅酸盐水泥，石子最大粒径为 16mm，塌落度为 70mm，混凝土轴心抗压强度用 150mm×150mm×150mm 立方体试块实测后换算得到，混凝土配合比及其 28 天轴心抗压强度值如表 12-10 所示。柱中钢筋的实际力学性能见表 12-11。

表 12-10　抗压柱混凝土配合比及其力学性能

水/kg	水泥/kg	砂/kg	石/kg	轴心抗压强度 f_c/(N/mm^2)
220	412.5	641.2	1046.1	25.93

注：表中水、水泥、砂、石用量为每立方米混凝土所用重量。

表 12-11　抗压柱中钢筋力学性能

钢筋级别	钢筋公称直径/mm	称重法实测截面面积/mm²	屈服强度/(N/mm²)	极限强度/(N/mm²)	弹性模量/(N/mm²)	伸长率 δ_5/%
HPB235	6	33.59	321.80	441.11	1.96×10^5	34.44
HRB335	20	291.79	380.05	582.10	1.86×10^5	32.00

试验柱共计 24 根，如图 12-18 和表 12-12 所示，分别设计大偏心(偏心距 90mm)和小偏心(偏心距 50mm)两种情况。分为 CAS、CBS、CAL 和 CBL 四组，每组柱各 6 根。其中，CAS 组和 CAL 组试验柱箍筋为 Φ 6@200；CBS 组和 CBL 组试验柱箍筋为 Φ 6@100。所有试验柱均为对称配筋，两侧均配 2 Φ 20，为了方便施加偏心力并同时防止柱被局部压碎，柱两端均局部放大为牛腿形，在柱的中央布置一块尺寸为 30mm×800mm×0.2mm 的不锈钢片，抗压柱尺寸均为 200mm×240mm(440mm)×1500mm，保护层厚度为 30mm。

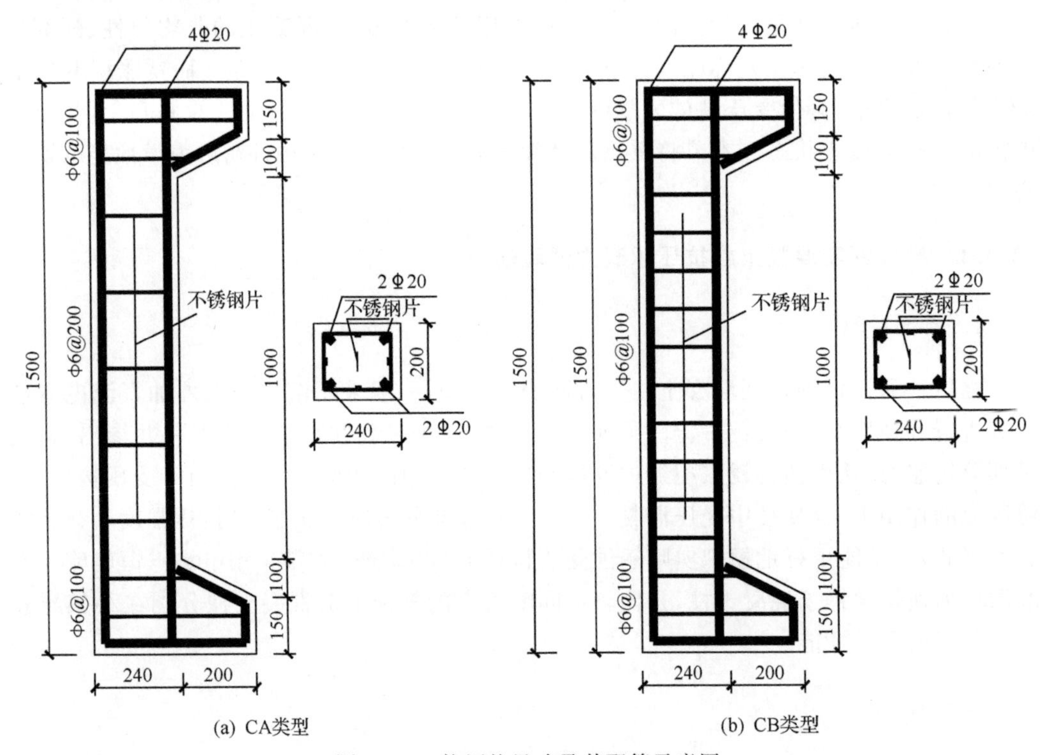

图 12-18　抗压柱尺寸及其配筋示意图

表 12-12　抗压柱具体情况表

柱组号	柱类型	偏心类型	几何偏心距/mm	柱根数/根
CAS	CA	小偏压	50	6
CBS	CB	小偏压	50	6
CAL	CA	大偏压	90	6
CBL	CB	大偏压	90	6

注：柱类型参照图 12-18 分类，混凝土类型参照表 12-10，每组柱各 6 根，编号从 0～5。编号 0 表示未锈蚀柱，作为参考柱；编号 1～5 为锈蚀柱，锈蚀率随编号增大依次增加。

待抗压柱浇筑完养护 28 天后，开始对柱进行加速锈蚀试验。每组柱中 0 号为未锈蚀参考柱，1～5 号柱为锈蚀柱，设计锈蚀率随编号的增加依次增大。采用本书 3.2.5 节中提出的电渗—恒电流—干湿循环加速锈蚀方法，对试件进行加速锈蚀。

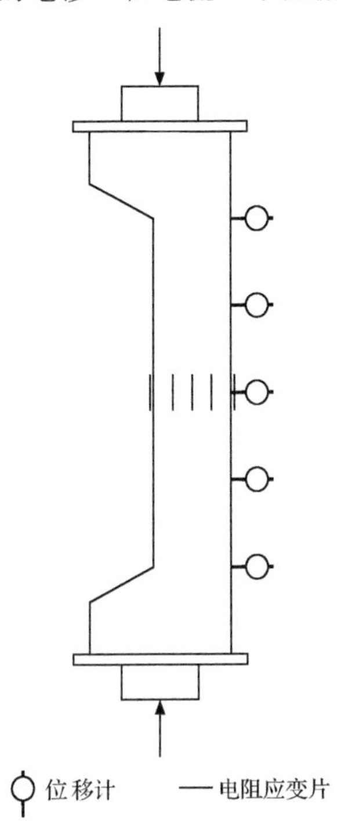

图 12-19　抗压柱加载试验

抗压柱的加载试验如图 12-19 所示，采用 500t 四柱压力试验机进行加载试验，偏心距用特制的刀口支座进行控制，为了防止支座处混凝土局部压碎，刀口支座处用厚度为 100mm 的钢板将局部应力扩散。在柱的中部布置混凝土应变片，在柱背离偏心荷载的一面竖向布置 5 只位移计，另外，在浇筑时预先在纵筋和柱中部箍筋上粘贴了应变片，用东华 3815N 静态应变测试仪对应变数据进行采集。

为了对钢筋锈蚀程度进行评价，在进行完加载试验后，对抗压柱进行破形试验并测量其纵筋的锈蚀程度，抗压柱中钢筋的实际锈蚀程度见表 12-13。

3. 试验结果分析

1) N-S 曲线

图 12-20 给出了偏心受压柱的荷载-挠度曲线，从图中可以看出，同级荷载下大偏心构件的挠度要明显大于小偏心构件，小偏心受压构件的承载能力远大于大偏心构件，说明偏心距大小是柱的刚度和承能力的决定性因素；在相同偏心距情况下，随着锈蚀率的增加，混凝土柱的刚度和承载力明显下降，这主要是因为锈蚀柱刚度的下降，同时钢筋锈蚀会对柱的截面造成损伤，改变柱的偏心受压状态，当锈蚀率较大时，小偏心受压柱有转化为大偏心受压的趋势。

小偏心受压柱远离偏心距一端横向裂缝在荷载较大时才开始开展，且一般都集中在破坏截面附近，裂缝条数较少；大偏心受压柱受拉区横向裂缝在加荷初期便开始开展，沿受拉截面各处均有开展，裂缝条数较多。

2) 抗压承载力分析

定义相对极限抗压强度 κ_c 为锈蚀柱极限抗压强度 N_{uc} 与完好未锈蚀柱极限抗压强度 N_{u0} 之比，即

$$\kappa_c = \frac{N_{uc}}{N_{u0}} \tag{12-24}$$

式中，κ_c 是一无量纲参数，可以描述柱锈后极限抗压强度的变化情况。表 12-13 给出了抗压柱中钢筋的锈蚀情况以及极限抗压强度值。

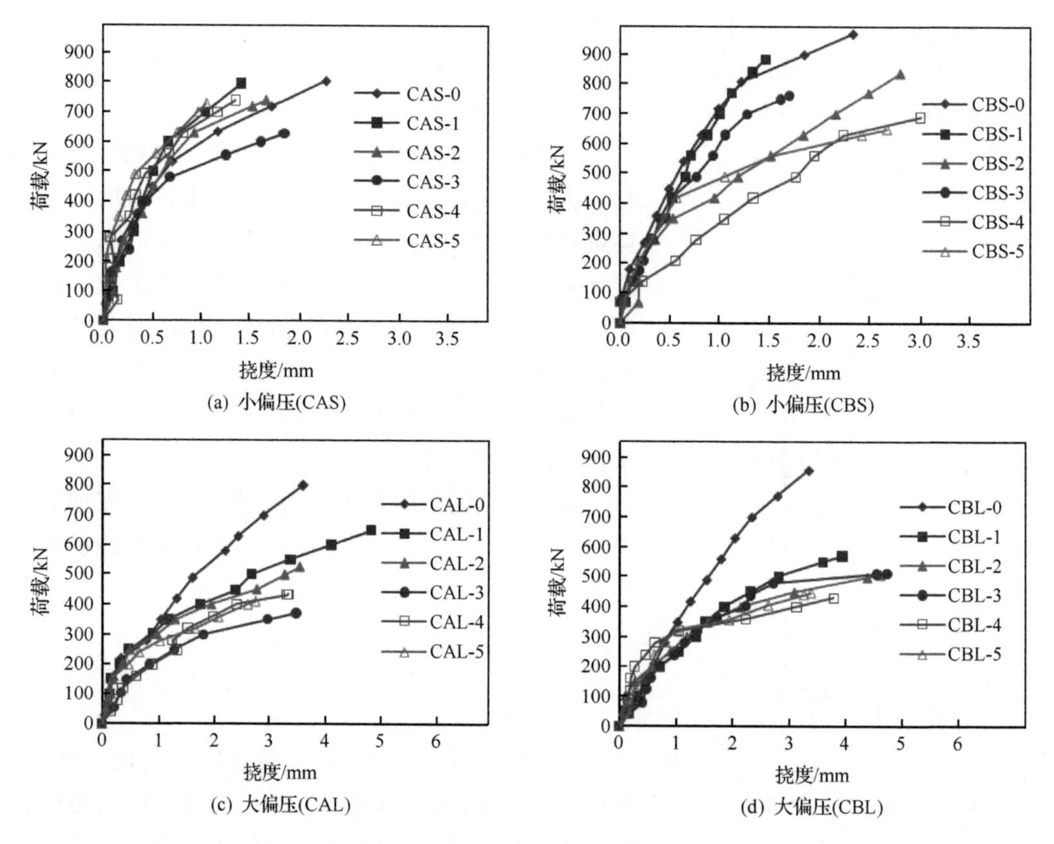

(a) 小偏压(CAS)

(b) 小偏压(CBS)

(c) 大偏压(CAL)

(d) 大偏压(CBL)

图 12-20　抗压柱荷载-挠度曲线

表 12-13　抗压柱中钢筋理论锈蚀量和实际锈蚀量比较及抗压试验结果概要

抗压柱编号	通电时间/天	$\eta_{average,th}$ /%	$\eta_{average,ex}$ /%	$\kappa_{r,u}$ /%	N_u /kN
CAS-0	15.63	0	0.00	0.00	805
CAS-1	31.43	2	1.73	1.22	795
CAS-2	47.38	4	2.66	6.60	740
CAS-3	63.51	6	4.61	11.64	628
CAS-4	79.82	8	6.13	13.90	739
CAS-5	15.63	10	8.82	20.60	728
CBS-0	15.51	0	0.00	0.00	970
CBS-1	31.17	2	1.61	4.26	884
CBS-2	47.01	4	2.45	2.15	837
CBS-3	63.01	6	4.06	7.05	763
CBS-4	79.18	8	5.66	12.15	690
CBS-5	15.51	10	7.27	15.57	649

续表

抗压柱编号	通电时间/天	$\eta_{\text{average,th}}$ /%	$\eta_{\text{average,cx}}$ /%	$\kappa_{\text{r,u}}$ /%	N_{u} /kN
CAL-0	15.63	0	0.00	0.00	802
CAL-1	31.43	2	1.63	2.70	651
CAL-2	47.38	4	3.90	7.65	526
CAL-3	63.51	6	4.97	8.65	372
CAL-4	79.82	8	6.11	14.97	434
CAL-5	15.63	10	8.31	20.29	411
CBL-0	15.51	0	0.00	0.00	858
CBL-1	31.17	2	1.16	4.85	570
CBL-2	47.01	4	2.92	4.01	509
CBL-3	63.01	6	3.90	6.75	513
CBL-4	79.18	8	5.81	12.67	430
CBL-5	15.51	10	7.10	17.64	447

图 12-21 比较了钢筋截面平均锈蚀率 η_{average}、钢筋抗拉强度降低系数 $\kappa_{\text{r,u}}$、锈胀裂缝平均宽度 $w_{\text{c,average}}$ 和锈胀裂缝最大宽度 $w_{\text{c,max}}$ 对锈蚀钢筋混凝土柱相对极限抗压强度 κ_{c} 的影响。从表 12-13 和图 12-21 中可以得到以下结论。

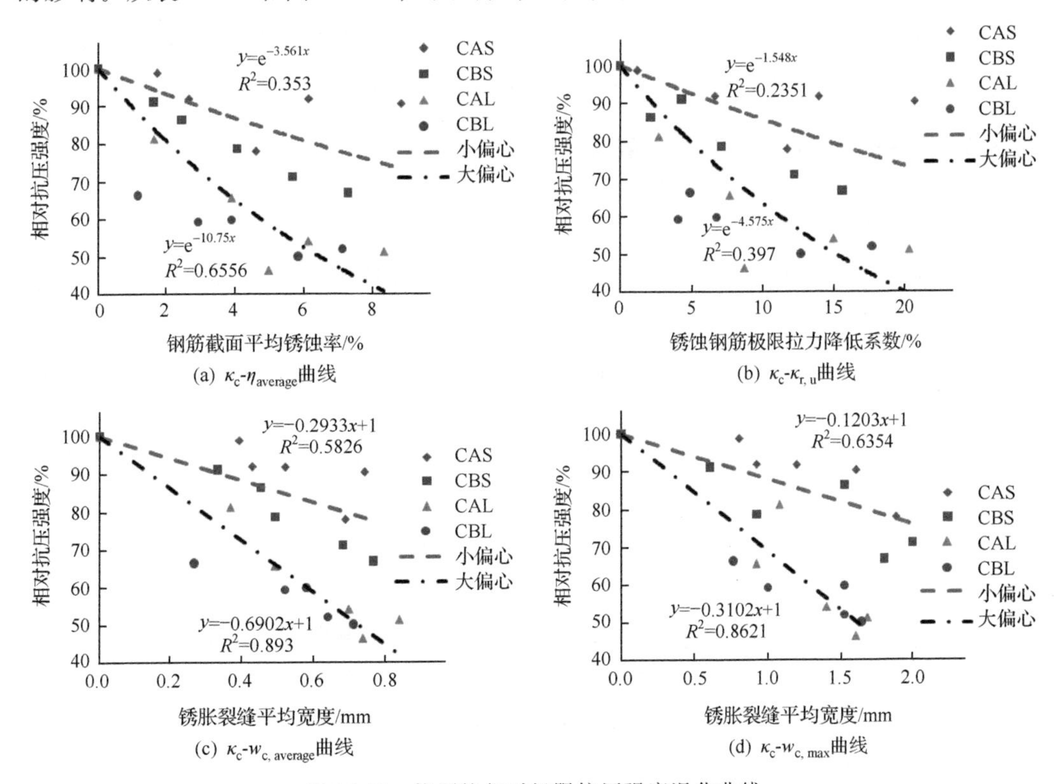

(a) κ_{c}-η_{average}曲线　(b) κ_{c}-$\kappa_{\text{r,u}}$曲线

(c) κ_{c}-$w_{\text{c,average}}$曲线　(d) κ_{c}-$w_{\text{c,max}}$曲线

图 12-21　抗压柱相对极限抗压强度退化曲线

(1) 随着锈蚀程度的增加，大偏心受压柱相对抗压强度明显要较小偏心受压柱下降快，这是由于对于大偏心受压构件，钢筋对承载力的贡献要比小偏心受压构件大。因此，钢筋锈蚀引起的截面减小对大偏压构件的承载力影响更大，承载力下降速率更快。

(2) 随着锈蚀程度的增加，箍筋间距 100mm 要比箍筋间距 200mm 的锈蚀钢筋混凝土柱承载力下降更快，原因与受剪梁类似，箍筋间距越密，箍筋锈后对混凝土截面的影响更大。

(3) 小偏压柱和大偏压柱的相对抗压强度 κ_c 随着 $\eta_{average}$ 和 $\kappa_{r,u}$ 的增加均呈指数下降，而随着 $w_{c,average}$ 和 $w_{c,max}$ 的增加呈线性下降，从线性拟合优度上来看，用锈胀裂缝宽度能够更好地表征 κ_c 的退化。

3) 破坏模式

对于小偏心受压柱，加荷过程初期，柱表面无裂缝产生，当荷载较大时，远离偏心荷载一侧出现横向水平裂缝，但水平裂缝的开展与延伸并不显著，未形成明显的主裂缝，而受压边缘混凝土应变增长较快，临近破坏时受压边出现纵向裂缝，混凝土被压碎，破坏较突然，无明显预兆。

对于大偏心受压柱，在荷载增到一定程度时，受拉边缘就形成了若干条水平裂缝，随着荷载的继续增加，形成一条主要水平裂缝，该裂缝扩展较快，宽度增大，并且裂缝深度逐渐向受压区方向延伸，使受压区高度减小，破坏时，受压区出现纵向裂缝，混凝土被压碎破坏，破坏前变形比小偏心受压柱大。

与完好柱相比，锈后钢筋混凝土柱在受荷过程中，由于锈胀裂缝的影响，受压边缘混凝土过早地被压碎，并在破坏前受压区混凝土保护层剥落现象显著。

12.3.2 锈蚀钢筋混凝土柱抗压承载力计算方法

1. 锈蚀钢筋混凝土柱抗压试验数据回归模型

锈蚀钢筋混凝土柱极限抗压承载力可由式(12-25)计算得到

$$N_{uc} = \kappa_c N_{u0} \tag{12-25}$$

关于 $\eta_{average}$、$\kappa_{r,u}$、$w_{c,average}$ 和 $w_{c,max}$ 四种参数对 κ_c 的影响，通过本书试验数据进行回归分析(图 12-21)，可以得到

$$\kappa_c = \begin{cases} e^{-3.561\eta_{average}}, & \text{小偏压} \\ e^{-10.75\eta_{average}}, & \text{大偏压} \end{cases} \tag{12-26}$$

$$\kappa_c = \begin{cases} e^{-1.548\kappa_{r,u}}, & \text{小偏压} \\ e^{-4.575\kappa_{r,u}}, & \text{大偏压} \end{cases} \tag{12-27}$$

$$\kappa_c = \begin{cases} 1 - 0.2933 w_{c,average}, & \text{小偏压} \\ 1 - 0.6902 w_{c,average}, & \text{大偏压} \end{cases} \tag{12-28}$$

$$\kappa_c = \begin{cases} 1 - 0.1203 w_{c,max}, & \text{小偏压} \\ 1 - 0.3102 w_{c,max}, & \text{大偏压} \end{cases} \tag{12-29}$$

2. 锈蚀钢筋混凝土梁抗压承载力理论模型

1) 锈蚀对柱混凝土截面损伤分析

在柱中，箍筋和纵筋的锈蚀引起的混凝土胀裂或剥落，都会在混凝土截面造成损伤，不仅降低了混凝土截面实际受荷面的有效面积，还会改变柱截面的实际力学中心，改变柱承载时的偏心状态，因此，只有在确定了锈后混凝土柱的有效截面后才可以对柱的承载力进行正确的评估。箍筋锈胀引起的混凝土截面损伤一般为横向裂缝或横向剥落(图 12-22(a))，而纵筋引起的损伤为纵向裂缝或纵向剥落(图 12-22(b))，二者对混凝土有效截面的影响应区别考虑。由于柱中配筋形式多样，不同配筋形式的混凝土的剥落情况也不同，下面以本书柱中的配筋情况为例介绍如何确定锈胀损伤后混凝土截面有效面积，对于其他的配筋形式，均可以通过外观检测得到实际混凝土的剥落情况后，按类似方法处理。

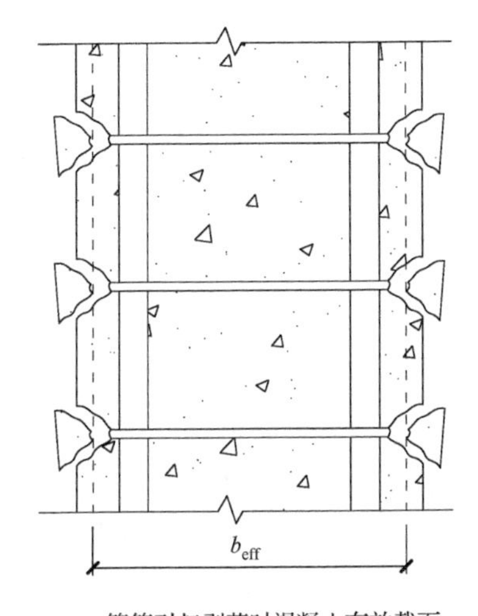

(a) 箍筋引起剥落时混凝土有效截面

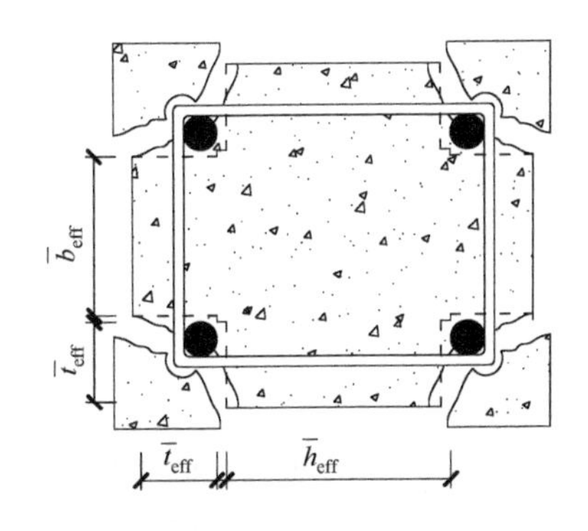

(b) 纵筋引起剥落时混凝土有效截面

图 12-22　柱中钢筋锈蚀对混凝土的损伤

(1) 箍筋引起剥落混凝土有效截面计算。

与抗剪梁中箍筋剥落时的有效截面宽度计算类似，锈蚀柱中截面的有效宽度和有效高度计算方法分别为

$$b_{eff}=\begin{cases} b-2(C+d_v)+\dfrac{s\tan\alpha}{2}, & s<2C_v\cot\alpha \\ b-\dfrac{2}{s\tan\alpha}(C+d_v)^2, & s\geqslant 2C_v\cot\alpha \end{cases} \tag{12-30}$$

$$h_{eff}=\begin{cases} h-2(C+d_v)+\dfrac{s\tan\alpha}{2}, & s<2C_v\cot\alpha \\ h-\dfrac{2}{s\tan\alpha}(C+d_v)^2, & s\geqslant 2C_v\cot\alpha \end{cases} \tag{12-31}$$

受保护层厚度和箍筋直径的影响，不同构件中，箍筋锈胀引起混凝土的剥落角度 α 也不同，α 可从实际构件表面检测得到。在考虑箍筋锈蚀引起的混凝土剥落后，柱截面从原

来的 $b\times h$ 矩形等效为 $b_{\mathrm{eff}}\times h_{\mathrm{eff}}$ 矩形，混凝土保护层厚度 C 变为

$$C_{\mathrm{eff}}=C-\frac{b-b_{\mathrm{eff}}}{2}\quad 或 \quad C_{\mathrm{eff}}=C-\frac{h-h_{\mathrm{eff}}}{2} \tag{12-32}$$

(2) 纵筋引起剥落混凝土有效截面计算。

如图 12-23(b)所示，在考虑箍筋引起剥落后的混凝土有效截面后，纵筋引起混凝土剥落后截面的有效面积进一步减小。实际上，对于锈胀裂缝宽度达到某一值的混凝土柱，在达到极限荷载前，纵筋引起开裂处的混凝土便早已提前退出工作，因此，这部分混凝土对柱的极限抗压承载力并无贡献，在计算柱的极限抗压承载力时便可视为剥落。本书试验中在钢筋截面平均锈蚀率达到 4%后，锈胀裂缝处混凝土在柱达到极限荷载前便已开始逐渐剥落，因此在计算时不考虑这部分混凝土的作用。图 12-23(b)中有效截面中的各参数的计算方法如下：

$$\bar{b}_{\mathrm{eff}}=\begin{cases}b_{\mathrm{eff}}-(2+\cot\bar{\beta})(C_{\mathrm{eff}}+d_{\mathrm{s,0}}), & \bar{\beta}\leqslant 90^{\circ}\\ b_{\mathrm{eff}}-2\sqrt{1+\cot\bar{\beta}}(C_{\mathrm{eff}}+d_{\mathrm{s,0}}), & \bar{\beta}>90^{\circ}\end{cases} \tag{12-33}$$

$$\bar{h}_{\mathrm{eff}}=\begin{cases}h_{\mathrm{eff}}-(2+\cot\bar{\beta})(C_{\mathrm{eff}}+d_{\mathrm{s,0}}), & \bar{\beta}\leqslant 90^{\circ}\\ h_{\mathrm{eff}}-2\sqrt{1+\cot\bar{\beta}}(C_{\mathrm{eff}}+d_{\mathrm{s,0}}), & \bar{\beta}>90^{\circ}\end{cases} \tag{12-34}$$

$$\bar{t}_{\mathrm{eff}}=\begin{cases}C_{\mathrm{eff}}+d_{\mathrm{s,0}}, & \bar{\beta}\leqslant 90^{\circ}\\ \sqrt{1+\cot\bar{\beta}}(C_{\mathrm{eff}}+d_{\mathrm{s,0}}), & \bar{\beta}>90\end{cases} \tag{12-35}$$

式中，$d_{\mathrm{s,0}}$ 为未锈蚀纵筋的直径；$\bar{\beta}$ 为纵筋锈蚀对开裂处混凝土的损伤系数，考虑到当锈蚀率较小时，开裂处混凝土仍能发挥部分作用，$\bar{\beta}$ 值与钢筋的锈蚀率和混凝土剥落角度 β 有关，混凝土剥落角度 β 可以根据实际测量得到。本书根据实际柱中的锈胀情况，混凝土剥落角度 $\bar{\beta}$ 取值如下：

$$\bar{\beta}=\begin{cases}\operatorname{arccot}\left(-1+\dfrac{(\cot\beta+1)\eta_{\mathrm{average}}}{0.06}\right), & 0\leqslant\eta_{\mathrm{average}}<6\%\\ \beta, & \eta_{\mathrm{average}}\geqslant 6\%\end{cases} \tag{12-36}$$

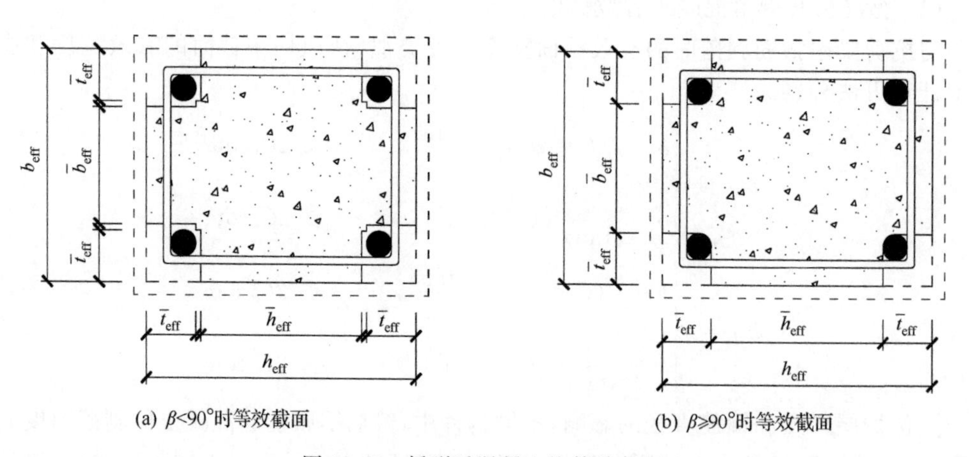

图 12-23 锈裂后混凝土柱等效截面

2）锈蚀钢筋混凝土柱抗压承载力计算

在考虑了箍筋和纵筋锈胀引起的混凝土截面损失后，混凝土的有效截面可以等效为图 12-23 所示的截面。下面分别对小偏心受压柱和大偏心受压柱的极限承载力进行计算。

（1）小偏心。

由纵向力的平衡条件，各力对 A_s 合力点取矩以及对 A'_s 合力点取矩的力矩平衡条件，可以得到以下计算公式。

① 当 $\beta < 90°$ 时

$$N_{uc} = \alpha_1 f_c \left[\bar{b}_{eff}\bar{t}_{eff} + (b_{eff} - 2\bar{t}_{eff})\left(\frac{h_{eff} - \bar{h}_{eff}}{2} - \bar{t}_{eff}\right) + b_{eff}\left(x - \frac{h_{eff} - \bar{h}_{eff}}{2}\right)\right] + f'_y A'_{sc} - \sigma_s A_{sc} \tag{12-37}$$

$$N_{uc} e = \alpha_1 f_c \left[\bar{b}_{eff}\bar{t}_{eff}\left(h_0 - \frac{\bar{t}_{eff}}{2}\right) + (b_{eff} - 2\bar{t}_{eff})\left(\frac{h_{eff} - \bar{h}_{eff}}{2} - \bar{t}_{eff}\right)\left(h_0 - \frac{h_{eff} - \bar{h}_{eff}}{4} - \frac{\bar{t}_{eff}}{2}\right) + b_{eff}\left(x - \frac{h_{eff} - \bar{h}_{eff}}{2}\right)\left(h_0 - \frac{h_{eff} - \bar{h}_{eff}}{4} - \frac{x}{2}\right)\right] - f'_y A'_{sc}\left(h_0 - C'_{eff} - \frac{d'_{s,0}}{2}\right) \tag{12-38}$$

$$N_{uc} e' = \alpha_1 f_c \left[-\bar{b}_{eff}\bar{t}_{eff}\frac{\bar{t}_{eff} - d'_{s,0}}{2} + (b_{eff} - 2\bar{t}_{eff})\left(\frac{h_{eff} - \bar{h}_{eff}}{2} - \bar{t}_{eff}\right)\left(\frac{h_{eff} - \bar{h}_{eff}}{4} + \frac{d'_{s,0} - \bar{t}_{eff}}{2}\right) + b_{eff}\left(x - \frac{h_{eff} - \bar{h}_{eff}}{2}\right)\left(\frac{h_{eff} - \bar{h}_{eff}}{4} + \frac{x + d'_{s,0}}{2} - \bar{t}_{eff}\right)\right] - \sigma_s A_{sc}(h_0 - C'_{eff}) \tag{12-39}$$

式中，α_1 为等效矩形应力图形的应力值与混凝土轴心抗压强度之比；h_0 为等效后截面有效高度，$h_0 = h_{eff} - C_{eff} - d_{s,0}/2$；$x$ 为等效矩形应力图中混凝土受压区高度；σ_s 为偏心距远侧纵筋在柱破坏时应力；C'_{eff} 为偏心距近侧纵筋混凝土保护层厚度；e 为轴向压力作用点至 A_s 处的合力点距离；e' 为轴向压力作用点至 A'_s 处的合力点距离；e 和 e' 的表达式如下：

$$e = \eta e_i + h/2 - C_{eff} - d_{s,0}/2 \tag{12-40}$$

$$e' = h/2 - \eta e_i - C'_{eff} - d'_{s,0}/2 \tag{12-41}$$

其中，η 为偏心距增大系数，其取值方法可参见《混凝土结构设计规范》(GB 50010—2002)；e_i 为初始偏心距，$e_i = e_0 + e_a$，e_0 为截面设计偏心距，e_a 为考虑荷载作用位置的不定性、混凝土质量的不均匀性及施工的偏差等因素产生的附加偏心距。

② 当 $\beta \geqslant 90°$ 时

$$N_{uc} = \alpha_1 f_c[\bar{b}_{eff}\bar{t}_{eff} + b_{eff}(x - \bar{t}_{eff})] + f'_y A'_{sc} - \sigma_s A_{sc} \tag{12-42}$$

$$N_{uc} e = \alpha_1 f_c \left[\bar{b}_{eff}\bar{t}_{eff}\left(h_0 - \frac{\bar{t}_{eff}}{2}\right) + b_{eff}(x - \bar{t}_{eff})\left(h_0 - \frac{x + \bar{t}_{eff}}{2}\right)\right] - f'_y A'_{sc}\left(h_0 - C'_{eff} - \frac{d'_{s,0}}{2}\right) \tag{12-43}$$

$$N_{uc} e' = \alpha_1 f_c \left[-\bar{b}_{eff}\bar{t}_{eff}\left(C'_{eff} + \frac{d'_{s,0} - \bar{t}_{eff}}{2}\right) + b_{eff}(x - \bar{t}_{eff})\left(\frac{x + \bar{t}_{eff} - d'_{s,0}}{2} - C'_{eff}\right)\right] - \sigma_s A_{sc}(h_0 - C'_{eff}) \tag{12-44}$$

（2）大偏心。

由纵向力的平衡条件，各力对 A_s 合力点取矩的力矩平衡条件，可以得到以下计算公式。

① 当 $\beta < 90°$ 时

$$N_{uc} = \alpha_1 f_c \left[\bar{b}_{eff}\bar{t}_{eff} + (b_{eff} - 2\bar{t}_{eff})\left(\frac{h_{eff} - \bar{h}_{eff}}{2} - \bar{t}_{eff}\right) + b_{eff}\left(x - \frac{h_{eff} - \bar{h}_{eff}}{2}\right)\right] + f'_y A'_{sc} - f_y A_{sc} \tag{12-45}$$

$$N_{uc} e = \alpha_1 f_c \left[\bar{b}_{eff}\bar{t}_{eff}\left(h_0 - \frac{\bar{t}_{eff}}{2}\right) + (b_{eff} - 2\bar{t}_{eff})\left(\frac{h_{eff} - \bar{h}_{eff}}{2} - \bar{t}_{eff}\right)\left(h_0 - \frac{h_{eff} - \bar{h}_{eff}}{4} - \frac{\bar{t}_{eff}}{2}\right) + b_{eff}\left(x - \frac{h_{eff} - \bar{h}_{eff}}{2}\right)\left(h_0 - \frac{h_{eff} - \bar{h}_{eff}}{4} - \frac{x}{2}\right)\right] - f'_y A'_{sc}\left(h_0 - C'_{eff} - \frac{d'_{s,0}}{2}\right) \tag{12-46}$$

② 当 $\beta \geqslant 90°$ 时

$$N_{uc} = \alpha_1 f_c [\bar{b}_{eff}\bar{t}_{eff} + b_{eff}(x - \bar{t}_{eff})] + f'_y A'_{sc} - f_y A_{sc} \tag{12-47}$$

$$N_{uc} e = \alpha_1 f_c \left[\bar{b}_{eff}\bar{t}_{eff}\left(h_0 - \frac{\bar{t}_{eff}}{2}\right) + b_{eff}(x - \bar{t}_{eff})\left(h_0 - \frac{x + \bar{t}_{eff}}{2}\right)\right] - f'_y A'_{sc}\left(h_0 - C'_{eff} - \frac{d'_{s,0}}{2}\right) \tag{12-48}$$

3）模型验证

以下通过本书的试验数据对上述锈蚀钢筋混凝土柱抗压承载力模型进行验证，图 12-24 给出了锈蚀钢筋混凝土柱分别在受小偏心和大偏心荷载作用时的极限荷载曲线。

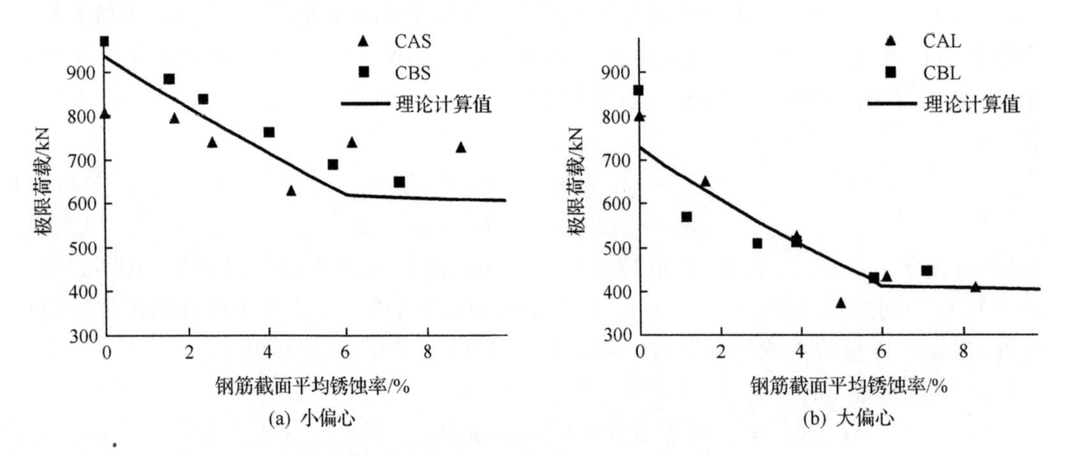

(a) 小偏心　　(b) 大偏心

图 12-24　锈蚀钢筋混凝土柱理论值曲线

表 12-14 给出了抗压柱极限荷载的理论计算值与试验值，表中试验值与计算值比值的平均值为 0.991，标准差为 0.1002。图 12-25 为本节试验值与模型计算值的比较。

表 12-14　抗压柱极限荷载理论计算值与试验值

抗压柱编号	$N_{u,cx}$ /kN	$N_{u,th}$ /kN	$\frac{N_{u,cx}}{N_{u,th}}$	抗压柱编号	$N_{u,cx}$ /kN	$N_{u,th}$ /kN	$\frac{N_{u,cx}}{N_{u,th}}$
CAS-0	805	935	1.16	CAL-0	802	731	1.10
CAS-1	795	835	1.05	CAL-1	651	630	1.03
CAS-2	740	784	1.06	CAL-2	526	511	1.03
CAS-3	628	685	1.09	CAL-3	372	461	0.81
CAS-4	739	616	0.83	CAL-4	434	411	1.06
CAS-5	728	608	0.84	CAL-5	411	405	1.02
CBS-0	970	935	0.96	CBL-0	858	731	1.17
CBS-1	884	841	0.95	CBL-1	570	657	0.87
CBS-2	837	795	0.95	CBL-2	509	560	0.91
CBS-3	763	712	0.93	CBL-3	513	511	1.00
CBS-4	690	634	0.92	CBL-4	430	424	1.02
CBS-5	649	613	0.94	CBL-5	447	408	1.10

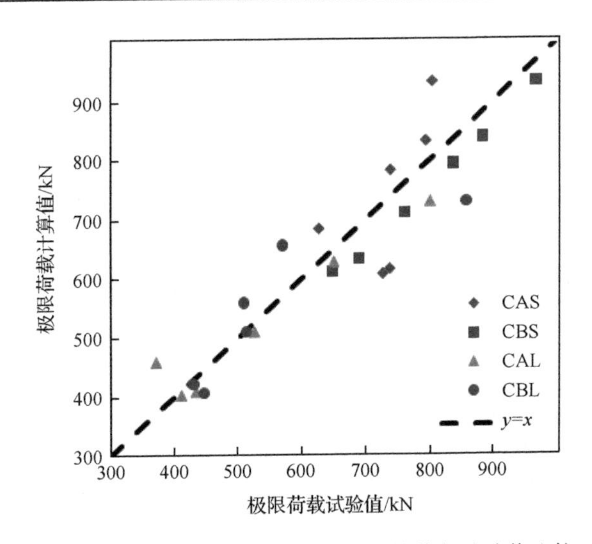

图 12-25　抗压柱极限荷载理论计算值与试验值比较

从模型的计算结果和试验值的比较来看，试验值与计算值还是比较吻合的。图 12-26 给出了根据本节试验柱配筋型按上述模型计算得到的锈蚀钢筋混凝土柱极限荷载退化曲线，从图中可以看出，锈蚀钢筋混凝土柱极限承载力退化可以分为两个阶段。

阶段Ⅰ：从锈胀开始到混凝土保护层剥落，极限承载力的退化包括混凝土保护层剥落引起的混凝土截面的减小和钢筋截面的减小，极限承载力的下降速率较快。

阶段Ⅱ：混凝土保护层完全剥落后，极限承载力的退化主要为锈蚀钢筋截面的进一步减小，极限承载力的下降速率比阶段Ⅰ有所减缓。

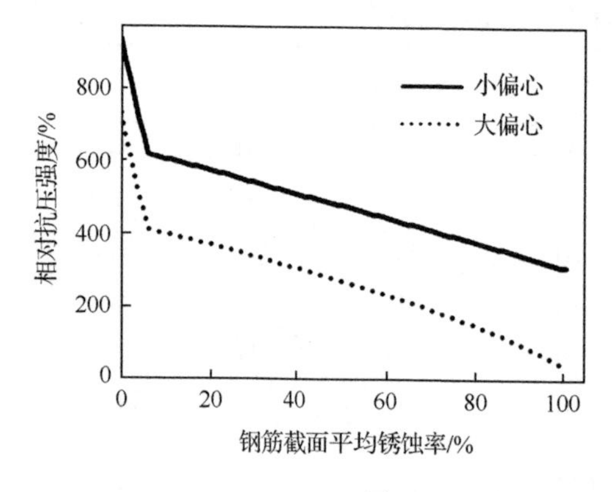

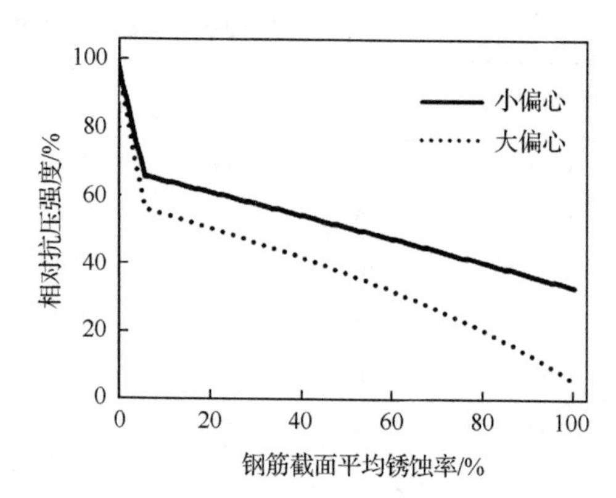

图 12-26　锈蚀钢筋混凝土柱极限荷载退化曲线

参 考 文 献

[1] Castel A, Francois R, Arliguie G. Mechanical behaviour of corroded reinforced concrete beams—Part I: Experimental study of corroded beams. Materials and Structures, 2000, 33(233): 539-544.

[2] Castel A, Francois R, Arliguie G. Mechanical behaviour of corroded reinforced concrete beams—Part II: Bond and notch effects. Materials and Structures, 2000, 33(233): 545-551.

[3] Cabrera J G. Deterioration of concrete due to reinforcement steel corrosion. Cement and Concrete Composites, 1996, 18(1): 47-59.

[4] Tachibana Y, Maeda K I, Kajikawa Y, et al. Mechanical Behaviour of RC Beams Damaged by Corrosion of Reinforcement. London: Elsevier Applied Science, 1990.

[5] Rodriguez J, Ortega L M, Casal J. Load carrying capacity of concrete structures with corroded reinforcement. Construction and Building Materials, 1997, 11(4): 239-248.

[6] Huang R, Yang C C. Condition assessment of reinforced concrete beams relative to reinforcement corrosion. Cement and Concrete Composites, 1997, 19(2): 131 137.

[7] Mangat P S, Elgarf M S. Flexural strength of concrete beams with corroding reinforcement. ACI Structural Journal, 1999, 96(1): 149-158.

[8] Yoon S, Wang K, Weiss W J, et al. Interaction between loading, corrosion, and serviceability of reinforced concrete. ACI Materials Journal, 2000, 97(6): 637-644.

[9] Ballim Y, Reid J C, Kemp A R. Deflection of RC beams under simultaneous load and steel corrosion. Magazine of Concrete Research, 2001, 53(3): 171-181.

[10] Ballim Y, Reid J C. Reinforcement corrosion and the deflection of RC beams—An experimental critique of current test methods. Cement and Concrete Composites, 2003, 25(6): 625-632.

[11] Jin W L, Zhao Y X. Effect of corrosion on bond behavior and bending strength of reinforced concrete beams. Journal of Zhejiang University-Science A, 2001, 2(3): 298-308.

[12] Capozucca R, Cerri M N. Influence of reinforcement corrosion in the compressive zone on the behaviour of RC beams. Engineering Structures, 2003, 25(13): 1575-1583.

[13] Fan Y F, Zhou J, Feng X. Prediction of load carrying capacity of corroded reinforced concrete beam. China Ocean Engineering, 2004, 18(1): 107-118.

[14] Maaddawy T E I, Soudki K, Topper T. Long-term performance of corrosion-damaged reinforced concrete beams. ACI Structural Journal, 2005, 102(5): 649-656.

[15] Torres A A, Gutierreza S N, Guill J T. Residual flexure capacity of corroded reinforced concrete beams. Engineering Structures, 2007, 29(6): 1145-1152.

[16] Azad A K, Ahmad S, Azher S A. Residual strength of corrosion-damaged reinforced concrete beams. ACI Materials Journal, 2007,104(1):40-47.

[17] Vidal T, Castel A, Francois R. Analyzing crack width to predict corrosion in reinforced concrete. Cement and Concrete Research, 2004,34(1):165-174.

[18] Board B, Pone S, Cairns J. Strength in shear of concrete beams with exposed reinforcement. Proceedings of the ICE Structures and Buildings, 1995,110(2): 176-185.

[19] 金伟良,陈驹,吴金海,等. 钢筋锈蚀对钢筋混凝土短梁力学性能的影响. 华中科技大学学报(城市科学版), 2003,20(001):1-3.

[20] Yan X K, Wang T C, Zhang Y M. Shear strength of reinforced concrete beams under sea water. 天津大学学报(英文版), 2004,10(2):138-141.

[21] 徐善华,牛荻涛. 锈蚀钢筋混凝土简支梁斜截面抗剪性能研究. 建筑结构学报, 2004,25(5):98-104.

[22] Higgins C, Farrow I W. Tests of reinforced concrete beams with corrosion-damaged stirrups. ACI Structural Journal, 2006,103(1): 133-141.

[23] 易伟建,赵新. 持续荷载作用下钢筋锈蚀对混凝土梁工作性能的影响. 土木工程学报, 2006,39(1):7-12.

[24] 熊进刚,祝建军,霍艳华. 钢筋混凝土简支梁纵筋锈蚀对受剪承载力的影响. 南昌大学学报, 2006(2):194-196.

[25] Zhao Y X, Jin W L. Shear strength of corroded reinforced concrete beams//Proceedings of the 10th International Symposium on Structural Engineering for Young Experts, Changsha, 2008.

[26] 贡金鑫,仲伟秋,赵国藩. 受腐蚀钢筋混凝土偏心受压构件低周反复性能的试验研究, 2004,25(5): 92-97.

[27] Rodriguez J, Ortega L M, Casal J. Load bearing capacity of concrete columns with corroded reinforcement//Proceedings of the 4th SCI International Symposium on Corrosion of Reinforcement in Concrete Construction, Cambridge, 1996:220-230.

[28] 史庆轩,李小健,牛荻涛. 钢筋锈蚀前后混凝土偏心受压构件承载力试验研究. 西安建筑科技大学学报(自然科学版), 1999,31(003):218-221.

[29] 史庆轩,牛荻涛,颜桂云. 反复荷载作用下锈蚀钢筋混凝土压弯构件恢复力性能的试验研究. 地震工程与工程振动, 2000,20(4):44-50.

[30] 袁迎曙,李果. 锈蚀钢筋混凝土柱的结构性能退化特征. 建筑结构, 2002,32(10):18-20.

[31] 史庆轩,李小健,牛荻涛,等. 锈蚀钢筋混凝土偏心受压构件承载力试验研究. 工业建筑, 2001,31(005):14-17.

[32] 陈新孝,牛荻涛,王学民. 锈蚀钢筋混凝土压弯构件的恢复力模型. 西安建筑科技大学学报, 2005,37(2): 155-159.

[33] 孙彬,牛荻涛,王庆霖. 锈蚀钢筋混凝土压弯构件非线性有限元分析. 西安建筑科技大学学报, 2005,37(2): 326-331.

[34] Rani M U, Subramanian K. Experimental study on reinforced concrete corroded columns under loading condition. Bulletin of Electrochemistry, 2006,22(6):263-268.

[35] 周锡武,卫军,董荣珍,等. 锈蚀钢筋混凝土大偏心压弯构件承载力模型. 华中科技大学学报(自然科学版), 2007,35(3):107-109.

第13章　横向开裂混凝土结构耐久性能

普通钢筋混凝土构件在实际使用过程中会承受一定的弯曲应力或拉应力，由此不可避免地会在混凝土受拉区发生开裂，开裂后混凝土的内部孔隙结构将发生较大的变化，从而对其碳化性能、抗氯离子侵蚀性及内部钢筋的腐蚀产生一定的影响，进而改变混凝土结构的耐久性及预期寿命。

13.1　横向开裂后混凝土的碳化

混凝土构件横向开裂后对其碳化性能有一定的影响。文献[1]采用三点受弯来使梁产生横向裂缝，研究了横向裂缝对混凝土碳化的影响，发现在裂缝宽度较小时(0.1～0.2mm)，裂缝宽度对碳化深度的影响较小，而裂缝深度对碳化深度有重要影响。裂缝处的碳化深度是非裂缝处碳化深度的1.4～1.8倍。距离裂缝越远，相同时间下的碳化深度越小。由于碳化在接近暴露表面的裂缝处呈双向作用，导致裂缝侧开口处混凝土的碳化深度呈现缓慢下降的形态，由此导致相同时间下裂缝处的钢筋锈蚀程度比没有裂缝处的要严重。文献[2]认为，裂缝空间的可渗性对裂缝处的碳化有重要影响，裂缝空间的可渗性与其内部的沉积物有关，主要包括环境灰尘、混凝土内部渗出物、碳化碱、锈蚀钢筋的铁锈产物等，其密度与渗透性受环境条件(主要是湿度)、混凝土的配合比和厚度的影响，沉积物的有效反应很大程度上取决于载荷的形式，动荷载使裂缝不能自愈，引起裂缝宽度的变化，使相应沉积物的密度减少。本节给出了计算静荷载下裂缝内碳化深度的估算公式：

$$y=\sqrt{D_{cr}w\sqrt{\frac{4C_0t}{Dm_0}}} \tag{13-1}$$

式中，y为混凝土开裂处碳化深度；C_0为构件表面上碳酸气的浓度；D_{cr}为裂缝内CO_2的扩散速率；D为在碳化混凝土中碳酸气的有效扩散系数；w为裂缝宽度；m_0为单位混凝土体积吸收碳酸气的量；t为时间。

由于D与D_{cr}离散性较大，不能确定出可靠的值[3]，可采用概率统计的方法来进行计算，式(13-1)可进一步简写为

$$y=A_{cr}w^{1/2}t^{1/4} \tag{13-2}$$

式中，A_{cr}为考虑各种因素的裂缝处混凝土碳化速率系数，可认为服从正态分布。西南交通大学结构工程研究所对川黔线上使用34年之久的混凝土桥梁的调查发现A_{cr}服从正态分布$N(42.59, 12.282)$。当确定统计参数时，可根据式(13-3)进行一定保证率下混凝土裂缝处碳化深度的预测。

$$y_{P|t}=(\mu_{A_{cr}}+\beta\sigma_{A_{cr}})b^{1/2}t^{1/4} \tag{13-3}$$

式中，$\mu_{A_{cr}}$、$\sigma_{A_{cr}}$分别为A_{cr}的统计平均值与标准差。

13.2　氯离子在横向开裂混凝土内的输运

13.2.1　试验概述

采用的原材料为：普通硅酸盐水泥(P. O 42.5)；河砂，最大粒径为 2.5mm；碎石，最大粒径为 16mm；普通自来水；减水剂采用浙江五龙化工股份有限公司生产的 ZWL-Ⅰ型低氯低碱超高浓高效减水剂，减水率为 23.8%，掺量为水泥重量的 0.4%。各材料用料及 28 天立方体抗压强度如表 13-1 所示[4]。

表 13-1　混凝土配合比及 28 天抗压强度

水灰比	每立方米混凝土含量/kg				减水剂/%	砂率/%	抗压强度/MPa
	水泥	水	砂	石			
0.53	412	220	641	1046	—	38	40.2
0.43	512	220	561	1042	—	35	48.6
0.36	612	220	486	1034	0.4	32	52.2

试验采用 150mm×200mm×1500mm 的钢筋混凝土梁，受荷跨度为 1200mm，受拉主筋为两根二级钢筋，直径为 14mm，箍筋为Φ6@100，架力筋为 2Φ12，如图 13-1 所示。分别考虑水灰比(0.53、0.43、0.36)、保护层厚度(30mm、40mm、50mm)、跨中裂缝宽度(0.10mm、0.15mm、0.20mm、0.25mm)、荷载作用方式(加载到产生 0.2mm 裂缝不卸载(LC)、加载到产生 0.2mm 的裂缝后卸载(LS)、湿润阶段保持 0.2mm 的裂缝＋干燥阶段卸载(LD))的影响，制作如图 13-2 所示的试件，其中对比梁的水灰比为 0.43，保护层厚度为 30mm，跨中裂缝宽度为 0.20mm(实际加载过程中裂缝会有一定的偏差)，荷载作用方式为持载。试件如表 13-2 所示，每一个编号的试件制作两根，其中一根用于完全浸泡试验(在试件标志后加“-A”)，另一根用于干湿循环试验(在试件标志后加“-B”)，对 S2 系列的试件，根据加载后实际裂缝宽度对标志进行更新。浇筑前在受拉主筋的中间位置粘贴应变片，并用环氧树脂覆盖，同时设置引出导线。浇筑试件时预先在两端距边缘 150mm 处沿高度方向留出直径为 20mm 的孔，方便后面加载。为保证氯离子在受拉区的输运不受浇筑的影响，采用侧面为浇筑面。

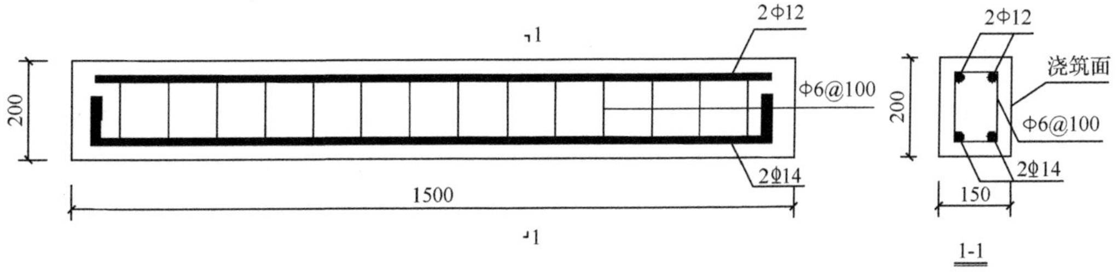

图 13-1　试验试件(单位：mm)

试件浇筑好后，进行 28 天的浇水养护，然后采用自锚的方式加载，通过拧紧两端螺栓来达到要求的跨中裂缝宽度，如图 13-2 所示。同时测量跨中钢筋的应变值。用防腐涂料封闭侧面，保证氯离子只从受拉面和受压面侵蚀，在室温下将试件浸泡于8%的NaCl溶液中。对上面一根构件采用周期为14天的干湿循环（干燥和湿润时间均为7天，首尾相连），对下面一根构件采用完全浸泡的试验方法。浸泡过程中定期测试溶液浓度及干湿循环构件的跨中裂缝宽度，如果有变化，则及时进行调整。140天后取出试件进行主筋的腐蚀估测和氯离子含量测试，测试取样位置如图13-3所示。

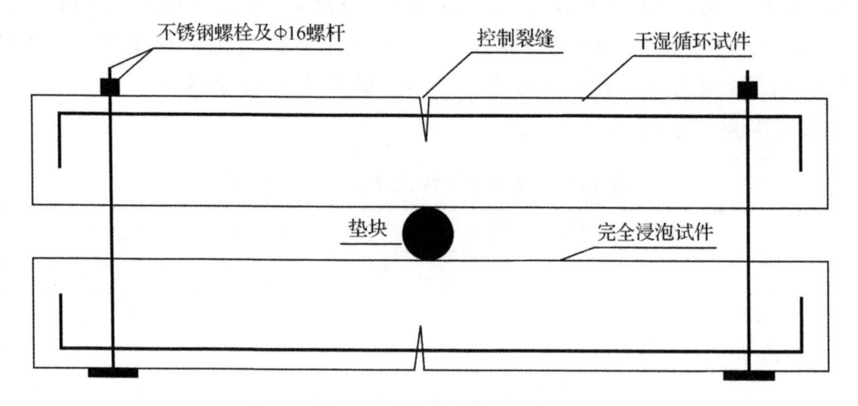

图13-2　荷载施加方式

表13-2　试件详表

编号	标志/试验项目	水灰比	保护层厚度/mm	设计裂缝宽度/mm	干湿循环试件实际裂缝宽度/mm	完全浸泡试件实际裂缝宽度/mm	加载方式
	水灰比						
1	S1-53	0.53	30	0.2	0.18	0.21	持续荷载
2	S1-43	0.43	30	0.2	0.21	0.22	持续荷载
3	S1-36	0.36	30	0.2	0.22	0.24	持续荷载
	裂缝宽度						
1	S2-0.20	0.43	30	0.2	0.21	0.22	持续荷载
4	S2-0.10	0.43	30	0.1	0.12	0.13	持续荷载
5	S2-0.15	0.43	30	0.15	0.16	0.16	持续荷载
6	S2-0.25	0.43	30	0.25	0.24	0.26	持续荷载
	加载方式						
1	S3-LC	0.43	30	0.2	0.21	0.22	持续荷载
7	S3-LS	0.43	30	0.2	0.21 (0.12)	0.22(0.14)	加载后卸载
8	S3-LD	0.43	30	0.2	0.20	0.22	变化荷载
	保护层厚度						
1	S4-C40	0.43	40	0.2	0.21	0.23	持续荷载
9	S4-C30	0.43	30	0.2	0.21	0.22	持续荷载
10	S4-C50	0.43	50	0.2	0.19	0.2	持续荷载

注：括号里数字为卸载后的表面裂缝平均宽度值。

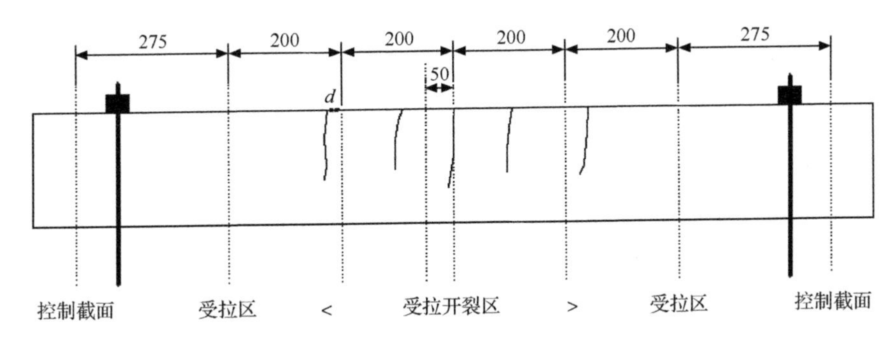

图 13-3　氯离子含量测试取样位置(单位:mm)

13.2.2　试验结果

控制梁试件不同截面的氯离子浓度分布如图 13-4 和图 13-5 所示,可见,跨中裂缝处的值远大于其他截面中的值。干湿循环下裂缝截面处的氯离子浓度呈现先增大后减小的趋势,这是因为裂缝处的对流效应比较明显,对流区深度较大。而在完全浸泡状态下观察不到这一现象。这说明干湿循环状态下裂缝的影响更显著。其他不同截面的氯离子浓度分布没有一定的规律性,离散性较大。

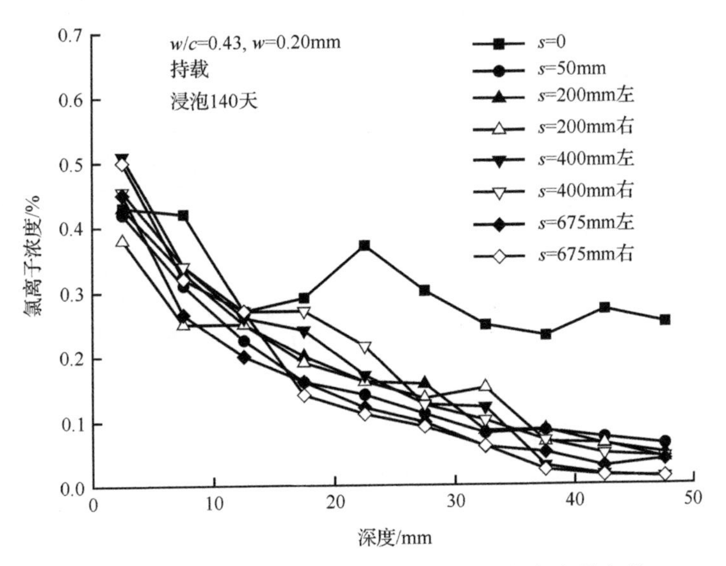

图 13-4　控制梁试件在完全浸泡时各截面的氯离子含量

采用前述的 Fick 第二定律的解析解进行拟合时,不同截面的拟合度如图 13-6 和图 13-7 所示(由于裂缝处的数值分布明显不符合 Fick 第二定律,所以没有将裂缝处 $s=0$ 的值进行拟合),可见,对同一根试件,开裂区($s=50$mm,$s=200$mm)的拟合精度几乎都小于控制截面处的值。这是因为受宏观裂缝或微观裂缝的影响,开裂区的氯离子输运机理复杂化,不能单纯使用 Fick 第二定律进行计算,本节通过比较不同深度的氯离子质量分数的大小来探讨其规律。而对受拉没有开裂的区域($s=400$mm)及控制截面($s=675$mm),则继续使用 Fick 第二定律拟合得到的表观扩散系数进行比较。

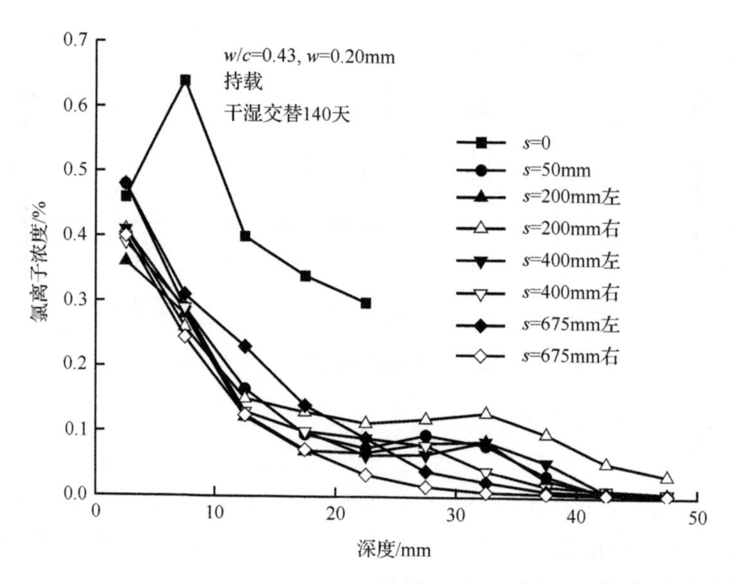

图 13-5　控制梁试件在干湿交替时各截面的氯离子含量

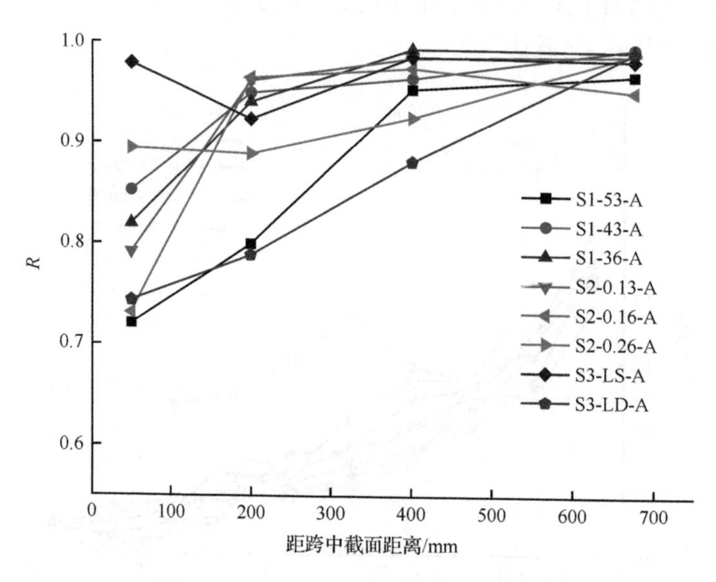

图 13-6　完全浸泡时不同试件各个截面的拟合度

通过对比 $s=0\text{mm}$、$s=50\text{mm}$、$s=200\text{mm}$ 三个位置处不同试件中的氯离子含量，发现在相同位置，水灰比越大，跨中裂缝宽度越大，氯离子浓度越大。持续荷载下的氯离子浓度与瞬时荷载下的值差别很小，但均小于变化荷载下的值。

去除表面 0～5mm 处的值后，根据 Fick 第二定律回归得到各个试件在 $s=400\text{mm}$ 与 $s=675\text{mm}$ 两个截面处的表观氯离子扩散系数及其相对值如表 13-3 所示。由 S1 系列可看出，水灰比对这两个截面的表观氯离子扩散系数有重要影响，水灰比越大，表观氯离子扩散系数越大。与其他人的研究结果一致，相对扩散系数则随水灰比增大而减小。由 S2 系列可看出，绝对扩散系数与跨中裂缝宽度没有一定的关系，这可能是因为混凝土自身离

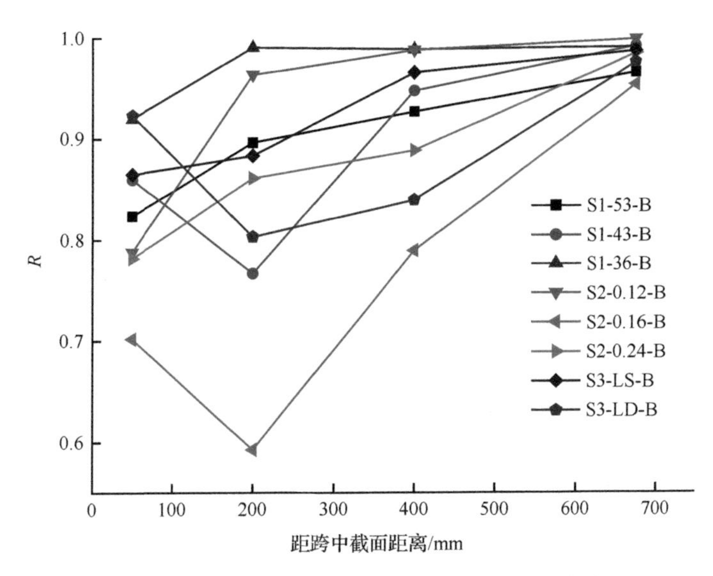

图 13-7　干湿循环下不同试件各个截面的拟合度

散性造成的。相对扩散系数则随应力水平的提高而增大。由 S3 系列可看出，荷载作用方式对绝对扩散系数没有影响，而对相对扩散系数的影响与上述 $s=0$ 及 $s=50$mm 的一致，即持载下的值大于瞬时荷载而小于变化荷载下的值。拉应力下混凝土内的氯离子扩散系数相对值在 1.1～2.2。

表 13-3　回归得到的距跨中 400mm 及 675mm 处的表观氯离子扩散系数　(单位：10^{-11} m²/s)

	试件	D_{400}	D_{675}	D_{400}/D_{675}		试件	D_{400}	D_{675}	D_{400}/D_{675}
完全浸泡	S1-53-A	3.426	2.532	1.35	干湿循环	S1-53-B	2.766	1.444	1.91
	S1-43-A	2.440	1.829	1.33		S1-43-B	0.672	0.455	1.48
	S1-36-A	0.304	0.285	1.07		S1-36-B	0.192	0.135	1.43
	S2-0.13-A	1.624	1.532	1.06		S2-0.12-B	0.550	0.487	1.13
	S2-0.16-A	1.881	1.667	1.13		S2-0.16-B	0.832	0.560	1.22
	S2-0.22-A	2.440	1.829	1.33		S2-0.21-B	0.672	0.455	1.48
	S2-0.26-A	3.421	1.938	1.77		S2-0.24-B	1.186	0.547	2.17
	S3-LS-A	1.588	1.587	1.00		S3-LS-B	0.641	0.563	1.14
	S3-LC-A	2.440	1.829	1.33		S3-LC-B	0.672	0.455	1.48
	S3-LD-A	2.117	1.637	1.40		S3-LD-B	1.285	0.512	2.51

在试件加载过程中，实时监测受拉主筋的纵向应变，记录下加载到最大荷载时的相应应变值 ε。试验测得钢筋的弹性模量 E 为 2.0×10^{5} MPa，则受拉主筋在跨中的最大应力 σ 为

$$\sigma = E\varepsilon \tag{13-4}$$

忽略试件的自重，在跨中集中荷载作用下，受拉主筋的各位置的应力可看做随距跨中距离呈线性变化，可表示为

$$\sigma_s = \sigma_0 \frac{600 - s}{600} \tag{13-5}$$

式中，σ_s 为距跨中距离为 s 位置的钢筋拉应力(MPa)；σ_0 为钢筋在跨中位置的拉应力(MPa)；s 为距跨中的距离(mm)。

对开裂区及受拉区的相对氯离子扩散系数取自然对数后进行拟合，自变量为对应的钢筋应力，拟合得到的完全浸泡和干湿循环下的结果为[4]

完全浸泡：

$$\ln(D_\sigma/D_0) = 2 \times 10^{-5}\sigma_s^2 \tag{13-6}$$

式中，D_σ 和 D_0 分别为开裂区及受拉区的相对氯离子扩散系数。

干湿循环：

$$\ln(D_\sigma/D_0) = 0.0046\sigma_s \tag{13-7}$$

13.3　横向开裂混凝土内的钢筋腐蚀性能

13.3.1　已有成果

混凝土内钢筋腐蚀方式有两种：宏电池腐蚀和微电池腐蚀。微电池腐蚀发生范围较小，主要造成钢筋表面坑蚀；宏电池腐蚀发生范围较大，会造成钢筋整体锈蚀。混凝土横向开裂后，由于水分、氯离子、O_2、CO_2 等引起钢筋锈蚀的条件很容易沿着裂缝快速侵入钢筋表面，因此与裂缝接壤的钢筋既充当阳极又充当阴极，会很快发生坑蚀。由于有害物质在裂缝内的传输速率与裂缝宽度有关，因此裂缝宽度对钢筋的微电池腐蚀有重要影响[5]，且主要影响其起锈时间。裂缝宽度越大，有害物质的传输速率越快，使钢筋的起锈时间越早。发生宏电池腐蚀时，裂缝处的钢筋扮演阳极，裂缝以外的混凝土内的钢筋扮演阴极，因此钢筋锈蚀程度不仅与裂缝处的物质有关，还与阴阳极间混凝土的电阻及阴极处的供氧程度有关，而这一因素取决于没有开裂区域的混凝土的保护层厚度、渗透性等[6]，如图 13-8 所示。由于裂缝处钢筋的面积远小于裂缝以外的钢筋面积，裂缝宽度对钢筋锈蚀速率影响很小[7]。另外，裂缝空气中的微尘、污物及混凝土水化时产生的 $CaCO_3$ 沉积物很容易堵塞裂缝，使混凝土发生自愈，当锈蚀一开始就出现在受弯裂缝尖端时，锈蚀产物也会堵塞裂缝，从而降低氯离子的传输速率，并减缓锈蚀进程[8,9]。

在混凝土内，微电池腐蚀与宏电池腐蚀同时存在，根据上述理论分析可以看出，横向裂缝宽度主要影响开裂处钢筋的起锈时间，对锈蚀程度无显著影响，对其承载力及耐久性寿命也影响较小。国内外的调查与试验均说明了这一点。如由建工四局科研所等 8 个单位调查了 78 项工程实际构件，裂缝宽度为 0.13～9mm，发现横向裂缝宽度为 1mm、2mm、4mm 的一批试件内的钢筋没有发生锈蚀，即使在潮湿环境中也只引起局部锈蚀，符合微电池腐蚀的表现。而其中 12 例损坏是由混凝土纵向顺筋开裂引起的。Vidal 等[5]对一根暴露在氯盐环境中 17 年的钢筋混凝土梁的试验表明，横向受弯裂缝及其宽度(w<0.4mm)不会对受拉钢筋的锈蚀产生明显的影响。

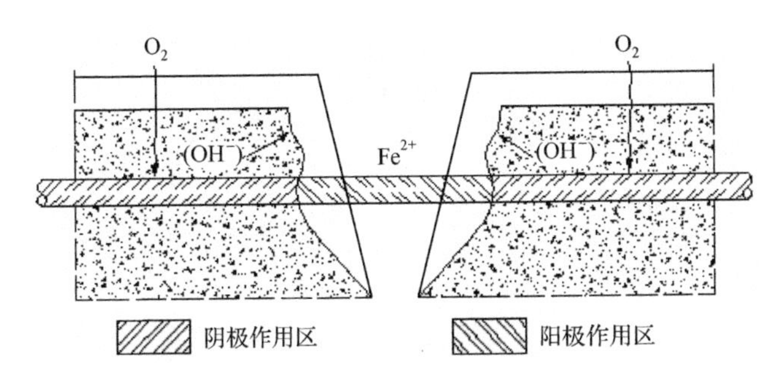

图 13-8　宏电池腐蚀示意图

13.3.2　试验设计

本试验[10]对持续加载下的开裂钢筋混凝土梁构件进行了盐溶液干湿循环试验，然后分别用半电池电位法和电化学方法测试了受拉区钢筋的腐蚀情形。试验中，混凝土原材料采用 42.5 号普通硅酸盐水泥，石子采用最大粒径为 20mm 的碎石，砂采用天然河砂，细度模数为 2.5，级配Ⅱ区，配合比如表 13-4 所示。试验梁尺寸为 150mm×200mm×1500mm，其参数设计和裂缝开展状况如表 13-5 所示。

表 13-4　混凝土配合比及其力学性能

水灰比	水泥/kg	水/kg	砂/kg	石/kg	砂率/%	28 天抗压强度/MPa
0.43	512.0	220.0	561.3	1042.4	35	33.7～36.6

表 13-5　试验梁设计及裂缝开展工况

裂缝状况	工况	保护层/mm	钢筋类型	跨中 1m 内裂缝开展情况				受力状态
				w_{max}^*/mm	条数	l_m/mm	w_m/mm	
多裂缝	M1	25	HRB500	0.32	9	128.8	0.163	两两互锚持续加载
	M2	30	HRB500	0.18	10	113.3	0.099	
	M3	40	HRB500	0.20	7	170.0	0.136	两两互锚持续加载
	M4	30	HRB500	0.12	11	108.0	0.066	
	M5	30	HRB500	—	9	123.8	—	加载后卸载
无裂缝	N1	30	HRB500	—	—	—	—	不加载

* 对应的数值为钢筋位置处最大裂缝宽度。

13.3.3　试验结果分析

1. 半电池电位法

经过一段时间的干湿循环侵蚀后（NaCl 浓度为 10%），从试验梁浇筑面一侧测得的钢筋半电池电位如图 13-9 所示。从图中可以得到以下几点结论。

(1) 对于持续荷载作用下的多裂缝梁 M2～M4，其跨中区域钢筋的电位要普遍低于梁两端钢筋的电位，这与跨中区域裂缝密而宽有关；其中，M2 梁（C＝30mm，w_{max}＝

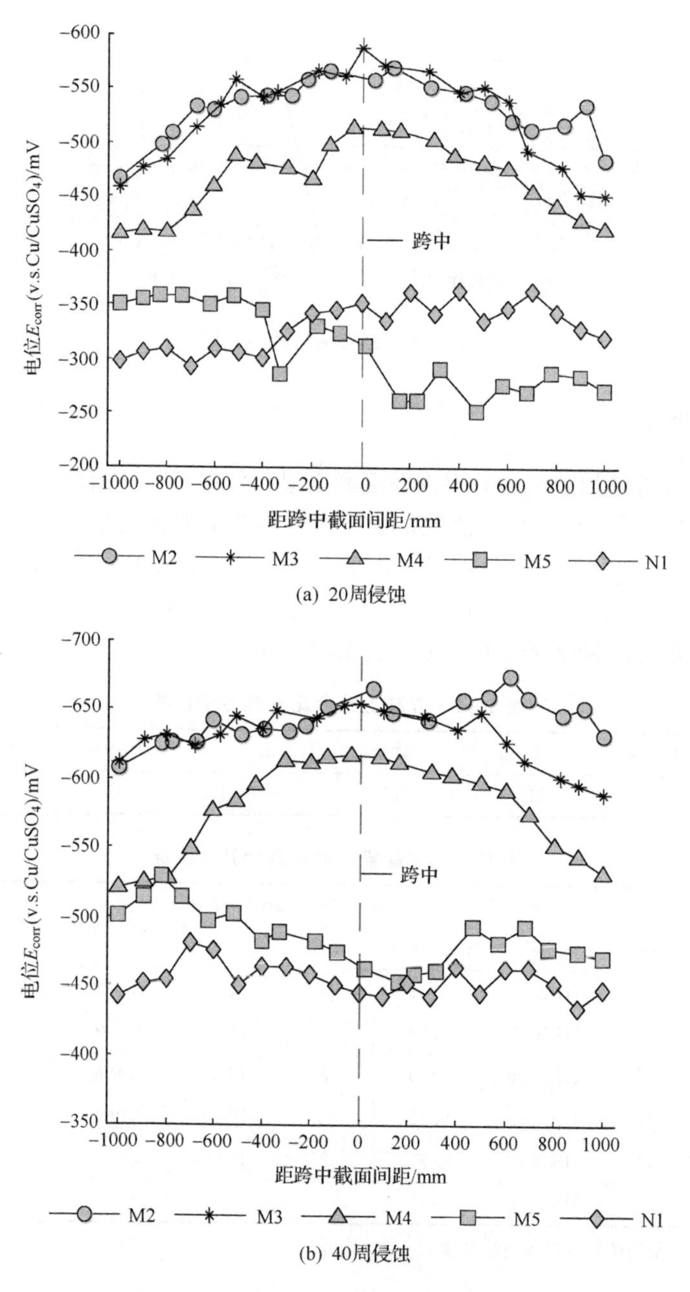

(a) 20周侵蚀

(b) 40周侵蚀

图 13-9 多裂缝试验梁浇注面一侧钢筋的半电位

0.18mm)与 M3 梁($C=40$mm,$w_{max}=0.20$mm)的电位分布比较接近,而 M4 梁($C=30$mm,$w_{max}=0.12$mm)各部位的电位略高于以上两梁。若以最大裂缝宽度或保护层厚度单因素指标来进行评价,发现二者均很难有效说明开裂混凝土内钢筋锈蚀的发展状况;这里,在参考文献[11]、[12]以及综合考虑裂缝宽度、开裂频数和保护层厚度的基础上,提出用平均裂缝宽度 w_m 与保护层厚度 C 的比值 w_m/C 来进行评价;经计算,对应试验梁 M2、M3 和 M4 的 w_m/C 比值分别 0.0033、0.0034 和 0.0022。比较发现,以上三根梁的电

位分布规律与 w_m/C 比值大小符合得较好，这说明用一定长度内的平均裂缝宽度（考虑了开裂频数）与保护层厚度的比值 w_m/C 比单因素指标（最大裂缝宽度或保护层厚度）更能反映开裂状态下混凝土内钢筋的锈蚀发展情况。

（2）对于裂缝自愈的 M5 梁以及未开裂完好的 N1 梁，二者的电位分布差异不大；这说明开裂卸载后，梁内裂缝的自愈效果非常明显，此时愈合的裂缝对钢筋锈蚀的影响不是很明显。

（3）综合比较以上各梁可以得出，持续开裂状态下的试验梁内钢筋的电位要远远低于未开裂梁内钢筋的电位，说明持续开裂对钢筋锈蚀的影响是十分明显的。

综上所述，在分析裂缝对混凝土内钢筋锈蚀的影响时，除了要考虑环境因素（氯盐干湿交替）和荷载作用（持续），还需要重点考虑裂缝的开裂状态（宽度与间距）与保护层厚度等因素的影响。

2. 电化学法

电化学法测试采用美国 GAMRY 公司生产的 Reference 600 电化学工作站进行，仍以 $Cu/CuSO_4$ 作为参比电极。测定时，取一块大小为 75mm× 90mm 的不锈钢片作为辅助电极，在参比和辅助电极与混凝土表面之间设置一块 100mm×150mm 的湿海绵。由于在混凝土不饱和的状态下，需要相当长的时间在电极和钢筋间通过混凝土建立一个稳定的接触；因此，每次测试都需要保证混凝土已充分饱和。

腐蚀电流测量采用动电势（potentiodynamic）极化法，极化电势 $\Delta E(\Delta E=E-E_{corr})$ 设定为 100mV，扫描速率为 0.3mV/s，一般需要 120～240s 便可获得一个稳定的腐蚀电势。考虑到试验梁中部 1m 范围内裂缝分布较多，故腐蚀电流的测定分别选取跨中、距跨中 250mm 以及 450mm 的三个位置进行。

根据文献[13]提出的一种近似的估算方法，先测定钢筋的极化长度，在假定该段钢筋均已发生腐蚀的基础上计算锈蚀面积 A_{corr}（极化长度范围内钢筋的表面积），计算腐蚀电流密度。取三个位置测得的平均腐蚀电流密度作为试验梁的腐蚀电流密度值，试验梁浇注面一侧钢筋的腐蚀电流密度结果如图 13-10 所示。由图可以看出以下两点。

（1）腐蚀 40 周之后，多裂缝 M2 梁（$w_m/C=0.0033$）与 M3 梁（$w_m/C=0.0034$）的腐蚀电流密度要远高于其他梁，其数值是未开裂梁 N1 的 2～3 倍；而 M4 梁（$w_m/C=0.0022$）的腐蚀电流密度则略高于裂缝自愈的 M5 梁以及未开裂完好的 N1 梁（在腐蚀 20 周之后 N1 梁的腐蚀电流密度还高于 M4 和 M5 梁）。这与前面腐蚀电位的实测结果是相符的。结合表 13-5 给出的腐蚀电流密度与钢筋锈蚀状态的关系，可以看出试验梁 M2 和 M3 中的钢筋已处于高腐蚀状态，M4 梁处于中腐蚀状态，而 M5 梁和 N1 梁则处于低腐蚀状态。

（2）经过 20 周和 40 周的侵蚀后，试验梁内钢筋的腐蚀电流密度并没有发生明显的变化；其原因在于：对于混凝土梁内钢筋的电化学反应，其腐蚀速率将取决于阴、阳极间的电阻以及阴极处的供氧程度，即与混凝土保护层的厚度及其密实程度有关，与侵蚀的时间长短关系不大。

综合以上分析可以得出，在干湿循环时，开裂钢筋混凝土构件的平均裂缝宽度与保护

层厚度的比值 w_m/C 宜小于 0.0022；若取最大裂缝宽度为平均裂缝宽度的 1.5 倍，则氯盐干湿循环环境下的最大裂缝宽度宜小于 0.0033C（C 为保护层厚度），这与日本土木学会 JSCE 规程规定的恶劣侵蚀性环境下的最大裂缝限值要求 0.0035C 是相当的[14]。

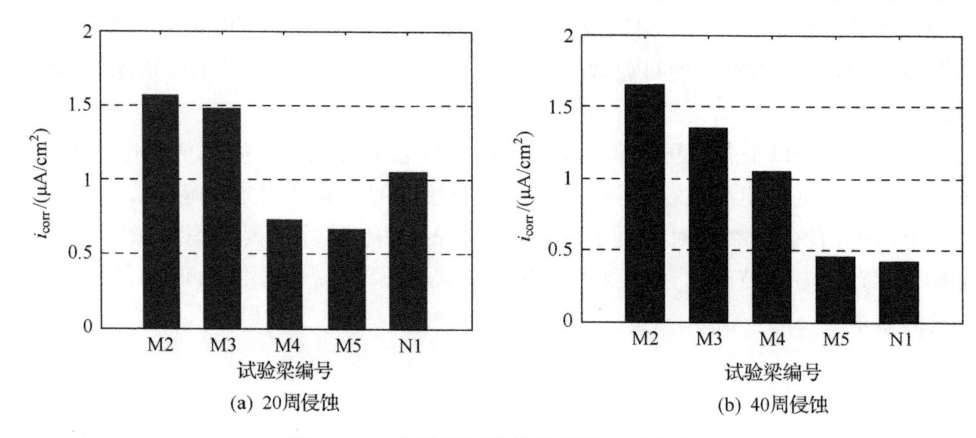

图 13-10 多裂缝试验梁的腐蚀电流密度

13.4 横向开裂混凝土的冻融循环性能

北方桥梁受弯曲荷载的作用，底部经常出现不同程度的横向裂缝。同时，冻融循环本身将造成混凝土开裂，且随着冻融次数的增加，这些裂缝将逐渐变宽，数目增多，并互相贯通。裂缝的连通和发展将增大混凝土的渗透系数和扩散系数，若在外部持续有水分的情况下，将使得混凝土孔隙中饱水度增大，可冻水含量增多，从而进一步加剧冻融破坏程度。目前国内外在这方面的工作很少，值得进一步深入开展研究。

13.5 提高混凝土抗裂和限裂的措施

13.5.1 产生裂缝的原因

混凝土结构中引起裂缝的原因很多，主要可以分为两大类：①由各种静、动荷载作用引起的裂缝；②由变形变化引起的裂缝。结构的不均匀沉降、收缩、温度变化，以及在混凝土凝结、硬化阶段都有可能引起裂缝的产生和开展。这类裂缝的起因是结构首先要求变形，当变形得不到满足才引起应力，当应力超过一定值后才引起裂缝，裂缝出现后变形得到满足或部分满足，同时刚度下降，应力就发生松弛。某些结构，虽然材料强度不高，但有良好的韧性，也可适应变形要求，抗裂性能较高。

据调查[15]，工程实践中结构物的裂缝原因，属于变形变化为主引起的约占 80%；属于荷载为主引起的约占 20%。现对产生裂缝的各种因素简述如下。

1. 荷载作用

钢筋混凝土结构在荷载作用下，承受拉(轴)力或弯矩的构件以及承受剪力和扭矩的构件都可能出现垂直于拉应力方向的裂缝。对于截面较大的拉杆，除了贯通全截面的较宽裂缝，还有在钢筋位置的短而窄的裂缝；截面高度较大的梁，裂缝宽度在钢筋位置处较窄，而稍远处的腹部裂缝更宽；梁端斜裂缝在截面高度中间部分最宽，上下端较窄。

钢筋混凝土结构在轴压力或压应力作用下也可能产生裂缝，如梁受压区顶部的水平裂缝、薄腹梁端部连接集中荷载和支座的斜向受压裂缝、螺旋箍筋柱沿箍筋外沿的纵向裂缝、局部承压和预应力筋锚固端的局部裂缝等。发生受压裂缝时，混凝土的应力值一般超过了单轴受压峰值应变，临近破坏，使用阶段应予避免。常见混凝土结构在各种荷载下的裂缝分布如图 13-11 所示。

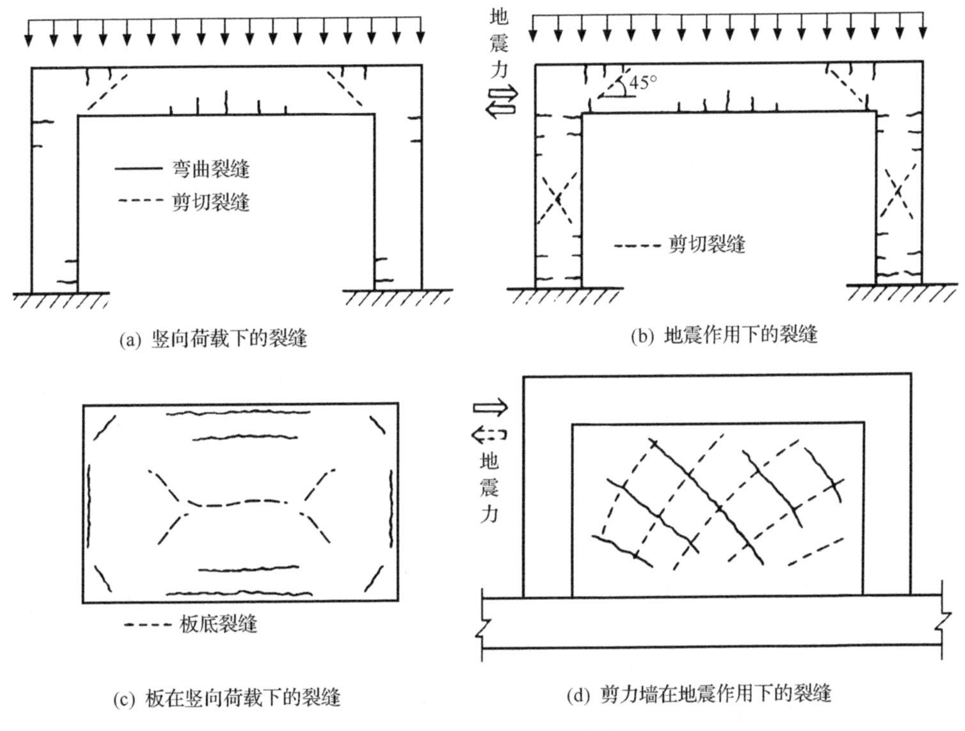

图 13-11　荷载产生的裂缝

2. 温度作用

水泥在水化过程中会产生大量的热量，这是混凝土内部温升的主要热量来源。对于大体积混凝土，由于截面的厚度大，水化热聚集在结构内部不易散发，引起混凝土内部急剧升温。由于混凝土的导热性能较差，浇筑初期混凝土的弹性模量和强度都很低，对水化热急剧温升引起的变形约束不大，温度应力自然也比较小。随着混凝土龄期的增长，其弹性模量和强度相应提高，对混凝土降温收缩变形的约束越来越强，即产生很大的温度应力，当该时刻混凝土的抗拉强度不足以抵抗该温度应力时，便产生温度裂缝。

置于自然环境中的钢筋混凝土结构，从施工到正式投入使用都不可避免地经受各种自然环境变化的影响，这与钢筋混凝土结构所在的地理位置、地形地貌条件、结构物的方位、朝向以及所处的季节、太阳辐射强度、气温变化、云、雾、雨、雪等因素有关。钢筋混凝土结构的内外表面之间,还不断地以热对流、热辐射和热传导等方式与周围空气介质进行热交换,因此钢筋混凝土结构处于十分复杂的热交换过程中,由此形成的钢筋混凝土结构的温度场分布也十分复杂。但就钢筋混凝土结构而言,自然环境条件变化而引起的温度作用一般可以分为季节温度变化、日照温度变化和骤然降温温度变化三类。这些温度变化将使结构产生不均匀的温度分布,继而产生温度应力和变形。

3. 收缩变形作用

一般地,混凝土收缩变形包括塑性收缩、自身收缩、碳化收缩和干燥收缩四种主要形式。混凝土的塑性收缩发生在塑性阶段,由水泥水化反应决定。虽然体积变化量很大,但由于混凝土尚未硬化,一般认为,在施工作业振捣充分时不会影响后期质量。自身收缩发生在水泥硬化过程,源于混凝土内部尚未完全水化的水泥颗粒的继续反应消耗自由水,这种收缩与环境湿度变化无关。大气中的二氧化碳与水泥的水化物发生化学反应引起的收缩变形称为碳化收缩。由水分的散失而导致的干燥收缩最为常见。一般用水量大,水泥用量越多、构件尺寸越小或越薄、周围空气湿度越小,干燥收缩量越大。

4. 不均匀沉降

建筑物的基础并不是整体均匀沉降的。如图 13-12 所示,当 A 侧相对于 B 侧下沉时,AB 间的墙体将因强制剪切变形而产生裂缝。这种裂缝的特征是,AB 间从底层到顶层均产生同样方向和宽度的裂缝。沉降量也可由裂缝宽度直接推测,在无墙板的情况下,由不均匀沉降产生的强制变形会使梁端产生弯曲裂缝。

5. 施工原因

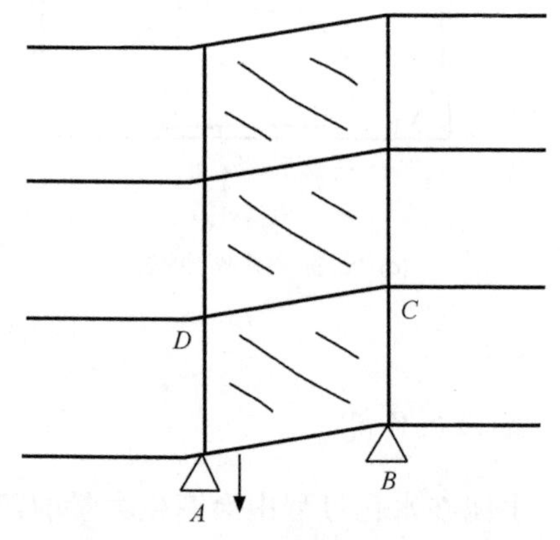

图 13-12 不均匀沉降产生的裂缝

施工过程中引起裂缝的不当操作包括:①混合材料不均匀:由于搅拌不均匀,材料的膨胀和收缩的差异,将引起局部的一些裂缝(图 13-13(a));②长时间搅拌:混凝土运输时间过长,长时间搅拌突然停止后很快硬化产生异常凝结,引起网状裂缝(图 13-13(b));③浇筑速率过快:当构件高度较大时,如果一次快速浇筑混凝土,因下部混凝土尚未充分硬化,则会产生下沉,引起裂缝(图 13-13(c));④交接缝处理不当:浇筑先后时差过长,先浇筑的混凝土已硬化,导致交接缝混凝土不连续,这是结构产生裂缝的起始位置,将成为结构承载力和耐久性的缺陷(图 13-13(d));⑤模板外鼓:由于模板隔挡设置不当,导致墙、柱、梁的模板外鼓,使得硬化但未达到强度的混凝土产生移动而引起的裂缝(图 13-13(e));⑥支撑下沉:由于模板支撑设置不当,支撑沉降产生过大变形而引起裂缝(图 13-13(f)和图 13-13(g));⑦初始快速干燥:由于风、高温以及夏季阳光直射和浇水不足等原因,导致混凝土表面失去养护水分,因快速干燥而使得混凝土在凝结结束时产生裂缝,其裂缝的形状比混凝土泌水沉降裂缝更细,且呈无方向性的龟甲状,裂缝

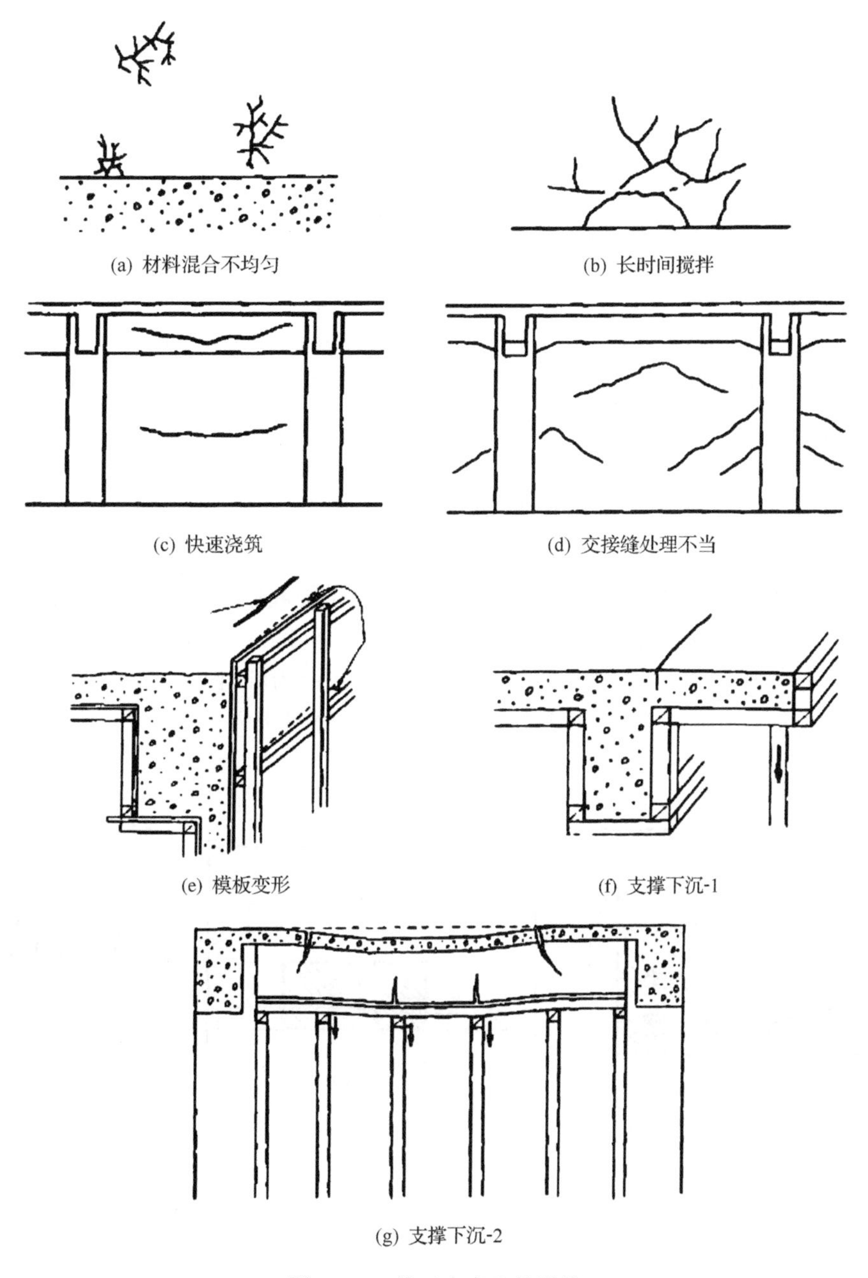
(a) 材料混合不均匀　(b) 长时间搅拌

(c) 快速浇筑　(d) 交接缝处理不当

(e) 模板变形　(f) 支撑下沉-1

(g) 支撑下沉-2

图 13-13　施工中产生的裂缝

深度也较浅；⑧模板拆除过早：拆模后，因混凝土干燥速率加快，加之构件干燥收缩产生的约束作用引起拉应力，在混凝土抗拉强度不足时产生裂缝，这种裂缝与干燥裂缝有所不同，而与荷载和强制变形下的裂缝情况类似；⑨混凝土硬化前受到振动或加载：在混凝土凝结、硬化阶段，由于附近打桩使结构产生振动，或在看上去已硬化的混凝土上放置物体等使结构过早受力，由于混凝土尚未充分硬化，抗拉强度较低而导致混凝土开裂。

13.5.2 混凝土抗裂和限裂措施

对于荷载裂缝宽度的控制主要有以下一些措施。

1. 合理布置钢筋

当构件中出现裂缝时，由于钢筋与混凝土之间存在着黏结握裹，钢筋对受拉张紧混凝土的回缩起着约束作用，因此离钢筋越远，裂缝宽度越大。这种约束作用有一定范围，离钢筋越近，混凝土受到的约束作用越大，回缩越小，裂缝越细；随着距离的增大，约束作用减弱，混凝土回缩量增大；当超过某个范围后，钢筋对表面裂缝的宽度将不起控制。这种钢筋能对混凝土回缩起约束作用的范围称为钢筋的有效约束区。

根据钢筋有效约束区的概念，采用合理的钢筋布置是控制和减小裂缝宽度的有效措施，在满足《混凝土结构设计规范》(GB 50010—2002)对纵向受力钢筋最小直径和钢筋之间的最小净间距的前提下，梁内采用直径略小、根数越多，并沿截面受拉边均匀布置的配筋方式，较之根数较少、直径大的配筋方式，可以有效地分散裂缝，减小裂缝宽度。但也不宜配制根数太多、直径过细的钢筋，配筋过密会使混凝土浇灌振捣困难，影响混凝土密实性。

欧洲混凝土协会及国际预应力混凝土协会制定的标准规范，对钢筋的有效约束区做了如图 13-14 的规定，其中图 13-14(a)为梁，图 13-14(b)为板，图 13-14(c)为梁的腹部或墙。这是从配筋构造上对裂缝进行控制的，当纵向钢筋间距大于 15 倍钢筋直径时，控制裂缝的效果将明显降低。

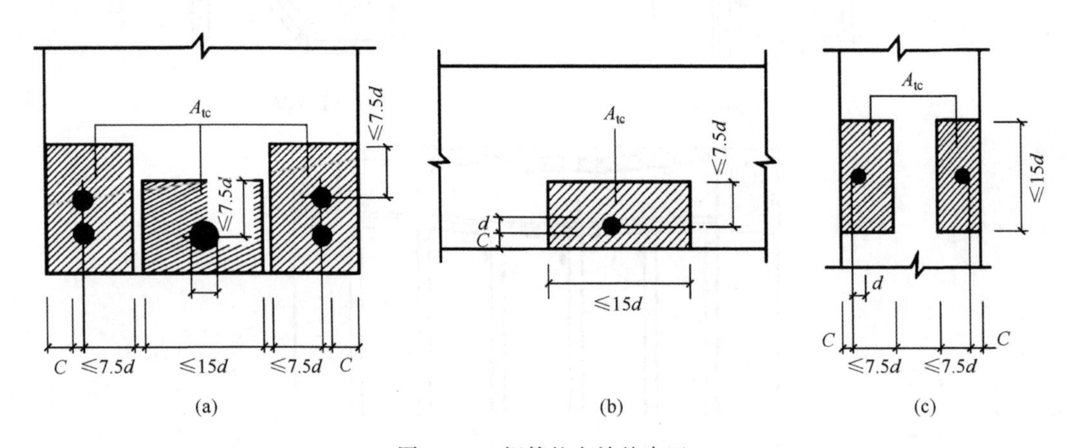

图 13-14 钢筋的有效约束区

2. 采用合适的混凝土保护层厚度

减小保护层厚度，可减小裂缝宽度；但保护层薄了，混凝土易碳化，钢筋易受锈蚀，从而降低构件的耐久性。因此适当增加保护层厚度，并保证混凝土浇灌和振捣的密实性，这样做虽然会使裂缝宽度的计算值有所增加，但对防止钢筋锈蚀，提高构件耐久性还是有利的。对混凝土保护层厚度大的构件，当在外观上的要求允许时，可根据实践经验，对裂缝宽度允许值适当放宽。

3. 尽可能采用带肋钢筋

在钢筋混凝土结构中配制光面钢筋，其相对黏结特性系数比热轧带肋钢筋降低30%，表明带肋钢筋与混凝土的黏结比光面钢筋要好得多，裂缝宽度也将减小。故梁的配筋中尽可能采用热轧带肋钢筋HRB335及HRB400级钢筋。

对于非荷载裂缝，需要从材料选取和施工工艺方面采取措施。施工措施如下：

(1) 对于超长超宽结构，常见的方法是设计变形缝和后浇带，把整体结构分割为若干个独立体分别施工，除永久性变形缝，最后浇筑后浇带将结构连成一体。这种措施虽然施工麻烦，但能有效控制混凝土结构的裂缝。

(2) 对于大体积工程，要控制混凝土的浇筑温度。高温时要首先降低原材料进入搅拌机的温度，如夏季在砂石堆场搭设简易遮阳棚，必要时对集料洒冷水降温、在水箱里加入冰块降低水温等；其次对搅拌运输车罐体加保温套或喷淋冷水降温，对泵送管道遮阳防晒。

(3) 掌握好振捣方式及时间。机械振捣与手工捣固方式相比，采用前者时混凝土收缩性较小；振捣时间要根据机械性能决定，一般以5～15s/次为宜。时间太短，振捣不密实、不均匀，从而使混凝土强度不足；时间过长，会使砂浆上浮、粗集料下沉造成分层，不仅强度不均匀，而且上层混凝土易发生收缩裂缝。尤其在使用流动性很高的混凝土时，只需用低频振捣器振捣，且可加大振点间距，缩短振捣时间。

(4) 采用二次振捣施工工艺。对已浇筑入模的混凝土，在表面刮平抹压12h后、水泥初凝前，在混凝土表面进行二次振捣，可排除混凝土泌水形成的孔隙，消除混凝土因干缩、沉缩和塑性收缩产生的表面裂缝，增加混凝土的密实度，提高抗裂能力。但是必须掌握好恰当的二次振捣时间，过早振捣没有效果，过晚不仅消除不了表面裂缝，反而会破坏混凝土进入初凝后已形成的内部结构，甚至造成更为严重的后果。

(5) 对现浇基础底板、楼板、道路路面等混凝土板面，在振捣抹平后立即用塑料薄膜或防潮纸覆盖，接缝处搭接盖严，避免表面水分蒸发，保持混凝土表面在湿润状态下养护至终凝，然后继续浇水养护7天，使用高性能混凝土时不少于14天。或者在振捣抹平后的混凝土板面覆盖湿草帘、湿麻袋，经常浇水进行保湿养护。冬季施工时，要用塑料薄膜和干草帘、麻袋等覆盖进行保温保湿养护。

(6) 墙、柱、梁的模板拆除后，为了防止混凝土表面产生干缩裂缝，应及早进行养护。拆模后应立即在表面涂刷或喷洒液体成膜养护剂，也可在侧面挂贴麻袋片，柱子和梁再外包塑料薄膜，并浇水保湿养护7天。箱形基础结构超长超宽时，地下室外墙常因温差和干湿差过大出现竖向裂缝。因此要对地下室外墙采取保温保湿养护措施，以减小外墙温差和干湿差的变化；有条件时尽可能在模板拆除后早日回填土，利用土壤对外墙混凝土进行有效的保温保湿养护。

(7) 在酷热干燥的夏季施工时，为对混凝土表面进行保湿，可在表面抹光后用农药喷雾器不断喷雾；或搭建遮阳板、园林黑网以降低模板和混凝土表面温度；条件允许也可把浇筑计划安排在早晚或夜间。在多风季节，可搭设临时挡风墙以减低混凝土表面风速来抑制表面失水。

(8) 当使用膨胀剂时,在混凝土浇筑后应立即在表面覆盖塑料薄膜或防潮纸保持混凝土在潮湿状态下养护 14 天,使膨胀剂充分形成膨胀产物发挥膨胀作用。因为当混凝土失水后,膨胀剂尚未生成膨胀组分,在没有水分补充的情况下,就会发生膨胀剂与水泥颗粒“抢水”的现象,不但膨胀剂不能发挥应有的作用,而且混凝土干缩更为严重。

(9) 对混凝土及早养护以及延长养护时间都能预防混凝土裂缝的产生。在混凝土抹压初凝后轻微洒水润湿、终凝后浇水养护 7 天;或在抹压处理后立即覆盖保湿层并洒水养护,可防止表面干缩裂缝。对终凝后的墙体和面板混凝土,还可架设洒水花管进行自流养护。在常温季节,当混凝土终凝后也可采用蓄水养护的办法,替代用覆盖物保温保湿的养护措施,能收到预期的效果。

防治混凝土开裂的材料选取应遵循以下原则。

1. 水泥

(1) 水泥品种。大体积混凝土原则上应采用水化热低的水泥,以避免早期温度应力导致的混凝土开裂。但对于非大体积混凝土,没有必要拘泥于此,研究发现,采用普通硅酸盐水泥,与用纯硅酸盐水泥加矿渣和粉煤灰等矿物掺和料配合的胶凝材料体系实际上干缩的程度相差不大。

(2) 水泥的矿物组成。C_3A 含量高的水泥收缩较大,而石膏掺量适当增加,则有利于收缩的减小。因此抗裂性要求高的工程,宜选用 C_3A 含量低的水泥。

(3) 水泥细度。水泥细度过细,会导致收缩增大。从水化放热速率的角度看,也是不宜太细。但现在大多数水泥厂为了满足工程早强的要求,水泥都磨得比较细,这时最好用矿物掺和料等措施来解决。

2. 集料

(1) 集料的含泥量。集料的含泥量对混凝土收缩和力学性能都具有显著影响,因此必须严格控制砂石的含泥量,有条件的话,最好对砂石进行淘洗,洗去砂石中泥土和碎屑,至少要保证砂石达到一级品质。

(2) 集料的级配。集料的级配对收缩的影响最为复杂。原则上,集料的级配合理,则集料能构成最紧密的骨架,这对混凝土的干缩有很强的抑制作用。目前搅拌站从采石厂进的石子,大部分都是经过筛分的,尽管顺位形态不错,但石子粒径趋于单一,缺乏细粒径的颗粒,因此级配都不理想。搅拌站应多选取几种石子进行合理的匹配,一些粒径小的瓜子片是理想的选择,级配应以能构成密实堆剁、尽量减少孔隙率为目的,通过试验确定。并尽可能避免各号中间筛上出现零分计筛余或极低分计筛余,在满足混凝土用粗集料级配要求范围的基础上,应采取措施将粗集料级配控制在接近级配曲线范围的下限。条件允许时,尽可能选用粗的砂石,对减少混凝土收缩是有利的。

(3) 集料的种类。尽量选用有利于减少收缩的优质集料。细集料种类对混凝土干缩的影响从大到小的顺序是:河砂→海砂→山砂。粗集料对混凝土干缩的影响从大到小的顺序是:山碎石→河砾石→石灰石碎石。

(4) 集料的弹性模量。通常弹性模量高的集料对水泥石收缩的约束作用大。尤其石子的弹性模量影响大。按石子的母岩类型，对混凝土收缩的影响从大到小顺序为：硬砂岩→安山岩→ 石灰岩。

3. 矿物掺和料

矿物掺和料现已成为配制高性能混凝土必不可少的组分。对改善混凝土的强度，以及抗渗、耐腐蚀等耐久性具有重要意义，但对改善混凝土的收缩性能没有显著的效果。目前用得比较多的矿物掺和料是矿粉和粉煤灰，掺加矿粉会增大混凝土的收缩，粉煤灰增加收缩的作用小于矿粉，合理掺量范围(20%～30%)对混凝土干缩的影响不大，建议优先选用优质粉煤灰作为矿物掺和料。使用矿粉时，矿粉细度不宜过小，且掺量要较低(水泥替代率小于15%)。

4. 外加剂

外加剂已成为商品混凝土的必要组分。由于种类繁多对混凝土收缩的影响一直未有确定的结论。通常认为，同等条件下高效减水剂将增大混凝土收缩10%左右。早强剂和缓凝剂掺量都会增大混凝土收缩。各种外加剂在使用之前，必须按照国家标准进行水泥适应性检验，以防对混凝土收缩产生不利影响。条件允许时，对于需长期使用的确定品种外加剂可开展收缩试验，评价其对混凝土收缩的影响。试验时，应避免采用减水的配比方案以排除单位用水量变化对收缩的影响，以免得到错误的结论。

5. 纤维

在混凝土中掺入纤维制成纤维混凝土是抑制混凝土开裂的重要手段。其中聚丙烯纤维效果尤为显著。国内外许多学者对聚丙烯纤维对混凝土塑性收缩裂缝的影响进行了试验研究，得出了较为一致的结论：聚丙烯纤维能有效抑制混凝土早期塑性收缩裂缝的产生和发展，并有细化裂缝的作用，明显改善了水泥石的结构，使水泥石中原生微裂纹减少，裂缝宽度减小。此外，聚丙烯纤维混凝土还有良好的抗干缩效果，在较短龄期内的抗干缩作用尤为明显。纤维抑制裂缝开展的机理如下：当混凝土由于某种原因形成微裂缝时，这些微裂缝存在于混凝土内的集料和水泥凝胶体的局部接触面处以及凝胶体内部，这个阶段的微粒带着少许的能量，可以很容易被纤维吸收。由于纤维以单位体积内较大的数量均匀乱向分布于混凝土内部，微裂缝在发展的过程中必须遭遇纤维的阻挡，消耗了能量，从而阻断裂缝的发展。

参考文献

[1] 刘欣，高妍，季海霞，等. 钢筋混凝土结构微裂缝下的碳化试验分析. 徐州建筑职业技术学院学报，2010，10(1)：25-27.

[2] 朱元祥，侯应武，屈文俊. 混凝土结构裂缝处的碳化分析. 西北建筑工程学院学报，1998，4：34-38.

[3] Schiessl P. Corrosion of Steel in Concrete. London：Chapman and Hall，1988.

[4] 延永东. 氯离子在损伤及开裂混凝土内的输运机理及作用效应. 杭州：浙江大学博士学位论文，2011.

[5] Vidal T，Castel A，Francois R. Corrosion process and structural performance of a 17 year old reinforced concrete beam stored in chloride environment. Cement and Concrete Research，2007，37(11)：1551-1561.

[6] 蒋德稳，李果，袁迎曙．混凝土横向裂缝对钢筋腐蚀速度影响的试验研究．四川建筑科学研究，2005，31(4)：55-58.

[7] Schiebl P，Raupach M. Laboratory studies and calculations on the influence of crack width on chloride-induced corrosion of steel in concrete. ACI Materials Journal，1997，94(1)：56-62.

[8] Jacobsen S，Marchand J，Boisvert L. Effect of cracking and healing on chloride transport in OPC concrete. Cement and Concrete Research，1996，26(6)：869-881.

[9] Li C Q. Corrosion initiation of reinforcing steel in concrete under natural salt spray and service loading-results and analysis. ACI Materials Journal，2000，97(6)：690-697.

[10] 陆春华．钢筋混凝土受弯构件开裂性能及耐久性能研究．杭州：浙江大学硕士学位论文，2011.

[11] Pettersson K. Criteria for cracks in connection with corrosion in high-strength concrete//4th International Symposium on Utilization of High-Strength High-Performance Concrete，Paris，1996：509-517.

[12] Arya C，Ofori-Darko F K. Influence of crack frequency on reinforcement corrosion in concrete. Cement and Concrete Research，1996，26(3)：345-353.

[13] Jaffer S J，Hansson C M. The influence of cracks on chloride-induced corrosion of steel in ordinary Portland cement and high performance concretes subjected to different loading conditions. Corrosion Science，2008，50(12)：3343-3355.

[14] JSCE-Concrete Committee. Standard specification for concrete structures. Tokyo：Japan Society of Civil Engineers，2002.

[15] 王铁梦．工程结构裂缝控制．北京：中国建筑工业出版社，1997.

第 14 章　预应力混凝土结构的耐久性

14.1　概　　述

预应力混凝土结构通常采用高强预应力筋与高性能混凝土，与普通混凝土结构、钢结构相比，不仅其结构性能好，而且经济、节材、节能，具有十分广阔的应用前景。尤其对一些重要结构（如标志性高层建筑、体育场馆、大型桥梁、核电站等）和恶劣环境中的结构（如海洋平台、储液池、化工车间等）来说，预应力已成为一种不可缺少的技术。以它为代表的 RC/PC 结构设计技术应用将是 21 世纪土木工程界最具活力的研究方向之一[1]。

预应力混凝土结构一般具有出色的抗裂性能，较高的密实度以及较厚的混凝土保护层厚度。因此，与普通混凝土相比，预应力混凝土结构一般有着更高的耐久性能，其发生耐久性失效的可能性要小得多。但是，并不能保证预应力混凝土结构不会出现耐久性失效的问题；相反，预应力混凝土结构长期在侵蚀环境（如碳化、氯离子侵蚀、冻融、化学介质侵蚀等）的作用下，结构内部也会出现腐蚀损伤并逐渐积累，直至最终达到破坏。一般来说，预应力混凝土结构的耐久性失效有如下特点[2]：①预应力技术在工程中的成功应用，需要经过多道工艺，如波形管的制作、埋置、管道的灌浆、力筋的锚固以及锚具的防腐处理等，任何一个环节的疏忽或质量的缺陷都有可能影响结构的耐久性；②由于技术工艺的限制，预应力构件在建造过程中内部会存在不同程度的微缺陷（初始损伤），而预应力混凝土结构的使用环境多数又较为恶劣（由于大气污染、海工环境、酸雨、污水侵蚀等），因此结构的腐蚀损伤有时特别严重；③由于预应力筋断面小且长期处于高应力状态，应力腐蚀及氢脆腐蚀现象特别突出，导致预应力筋在低于极限强度的应力下发生脆断（图 14-1）；同时，预应力筋自开始腐蚀至失效历时很短，破坏形式表现为无任何先兆的脆性断裂破坏。因此，预应力混凝土结构的耐久性比普通混凝土结构有着更多及更高的要求。

(a) 延性断裂

(b) 脆断

图 14-1　预应力筋的延性断裂与脆断

近 50 年来，世界范围内预应力结构的腐蚀破坏与预应力技术的大量工程应用相比很小，但事故一旦发生，其产生的危害与影响却相当大，是一种“灾难性的破坏”。预应力结构、桥梁突然破坏所引起的不幸事故，常伴随有人员伤亡、爆炸、火灾、环境污染等。例如，1967 年 12 月，美国西弗吉尼亚州和俄亥俄州之间的一座桥梁（银桥）突然塌陷，过桥的车辆连同行人坠入河中，死亡 46 人，事后经检查，桥梁因预应力筋应力腐蚀和腐蚀疲劳的联合作用，产生了裂缝而断裂；图 14-2 是美国一个储油罐发生氢致应力腐蚀破裂后发生爆炸的废墟[3]，这起事故造成了巨大的人员和财产损失，保险公司最终的赔偿额达到了 5000 万美元；1980 年，柏林议会大厦的混凝土壳体屋顶，因其支承构件中的预应力钢索锈蚀而发生部分坍塌，如图 14-3 所示；图 14-4 给出了德国一座使用了 35 年的试验室由于预应力混凝土梁的突然断裂而发生坍塌的事故；1985 年，英国南威尔士 Ynysy-Gwas 的一座节段拼装式混凝土桥梁因预应力钢索锈蚀而突然倒塌；1992 年比利时横跨 Scheldt 河上的一座后张预应力混凝土桥也因后张预应力钢索锈蚀而坠毁等。在我国，房屋结构、桥梁结构大规模应用预应力技术的历史相对还较短，有关预应力筋或拉索锈蚀而造成整个结构破坏的例子极少，但预应力混凝土构件耐久性失效的事故时有发生。例如，1977 年，天津某纺织厂锅炉因为发生应力腐蚀（由局部碱性溶液引起的应力腐蚀）而爆炸，锅炉顶盖冲破屋顶飞出数十米远，当场死亡 10 余人；呼和浩特铁路局某仓库的一榀 21m 跨度的预应力混凝土梯形屋架突然倒塌；广东海印大桥（斜拉桥）的拉索锈断事故；山西省阳泉市的猫脑山自来水厂预应力混凝土蓄水池，因预应力钢丝锈蚀崩断而发生水池侧板倒塌事故；2004 年 6 月，辽宁盘锦田庄台大桥（预应力箱形梁桥）发生垮塌，多辆行驶中的车辆掉入水中（图 14-5）等。对桥梁工程而言，随着服役期的增长，铁路、公路运量的不断提高，加

图 14-2　应力腐蚀破坏后的储油罐废墟

图 14-3　柏林议会大厦部分倒塌

图 14-4　德国某试验室预应力梁断裂

图 14-5　断裂的辽宁盘锦田庄台大桥

之设计中对耐久性考虑的不周以及施工质量的缺陷，桥梁结构的耐久性问题显得更为突出[4]。据铁路部门 1994 年统计，我国正在运营的有病害桥梁共有 6137 座，占总数的 18.8%，其中预应力混凝土桥梁 2675 座，占有病害桥梁的 43.6%；这些病害主要是由普通钢筋锈蚀引起的，预应力筋腐蚀引起的病害所占的比例相对较少。

Schupack 在 1978 年一份报告调查中指出[5]：在 1950～1977 年，世界范围内共发生 28 起预应力钢筋腐蚀破坏的工程实例，平均每年一起。而他在 1982 年的调查报告[6]中又说：在 1978～1982 年，仅美国就有 50 幢建筑物出现预应力筋腐蚀的事故，平均每年 10 起，而由于预应力筋的应力腐蚀或氢脆腐蚀引起的脆性破坏就有 10 起。据估计，在 1988 年，仅美国和加拿大两国的预应力筋腐蚀事故就有上百起。文献[7]和[8]对世界范围内 1951～1979 年发生的 242 起预应力筋腐蚀损坏事故按不同方法进行了分类。若按结构或构件类型进行划分，预应力筋腐蚀导致结构或构件的失效在管道、房屋预制构件以及盛储构件分别占 75%、15%、4%；若按预应力张拉的工艺进行划分，先张、后张、无黏结和环向张拉中的腐蚀损坏分别占 22%、32%、3%和 43%；若按预应力筋所在的结构类型进行划分，房屋、管道工程、盛储结构和桥梁结构中腐蚀损坏分别占 27%、24%、19%和 13%；若按预应力筋腐蚀损坏的原因进行划分，防腐保护不当、采用对腐蚀敏感的预应力筋、张拉或锚固不当、受环境或侵蚀性材料侵蚀、处于潮湿环境及结构构造不当分别占 23%、15%、4%、23%、24%和 9%。

由此可见，在美国、欧洲等预应力技术应用较早、应用范围较广的发达国家中，预应力筋锈蚀发生频率较高、涉及范围也比较广，遍布各种类型(包括房屋、管道、桥梁以及盛储结构等)及各种工艺形成的预应力构筑物。同时，在这些预应力结构失效事故中，引起腐蚀损坏的原因也是各式各样的。有的来自内在因素，如力筋或锚具的防腐保护不当、张拉或锚固不当、采用了对腐蚀敏感的预应力筋等；也有的来自外在因素，如处于潮湿环境、受环境或侵蚀性材料侵蚀的影响等。而来自结构内在因素和环境外在因素引起的预应力筋腐蚀，二者占有较大的比例，都应当引起足够的重视。随着化学工业的发展，对混凝土及钢筋有害的工业生产技术和化工产品的广泛应用，以及在特殊腐蚀性环境(盐渍土、高矿物质水、海洋环境等)下大量建设项目的启动，使得设计和施工人员越来越迫切地需要对预应力结构的耐久性有一个全面的认识。一些重要建筑，如水电厂的大坝、跨海大桥、地下隧道、海港码头等，其设计使用年限多在百年以上，耐久性问题已经成为混凝土结构设计的主要方面。

有关预应力混凝土结构的耐久性研究，比较有代表性的是学者左景伊在 20 世纪 80 年代提出的三阶段理论，并著有《应力腐蚀破裂》一书[9]，书中概括了结构发生应力腐蚀破裂所必需的三个条件：材料、应力和环境作用。德国柏林联邦材料研究试验学会(BAM)与斯图加特材料试验研究学院(FMPA)[10]对 1960 年以前广泛应用于预应力工程的旧型号调质钢制成的预应力钢丝进行了大量调查与试验，发现在使用此类钢丝的先张预应力混凝土结构及灌浆饱满的后张预应力混凝土结构中，容易发生预应力筋腐蚀开裂甚至由此导致结构破坏。德国学者 Nurnberger[11]比较全面地分析了预应力混凝土结构发生耐久性腐蚀的原因，并提出了预应力腐蚀疲劳和摩擦疲劳的分析方法。东南大学[12]通过预应力混凝土结构碳化腐蚀、盐雾腐蚀等试验，提出了预应力耐久性的分项系数设计方法；

江苏大学[13,14]分别对预应力混凝土结构进行了冻融、冻融与氯盐共同侵蚀试验，建立了受冻预应力混凝土的疲劳寿命模型以及冻融与氯盐共同作用下的结构耐久性分析方法；中国矿业大学[15,16]对氯盐腐蚀环境下预应力钢绞线受拉性能、梁的受弯性能进行了试验分析与理论探讨；同济大学也做了大量的工作，分析了影响预应力结构耐久性的各个因素及防护措施；浙江大学近几年开展了预应力结构耐久性的试验分析工作[17]，针对预应力管桩在土壤地下水环境中的耐久性进行了试验研究，并对不同预应力筋在不同腐蚀环境中的腐蚀性能进行了试验与分析。

14.2 影响预应力混凝土结构耐久性的主要因素

影响预应力混凝土结构耐久性的因素很多，而且各种因素之间相互联系、错综复杂，归结起来可分为内在因素、环境因素和受荷状况三个方面，其中内在因素包括材料、各种微裂缝、保护层厚度、水胶比、施工和养护质量等；环境因素包括各种侵蚀条件、相对湿度和温度等；受荷状况包括荷载宏裂缝、腐蚀疲劳、摩擦腐蚀等。预应力混凝土结构的耐久性能退化归根结底是内因与外因共同作用的过程。

14.2.1 内在因素

1. 混凝土

混凝土是预应力结构的重要组成部分，混凝土自身的耐久性在一定程度上决定了预应力混凝土结构的耐久性，要控制和提高预应力混凝土的耐久性，就需要增加混凝土的密实性，提高其抗渗性。水胶比越大，混凝土的孔隙率越大，密实性越差。同时，各种矿物掺和料的使用也能影响混凝土的密实性。国内外许多研究表明，在掺用优质粉煤灰等掺和料时，在降低混凝土碱性的同时能提高混凝土的密实度，改变混凝土内部孔结构，从而能提高混凝土阻止外界腐蚀介质和氧气与水分渗入的能力，这无疑对防止力筋腐蚀是有利的。

2. 钢筋

钢筋腐蚀是预应力混凝土结构退化和破坏最常见及最严重的形式。

1）预应力筋的应力腐蚀

预应力混凝土结构的耐久性失效不同于普通混凝土结构的耐久性失效，其突出原因是预应力混凝土结构在同一环境侵蚀作用下，预应力筋对应力腐蚀非常敏感，往往在没有任何预兆的情况下发生脆性断裂。预应力筋比普通钢筋应力高而且脆，特别是高强钢丝，断面小，即使腐蚀轻微，断面损失率也较大，并对应力腐蚀和应力疲劳敏感。而且，预应力钢丝发生锈蚀时，并不像非预应力混凝土结构中钢筋锈蚀会在表面产生锈斑，引起混凝土保护层的剥落、层裂等外在现象，而极有可能在无任何预兆的情况下导致结构的突然破坏[18]。

2）预应力筋的氢脆腐蚀

这是由硫化氢与钢筋的化学反应引起的[19]。例如，使用含有硫化氢的高铝水泥时，由于氢原子半径小，所以具有渗透金属的能力。氢原子进入钢筋后，改变了预应力筋的力学性能，特别是改变了钢筋的延性和疲劳强度，就发生氢脆腐蚀。

3）预应力筋的电化学腐蚀

预应力筋的电化学腐蚀和普通钢筋情况相似，参见本书第9章。

3. 混凝土保护层厚度

保护层厚度对预应力混凝土结构的耐久性影响很大。一方面，保护层可以减缓或阻止外界腐蚀介质、氧气和水分等渗入混凝土内部；另一方面，保护层对力筋的锈蚀速率产生影响。保护层厚度越大，混凝土电阻率越大，力筋锈蚀速率减小；当力筋腐蚀发生时，腐蚀速率取决于阴、阳极间的电阻及阴极处的供氧程度，而氧气的供给是通过未开裂处混凝土保护层渗入的，腐蚀速率取决于力筋保护层的质量和渗透性。

4. 施工与养护质量的影响

施工及养护质量对混凝土的渗透性影响很大，对同一水胶比的混凝土来讲，振捣密实的与振捣差的混凝土相比，其渗透性可以相差10倍；而养护好的与养护差的混凝土渗透性相差可达5倍。因此，施工及养护质量对预应力筋的腐蚀速率影响很大。

预应力技术在工程中需要经过多道工艺，如波纹管的制作、埋置，管道的灌浆，力筋的锚固及锚固的防腐处理等，任何一个环节的疏忽或质量的缺陷都有可能影响结构的耐久性。

1）先张法中可能的影响因素

在先张法结构中，预应力钢筋直接被浇筑在高强度、高密实度的混凝土中，这对预应力钢筋的防腐蚀很有利。但是其也有不足之处，例如，在先张法构件中，通常采用的预应力钢绞线，其芯线与边线之间就存在着空隙，在浇筑混凝土时，混凝土中的水分就会沿空隙流入内部；此外，构件端部的预应力钢绞线的切断面一般均处在芯线和边线间的空隙内便有锈蚀产生。为此，在构件中端部预应力钢绞线的切断面上进行充分的防腐蚀处理是十分必要的。

2）后张法构件中预应力钢筋的防腐蚀

在构造上，后张法预应力钢筋是裸露的，不是浇筑在作为最佳防腐材料的混凝土中，而是采用套管和后灌浆的办法进行施工，常因孔道灌浆不密实引起预应力结构耐久性失效。灌浆不密实的一个原因是施工和混合料配制不好。配合比是否合理，直接影响到灰浆强度和灌浆密实度是否达到预定的设计要求。传统的灌浆手段是压力灌浆，压入的浆体中常含有气泡，当混合料硬化后，气泡处会变为孔隙，成为渗透雨水的聚积地，这些水可能含有有害成分，易造成构件腐蚀；在严寒地区，也是冻融循环的原因之一；另外，水泥浆容易离析，干硬后收缩，析水会产生孔隙，致使强度不够，黏结不好，给工程留下隐患。采用压力灌浆的英国Ynys-Gwaa大桥就是因为灌浆不密实引起预应力筋腐蚀而倒塌的。为此，为完全防止预应力钢筋锈蚀，除使用水密性好的混凝土，在结构设计上避免使用状态下预应力混凝土构件不发生裂缝或是有害裂缝的开展，以及预应力钢筋的保护层应充分确保厚度，至关重要的是必须注意灌浆充分、锚固部分完全防锈。

14.2.2　环境因素

对混凝土结构耐久性研究过程中，通常将结构所处的环境按其对钢筋和混凝土材料的腐蚀机理分为五类[20,21]：一般环境、冻融环境、海洋氯化物环境、除冰盐等其他氯化物环境以及化学物质腐蚀环境。若按照腐蚀的强弱，可以分为强度腐蚀环境、中度腐蚀环境、弱度腐蚀环境、无腐蚀环境四大类。环境对结构的物理和化学作用，是影响结构耐久性的因素。

1. 侵蚀条件的影响

大气环境（二氧化碳、盐雾、二氧化硫、汽车尾气等空气污染物等）以及水体、土体环境中的氯盐、硫酸盐、碳酸等化学物质侵蚀都对混凝土结构的耐久性产生影响，其部分侵蚀机理见上述内容。我国预应力混凝土结构在海岸、海洋工程中的应用很广，海水对混凝土的侵蚀作用除化学作用，尚有反复干湿的物理作用；盐分在混凝土内的结晶与聚集、海浪的冲击磨损、海水中的氯离子对混凝土内钢筋的锈蚀作用更不容忽视。为保持冬季雨雪天气的正常交通，在公路与桥梁上喷洒除冰盐，其中氯盐对公路、桥梁中的钢筋有锈蚀作用。土壤中还含有种类繁多的有机物，如氨基酸、碳水化合物、有机酸、油、羧基、石碳酸氢氧基、酯等其他聚合体，这些物质的存在或是给土中的微生物提供养料，使微生物活动更为频繁，恶化桩基的使用环境，或是直接腐蚀混凝土，进而腐蚀钢筋。

2. 环境湿度的影响

有关研究指出：在其他条件不变时，当相对湿度 RH＝90％～95％时，预应力筋的腐蚀速率最快；若 RH＜90％，预应力筋腐蚀速率降低；当 RH＜55％时，预应力筋腐蚀速率将非常慢；若 RH＞95％，因水饱和的混凝土中缺乏氧气，也使预应力筋腐蚀速率降低至非常低的值。

3. 环境温度的影响

温度对混凝土养护期间的微裂缝有影响，昼夜温差大的地区较易产生温度裂缝；许多试验证明，环境温度升高，腐蚀速率加快；寒冷地区还会因为温度过低而产生冻融循环等破坏。

14.2.3　受荷状态

对于预应力混凝土结构，施加预应力可以使结构混凝土内部产生一定的压应力，提高混凝土的密实度；在正常使用荷载作用下，预应力可以防止或延缓原先受压的混凝土开裂，或可以把裂缝宽度限制到无害的程度，从而提高结构的耐久性。对于裂缝控制等级为三级的预应力混凝土结构，需要考虑荷载作用引起的横向裂缝对其耐久性的影响。对于预应力混凝土桥梁等承受重复动力荷载作用的结构，还需要重点考虑结构的腐蚀疲劳和摩擦疲劳。

1. 混凝土应力状态的影响

预应力结构的混凝土长期处于高应力状态下，它们的应力状态对结构耐久性的影响是不容忽略的。试验研究表明[22,23]，压应力能使微裂缝自动愈合，提高混凝土的抗渗性，从而能减少或减缓侵蚀物质(如 CO_2、氯离子等)的侵入；而拉应力会助长这些微裂缝和缺陷的产生，降低混凝土的抗渗性，从而加快侵蚀物质的侵入。文献[24]提出用混凝土的应力水平(混凝土名义应力值与极限强度的比值)来描述应力状态对有害物质侵入的影响。

2. 腐蚀疲劳的影响

在高动力荷载作用(如交通繁忙的桥梁)下，预应力筋所受的应力幅度在裂缝区可能达到 200N/mm² 以上，而在非裂缝区，预应力筋的应力幅度一般不会高于 100N/mm²。如混凝土处在带裂缝工作状态，预应力筋仅能承受有限的动力荷载。当腐蚀性介质通过混凝土裂缝进入受动力荷载效应的预应力筋表面时，预应力筋可能发生腐蚀疲劳断裂。由于腐蚀作用的影响，在水溶液、盐溶液中的预应力钢材表现出比在空气中更为不利的疲劳特性[27]。在交变应力的循环作用下，材料位错往复地穿过晶界运动，形成一些细小的裂缝源，在介质的作用下成为腐蚀源。在应力的循环作用下，沿着裂缝滑移面出现局部高温，结果引起腐蚀加快进行，裂缝源便发展为微裂缝，进一步扩展成宏观腐蚀疲劳裂缝。图 14-6 为一冷拉预应力钢丝分别在空气、水以及海水中进行的腐蚀疲劳试验[11]。对于在海水中进行的频率为 $0.5s^{-1}$，疲劳循环 10^7 次试验，其疲劳应力幅度低于 100N/mm²。

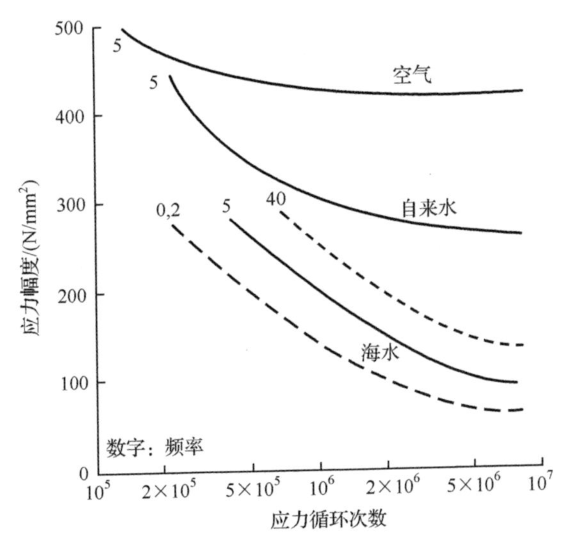

图 14-6 冷拉预应力钢丝($f_{ptk}=1750N/mm^2$)在脉冲拉应力作用下的疲劳性能

3. 接触腐蚀和摩擦疲劳的影响

在承受动力荷载的带裂缝工作的预应力构件中，预应力筋在裂缝处会与混凝土或砂浆的裂缝面发生位移错动。在预应力结构的锚固端，锚具与预应力筋之间也会发生类似的位移错动。此外，预应力桥梁的预应力筋连接件与预应力筋之间也会由于交变荷载及太阳辐射等影响发生位移错动。这样的位移错动会使预应力筋的疲劳极限下降 80～150N/mm^2。如果位移错动区还存在有腐蚀性介质作用，则预应力筋的疲劳极限会有更大的下降[28]。

14.3　腐蚀预应力混凝土结构力学性能

预应力混凝土结构出现腐蚀损伤(如混凝土碳化、冻融损伤、力筋腐蚀等)后，其材料以及结构的力学性能都会出现退化，继而影响到结构的安全性及使用寿命。由于在环境侵蚀作用下，预应力筋对应力腐蚀非常敏感，导致结构容易发生没有任何预兆的脆性断裂；因此，对腐蚀预应力混凝土结构的力学性能分析主要集中在腐蚀预应力筋的受拉性能，腐蚀预应力混凝土构件的受弯、受剪以及疲劳性能等几个方面。

14.3.1　预应力筋的腐蚀试验

为了检验冷拉状态下高强度碳素预应力钢丝的应力腐蚀情况，各国学者利用氢脆对应力特别敏感这一现象，设计预应力钢筋腐蚀试验，下面将分别阐述。

1. 美国“钢丝氢脆敏感性试验”

将预应力钢丝在受拉状态下浸没在恒定温度下硫氰酸铵 NH_4SCN 溶液中，用断裂时间 t_f 来确定其抗应力腐蚀的性能。具体方法如下[29]：

(1) 将试样用布擦干净后，用丙酮去除油脂。为防止缝隙腐蚀破坏，可对试样两端涂漆加以保护，涂漆层应延伸到试槽中至少 25mm。

(2) 将钢丝试样放入硫氰酸铵试槽中并将试槽密封就位，然后将钢丝夹持在试验机夹头上。

(3) 对钢丝施加 ASTM A 648 规定的最小拉力载荷的 70%。此后，在整个试验过程中，载荷误差应保持在 2.0 %以内。

(4) 一旦加载完毕，应向槽内注入已预热到 50℃±1℃的硫氰酸铵水溶液。该步骤应在 1min 内完成且开始计时，在整个试验时间内，温度应保持恒定。

(5) 当钢丝断裂或试验时间达到 200h 后，试验即告完成。如果断裂发生在试样长度以外的地方，试验无效。

2. FIP 试验[30]

试验条件如下：

(1) 腐蚀介质及温度。腐蚀介质：20%硫氰酸铵 NH_4SCN 溶液，温度：50℃±1℃(最好±2℃)。

(2) 试验箱。建议选用塑性材料的试验箱，有加热控制，装有无循环的腐蚀介质。

(3) 试样。试样用丙酮进行清洗(鉴于安全方面考虑，不允许有三氯乙烯)。

(4) 荷载。对钢丝施加的恒定荷载为实际极限抗拉强度的 80%。此后，在整个试验过程中，荷载误差应保持恒定。

(5) 结果：钢丝断裂时间由试验条件决定。由于结果范围相对较大（在腐蚀试验中属于正常现象），因此每个最终值均由3～12个试样获得，然后利用对数时间的高斯分布进行评估。如果钢丝没有断裂，试验将在500h内停止。

3. DIBt试验[30]

在这个试验中，预应力钢丝固定在应力框中，钢丝应力保持0.8倍极限拉应力值，温度为50℃。基于应力管中水的现场试样的化学分析结果，试验用的电解质溶液主要成分为：0.014mol/L氯化物、0.052mol/L硫酸盐和0.017mol/L硫氰酸（pH=7.0）。其中SCN^-可以促进氢的吸收，因此使得这种条件下的氢脆比普通条件下的更为严重。在试验时间2000h内，有一定量的氢被钢丝吸收，导致脆化。

4. 中国规范

中国采用与国际标准ISO 15630-3:2002对应的标准，制定了硫氰酸盐溶液中的应力腐蚀试验标准。该试验用来测定试样在一恒定张力情况下，浸在给定的恒定温度的硫氰胺盐溶液中，直到试件断裂。具体方法如下：

1) 样品及试样

每个应力腐蚀试验需要不少于6个试样。用两个试样通过轴向拉力试验确定初始荷载水平。

2) 试验设备

使用刚性机架，使用杠杆装置或液压装置或机械装置进行加荷，荷载作用于封闭框架的水平方向或垂直方向。力值测量按GB/T 16825标准校准，力值测量装置的校准及使用的精确度至少为±2%。时间测量装置应至少有0.01h分辨率，能自动控制，能停止、保留或记录断裂时的时间，精确到±0.1h，也可以人工记录断裂前的最终断裂时间。含有溶液的容器应为圆柱形，两端封闭。容器应具有足够的容纳试样的长度，使浸在溶液中的长度不小于200mm。容器应使用在50℃时能抵抗试验溶液侵蚀的材料制成。容器应在试验中保持封闭并避免空气进入。

3) 试验溶液

试验溶液可以在以下两种规定中选一，这两种溶液分别为高浓度和低浓度的硫氰酸盐。

溶液A：将200g的NH_4SCN溶解在800mL蒸馏水或去除矿物质水中制成的硫氰酸铵溶液。

溶液B：K_2SO_4、KCL、KSCN溶解在蒸馏水或去除矿物质水中。

4) 试验程序

(1) 试样应用软布擦拭和用丙酮进行脱脂处理，并在空气中晾干。试样在进入容器内至少50mm长的部分应用涂漆等防止腐蚀的方法进行防护。试验长度（L_0）是试样与溶液接触的长度。

(2) 试样从容器中穿过，放到机架中，对试样加荷直到F_0。

(3) 在整个试验期间显示的试验力 F_0 应保持在±2%之内。

(4) F_0 值应在 t_0 时刻记录，并对力值进行确认，如果必要，在试验中应以适当的时间间隔调整。

(5) 加载完成后，容器应密封好以防泄漏，每次测试时溶液都要重新更换。试验溶液应预先加热到 50～55℃，再注入容器中。溶液的体积 V_0 应保证沿着试样的长度 l_0 每平方厘米表面至少有 5mL。溶液的填充应在 1min 之内完成，然后计时装置开始计时 t_0。测试中，溶液不能循环流动。

(6) 在时间 t_0 到 $t_0+5\text{min}$ 内，对于钢丝及钢绞线溶液的温度应调整到 50℃±1℃；对于钢棒溶液温度应调整到 50℃±2℃；在试验过程中温度应保持在相应的范围之内。

除了通过“钢丝氢脆敏感性试验”来评价预应力筋的应力腐蚀特性，许多学者通过静力拉伸试验来评价预应力筋的应力腐蚀断裂性能。

14.3.2　腐蚀预应力筋的受拉性能

文献[31]对预应力钢丝的应力腐蚀断裂以及氢脆断裂进行了试验研究，并提出用变换应力强度因子的方法来评价预应力钢丝的断裂敏感性，其中应力强度因子 K_I 按公式(14-1a)计算。对于纯应力腐蚀断裂，其临界应力强度因子大于大气中的断裂刚度；而对于氢脆腐蚀断裂，其临界应力强度因子则显著下降。文献[32]对腐蚀预应力钢丝进行了静力拉伸试验，探讨了应力腐蚀断裂对钢丝应力-应变关系的影响，结果表明：腐蚀引起的局部损伤对预应力钢丝的极限应变以及材料脆断有显著的影响，并最终导致应力腐蚀断裂效果的增大。

$$K_\text{I} = M\left(\frac{a}{D}\right)\sigma\sqrt{\pi a} \tag{14-1a}$$

$$M\left(\frac{a}{D}\right) = \left[0.473 - 3.286\frac{a}{D} + 14.797\left(\frac{a}{D}\right)^2\right]^{\frac{1}{2}}\left[\frac{a}{D} - \left(\frac{a}{D}\right)^2\right]^{-\frac{1}{4}} \tag{14-1b}$$

式中，σ 为施加应力；a 为裂缝深度。

文献[33]对受氯盐腐蚀的预应力钢绞线进行了静力拉伸试验，通过宏观观察与分析发现，未锈蚀钢绞线钢丝主要发生铣刀式或杯锥式的延性断裂(图 14-7)；而锈蚀钢绞线钢丝既可能发生铣刀式或杯锥式的延性断裂，也可能发生劈裂式或劈裂-铣刀式的脆性断裂(图 14-8)；并认为锈蚀钢绞线钢丝的两类不同断裂特征(宏观延性和脆性)是由锈坑底部珠光体团的位向决定的。在此基础上，文献[15]对受氯盐腐蚀的预应力钢绞线进行了受拉性能退化分析，试验结果表明：①由于坑蚀钢绞线中各钢丝的蚀坑形状、尺寸以及分布不同，使得其在静力拉伸时出现了各钢丝不同步断裂的现象，从而使拉伸曲线在每次断丝后出现台阶性下降；②坑蚀导致钢绞线的最大承拉力和极限平均应变降低，在 0～0.85%钢绞线锈蚀率情况下，最大承拉力降低了 9%～23%，极限平均应变降低了 50%～80%，但在上述腐蚀率水平下，钢绞线的名义弹性模量未出现明显降低。上述受拉性能退化的原因主要归于蚀坑的应力集中效应及截面削弱效应，但是，在腐蚀率相差不大的范围内，蚀坑效应的随机特性导致上述受拉性能的退化程度与腐蚀率没有明显的对应关系。

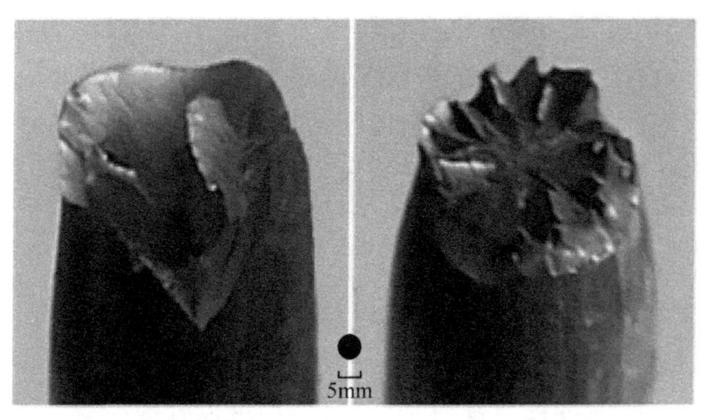

图 14-7　未锈蚀钢丝的静力拉伸断口

图 14-8　锈蚀钢丝的静力拉伸断口

另外，工程实践证明[34]：高强热处理钢筋对应力腐蚀更具敏感性，因此该类钢筋只在先张法结构(如轨枕)中得到应用，而在后张法结构中则没有得到推广；而冷拔钢丝、钢绞线能较好地抵抗应力腐蚀。

14.3.3　腐蚀预应力混凝土构件的受弯性能

一般来说，预应力混凝土比普通钢筋混凝土结构有着较好的耐久性。然而，在长期腐蚀环境(如碳化、氯离子侵蚀、冻融、化学介质侵蚀等)及疲劳荷载(如交通繁忙的预应力混凝土桥梁)的作用下,预应力混凝土结构内部也会出现腐蚀损伤(如混凝土的冻融损伤及应力腐蚀损伤、预应力筋的锈蚀及疲劳损伤等),各种损伤逐渐积累导致构件的承载能力不断下降,最终影响结构的安全性而发生破坏。

1. 理论及试验分析

文献[12]和[24]针对预应力混凝土结构耐久性失效的特点,将预应力混凝土结构和普通混凝土结构中力筋腐蚀过程的经时化模型进行了对比分析,如图 14-9 所示。从图中可以看出,预应力筋的腐蚀过程与普通钢筋相似,均可以分为孕育、发展和破坏三个阶段:①孕育阶段 t_0——从混凝土浇筑完毕至力筋去钝化并开始腐蚀;②发展阶段 t_1——自力筋开始腐蚀至达到临界腐蚀;③破坏阶段 t_2——从临界腐蚀值至力筋发生破坏。但是,由于预应力筋的自身特点,包括力筋断面小且长期处于高应力状态、应力腐蚀及氢脆腐蚀现象突出等,导致预应力筋的允许腐蚀量很小。因此,相比较普通钢筋而言,预应力筋自开始腐蚀至破坏所经历的时间($t_1 + t_2$)很短,腐蚀预应力筋容易发生断丝而导致结构的承载能力下降,影响结构安全性。

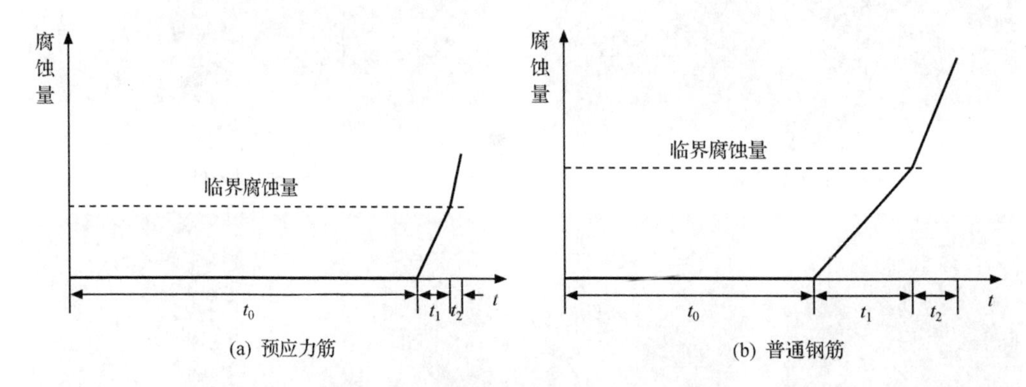

图 14-9 力筋腐蚀的经时化模型比较

文献[35]对腐蚀钢绞线预应力混凝土梁(包括先张梁和后张梁)的受弯性能进行了试验研究,试验梁的钢绞线腐蚀率在 0.94%~2.87%。试验及分析结果表明:①腐蚀预应力混凝土梁正截面会发生两种典型的受弯破坏方式,一种是传统的适筋破坏(力筋强化→混凝土压碎),因腐蚀尚未影响到力筋的强化和混凝土的压碎过程,不会导致梁的极限承载力和变形能力降低(图 14-10),另一种是断丝破坏(压碎前腐蚀钢绞线钢丝率先被拉断),将导致梁的极限承载力和变形能力发生不同程度的降低(图 14-11);②在腐蚀率不大(小于 2.87%)时,腐蚀对钢绞线预应力混凝土梁的开裂弯矩、初始强化弯矩、极限弯矩以及初始强化挠度的影响都不显著,但会导致断丝破坏梁的极限挠度(断丝时)明显减小;③在极限荷载(混凝土压碎或断丝)之后,梁还可以在残余变形发展过程中保持较高的荷载水平而继续承载,适筋破坏时,混凝土压碎后只是截面受压区高度变小,还可继续保持一定的承载力,断丝破坏时,大部分未断钢丝也可继续保持一定的承载力。

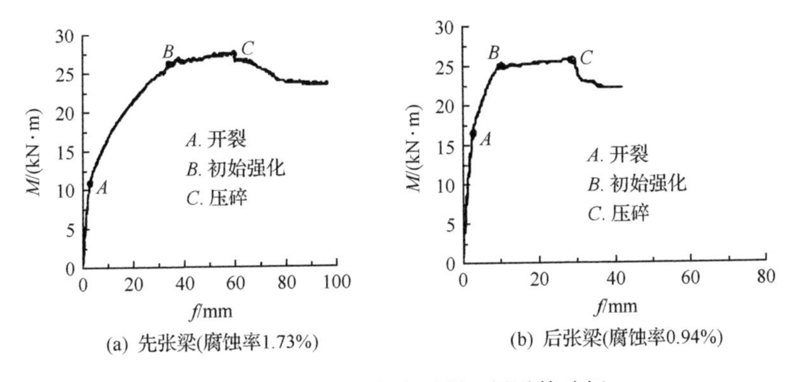

图 14-10　腐蚀预应力混凝土梁适筋破坏

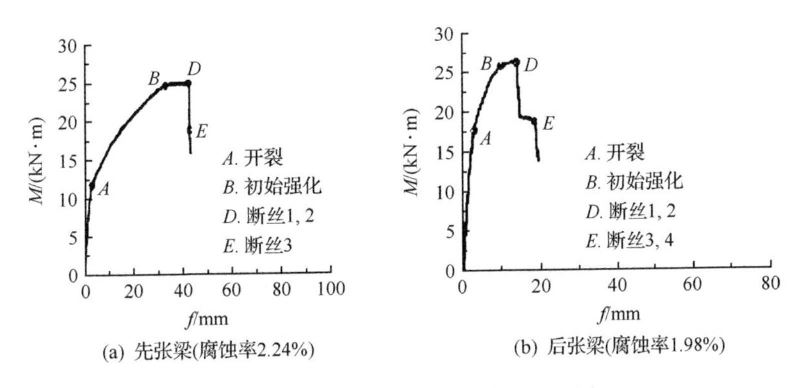

图 14-11　腐蚀预应力混凝土梁断丝破坏

从以上分析中可以看出，影响腐蚀预应力混凝土构件承载能力的主要因素是预应力筋的腐蚀程度。由于预应力筋的应力腐蚀断裂特性，在腐蚀率不大(由图 14-11 可知，腐蚀率在 2%左右即发生断丝)的情况下，预应力混凝土构件内的坑蚀钢丝在荷载作用下发生脆性断裂，从而导致构件的受弯性能(承载力和刚度)发生退化。因此，在分析腐蚀预应力混凝土构件的受弯性能时，需要明确以下两点：一是预应力混凝土构件的黏结特性，即是有黏结还是无黏结预应力混凝土；二是预应力筋的腐蚀程度，即可能发生断丝破坏的钢丝数量。对于无黏结预应力混凝土结构，腐蚀引起的预应力筋断裂将直接导致有效预应力降低，从而使结构的承载能力下降；而对于有黏结预应力混凝土结构，预应力筋的断裂只会影响局部预应力的丧失，对结构承载力的影响没有无黏结结构那么明显。下面，将以腐蚀预应力筋发生断丝破坏为前提，对有黏结预应力混凝土梁构件进行正截面承载能力计算分析。

2. 承载能力计算模型

1) 基本假定

(1) 截面应变保持平面，即符合平截面假定。

(2) 不考虑混凝土的抗拉强度。

(3) 混凝土受压应力-应变曲线采用二次抛物线和水平直线，即

$$\sigma_c=\begin{cases}f_c\left[2\dfrac{\varepsilon_c}{\varepsilon_0}-\left(\dfrac{\varepsilon_c}{\varepsilon_0}\right)^2\right], & \varepsilon_c\leqslant\varepsilon_0=0.002\\ f_c, & \varepsilon_0\leqslant\varepsilon_c\leqslant\varepsilon_u=0.0033\end{cases}\tag{14-2}$$

(4) 不考虑混凝土的截面几何损伤。

(5) 预应力筋与混凝土间有可靠的黏结，其锚固长度 l_a 按式(14-3)计算：

$$l_a=\alpha\frac{f_{py}}{f_t}d\tag{14-3}$$

式中，α 为钢筋的外形系数，对刻痕钢丝和螺旋肋钢丝分别取 0.19 和 0.13，对三股和七股钢绞线分别取 0.16 和 0.17。

2) 断筋前后截面的应力分布

对于一个黏结完好的预应力混凝土构件，其截面配置如图 14-12 所示(截面尺寸为 $b\times h$，只在受拉区配置预应力筋)。此时，预应力筋合力点到受拉底边的距离 a_p，可按式(14-4)计算：

$$a_p=\frac{\sum\limits_{i=1}^{n_p}f_{ps}^iA_p^iy_p^i}{\sum\limits_{i=1}^{n_p}f_{ps}^iA_p^i}\tag{14-4}$$

式中，f_{ps}、A_p 分别表示预应力筋的应力和面积；y_p 表示力筋重心到底边的距离；i 表示某种预应力筋类型。

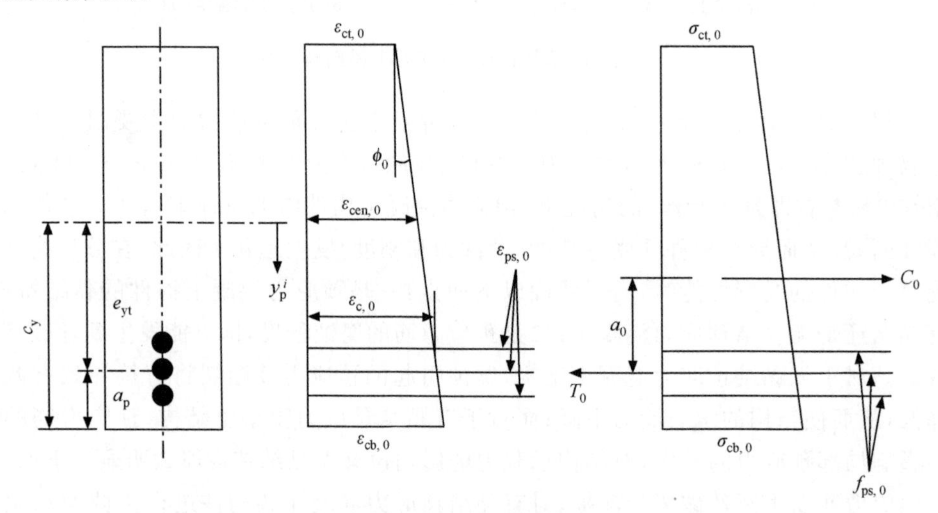

图 14-12　断丝前截面的应力应变分布

此时，截面重心位置(到底边距离为 c_y)到力筋合力点的距离 e_{yt} 为

$$e_{yt}=c_y-a_p\tag{14-5}$$

考虑到普通钢筋作用力相对于预应力钢筋作用力 T_0 来说一般较小，因此，在计算截面应力分布时可忽略普通钢筋的作用。在预应力筋发生腐蚀之前，在外荷载弯矩 M_0 作用下，截面上下边缘纤维处的初始应力计算如下：

$$\sigma_{ct,0} = \frac{T_0}{A_c} - \frac{T_0 e_{yt,0}}{W_t} + \frac{M_0}{W_t} \tag{14-6a}$$

$$\sigma_{cb,0} = \frac{T_0}{A_c} + \frac{T_0 e_{yt,0}}{W_b} - \frac{M_0}{W_b} \tag{14-6b}$$

式中，A_c 为混凝土面积；W_t、W_b 分别为上下边缘的截面弹性抵抗矩。

结合受压混凝土的应力应变关系，可以得到上下边缘混凝土对应的应变 $\varepsilon_{ct,0}$ 和 $\varepsilon_{cb,0}$。则截面的初始曲率 ϕ_0 为

$$\phi_0 = \left| \frac{\varepsilon_{ct,0} - \varepsilon_{cb,0}}{h} \right| \tag{14-7}$$

式中，h 为截面高度。

当预应力筋因腐蚀而发生断丝后，由于预应力筋与混凝土间有可靠的黏结，故预应力只在一个有限的长度内发生损失。在此，初步假定预应力筋作用力的损失与预应力筋面积的损失成正比。预应力发生损失后，截面的应力将进行重分布，并达到新的作用力和弯矩平衡。记残余预应力筋作用力为 βT_0（β 为一修正系数，可通过迭代计算求得[36]），则第 j 次迭代后，截面上下边缘纤维处的应力为（图 14-13）

$$\sigma_{ct} = \frac{\beta^j T_0}{A_c} - \frac{\beta^j T_0 e_{yt}^j}{W_t} + \frac{M_0}{W_t} \tag{14-8a}$$

$$\sigma_{cb} = \frac{\beta^j T_0}{A_c} + \frac{\beta^j T_0 e_{yt}^j}{W_b} - \frac{M_0}{W_b} \tag{14-8b}$$

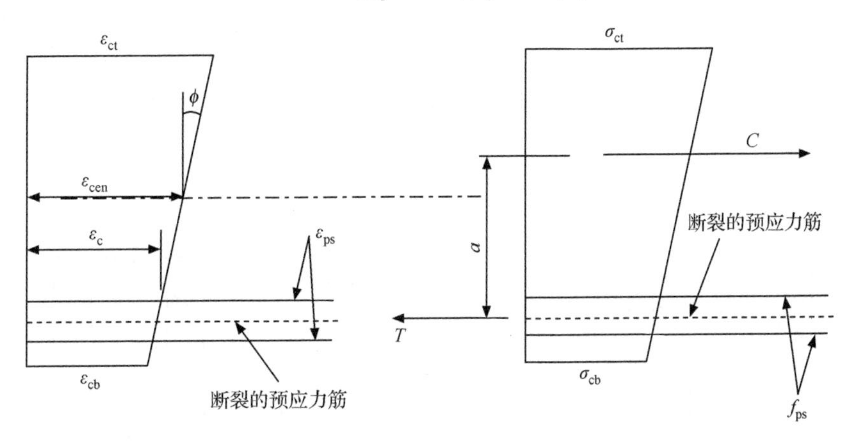

图 14-13　断丝后截面的应力应变分布

由图 14-13 可知，第 i 层预应力筋周围混凝土的应变为

$$\varepsilon_c^i = \varepsilon_{ccn} - \phi y_d^i \tag{14-9}$$

式中，y_d^i 为第 i 层预应力筋到底边的距离；ε_{ccn} 为截面重心位置处混凝土的应变。则断丝前后，该预应力筋周围混凝土的应变变化量为

$$\Delta\varepsilon_c^i = \varepsilon_{c,0}^i - \varepsilon_c^i \tag{14-10}$$

由变形协调可知，预应力筋的应变变化与混凝土的应变变化相同，即 $\Delta\varepsilon_{ps}^i = \Delta\varepsilon_c^i$；此时，可以得到预应力筋的应变 ε_{ps} 为

$$\varepsilon_{ps}^i = \varepsilon_{pe}^i + \Delta\varepsilon_{ps}^i \tag{14-11}$$

式中，ε_{pe}为预应力筋内的有效预应变。

由预应力筋的应力-应变曲线可以得到与应变 ε_{ps} 对应的力筋应力 f_{ps}。此时，预应力筋的作用合力 T 为

$$T = \sum_{i=1}^{n_p} f_{ps}^i A_{ps}^i \tag{14-12}$$

受压混凝土的作用合力 C 的大小为

$$C = \int_{A_c} \alpha_1 \sigma_c \mathrm{d}A_c \tag{14-13}$$

计算可以通过编程实现，并将力平衡条件 $C=T$，作为迭代程序的收敛条件。若条件不满足，则通过调整 β 值重新进行迭代，直到该条件满足后，迭代终止[36]。

另外，从图 14-13 中可以看出，在预应力筋周围的混凝土压应力减小了，而之外的混凝土应变和应力分布却增大了。为了维持截面的抵抗力矩不变，截面的内力臂 a 和曲率 ϕ 也相应地增大了。由公式(14-10)可以得出，由于预应力筋面积的减少，预应力筋合力的重心以及偏心距也微微发生了改变。此时，未断裂的预应力筋将承担更多的荷载，导致力筋的应力将比没有发生腐蚀时的应力有所提高。

3）断裂预应力筋的重新黏结

如前所述，当预应力筋发生断丝后，断点周围一定长度内的预应力筋将发生应力损失。当预应力筋与混凝土间有可靠的黏结时，发生应力损失的力筋长度即为锚固长度 l_a。若假设在锚固长度内，力筋与混凝土间的黏结应力呈线性分布，则某根力筋发生多点断丝后，其残余预应力的理想分布如图 14-14 所示。从图中可以看出，某一点处的残余预应力分布可以通过附近位置同一力筋的重新黏结来进行调整。当然，当其他力筋也因腐蚀而发生断裂时，可以采用相同的方法来处理。

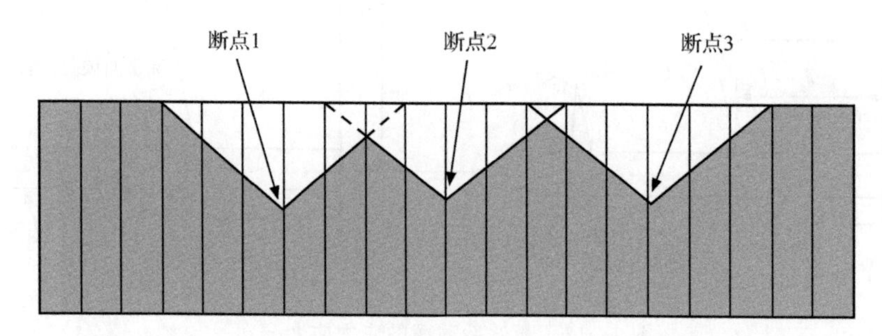

图 14-14　多处点蚀引起力筋断裂后梁内残余预应力的分布示意图

4）正截面承载能力的计算

最终，对于力筋腐蚀的预应力混凝土受弯构件(矩形截面或翼缘位于受拉边的倒 T 形截面)，其正截面受弯承载力可按式(14-14)和式(14-15)计算：

$$M_c = a\int_{A_c} \alpha_1 \sigma_c \mathrm{d}A_c + f'_y A'_s (h_0 - a'_s) \tag{14-14}$$

$$\int_{A_c} \alpha_1 \sigma_c \mathrm{d}A_c = \sum_{i=1}^{n_p} f_{ps}^i A_{ps}^i + f_y A_s - f'_y A'_s \tag{14-15}$$

式中，a 为力筋腐蚀断裂后截面的内力臂。

14.4　提高预应力混凝土结构耐久性的措施

针对上述预应力混凝土结构耐久性的主要因素，借鉴混凝土结构耐久性研究的成果，根据预应力混凝土结构的重要程度及其使用环境，从设计、施工、养护三个方面采取措施，以提高预应力混凝土结构的耐久性。根据具体情况采用下述一项或多项措施。

(1) 混凝土保护层是保护预应力筋免受腐蚀破坏的第一道屏障，因此通过精心设计、施工及养护，提高预应力筋保护层的质量及密实性，降低其渗透能力，以阻止或延缓环境侵蚀介质(如氯化物、二氧化碳等)对预应力筋的侵蚀。

(2) 为防止预应力筋发生应力腐蚀破坏，对预应力钢筋来讲，主要应从减少腐蚀方面采取措施。首先，选用质量好的预应力钢筋材料，尽量避免预应力筋中含有对应力腐蚀敏感的金属材料；其次，在设计金属设备结构时要力求合理，尽量减小应力集中和避免积存腐蚀介质，减少介质的腐蚀性，在介质中添加缓蚀剂；采用保护层和阴极保护也可以防止或抑止金属的应力腐蚀。

(3) 为了防止预应力筋被腐蚀，提高结构的安全性和耐久性，建议采用真空灌浆工艺。采用的浆体要消除离析现象，降低硬化水泥浆的孔隙率以堵塞渗水通道，减少和补偿水泥浆在凝结硬化过程中的收缩变形，防止裂缝的产生。真空灌浆可以消除孔道中 90% 的空气及稀浆中的气泡。对弯束、U 形束、竖向束的孔道灌浆更具优越性。

(4) 预应力锚具部位的防腐能力与其端头封堵的材料的施工质量密切相关，施工中尤应注意。对于严重侵蚀环境中的建筑物，应预先在其预应力锚具表面涂一层防腐脂或其他防腐涂料，然后再用混凝土或水泥砂浆封堵，做到多道设防。

参考文献

[1] 吕志涛. 预应力混凝土在工程中的广泛应用及发展//建设部科技司. 中国建筑工程四十年重大科技成就. 北京：中国建筑工业出版社，1990.

[2] 张德峰，吕志涛. 现代预应力混凝土结构耐久性的研究现状及其特点. 工业建筑，2001(11)：1-4.

[3] Woodtli J, Kieselbach R. Damage due to hydrogen embrittlement and stress corrosion cracking. Engineering Failure Analysis, 2000 (7): 4214-4450.

[4] 万德友，张煅. 我国铁路桥梁及墩台状态评估技术现状与展望//中国铁道学会桥梁病害诊断及剩余寿命评估学术研讨会，大连，1995.

[5] Schupack M. A survey of the durability performance of post-tensioning tendons. ACI Journal, 1978, 75(10): 501-510.

[6] Schupack M, Suarez M G. Some recent corrosion embrittlement failures of prestressing systems in the United States. PCI Journal, 1982, 27(2): 38-55.

[7] Podolny W J. Corrosion of prestressing steels and its mitigation. PCI Journal, 1992(5): 34-55.

[8] FIP State-of-the-Art Report. Corrosion protection of prestressing steels. Draft Report, London, 1996.

[9] 左景伊. 应力腐蚀破裂. 西安：西安交通大学出版社，1985.

[10] Mietz J, Isecke B. Risks of failure in prestressed concrete structures due to stress corrosion cracking. Berlin: Federal Institute for Materials Research and Testing(BAM), 1996.

[11] Nurnberger U. Corrosion induced failure of prestressing steel. Materials and Corrosion, 2002, 13: 9-25.

[12] 张德峰. 现代预应力混凝土结构耐久性研究. 南京：东南大学博士学位论文，2001.

[13] 刘荣桂,付凯,颜庭成,等. 预应力混凝土结构在冻融损伤条件下的疲劳寿命预测模型研究. 建筑结构学报, 2009,30(3):79-86.
[14] 陈妤,刘荣桂,蔡东升,等. 冻融与氯盐侵蚀作用下预应力结构耐久性试验及数值模拟. 建筑结构学报,2010, 31(2):104-110.
[15] 李富民,袁迎曙,杜健民,等. 氯盐腐蚀钢绞线的受拉性能退化特征. 东南大学学报(自然科学版), 2009,39(2): 340-344.
[16] 李富民,袁迎曙. 腐蚀钢绞线预应力混凝土梁的受弯性能试验研究. 建筑结构学报,2010,31(2):78-84.
[17] 金伟良,张治宇. 预应力筋的应力腐蚀//全国预应力结构学术研讨会,杭州,2003.
[18] 魏宝明. 金属腐蚀理论及应用. 北京:化学工业出版社,1984.
[19] 周志祥. 高等钢筋混凝土结构. 北京:人民交通出版社,2002.
[20] 中国工程院土木水利与建筑学部.混凝土结构耐久性设计与施工指南.北京: 中国建筑工业出版社,2005.
[21] 中华人民共和国住房和城乡建设部.混凝土结构耐久性设计规范(GB/T 50476—2008).北京:中国建筑工业出版社,2008.
[22] 袁承斌,张德峰,刘荣桂,等. 不同应力状态下混凝土抗氯离子侵蚀的研究.河海大学学报(自然科学版), 2003 (1):50-54.
[23] 涂永明,吕志涛. 应力状态下混凝土的碳化试验研究. 东南大学学报(自然科学版),2003,33(5):573-5714.
[24] 陆春华. 现代预应力结构耐久性分析及数值试验研究. 镇江:江苏大学硕士学位论文,2006.
[25] 张德峰,吕志涛.现代预应力混凝土结构耐久性的研究现状及其特点.工业建筑,2001,30(11):1-4.
[26] 袁承斌,张德峰,刘荣桂,等. 裂缝对预应力混凝土结构耐久性影响的试验研究. 工业建筑,2003,33(3):19-21.
[27] 阿列克谢耶夫.钢筋混凝土结构中钢筋腐蚀与保护.黄可信,吴兴祖,蒋仁敏,等译.北京:中国建筑工业出版社,1983.
[28] Rehm G,Nurnberger U,Patzak M. Keil und Klemmverankerungen für dynamisch beanspruchte Zugglieder aus hochfesten Stählen. Bauingenieur,1977,52: 2814-2898.
[29] 胡坚石. 预应力钢丝的应力腐蚀. 金属制品,2002,28(2):5-8.
[30] Page C L, Page M M. Durability of Concrete and Cement Composites. Cambrige: Woodhead Publishing Ltd,2007.
[31] Toribio J, Ovejero E. Failure analysis of cold drawn prestressing steel wires subjected to stress corrosion cracking. Engineering Failure Analysis,2005,12: 654-661.
[32] Vu N A, Castel A,Francois R. Effect of stress corrosion cracking on stress strain response of steel wires used in prestressed concrete beams. Corrosion Science,2009,51: 1453-1459.
[33] 李富民,袁迎曙. 锈蚀钢绞线的静力拉伸断裂特性. 东南大学学报(自然科学版),2007,37(5): 904-909.
[34] 刘荣桂,陆春华,雷丽恒,等.现代预应力结构耐久性(碳化)模型研究. 工业建筑,2004,34(4):69-72.
[35] 朱尔玉,刘椿,何立,等. 预应力混凝土桥梁腐蚀后的受力性能分析. 中国安全科学学报,2006,16(2): 136-140.
[36] 刘荣桂,付凯,颜庭成. 预应力混凝土结构在冻融循环条件下的疲劳性能研究. 工业建筑,2008,38(11): 75-78.

第 15 章　混凝土结构耐久性设计

本章主要介绍耐久性设计的一些新概念、新思路和方法，包括混凝土结构设计可采用的耐久性环境区划、基于全寿命理念的混凝土结构耐久性设计等问题。

15.1　耐久性设计概念与理论

日本在 1989 年制定的《混凝土结构物耐久性设计准则》中[1]，曾把耐久性设计定义为：全面地考虑材料质量、施工工序和结构构造，使结构在一定的环境中正常工作，在要求的期限内不需要维修。它采用了与结构设计相同的思路，要求构件各部位的耐久指数大于或等于环境指数。《欧洲 CEB 耐久性设计指南》[2]则是从构造角度来保证结构具有足够的耐久性。

中国《工程结构可靠度设计统一标准》(GB 50153—2008)将结构的功能要求划分为安全性、适用性、耐久性三个方面，三者构成了结构可靠性分析和设计的核心。显然，与结构的安全性、适用性设计一样，结构的耐久性设计也是结构设计理论的重要组成部分。对处于侵蚀环境下的结构尤其是各类海港工程结构、桥梁结构等，耐久性设计更为重要。要全面系统地研究结构耐久性设计，需要从结构安全性、适用性、耐久性三者之间的关系入手。

结构的安全性(safety)是指结构在预定的使用期间内，应能承受正常施工、正常使用情况下可能出现的各种荷载、外加变形(如超静定结构的支座不均匀沉降)、约束变形(如温度和收缩变形受到约束时)等的作用。在偶然事件(如地震、爆炸)发生时和发生后，结构应能保持整体稳定性，不应发生倒塌或连续破坏而造成生命财产的严重损失。安全性是结构工程最重要的质量指标，主要决定于结构的设计与施工水准，也与结构的正确使用(维护、检测)有关，而这些又与土建法规和技术标准的合理规定及正确运用相关联。对结构工程的设计而言，结构的安全性主要体现在结构构件承载能力的安全性、结构的整体牢固性等方面。因此，安全性表征了结构抵御各种作用的能力。

结构的适用性(serviceability)是指结构在正常使用期间，具有良好的工作性能。如不发生影响正常使用的过大的变形(挠度、侧移)、振动(频率、振幅)，或产生让使用者感到不安的过大的裂缝宽度。现行《混凝土结构设计规范》(GB 50010—2010)对适用性要求主要是通过控制变形和裂缝宽度来实现。对变形和裂宽限值的取值，除了保证结构的使用功能要求，防止对结构构件和非结构构件产生不良影响，还应保证使用者的感觉在可接受的程度之内。由此看来，适用性是指结构适宜的工作性能。

结构的耐久性[3]是指结构在可能引起其性能变化的各种作用(荷载、环境、材料内部因素等)下，在预定的使用年限和适当的维修条件下，结构能够长期抵御性能劣化的能力。

从结构的安全性、适用性、耐久性的概念可以看出，三者都有明确的内涵。结构的安全性就是结构抵御各种作用的能力;结构的适用性是良好的适宜的工作性能,二者主要表征结构的功能问题。而结构的耐久性则是在长期作用下(环境、循环荷载等)结构抵御性能劣化的能力。耐久性问题存在于结构的整个生命历程中,并对安全性和适用性产生影响,是导致结构性能退化的最根本原因。

应当从全寿命理念出发研究混凝土结构耐久性设计问题[3],在结构建造、使用、老化的全寿命过程中,分析不同阶段耐久性对结构性能的影响程度。在施工阶段,结构性能受设计、施工质量等众多不确定因素的控制,结构的可靠性问题主要表现在安全性和耐久性两方面。施工期的耐久性问题随结构的建造过程出现,但材料性能的劣化需要时间的积累,相对于结构的整个寿命周期来说,施工期是短暂的,因此耐久性不会影响结构的安全性。施工期的安全性主要是来源于设计失误、施工缺陷、管理不善等。在使用的前期阶段(结构服役开始→钢筋初锈),结构性能与材料均完好,不需要采取任何修复措施就能满足所需要的适用性与安全性要求,该时段为耐久性的正常状态;在使用的中期阶段(钢筋初锈→保护层锈胀开裂),结构性能与材料基本完好,或者虽然有轻微的损伤积累,但基本上能够满足所需要的适用性与安全性要求,仅需采取小修措施来完善其使用功能,该时段为耐久性基本正常状态;在使用的后期阶段(保护层锈胀开裂→允许的裂宽),耐久性影响到结构的适用性,必须经过修复(小修或中修)处理才能继续使用。结构进入老化期后,由于劣化程度的加剧和结构性能的快速下降,耐久性对结构的安全性产生较大的影响,必须经过加固处理才能继续使用。由此看来,结构的全寿命过程中,不同的劣化程度或耐久性水平,对结构的适用性和安全性产生不同的影响。耐久性的时变性使得它与适用性、安全性之间相互影响、相互制约,形成如图 15-1 所示的交叉关系。

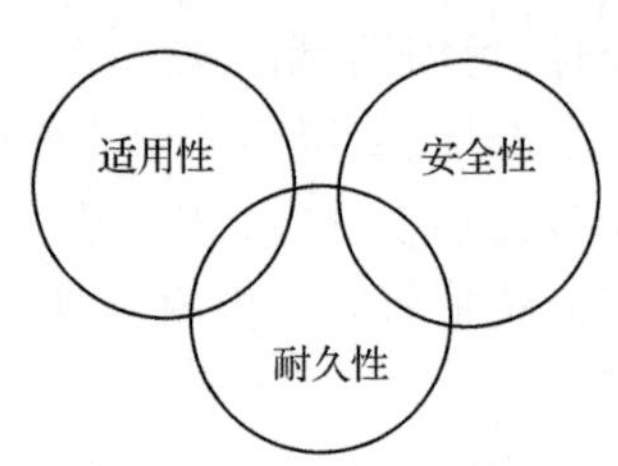

图 15-1　安全性、适用性与耐久性的交叉关系

混凝土结构全寿命耐久性设计是最近才引入的新概念,可以肯定,它将成为结构设计的重要组成部分。

15.2　耐久性极限状态

结构的安全性、适用性和耐久性是结构可靠性的三个基本方面。在结构的全寿命周期中,结构是以可靠(安全、适用、耐久)和失效(不安全、不适用、不耐久)两种状态存在的。为了能够描述结构的工作状态,就必须明确定义结构可靠和失效的界限,国家标准(GB 50153—2008)中明确界定了安全性对应于结构的承载能力极限状态,适用性对应于结构的正常使用极限状态,而结构的耐久性却未能明确其判别标准,对结构耐久性的研究,不能仅仅局限于材料的性能劣化和损耗的结果上,必须考虑结构耐久性损伤对结构安全性、适用性及其他性能的影响。由于标准中没有耐久性极限状态的规定,结构耐久性设计就缺少了目标,也无法形成用失效概率表述的极限状态方法。因此,确定结构耐久性的极限状态是耐久性设计最为关键的环节之一。

从结构性能变化发展的过程以及耐久性对安全性和适用性的影响来看,耐久性是结构的综合性能,就是要反映结构性能(包括安全性、适用性等)的变化程度,从这个意义上来说，考虑一种基于性能设计的耐久性极限状态是可行的，也是合理的。这种耐久性的性能极限状态具有以下特点。

(1) 动态性。在结构全寿命性能变化过程中，每一个特定的时间点所对应的结构性能都是不同的，使用者对结构的目标期望性能可以根据需要而变化，即可以定义不同的性能极限状态。每一种性能极限状态，体现了业主或使用者对结构某项性能的要求。因此，性能极限状态是动态的性能状态。

(2) 性能极限状态包涵了安全性、适用性以及其他性能的关键点。由于性能极限状态可以根据使用者的需要来定义，而这些需要可以是安全性的，也可以是适用性的，还可能是其他(如混凝土碳化、钢筋锈蚀等)方面的。若以混凝土碳化达到钢筋表面作为结构使用寿命终结的标准，那么混凝土碳化到钢筋表面的深度这一事件便是相应的性能极限状态。因此，性能极限状态不仅仅局限于与安全性、适用性有关的性能，还可以是其他方面的性能。

(3) 性能极限状态可根据用户的特殊要求来确定，如结构的振动、视觉、采光、噪声、外观等性能的特殊要求。

(4) 性能极限状态可通过经济与技术的可行性比较确定。如某结构当采取维修、加固、更换等措施已经不经济或技术上难以实现时，即可认为该结构达到了经济或技术性能指标的性能极限状态。

对同一结构构件而言，若采用不同的耐久性性能极限状态，结构的失效概率或使用寿命会有较大的差别，如图 15-2 中性能极限状态 1、性能极限状态 2 等曲线。图 15-2 中 t 的第一个下标表示所选择的耐久性性能极限状态，第二个下标表示目标允许值。如 t_{11} 表示性能极限状态 1 达到目标允许值 1 时的使用年限。

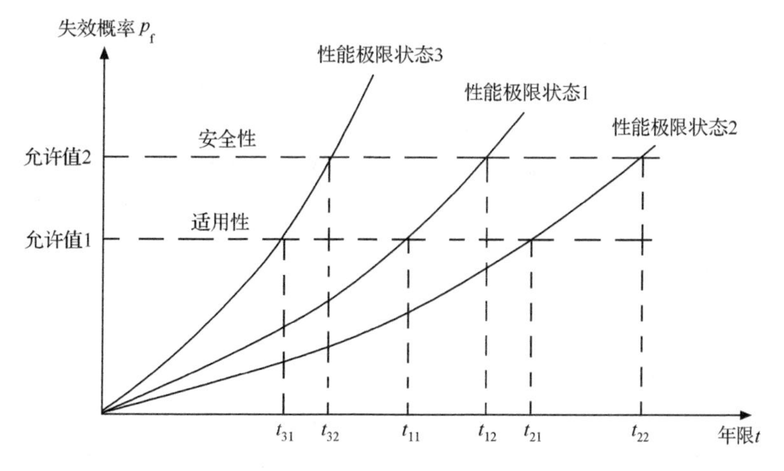

图 15-2　结构失效概率与时间的关系

在实际结构设计中，可根据业主或使用者对结构的具体要求、环境状况、结构的重要性、可修复性等方面的要求选择相应的性能极限状态，确定性能极限状态函数及可接受的最大失效概率(目标失效概率)。有了性能极限状态函数及失效概率，就可采用以失效概率或可靠指标表述的可靠度方法对耐久性极限状态进行设计。

15.3　耐久性设计方法

我国混凝土结构耐久性设计的研究近年来有了很大的发展。一部分学者[4,5]认为：混凝土结构耐久性设计应依据构件所处的工作环境来进行；确定结构的设计使用寿命是耐久性设计所要进行的首要工作；混凝土结构耐久性设计应根据结构工作环境的情况确定耐久性极限状态及标志。耐久性设计就是根据混凝土结构破损的规律来验算结构在设计使用寿命期内抵抗环境作用的能力是否大于环境对结构的作用。这种理论来源于欧洲CEB耐久性设计规范，仅解决了耐久性设计的构造要求部分。另一部分学者[6]认为：混凝土结构耐久性设计应包括两部分：计算与验算部分和构造要求部分，其中计算与验算部分是混凝土结构耐久性设计的关键，它要求分析出抗力与荷载随时间变化的规律，使新设计的结构有明确的目标使用期，使改建或扩建的结构具有与原结构相同的使用寿命，达到安全、经济和实用的建设目的。

15.3.1　参数控制型设计

1. 耐久性设计内容

我国《混凝土结构耐久性设计规范》(GB/T 50476—2008)[7]中规定：混凝土结构的耐久性应根据结构的设计使用年限、结构所处的环境类别及作用等级进行设计。同一结构中的不同构件或同一构件中的不同部位由于所处的局部环境条件有异，应区别对待。结构的耐久性设计必须考虑施工质量控制与质量保证对结构耐久性的影响，必须考虑结构使用过程中的维修与检测要求。混凝土结构的耐久性设计一般应包括：①结构的设计使用年限、环境类别及其作用等级；②有利于减轻环境作用的结构形式、布置和构造；③混凝土结构材料的耐久性质量要求；④钢筋的混凝土保护层厚度；⑤混凝土裂缝控制要求；⑥防水、排水等构造措施；⑦严重环境作用下合理采取防腐蚀附加措施或多重防护策略；⑧耐久性所需的施工养护制度与保护层厚度的施工质量验收要求；⑨结构使用阶段的维护、修理与检测要求。

2. 环境类别与作用等级

结构所处环境按其对钢筋和混凝土材料的腐蚀机理可分为五类，并按表15-1确定。环境对配筋混凝土结构的作用程度应采用环境作用等级表达，并应符合表15-2的规定。

表 15-1　环境类别

环境类别	名称	腐蚀机理
Ⅰ	一般环境	保护层混凝土碳化引起钢筋锈蚀
Ⅱ	冻融环境	反复冻融导致混凝土损伤
Ⅲ	海洋氯化物环境	氯盐引起钢筋锈蚀
Ⅳ	除冰盐等其他氯化物环境	氯盐引起钢筋锈蚀

注：一般环境系指无冻融、氯化物和其他化学腐蚀物质作用。

表 15-2　环境作用等级

环境类别	环境作用等级					
	A 轻微	B 轻度	C 中度	D 严重	E 非常严重	F 极端严重
一般环境	Ⅰ-A	Ⅰ-B	Ⅰ-C	—	—	—
冻融环境	—	—	Ⅱ-C	Ⅱ-D	Ⅱ-E	—
海洋氯化物环境	—	—	Ⅲ-C	Ⅲ-D	Ⅲ-E	Ⅲ-F
除冰盐等其他氯化物环境	—	—	Ⅴ-C	Ⅴ-D	Ⅴ-E	—
化学腐蚀环境	—	—	Ⅴ-C	Ⅴ-D	Ⅴ-E	—

当结构构件受到多种环境类别共同作用时，应分别满足每种环境类别单独作用下的耐久性要求。

在长期潮湿或接触水的环境条件下，混凝土结构的耐久性设计应考虑混凝土可能发生的碱-集料反应、钙矾石延迟反应和软水对混凝土的溶蚀，在设计中采取相应的措施。

混凝土结构的耐久性设计尚应考虑高速流水、风沙以及车轮行驶对混凝土表面的冲刷、磨损作用等实际使用条件对耐久性的影响。

3. 设计使用年限

混凝土结构的设计使用年限应按建筑物的合理使用年限确定，不应低于《工程结构可靠性设计统一标准》(GB 50153—2008)的规定；对于城市桥梁等市政工程结构应按照表 15-3 的规定确定。

表 15-3　混凝土结构的设计使用年限

设计使用年限	适用范围
不低于 100 年	城市快速路和主干道上的桥梁以及其他道路上的大型桥梁、隧道、重要的市政设施等
不低于 50 年	城市次干道和一般道路上的中小型桥梁、一般市政设施

一般环境下的民用建筑在设计使用年限内无需大修，其结构构件的设计使用年限应与结构整体设计使用年限相同。

严重环境作用下的桥梁、隧道等混凝土结构，其部分构件可设计成易于更换的形式，或能够经济合理地进行大修。可更换构件的设计使用年限可低于结构整体的设计使用年限，并应在设计文件中明确规定。

4. 材料要求

混凝土材料应根据结构所处的环境类别、作用等级和结构设计使用年限，按同时满足混凝土最低强度等级、最大水胶比和混凝土原材料组成的要求确定。

对重要工程或大型工程，应针对具体的环境类别和作用等级，分别提出抗冻耐久性指数、氯离子在混凝土中的扩散系数等具体量化耐久性指标。

结构构件的混凝土强度等级应同时满足耐久性和承载能力的要求。

配筋混凝土结构满足耐久性要求的混凝土最低强度等级应符合表 15-4 的规定。

表 15-4　满足耐久性要求的混凝土最低强度等级

环境类别与作用等级	设计使用年限		
	100 年	50 年	30 年
Ⅰ-A	C30	C25	C25
Ⅰ-B	C35	C30	C25
Ⅰ-C	C40	C35	C30
Ⅱ-C	C35、C45	C30、C45	C30、C40
Ⅱ-D	C40	Ca35	Ca35
Ⅱ-E	C45	Ca40	Ca40
Ⅲ-C、Ⅳ-C、Ⅴ-C、Ⅲ-D、Ⅳ-D	C45	C40	C40
Ⅴ-D、Ⅲ-E、Ⅳ-E	C50	C45	C45
Ⅴ-E、Ⅲ-F	C55	C50	C50

注：①预应力混凝土构件的混凝土最低强度等级不应低于 C40。

②如能加大钢筋的保护层厚度，大截面受压墩、柱的混凝土强度等级可以低于表中规定的数值，但不应低于规定的素混凝土最低强度等级。

5. 构造设计

不同环境作用下钢筋主筋、箍筋和分布筋，其混凝土保护层厚度应满足钢筋防锈、耐火以及与混凝土之间黏结力传递的要求，且混凝土保护层厚度设计值不得小于钢筋的公称直径。

工厂预制的混凝土构件，其普通钢筋和预应力钢筋的混凝土保护层厚度可比现浇构件减少 5mm。

在荷载作用下配筋混凝土构件的表面裂缝最大宽度计算值不应超过表 15-5 中的限值。对裂缝宽度无特殊外观要求的，当保护层设计厚度超过 30mm 时，可将厚度取为 30mm 计算裂缝的最大宽度。

表 15-5　表面裂缝计算宽度限值　　（单位：mm）

环境作用等级	钢筋混凝土构件	有黏结预应力混凝土构件
A	0.40	0.20
B	0.30	0.20(0.15)
C	0.20	0.10
D	0.20	按二级裂缝控制或按部分预应力 A 类构件控制
E、F	0.15	按一级裂缝控制或按全预应力构件控制

注：①括号中的宽度适用于采用钢丝或钢绞线的先张预应力构件。

②裂缝控制等级为二级或一级时，按现行国家标准《混凝土结构设计规范》(GB 50010—2008)计算裂缝宽度；部分预应力 A 类构件或全预应力构件按现行行业标准《公路钢筋混凝土及预应力混凝土桥涵设计规范》(JTG D62—2004)计算裂缝宽度。

③有自防水要求的混凝土构件，其横向弯曲的表面裂缝计算宽度不应超过 0.20mm。

15.3.2　基于极限状态方程的方法

在进行结构承载力设计时，荷载与抗力变量的定义是明确的，荷载是变量，如人群、车辆、雪、风和机械荷载，抗力变量为材料参数，如混凝土抗压强度和钢筋屈服强度。

与结构规范中设计的概念相似，这种定义也可以用于耐久性设计，材料变量表示抗力变量，而描述环境的变量即为荷载变量。

基于极限状态方程的方法应当基于以下的相关信息[8]：①根据所考虑的劣化类型，实际、精确地定义环境作用；②混凝土和钢筋的材料参数；③劣化过程的计算模型。

在以上信息的基础上按如下步骤进行耐久性设计。

(1) 定义要求的结构性能。要求委托人或业主详细说明要求的目标使用寿命和认为是使用寿命终点的失效事件。图 15-3 表示了与钢筋锈蚀有关的混凝土结构性能和相关的失效事件。通常用来识别结构使用寿命的失效事件(寿命终结准则)有钢筋脱钝、混凝土保护层锈胀开裂、锈胀裂缝达到一定宽度及倒塌。

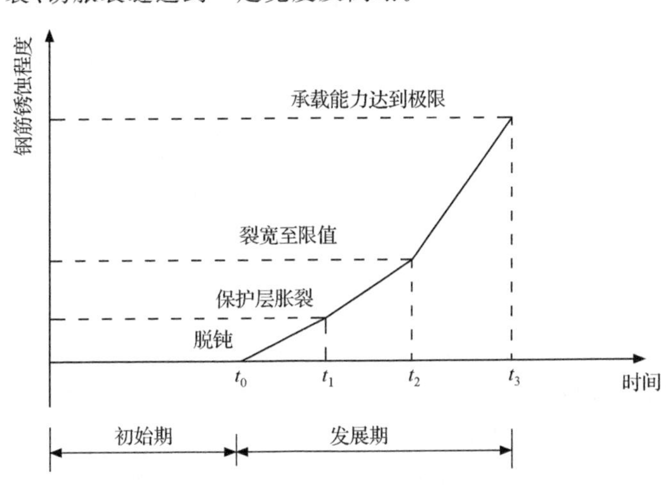

图 15-3　混凝土结构钢筋锈蚀程度

(2) 环境作用分析。确定环境荷载(如氯离子荷载)的取值标准。

(3) 劣化模型选择。判别结构的劣化机理，选择相应的数学模型描述与时间相关的劣化过程和材料抗力，这些模型使设计者能够根据材料和环境条件估计随时间变化的性能。所有模型都包含有设计参数，如结构尺寸、环境参数、材料性能，它们相当于结构设计中的设计变量。

(4) 可靠度分析。可靠度分析是确定一定失效事件的概率，这个事件标志着使用寿命的终点。失效事件用一个极限状态函数 $g(\boldsymbol{x},t)$ 描述，可以写为

$$g(\boldsymbol{x},t) = R(t) - S(t) \tag{15-1}$$

式中，$\boldsymbol{x}$ 为基本变量的矢量；t 表示时间；$R(t)$ 和 $S(t)$ 分别表示随时间而变的抗力和荷载变量。

在时间段$[0,T]$内的失效概率 $p_{\mathrm{f}}(T)$ 为

$$p_{\mathrm{f}}(T) = P[R(t) - S(t) < 0] \leqslant p_{\mathrm{target}} = \Phi(-\beta_{\mathrm{target}}) \tag{15-2}$$

式中，p_{target} 为目标失效概率；$\Phi(\cdot)$ 为标准正态分布函数；β_{target} 为目标可靠指标。

耐久性设计必须在考虑环境作用与结构性能概率分析的基础上做出，特别是环境因素对劣化过程、材料与几何性能等的影响，可能使它们产生显著的变异。

15.4 耐久性环境设计区划

不少国内外的耐久性设计规范和规程进行了混凝土结构的工作环境分类，一般均以环境条件的侵蚀性大小进行分类，如中国《混凝土结构设计规范》[9]（GB 50010—2002）、《工业建筑防腐蚀设计规范》[10]（GB 50046—1995）和《混凝土结构耐久性设计规范》以及欧洲《混凝土结构耐久性设计指南》[8]等。但是以上这些规定局限于环境分类和材料方面，只能在材料和构造层面间接反映结构设计中对耐久性和使用年限的要求，无法实现对混凝土结构耐久性的设计目标进行量化规定。此外，以上的环境分类虽然详尽地反映了侵蚀机理的区别，但是在选取耐久性材料指标与构造要求方面只能各自为政，在设计与评估时，只能个别情况个别处理，缺乏相对统一的衡量环境因素对耐久性影响程度的标准。然而对于工程实际运用，若不具备量化的指标，相应的耐久性设计将会出现适用上或安全上的问题，或不能满足设计使用寿命期的功能要求。因此，有必要针对钢筋混凝土结构，考虑不同地区的环境特征对实际环境进行区域等级的划分，并结合构件的重要性和具体位置特点，建立混凝土结构的耐久性区划标准。

15.4.1 耐久性环境区划标准的基本理论

耐久性环境区划标准（durability environmental zonation standard，DEZS），是根据环境对混凝土结构的作用效应划分区域，并结合结构自身特性，如结构形式、功能以及重要性等，给出各区域混凝土耐久性材料指标取值与构造措施的规定。它充分考虑了结构所处的环境及其对结构耐久性的影响程度，将区域共性与结构个性相结合，是普遍适用于钢筋混凝土结构设计的设计准则[11,12]。

DEZS 的定义包含了区域共性和结构个性两个方面的考虑。区域共性表现在：虽然不同区域的环境条件存在差别，但在特定范围的区域内，自然环境的影响因素、自然环境的作用效应和社会环境条件等均存在着一定的相似性。结构个性表现在：在相同的区域环境条件下，不同结构或结构的不同构件和部位由于重要性、位置、形式、朝向等原因，存在着个性差异。DEZS 不但考虑区域共性的差异，也考虑结构个性的差异，将环境空间映射到结构，研究环境对结构耐久性的作用效应和结构对环境作用效应抵抗能力的量化方法以及二者之间的对应关系，将整个环境空间的环境因素分解，进行环境区域等级的区划，探讨满足不同分区环境作用效应的结构耐久性设计规定。

建立 DEZS 包含三个基本原则：①根据实际自然环境（包括水文、气候和地理环境等）条件，反映混凝土结构耐久性劣化在时空上的不均匀分布；②不仅考虑环境层次的耐久性影响，而且考虑材料、构件和结构层次的耐久性影响；③借鉴已有的结构设计原则，考虑结构形式、功能、重要程度以及经济等因素，实现结构全寿命周期成本最优化。

15.4.2　耐久性环境区划标准研究的基本方法

DEZS 是耐久性设计的第一步，因此研究 DEZS 的基本方法也同样从耐久性设计的基本方法出发。结构的耐久性设计与结构承载能力设计最大差异之一在于，环境作用效应一般不容易和构件抵抗环境作用的能力分开模型化，而结构承载能力设计却很容易实现。因此结构耐久性设计实际上是一项校核工作，校核构件是否满足设计使用寿命的要求。DEZS 研究的基本方法其实也是这样的思路。

DEZS 的研究必须围绕着环境作用效应与结构抵抗环境作用的能力两个方面来进行，而这两方面最终都需要归结到结构的使用寿命，见图 15-4。这决定了 DEZS 研究的基本方法与步骤。

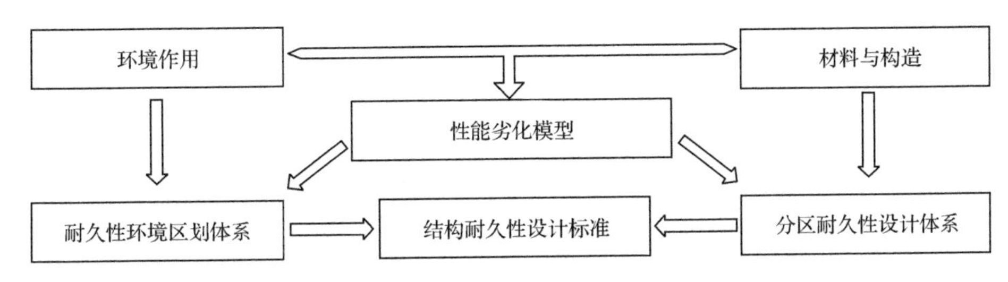

图 15-4　混凝土结构耐久性设计区划的基本原理

1. 分别讨论环境作用效应和结构抵抗环境作用能力的影响因素

环境作用效应的影响因素来自两个方面：环境气候条件与环境侵蚀介质。环境气候条件包括温度、湿度、降水、冻融、风压与风速等；环境侵蚀介质包括大气、水体、土体中的氧、二氧化碳、氯盐、二氧化硫、硫酸盐、碳酸等。分别讨论这些因素的影响，目的是为了确定耐久性劣化模型中的相关参数以及耐久性环境区域划分的主导标志。

结构抵抗环境作用的能力受到很多因素的影响。从材料方面有：混凝土原材料、混凝土强度等级、水泥用量、水胶比等；从构造和裂缝控制方面有：结构形状、混凝土保护层厚度、裂缝宽度等；从施工方面有：表层混凝土质量、含气量、渗透性等；其他方面还有：是否检测与维修制度、防腐附加措施等。分别讨论这些因素对结构抵抗环境作用能力的影响，目的是为了在完成划分的各区域根据既定的环境作用效应，选择劣化模型中的相关参数进行估算，提出耐久性环境区划标准的规定。

2. 分析耐久性劣化机理，选择合适的劣化模型

耐久性劣化机理大致有混凝土冻融、混凝土碳化、氯盐腐蚀以及碱-集料反应等，各种劣化机理对应的性能劣化以及寿命预测模型，目前国内外学者有不少研究成果可供借鉴。进行耐久性区域划分，以及通过试算提出耐久性区划标准规定，都需要根据中国国情选择合理适用的劣化模型。

3. 混凝土结构耐久性区域划分

将环境作用效应的影响因素，通过性能劣化或寿命预测模型，表征成为对结构使用寿命或劣化程度的影响，并以此作为区域划分的主导标志。在此基础上，参考其他自然区划的成果，提出全国范围的耐久性环境区域划分方法。

4. 混凝土结构耐久性区划标准规定

将材料和构件特性对构件抵抗环境作用效应能力的贡献，通过性能劣化及寿命预测模型，归结为对结构使用寿命的贡献；对应于完成划分的各区域，就既定的区域环境作用效应，试算给出满足结构预期寿命要求的各项耐久性指标建议值；区别结构的重要性、结构形式与功能，对应不同的耐久性极限状态，确定不同设计基准期的不同超越概率，并给出各项耐久性指标调整值。

15.4.3 耐久性环境区划标准编制

关于混凝土结构耐久性设计区划的研究，已经得到了一系列的研究成果[12-16]。限于篇幅，这里仅给出一般大气环境下的混凝土结构耐久性环境区划标准[15]示例。

一般环境下混凝土结构的耐久性设计，应控制在正常大气作用下混凝土碳化引起的内部钢筋锈蚀。当混凝土结构构件同时承受其他环境作用时，应按照环境作用等级较高的有关要求进行耐久性设计。

一般大气环境下非干湿交替的露天环境作用效应区划图如图 15-5 所示，各分区的区域特征列于表 15-6。由于南沙群岛等地暂无数据，图 15-5 中未包括这些地区。表中 t 为标准试件在各地实际环境下的寿命预测值、X_{50} 为标准试件在各地区环境条件下暴露 50 年后的碳化深度预测值。相同地区其他环境条件下的环境作用等级按照表 15-7 进行调整。

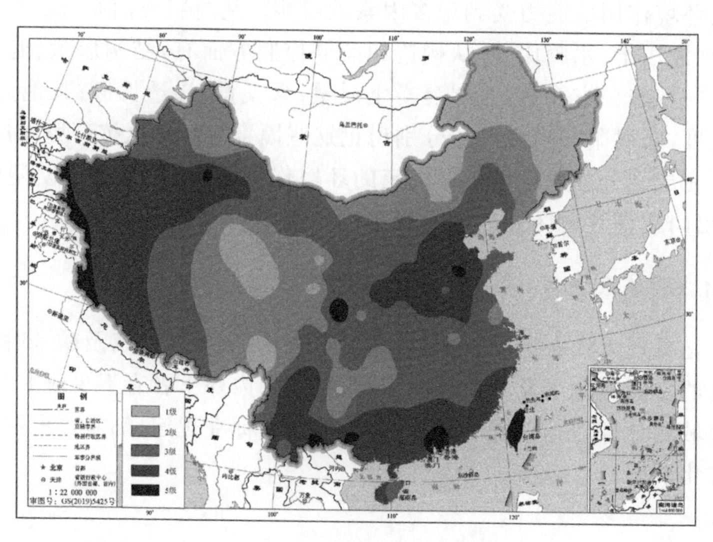

图 15-5　环境作用效应区划图

表 15-6　各级耐久性区域的环境特征与作用程度

区划等级	X_{50}/mm	t/年	环境特征与作用程度
1	14.3～16.7	160～223	年平均温度在 0～5℃,年平均相对湿度在 55%～70%;主要位于东北和青海部分地区。由于温度较低,碳化速率很慢
2	16.7～19	126～162	可分为两类特征地区:①年平均温度在 3～5℃,年平均相对湿度在 40%～60%;②年平均气温在 15～18℃,年平均相对湿度在 70%～80%。两类地区由于温度偏低或相对湿度较大,碳化速率仍较为缓慢
3	19～21.5	100～126	年平均温度在 5～22℃,年平均相对湿度在 40%～80%,覆盖范围较广,主要分布在华北、华中、西北、华东和西南大部分地区。碳化作用较快
4	21.5～23.6	81～100	可分为两类特征地区:①年平均温度在 10～17℃,年平均相对湿度在 40%～60%,主要位于华北和西北部分地区;②年平均温度在 20℃左右,年平均相对湿度在 75%以上,主要位于华南湿热地区。年均温度与相对湿度均非常有利于碳化发展,碳化速率非常快
5	23.6～26.1	81～66	在 4 级区域内分布且范围较小

表 15-7　局部环境的环境作用等级的调整

环境条件	结构构件示例	调整方法
室内干燥环境	常年干燥、低湿度环境中的室内构件	−1
永久的静水浸没环境	所有表面均永久处于静水下的构件	
非干湿交替的室内潮湿环境	中、高湿度环境中的室内构件	酌情
非干湿交替的露天环境	不接触或偶尔接触雨水的室外构件	—
长期湿润环境	长期与水或湿润土体接触的构件	
干湿交替环境	与冷凝水、露水或与蒸汽频繁接触的室内构件 地下室顶板构件 表面频繁淋雨或频繁与水接触的室外构件 处于水位变动区的构件	+1

注:"−1"、"+1"分别表示在基准环境的区划结果上将作用等级降低一级或增加一级。按表 15-7 调整后的环境作用等级低于 1 级时,按 1 级考虑;5 级区的干湿交替环境调整后为 6 级,记为 5+级。

针对不同区划等级,50 年基准年限的标准试件,即混凝土 28 天立方体抗压强度 f_{cu} = 30MPa 时保护层厚度 X_{50} 的设计规定见表 15-8。对于 5+级的干湿交替环境,标准试件的构造规定在相应的 5 级基础上,增加 5mm。混凝土 28 天立方体抗压强度 f_{cui} 分别为 20MPa、25MPa、35MPa、40MPa、45MPa、50MPa、55MPa、60MPa、65MPa、70MPa 时,其相对于标准试件的材料修正系数 ζ_i 的建议值见表 15-9。不同年限相对于基准时间 50 年的时间修正系数 ζ_t 的建议值见表 15-10。

工程设计使用年限为 t、抗压强度为 f_{cui} 的设计构造参数,即保护层厚度 X 为

$$X = X_{50}\zeta_i\zeta_t \tag{15-3}$$

表 15-8 标准试件的 X_{50} 耐久性设计建议值

区划等级	Ⅰ-A	Ⅰ-B	Ⅰ-C
X_{50}/mm	18	20	23

表 15-9 强度修正系数建议值

f_{cui}/MPa	20	25	30	35	40	45	50	55	60	65	70
ζ_i	1.54	1.23	1	0.82	0.68	0.56	0.46	0.37	0.3	0.23	0.17

表 15-10 时间修正系数建议值

t/年	10	20	30	40	50	60	70	80	90	100
ζ_t	0.44	0.63	0.77	0.89	0.99	1.08	1.17	1.25	1.33	1.40

15.5 基于全寿命理念的耐久性设计

我国在未来相当长的时间内还将一直处于大规模的工程建设时期，而且许多重大的建筑工程项目都需要使用几十年甚至上百年，在这么长远的时间内，由于各类内因及外因的影响，尤其是变化巨大的外因作用下，结构的各类功能、性能必将发生改变。因此，需要在工程结构领域引入“全寿命”的概念，并在工程结构全寿命周期的各个阶段分别采取适当的有效措施，尤其是处理好工程结构项目在设计和运营管理阶段的工作显得最为重要。由于我国地域辽阔，环境状况多变，许多混凝土工程面临的耐久性问题非常突出，如不予以重视，势必加重国家的维修和重建负担，影响整个国家工程建设事业的可持续健康发展，因此，急需提倡基于全寿命的设计理念及基于全寿命的管理理念。2000 年，我国发布的《建设工程质量管理条例》中的许多规定实际上是对工程结构的耐久性提出了明确要求，即需要有关人员在全寿命的各个主要阶段内通过合理有效的设计、施工、维护及维修加固，使得工程结构在全寿命的期限内保持一定水平的可靠性。

15.5.1 全寿命设计理论框架研究

传统的工程结构设计及管理只以工程的建设过程为对象，从而产生的传统管理三大核心指标为项目的质量、工期、成本，并由此产生了项目管理的三大控制[17,18]：质量控制、工期控制、成本控制。这种以工程建设过程为对象的目标是近视的、局限性的，会造成管理决策者的思维过于现实和视角太低，同时造成项目管理过于技术化的倾向。而现代化的工程项目所占的高科技技术含量较高，是研究、规划、设计、建设、运营及废除等过程的有机结合，导致了传统意义上的过程结构，尤其是施工过程的重要性、难度相对降低，而工程结构的投资管理、结构风险管理及运营管理措施实行等难度加大，工程结构项目从规划决策、可行性研究、设计、建造，直到运营管理的全局性过程一体化要求增加。因此，基于全寿命理念的全局性设计及管理变得越来越重要。工程结构全寿命周期理论研究框架如图 15-6 所示。

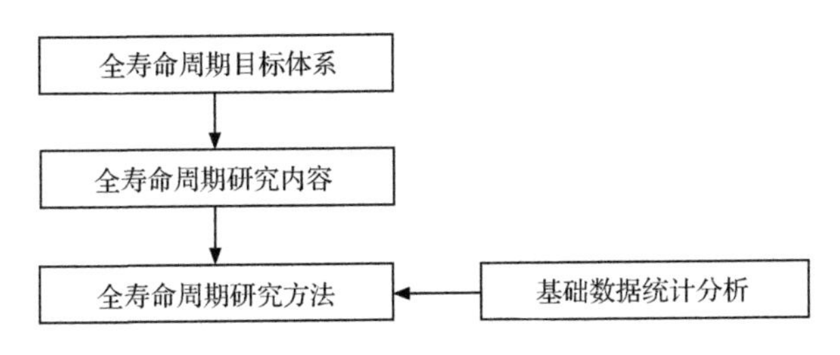

图 15-6 工程结构全寿命周期理论研究框架

1. 全寿命周期研究的目标体系

树立工程结构的全寿命理念,首先需建立全寿命周期理论研究的目标体系。没有全寿命期的明确目标会导致工程结构项目全过程各项措施的不连续性,造成项目参加者目标的不一致和组织责任的离散,容易使人们不重视工程项目的运营,忽视工程项目对环境、社会、经济及历史的影响,不关注工程的可维护性和可持续发展能力。因此,为使工程项目与环境的协调度及与社会可持续发展的契合度等越来越高,并建立科学、合理及可行的工程项目全寿命周期的理论研究内容及方法,就必须科学地确立工程项目全寿命周期理论研究的目标体系。

在工程结构传统管理三大核心指标的基础上做进一步的拓展及深化,并充分考虑工程项目的各项主要评价指标,即功能指标、技术指标、经济指标、社会指标和环境指标五大类[19]指标,本节建立的工程结构全寿命周期理论研究的目标体系分为核心目标层次及绿色目标层次。

核心目标的确定是结构全寿命设计的灵魂。从工程运用的角度来看,保证结构质量是第一位的,即结构必须安全可靠。在结构安全可靠的基础上,寿命期内的费用是最小的,同时还应考虑到业主、用户、社会等方面对结构服务年限的要求,即对结构使用寿命的要求。因此,本节将质量目标、经济目标、时间目标作为结构全寿命设计的三大核心目标。

绿色目标层次是在核心目标层次之上,从不同角度及不同方面的全局出发,对工程结构提出的进一步目标形式。如从不同群体的角度出发,反映出极大的包容性,使之能被各个方面所接受,并达成大家的共识;从企业的观点出发,尽可能地追求高层次的价值观念;体现工程项目对社会及环境的影响,是否具有环保性及可持续性;体现工程项目对历史、美学及文化等方面的贡献。因此,绿色目标主要包括了用户满意目标、社会及环境目标、可持续发展的目标等。

2. 全寿命周期研究的基本内容

工程结构全寿命周期理论研究的基本内容需从工程结构全寿命周期理论研究的目标体系出发确定。基于全寿命周期研究的核心目标层次,较具体地梳理了工程结构全寿命周期内各个阶段研究的基本内容及其之间的内在关系,如图 15-7 所示,从图中可知,工程结构全寿命周期各个阶段研究的基础内容是有效地处理结构性能、时间及经济因素之间的关系。

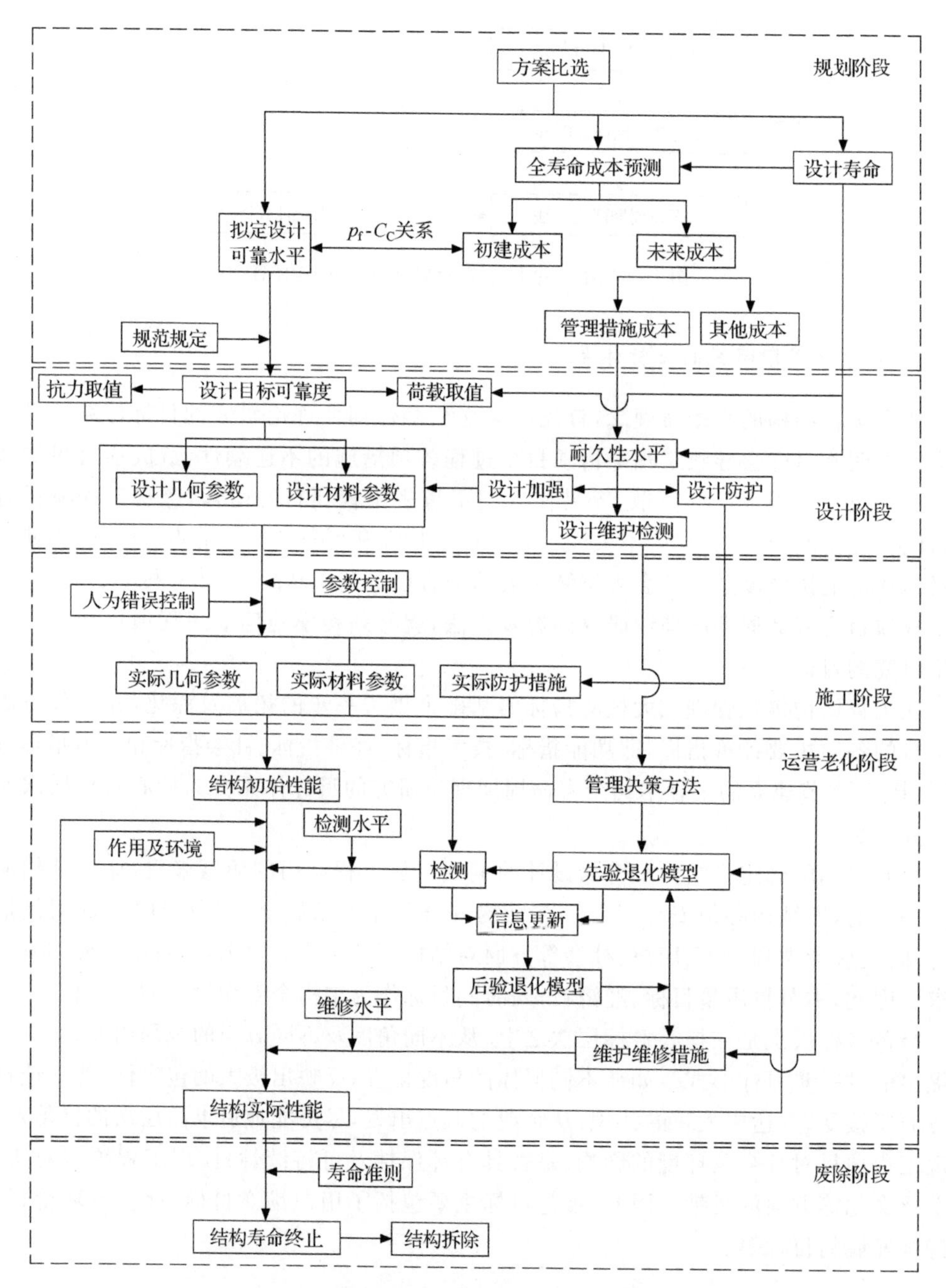

图 15-7　工程结构全寿命周期理论研究基本内容

C_C 为初始造价

15.5.2　工程结构的使用寿命指标分析

在工程结构全寿命设计及管理中，时间指标有很多种不同的形式。如在规划和设计阶段需确定结构的设计基准期和设计使用寿命；在施工阶段需确定具体的施工开始时间、各个施工工序所需的时间、整体结构的施工工期等；在使用阶段需预测结构的剩余使用寿命、合理确定检测及维护周期。在众多的各项时间指标中，对工程结构的全寿命周期设计及管理影响最大的是结构的使用寿命指标。

1. 结构使用寿命定义及分类

工程结构的使用寿命可分为自然寿命和无形寿命。自然寿命（或称物理寿命）是结构在正常使用及正常维护条件下，仍具有其预定使用功能的时间。无形寿命是结构在尚未达到其自然寿命之前，由于种种原因终止了其原有使用功能的时间。通常与使用功能及管理决策等密切相关的结构使用寿命应涉及技术、功能和经济等方面，因而结构的使用寿命主要可划分为三类。

(1) 技术性使用寿命。指结构的某种技术指标（如整体性、可靠性、承载力等）在使用到规定的不合格状态时的期限。它是由于结构存在耐久性问题导致结构性能的退化而引起的，一般难以准确界定，受到自然灾害、社会灾害、施工质量等各方面的影响。

(2) 功能性使用寿命。与结构使用功能有关，是指结构使用到不再满足功能实用要求的期限。如结构需求的过载能力提高或功能用途发生改变等，某些情况下甚至包括了美观性要求等的改善。一般情况下受到业主发展要求、技术更新速率、施工质量等影响。

(3) 经济性使用寿命。指结构使用到继续维修和保留已不如拆除或更换更为经济时的期限。这是从经济角度出发，将构筑物作为投资对象，以经济优化的形式来考虑的。

2. 结构使用寿命特点

工程结构性能的随机性以及至今对结构使用寿命预测认识的局限性导致了结构的使用寿命必然具有随机性和不确知性，外在表现为结构的使用寿命具有概率的特性，其分析应采用概率统计的方法。

为使结构达到合理的使用寿命目标，结构设计采用的设计使用寿命必须具有足够程度的保证率而不是其预期的平均值。假设使用寿命的预测值服从正态分布，且变异系数为 0.3，那么，要使设计使用寿命为 50 年的结构达到 95%的保证率的话，其设计后的预测使用寿命平均值需达到 98.7 年，约为 100 年。实际情况下，对有 50 年合理使用寿命要求的主体结构，设计使用寿命也是 50 年，但后者必须考虑到结构的实际使用寿命会受到多种不确定因素的影响。为保证所设计结构的绝大多数（如 90%～95%）都能达到不小于 50 年合理使用寿命的要求，就必须使结构的实际使用寿命能在总体上平均达到设计使用寿命的 1 倍左右，即 90～100 年，即设计使用寿命的寿命安全系数应达到 1.8～2.0。

3. 结构使用寿命的指导作用

结构的设计使用寿命在一定程度上反映了结构的重要性程度，设计使用寿命越高，其重要性程度也普遍越高；结构的设计使用寿命决定了结构主要建造材料的选取，其值较高时结构应优选强度较高、耐久性良好的材料；其值较低时，应优选强度合适、经济性良好的材料；结构的设计使用寿命将在一定程度上决定构筑物的设计可靠水平，并在相当程度上决定其全寿命期内的总投资，其值越高，结构的设计可靠水平需求也越高，结构建造的初期投资和全寿命期内的总投资将升高;结构的使用寿命还是结构全寿命经济分析的时间周期,不仅影响折现率的选取,还直接影响到经济分析的结果。

15.5.3 工程结构的全寿命可靠性能指标分析

工程结构的可靠性是指工程结构在规定的时间内,规定的条件下,完成预定功能的能力[20]。规定的时间是指工程结构的设计使用寿命,对于已建结构是指结构预计的剩余使用寿命。规定的条件是指正常设计、正常施工和正常使用的条件,不考虑人为错误或过失因素的影响。预定功能包括了结构的安全性、适用性和耐久性。工程结构在全寿命周期内要经受多种随着时间而不断变化的外在的和内在的作用影响,从而导致结构的各项性能也随着时间变化,一般表现为衰减,因此,结构的可靠性必然具有时变性。

1) 设计阶段可靠度

它是设计人员按各类规范要求设计所得的结构可靠度,也称理论可靠度。当前结构可靠度的概念和定义主要是针对设计的,因此,其数值一般接近于规范规定的目标可靠度。

一般而言,从设计的角度出发,同类型的一批结构设计所得的预期可靠度应比较接近。但从使用角度来看,由于施工过程的不确定性以及结构服役时所受到的损伤也不同,经历的维护及维修等过程也不尽相同,因此,结构在未来服役期内会具有不同的可靠度。

2) 施工阶段可靠度

由于施工阶段材料还没达到设计强度,且施工后初期结构强度增强较快,因此需考虑抗力的时变性。尤其对于现浇的钢筋混凝土结构,在相当一段时间内施工期的结构自身抗力明显小于运营服役期的结构抗力,若不改变结构的支承边界条件,结构最危险的阶段可能不是在建成之后,而是在施工阶段。因此,施工期需要增加必要的支撑结构,这使得施工期的结构抗力模式不同于结构的运营期,且施工期的部分荷载类型、大小也异于结构运营期。

3) 运营阶段可靠度

工程结构进入运营期后就已经意味着结构已经建成,进入了服役阶段。此时,由于结构已经完全确定,结构材料、尺寸等实际的参数在理论上可完全获得,由此可为结构抗力和作用效应的计算提供比设计期及施工期更为可靠的信息,因此,理论上可确定结构在任一时点的抗力和作用效应。但由于认识、检测等的局限性,结构的各个参数仍需视为随机变量。然而由于结构本身的确定使得结构运营期的各类参数的不确定性异于设计期,在性质上有所偏差,在数量上显得相对较小。因此,结构进入服役期后需根据实际结构重新检测结构抗力及重新核算作用效应。另外,由于设计和施工过程中存在着大量的不确定性因素,且不可避免地存在某些人为错误,使得刚进入运营期的新建结构的可靠度(可称为运营期初始可靠度)和设计阶段以及施工阶段的可靠度并不在同一个水平,它们之间既有共同点又有不同点:共同点是结构具有相同的失效准则和具有相同的预定工作年限,因此具有相同的荷载理论值,并具有相同的工作条件;不同点是在结构的施工过程中不可避免地存在施工误差,且使用的材料也不可避免地与设计存在差别,结构设计中所采用的计算简图、假定等也与真实结构存在差异。

虽然如此，运营期初始可靠度和设计阶段的可靠度都是常数，且不随时间而改变，但二者是不相同的。在结构建成后，设计阶段可靠度就失去了应用价值，而运营期初始可靠度则是结构服役期动态可靠度的初始值，运营期的可靠度通常随结构使用年限的增加而降低。

4）老化阶段可靠度

结构在使用后期，由于性能劣化导致结构抗力将下降。虽然对于结构预期使用寿命的期望降低使得核算结构实际可靠度时选取作用的大小允许一定程度的降低，但由于结构劣化趋势严重，结构可靠度已接近或低于结构性能可接受的最低水平。

15.5.4　工程结构的全寿命经济指标分析

工程结构全寿命经济指标分析是固定资产投资活动的一项基础性工作，是投资决策的重要依据。工程结构的经济指标可用结构全寿命的成本和收益来反映。对于工程结构这种特殊的产品，它是通过承受一定的荷载或环境作用来满足人们不同的使用要求的，因此，其在寿命期内的经济性很难用收益的形式确定，经济指标一般采用结构寿命期内的总成本来衡量。可表示为

$$\mathrm{LCC}(T)=C_{\mathrm{C}}+\sum_{i=1}^{T}\frac{C_{\mathrm{IN}}(t_i)+C_{\mathrm{M}}(t_i)+C_{\mathrm{R}}(t_i)+\sum\limits_{\mathrm{LS}=1}^{M}p_{\mathrm{f_{LS}}}(t_i)C_{\mathrm{f_{LS}}}}{(1+r)^{t_i}} \tag{15-4}$$

式中，C_{C} 为预期的规划、设计与建造费用，即初始造价；$C_{\mathrm{IN}}(t)$ 为预期检查成本；$C_{\mathrm{M}}(t)$ 为预期维护费用；$C_{\mathrm{R}}(t)$ 为预期修理费用；M 为极限状态号；$p_{\mathrm{f_{LS}}}(t)$ 为每个极限状态的年失效概率；$C_{\mathrm{f_{LS}}}$ 为与每个极限状态发生率有关的失效成本；r 为折现率。

工程结构的性能指标、经济指标、时间指标构成了结构全寿命设计的三大核心指标，它们之间具有很强的相关性，结构的性能决定了结构的使用寿命，结构的使用寿命影响着结构经济分析的结果，经济分析的结果又制约着结构设计的性能水平。三者之间相互影响、相互制约，构成了一个矛盾的统一体。结构全寿命设计就是要科学地认识和平衡各指标之间的关系，以使结构全寿命性能达到最优或优化。

参 考 文 献

[1] 段树金. 日本《混凝土结构物耐久性设计准则(试行)》简介. 华北水利水电学院学报，1991，(1)：56-60.

[2] 欧洲混凝土委员会“混凝土结构的耐久性及使用寿命”编制组. CEB 耐久混凝土结构设计指南. 周燕，邸小坛，韩维云，等译. 2 版. 北京：中国建筑科学研究院结构所，1991.

[3] 金伟良，钟小平. 结构全寿命的耐久性与安全性、适用性的关系. 建筑结构学报，2009，30(6)：1-7.

[4] 邸小坛，周燕. 混凝土结构的耐久性设计方法. 建筑科学，1997，13(1)：16-20.

[5] 金伟良，吕清芳，赵羽习，等. 混凝土结构耐久性设计方法与寿命预测研究进展. 建筑结构学报，2007，28(1)：7-13.

[6] 李田，刘西拉. 混凝土结构耐久性分析与设计. 北京：科学出版社，1999.

[7] 中华人民共和国住房和城乡建设部. 混凝土结构耐久性设计规范(GB/T 50476—2008). 北京：中国建筑工业出版社，2008.

[8] DuraCrete. General guidelines for durability design and redesign. Denmark：Report No. BE95-1347/R15，2000.

[9] 中华人民共和国住房和城乡建设部. 混凝土结构设计规范 (GB 50010—2008). 北京：中国建筑工业出版社，2008.

[10] 中国工程建设标准化协会化工分会. 工业建筑防腐蚀设计规范 (GB 50046—2008). 北京：中国计划出版

社,2008.

[11] Jin W L,Lv Q F. Durability zonation standard of concrete structure design. Journal of Southeast University(English Edition),2007,23(1):98-104.

[12] 吕清芳. 混凝土结构耐久性环境区划标准的基础研究. 杭州:浙江大学博士学位论文,2007.

[13] 金伟良,卫军,袁迎曙,等. 氯盐环境下混凝土结构耐久性理论与方法. 北京:科学出版社,2011.

[14] 宋峰. 基于混凝土结构耐久性能的环境区划研究. 杭州:浙江大学硕士学位论文,2010.

[15] 武海荣,金伟良,吕清芳,等. 基于可靠度的混凝土结构耐久性环境区划. 浙江大学学报(工学版),2012,46(3):416-423.

[16] 武海荣,金伟良,延永东,等. 混凝土冻融环境区划与抗冻性寿命预测. 浙江大学学报(工学版),2012,46(4):650-657.

[17] 胡琦忠. 工程结构全寿命周期设计理论的核心指标研究. 杭州:浙江大学博士学位论文,2009.

[18] 陈光,成虎. 建设项目全寿命期目标体系研究. 土木工程学报,2004,37(10):87-91.

[19] 王要武. 大中型建设项目立项评估若干问题的研究. 哈尔滨:哈尔滨建筑大学博士学位论文,2000.

[20] 赵国藩,金伟良,贡金鑫. 结构可靠度理论. 北京:中国建筑工业出版社,2000.

第16章 耐久性检测与监测

16.1 耐久性检测方法

影响混凝土结构耐久性和使用寿命的因素，不仅仅是混凝土和钢筋的强度，还有环境条件，混凝土的缺陷、裂缝、含湿量和渗透性，以及钢筋的数量、位置和腐蚀情况等，都对混凝土结构耐久性和受力性能有着重要的影响。因此，在评估混凝土结构耐久性时，除了检测混凝土的强度，还必须进行其他项目的检测。

16.1.1 混凝土耐久性参数检测

1. 混凝土强度

现场检测混凝土强度的方法主要有回弹法、超声波法、超声-回弹综合法、钻芯法、拔出法、贯入力法等。不同检测方法的检测原理、检测精度和检测技术要求都是不同的，见表16-1。实际检测时，应综合考虑各种因素，选择一种或几种方法。

表16-1 混凝土强度的现场检测方法

方法	检测原理	精度与可靠度	仪器携带性	测试范围	对操作者要求	处理数据难易
回弹法	表面硬度	低	是	局部区域	低	容易
超声波法	超声波速	一般	是	局部区域	低至一般	一般
超声-回弹综合法	硬度和波速	较好	是	局部区域	一般	一般
钻芯法	芯样抗压强度	好	是	局部区域	低	容易
拔出法	拔出力	好	是	局部区域	低	容易
贯入力法	打入深度	较好	是	局部区域	低	容易

2. 混凝土密实性

混凝土各种劣化过程，如钢筋锈蚀和冻融破坏等，都是由于有水分和其他有害物质的侵入而导致，因此混凝土的密实度是衡量混凝土耐久性的重要指标。

抗渗性检测是检验混凝土密实度的有效方法。对服役混凝土结构做混凝土抗渗性检测，一般从混凝土构件上钻取芯样制备抗渗试件，6个芯样一组，测定混凝土试样的抗渗性。在芯样侧面滚涂一层密封材料，然后在螺旋加压器上压入经过预热过的试模中，使芯样与模底齐平。等试模变冷后，装至渗透仪上进行试验。试验时水压从0.1MPa开始，每隔8h增加水压0.1MPa，并随时注意观察试件端部，当6个芯样中有3个端部渗水时，记录此时水压，即可停止试验。

混凝土抗渗等级，以每组 6 个芯样中 4 个未发现有渗水现象时的最大水压表示。抗渗等级按式(16-1)计算：

$$W = 10H - 1 \tag{16-1}$$

式中，W 为混凝土抗渗等级；H 为发现第 3 个芯样顶面开始渗水时的水压力数值。

现在国外进口的混凝土密实性检查设备也不断进入我国市场，如丹麦产的 GWT 渗水性测试仪，可用于评价已经竣工的混凝土工程表面孔隙率；英国产的 Autoclam 渗透性测试仪(参见 3.3.1 节)，用于非破损检测混凝土的透气性和透水性；瑞士产的 Torrent 渗透性测试仪，可快速准确地无损检测混凝土的渗透性等。这些设备的引进，大大推进了我国工程结构表层混凝土密实度的现场检测，对提高我国混凝土结构的耐久性起到了积极的作用。

3. 混凝土化学成分

受腐蚀的混凝土的化学成分要发生相应的变化。分析混凝土的成分不仅可以分析腐蚀的程度，还可以分析腐蚀的原因。

X 射线衍射分析是利用 X 射线可被晶体衍射的原理，对混凝土进行衍射分析，取得混凝土的衍射图，然后比较标准的衍射图谱，分析混凝土固相物质的含量，进而分析混凝土中的有害成分、腐蚀程度和碳化情况。

电子显微镜扫描分析就是利用电子显微镜观察混凝土的矿物组成和显微结构，分析混凝土的损伤情况。

碱-集料反应物除了用 X 射线衍射法分析，还可以用荧光法分析。该检测方法是将酸离子沾染到混凝土上，在紫外线短波辐射下，若集料发出黄绿色的荧光，则此集料为碱-集料。

4. 混凝土碳化深度

混凝土保护层的碳化深度，直接影响混凝土中钢筋钝化膜的碱性环境，一旦混凝土碳化层达到钢筋表面，钢筋表面钝化膜就会被破坏，并开始锈蚀。因此，混凝土的碳化深度是混凝土结构耐久性检测的重要因素。

另外，碳化后混凝土硬度增高，因此碳化深度对回弹法的测试结果影响很大，也需要测试混凝土碳化深度来修正回弹法和超声-回弹综合法的测试结果。

测试碳化深度一般用专门设备钻出规则的检测孔(直径 15mm)，然后用 1% 的酚酞溶液滴于凹槽中，测量碳化深度。用钢尺一般很难准确测量碳化深度，容易产生较大的误差。当用游标卡尺或专用的碳化深度测定仪测读数时，则有相对较高的精度。

5. 混凝土氯离子含量

为分析混凝土结构中钢筋的腐蚀情况，往往要分析混凝土中氯离子的含量与侵入深度。混凝土中氯离子含量测定方法可参见 3.3 节。

6. 混凝土裂缝和缺陷

因为混凝土的抗拉强度远低于抗压强度，混凝土结构的破坏往往首先表现在混凝土出现开裂，所以结构裂缝的调查和检测也是混凝土结构耐久性检测的重要内容之一。

裂缝检测的主要目的是掌握对结构承载力和耐久性有影响的裂缝的分布、长度、宽度、深度和发展方向等。

混凝土结构的裂缝宽度是指在混凝土表面量测的、与裂缝方向垂直的宽度。量测混凝土的裂缝宽度可以用刻度放大镜和裂缝刻度尺等。若要测定裂缝宽度随时间的变化情况，则要采用导杆引伸仪等。

混凝土结构裂缝深度一般用超声波法测。对于裂缝深度小于 500mm 的裂缝，常用的方法如下。

(1) 对测法。一对发射和接受换能器分别置于被测结构相互平行的两个表面，且两个换能器的轴线位于同一直线上。

(2) 斜测法。一对发射和接受换能器分别置于被测结构相互平行的两个表面，但两个换能器的轴线不在同一直线上。

(3) 单面平测法。一对发射和接受换能器置于被测结构同一表面上进行。

而预估裂缝深度大于 500mm 的裂缝，则应在裂缝两侧钻两个平行的孔洞，一般孔洞间距为 200mm，孔径比探头大 5～10mm，孔深至少比预估的裂缝深度大 70mm，然后用下列方法来检测。

(1) 孔中对测。一对换能器分别置于两个对应钻孔中，位于同一高度进行测试。

(2) 孔中斜测。一对换能器分别置于两个对应钻孔中，不在同一高度而是在保持一定高程差的条件下进行测试。

(3) 孔中平测。一对换能器置于同一钻孔中，以一定的高程差同步移动进行测试。

检测混凝土缺陷的方法除了上述超声波法，还有声发射法、雷达法、红外线热谱法等。

声发射法是利用材料或结构受力时发出瞬态振动现象的原理，在混凝土构件表面的不同部位上放置声传感器，并将传感器与信号放大器、信号调节器和磁带记录仪等组成测量系统。当混凝土构件受力产生的应变超过其弹性极限点时就会产生小振幅弹性波，波向构件表面传播，会被放置在构件表面上的传感器探测到，根据不同探测位置上的应力波到达时间差可以确定变形点的位置，即混凝土构件由于受力而发生损伤的位置。用声发射法可以检测结构遭受损伤的程度。但是，该方法只能在结构变形和应力增加时才能应用，在静荷载下不能单独测量混凝土的损伤或破坏。

雷达法是利用频率为 100～1200MHz 的电磁波扫描混凝土构件表面，当混凝土构件存在孔洞、裂缝、分层等缺陷时，雷达扫描波形图会发生改变，根据雷达扫描波形图，即可分析混凝土的缺陷。

红外线热谱法又称红外扫描，是通过测量和记录混凝土结构热发射来分析判断混凝土构件缺陷的方法。当混凝土中存在裂缝或不连续时，扫描仪上将显示完好和有缺陷混凝土热发射的差异。

7. 混凝土含湿量

检测混凝土含湿量时可采用微波法、电阻法和中子散射法，也可以在混凝土构件上取一混凝土试样，用烘干法测定。

微波法是利用水具有吸收微波的特性，检测微波未穿过混凝土的衰减量而确定混凝土的含湿量。

混凝土含水量越高，其电阻就越低，所以测量混凝土的电阻值也可以确定混凝土的含湿量。

中子散射法是应用中子含湿量测定仪测量混凝土含湿量。氢是快中子的减速剂，当快中子通过混凝土时，记录快中子衰减成慢中子的数量可确定混凝土的含湿量。

16.1.2　钢筋的检测

混凝土结构中钢筋的检测主要包括钢筋数量、位置、钢筋外的混凝土保护层厚度和钢筋腐蚀程度的检测。

1. 钢筋混凝土保护层厚度与位置的检测

钢筋的检测可以直接在混凝土构件上进行，凿去混凝土构件上需要检测部位的保护层，直接量测钢筋的数量、直径和保护层厚度。这类方法对混凝土构件有一定的损伤，用这种方法检测时应轻轻凿去混凝土保护层，以免过多地损伤结构，检测后应及时补平，这种方法一般尽可能少用。

检测钢筋保护层厚度和位置也可以用非破损法。非破损检测方法是指在不破损混凝土内部结构和使用性能的情况下，利用声、电、磁和射线等方法，测定有关钢筋位置、保护层厚度的方法。目前主要有电磁法、雷达法和超声法。

电磁法的测量原理是：将两个线圈的U型磁铁作为探头，给一个线圈通交流电，然后用检流计测量另一个线圈中的感应电流，若线圈与混凝土中的钢筋靠近时，感应电流增大，反之减小。用这个原理制造的混凝土保护层厚度测定仪，测量混凝土保护层厚度范围为40～200mm，钢筋直径为10～32mm。当探测厚度小于40mm时，可探测的钢筋直径最小值为2mm。

雷达仪探测混凝土中钢筋配置情况的原理是：由雷达天线发射的电磁波，从与混凝土电学性质不同的物质（如钢筋）反射回来，并再次由混凝土表面的天线接受，根据发射电磁波至反射波返回的时间差来确定反射体距表面的距离，从而可以探测出混凝土中钢筋的位置和保护层厚度。雷达仪探测时可将混凝土截面上的钢筋沿测线方向用图像连续地反映出来，测试速率较快。

超声法的基本工作原理是：把发射和接受探头接触到混凝土表面上，由发射探头发射超声波，被接受探头所接受，根据接收到的超声波声学参数可以测定混凝土保护层厚度和钢筋的位置。

2. 钢筋锈蚀的检测

钢筋锈蚀的检测一般包括两方面的内容：一是检测和判定钢筋是否发生锈蚀现象；二是检测钢筋的锈蚀程度。电化学检测方法和相关锈蚀情况判据，请参见 3.3.7 节。

由于混凝土表面的裂缝情况是比较容易观测的，对于实际混凝土工程，采用裂缝观测法是一个有效判断结构内部钢筋锈蚀情况的实用方法。裂缝观察法是指根据混凝土构件上裂缝的形状、分布和宽度等来判断钢筋是否锈蚀以及锈蚀程度。钢筋锈蚀后会产生体积膨胀，造成混凝土出现顺筋裂缝，因此，通过观察混凝土构件上有无顺筋裂缝和裂缝开展程度可判断钢筋锈蚀程度，如表 16-2 所示。

表 16-2　混凝土构件裂缝与钢筋锈蚀率

裂缝状态	无顺筋裂缝	有顺筋裂缝	保护层局部剥落	保护层全部剥落
钢筋锈蚀率	0～1%	0.5%～10%	5%～20%	15%～25%

对于允许轻微破损的混凝土结构，可以采用取样检测法。取样检测法就是去掉混凝土保护层厚度直接检查钢筋锈蚀情况，如剩余直径、锈蚀坑长度、深度和截面锈蚀率等。检测可以在混凝土结构的钢筋上直接进行，也可以从混凝土结构中取出锈蚀钢筋试样在实验室进行。

3. 用于钢筋锈蚀检测与修复的预埋电连通接头

目前，在对混凝土结构进行钢筋锈蚀电化学检测与修复时，需先凿除混凝土保护层，裸露局部钢筋，然后再进行与钢筋的电连接。如此，不仅增加了施工难度，还破坏了混凝土保护层的整体性。修补后，破损黏结表面极易形成氯离子侵蚀通道，从而影响结构剩余使用寿命。

基于以上考虑，浙江大学结构工程研究所设计了一种预埋式的用于钢筋锈蚀检测与修复的钢筋电连通接头，如图 16-1 所示。接头主套筒采用强度高耐蚀性强的钛合金材料，通过绝缘定位装置和固定装置与钢筋相连接。如此设计，便可有效避免钛合金材料与钢筋接触引起的钢筋局部加速锈蚀。如图 16-2 所示，安装时，首先通过固定装置固定接头，然后将主套筒端部通过定位装置与模板相接触，最后浇筑混凝土。

图 16-1　钢筋电连通接头

图 16-2　接头安装示意图

拆模后，找到主套筒端部位置，如图 16-3(a)所示；取下密封盖，将一端带有香蕉头的导线与套筒内部导电块相连接，如图 16-3(b)所示；由于导电块另一端经由导线与固定装置相连，如此便实现了与混凝土内部钢筋的电连通。

因此，在日后的钢筋检测与修复中，只要简单地拧开密封盖，连接导线便可与混凝土内部钢筋有效实现电连通，快速进行钢筋锈蚀电化学测试以及电化学除氯、双向电渗等电化学修复作业。

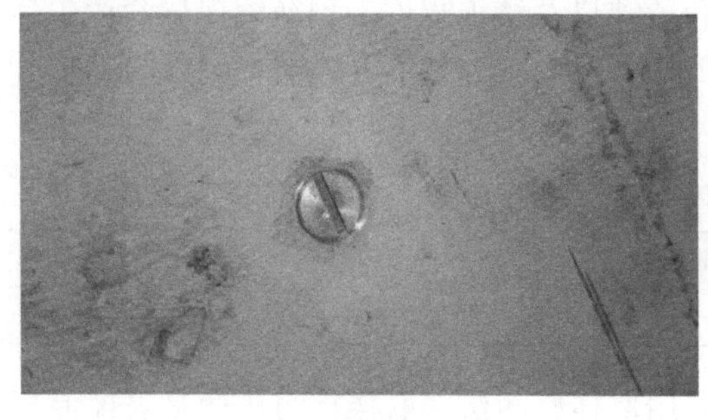

(a) 密封盖位置确定

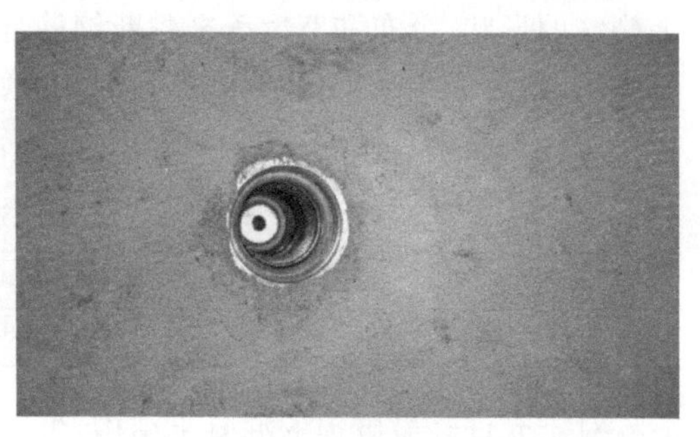

(b) 内部导电块

图 16-3　接头使用示意图

16.1.3　结构及构件变形的检测

混凝土结构及构件变形的测量对服役混凝土结构耐久性鉴定是必不可少的，特别是那些存在质量问题和使用年代较久的混凝土构件。

梁、板的挠度通常可以用现场静载试验法测试。在混凝土梁或板上做静力加载试验(非破坏性试验)，并在加载过程中测量梁和板的挠度。量测挠度的仪表通常采用的是百分表或位移计。百分表属于机械式位移测量器。目前在静载试验中所用的位移计通常是电测试位移量测表，其优点是量程大，能远距离读数、自动记录，并可将测试信号直接输入计算机进行数据采集和处理，量测较方便。关于测试点的布置，除了在最大挠度处设置测点，还应在构件两端(支座处)设置测点量测支座处的变形，在分析数据时应扣除由此产生的误差。

也可以采用水准仪测量混凝土梁板的挠度。将标杆分别垂直立于梁板的跨中和支座，通过水准仪同一高度时标杆的读数，根据支座与跨中读数的对比，就可以得出梁板跨中的挠度值。由于立标杆和测量时都可能存在一些误差，所以测出的挠度值不易做到精确。还可以在梁板构件的支座之间拉紧一条细钢丝，测量跨中细钢丝和梁板之间的距离，该距离就是梁板的挠度。由于细钢丝是否能被拉紧直接影响测量的结果，一般来讲这种方法的测量误差相对比较大。

如果有必要测混凝土结构的倾斜，可以用经纬仪来测量。混凝土结构的沉降观测主要采用水准仪，目前已有光传感器的产品，将光传感器测试技术用于混凝土结构的沉降测试。

16.2 耐久性监测方法与工程应用

钢筋腐蚀是影响混凝土结构耐久性的首要因素，通过“监测预警”，即被动信号监测、模型推算和评估，如果能预报混凝土中外层钢筋脱钝的时刻及其发生腐蚀的速率，即可确定最佳维护和修复方案，避免产生大的经济损失和不测事故的发生。因此，欲提高混凝土结构耐久性，其着眼点就是首先要预测钢筋的脱钝时间，然后在钢筋脱钝前进行“耐久性再设计”。目前，国内外都投入了相当的研究力量，并取得了丰硕成果，其中，欧盟 DuraCrete[1,2]提出的“耐久性再设计”是目前公认的有效措施，而混凝土结构耐久性无损监测则是其实施的基础，同时，它可为将来可能需要的腐蚀防护或修复腐蚀措施的科学决策提供依据。对于无法或难以检查或抵达的结构，如海洋中的桩基、海底隧道的外衬，无损监测系统更是无法替代，监测系统提供的数据可为工程寿命提供判据。

16.2.1 耐久性监测技术进展

鉴于耐久性监测技术的重要性，国内外均投入相当研发力量进行了耐久性监测技术及传感器的研制研究。其中，20 世纪 80 年代末，德国亚琛工业大学土木工程研究所[3-5]发明了梯形阳极混凝土结构预埋式耐久性无损监测系统，如图 16-4 所示，是目前应用最为广泛的耐久性无损监测技术之一。它由浇入混凝土的一组钢筋梯段传感器、一个阴极和互连的引出结构的导线组成，能够测量钢筋段腐蚀各阶段电学参数。对于已建成的重要基础设施工程，为了跟踪混凝土结构的耐久性情况，德国亚琛工业大学还研发了后装环形阳极监测系统，如图 16-5 所示。该系统由阳极环和阴极棒组成，通过在结构上钻孔安装就位。

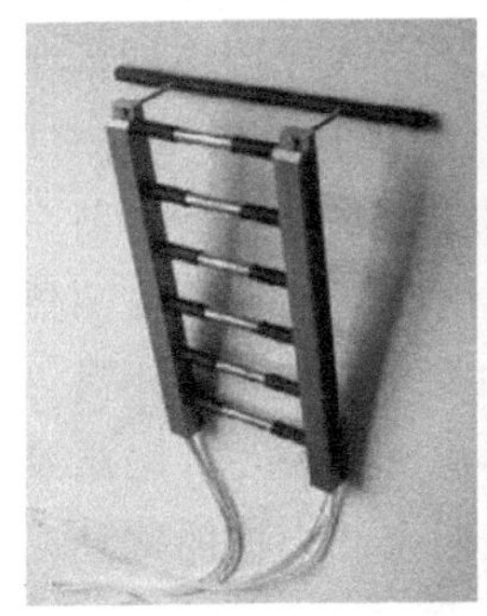

图 16-4 梯形阳极系统单元

图 16-5 后装阳极系统单元

梯形阳极传感器已经在世界各国陆续投入工程应用，涉及的工程类型主要有隧道、桥梁、码头等处于腐蚀环境中的重要基础设施，至 2004 年全球已使用了 896 套梯形阳极系统，迄今已有近 30 年的应用历史，目前基本处于正常的运营之中。其中，影响较大的有丹麦的大贝尔特海峡通道(共 431 套)、荷兰的绿色心脏隧道工程(共 17 套)，丹麦-瑞典的 Bridge Öresund-Link(共 60 套)、埃及的 Monitoring of the Walls of the Al Sukhna Por(共 71 套)和日本的 Tunnel Project in Tokyo(共 15 套)。目前，该监测系统也已成功应用于杭州跨海大桥的耐久性健康监测中。

另外，瑞士联邦苏黎世工业大学[6]系统研究了混凝土中钢筋腐蚀的电化学参数，研制了由若干长度相等的电极棒、基座、导线和阳极构成的内格尔埋入式阳极监测系统及后装式阳极监测系统。相同原理的监测系统还有丹麦 FORCE 公司稍晚开发的 Corrosion Monitoring Nagel System（图 16-6）等。英国女王大学（Queen's University of Belfast）研发的电极阵列传感器可同时测量混凝土中的水分、有害离子浓度及湿度变化，并采用无线网络技术实现数据的远程传输，实现无人值守的混凝土耐久性长期监测，对判断混凝土耐久性指标具有重要意义，如图 16-7 所示。

图 16-6　内格尔阳极系统单元

图 16-7　电极阵列传感器结构图

同时，国内也有大量研究人员和机构进行了混凝土耐久性传感器的研制和开发。近年来诞生的多项关于混凝土中钢筋腐蚀监测的发明专利在一定程度上反映了国内同行在这方面的不懈追求，也反映了这个研究领域活跃的现状。赵永韬[7]的发明涉及一种测试和分析材料耐腐蚀性能和钢筋腐蚀速率的仪器，可测量腐蚀体系的极化电阻、塔费尔斜率等参数；宋晓冰和刘西拉[8]公开的发明涉及一种钢筋混凝土构件中钢筋腐蚀长期监测传感器，可用于直接对腐蚀发生的载体（钢筋）进行实时测量，确定腐蚀介质入侵锋面距离钢筋的距离；吴瑾等[9]公开了一种基于光纤光栅的钢筋腐蚀监测方法，由光栅波长移动量及速率推断钢筋腐蚀程度与速率的关系；梁大开等[10]的发明涉及长周期光纤光栅的钢筋腐蚀监测方法及其传感器，通过判断光栅是否发生了弯曲来推断钢筋腐蚀的程度与速率。我国金属腐蚀与防护国家重点实验室对金属锈蚀的在线无损腐蚀电化学监测技术进行了系统研究[11]，并开发了相应的电化学传感器等探测仪样机。吴文操[12]采用无线监测技术，研究改进了基于射频技术的钢筋腐蚀无线传感器，并进行了电路分析和传感器实验研究。

基于 9.4.1 节中提出的钢筋锈蚀判别阳极极化电流法，浙江大学也研发了用于监测氯离子侵蚀进程的锈蚀传感器[13]，并在室内试验中取得了良好监测效果，如图 16-8 所示。传感器采用单侧布置设计，降低了粗集料发生搁置的概率。W1、W2、W3、W4 为直径 8mm 的碳钢棒，作为工作电极，用于监测氯离子；R1、R2、R3、R4 为直径 6mm 的钛棒，钛耐蚀性很强，在海水中不会锈蚀，作为参比电极，工作性能稳定；C1、C2 为直径 10mm 的 316 不锈钢棒，作为辅助电极。为了进一步降低混凝土欧姆降影响，参比电极与工作电极间距仅为 3mm。测试时，辅助电极 C1 用于极化工作电极 W1 和 W2，辅助电极 C2 用于极化工作电极 W3 和 W4，根据电极极化影响分析表明，辅助电极极化一侧的工作电极并不会对另一侧的工作电极产生极化作用[6]。由阳极极化电流法测试原理可知，即使参比电极性能发生改变，也不会影响阳极极化电流测试结果，如此延长了传感器工作寿命。

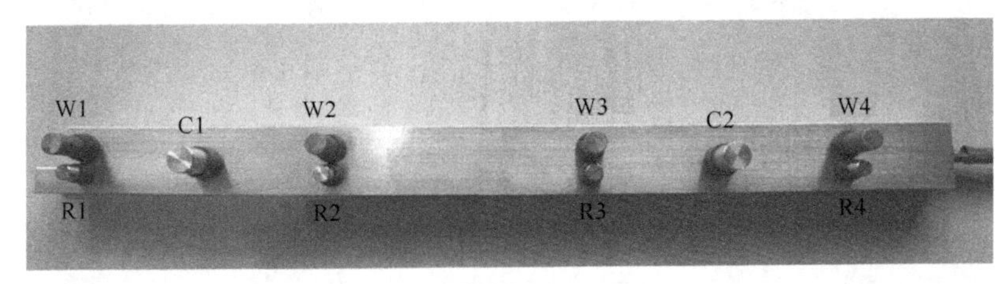

(a) 俯视图

(b) 侧视图

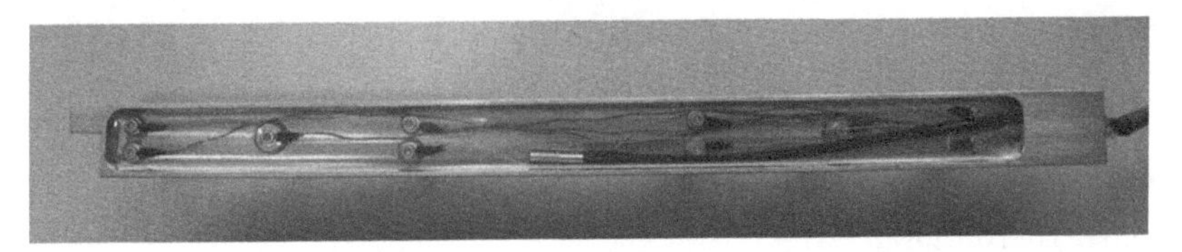

(c) 背视图

图 16-8　锈蚀传感器

传感器安置在钢筋上部混凝土保护层中，如图 16-9 所示，通过调整传感器一侧螺杆长度，改变传感器倾角，使各工作电极位于保护层不同深度。根据 9.4.1 节中提出的钢筋锈蚀判别阳极极化电流法，当氯离子侵蚀至工作电极并引起锈蚀时，阳极极化电流密度便会急剧增大至锈蚀临界值之上，通过经验公式(9-3)可获得工作电极腐蚀电流密度，间接估算工作电极处的氯离子浓度[13]。

目前，国内外仍有各种新型传感器的报道，而大多数耐久性监测系统开发时间则相对较短，它们还缺少相对于不同混凝土配合比组成和不同环境的评判与分析的重大工程的实践，仍需通过大量的标定试验进行总结与归纳。浙江大学结构工程研究所在十几年基础研究的背景下，将目前较为成熟的混凝土耐久性检测与监测技术进行了现场应用，通过两个工程实例详细介绍耐久性传感器在实际工程应用中的要点。其中，工程实例Ⅰ将梯形阳极传感器应用于杭州市九堡大桥的耐久性检测，工程实例Ⅱ将电极阵列传感器应用于杭州湾跨海大桥的耐久性实时监测中。

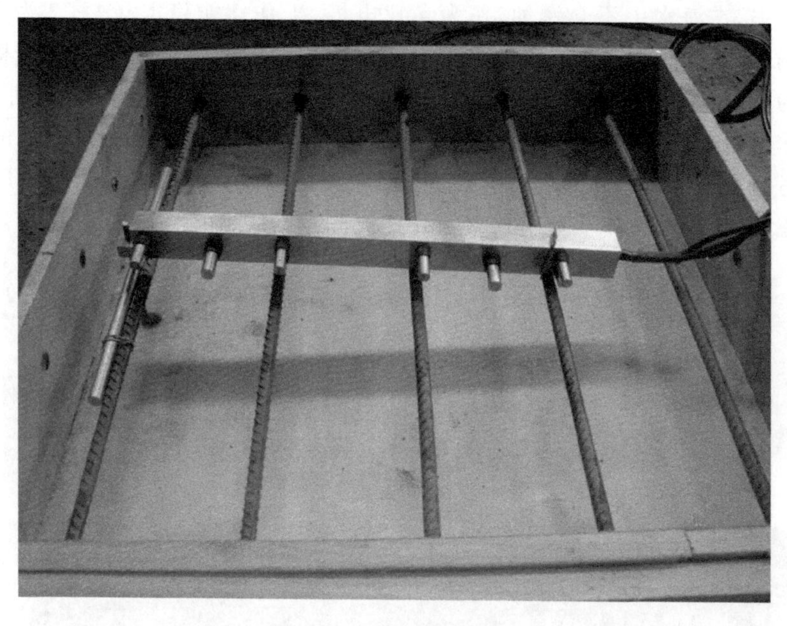

图 16-9　传感器安装

16.2.2　工程应用实例Ⅰ——杭州市九堡大桥

1. 工程概况

浙江省杭州市九堡大桥属于钱塘江上规划建设的十座大桥之一，九堡大桥主桥采用梁-钢拱组合结构体系，全长采用等高钢-混凝土组合结构连续梁板，大桥位于钱塘江河口段的中部，如图 16-10 所示。

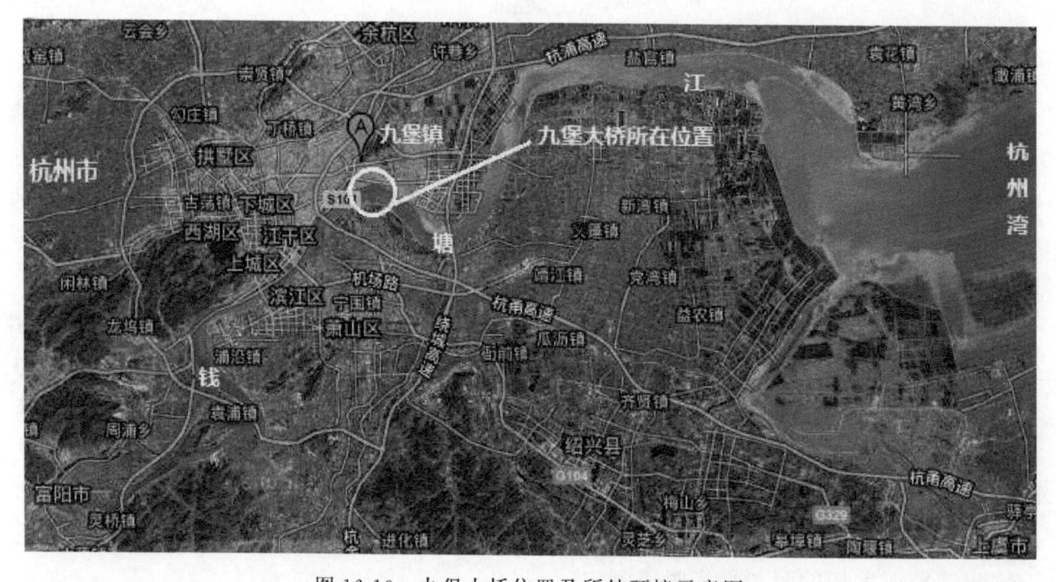

图 16-10　九堡大桥位置及所处环境示意图

杭州市九堡大桥设计使用寿命为100年，能否达到期望的使用年限，是工程建设人员尤其关心的问题。杭州湾是世界三大强潮海湾之一，氯离子含量在5.54～15.91g/L，涌潮或涨潮时，高含盐量的海水倒灌入江，造成了钱塘江内河流域中的氯盐侵蚀环境。同时，大桥墩身水位存在交替变化，对混凝土耐久性有较大影响，一旦内部钢筋锈蚀将影响结构的使用性能，维修困难且费用昂贵，因此，浙江省杭州市城市基础设施开发总公司委托浙江大学结构工程研究所对该大桥进行耐久性的全寿命健康监测。

2. 监测方案及现场安装

浙江大学结构工程研究所采用德国亚琛工业大学的梯形阳极传感技术，对杭州九堡大桥进行了耐久性监测研究。为确保效率的基础上全面掌握工程耐久性状况，首先对监测点进行选择与优化。杭州市九堡大桥长1855m，所处环境一致，具有大量的同环境、同材料、同工艺、同类别、同部位的工况归一化构件，而且耐久性之短板预期腐蚀活化点容易分析确定，所以通过对比分析可提高监测效率。经过优化选择，决定在主桥墩身分别沿着潮差区、浪溅区及大气区布置三套梯形阳极传感器。考虑到后期监测数据读取的方便性，需将各传感器引至桥墩挡板位置进行数据采集。同时为保证后期监测数据读取的稳定性及提供数据导线更换的可能性，在桥墩浇注过程中埋入预埋管，并在其内部穿入数据传输导线，详细布置如图16-11所示。

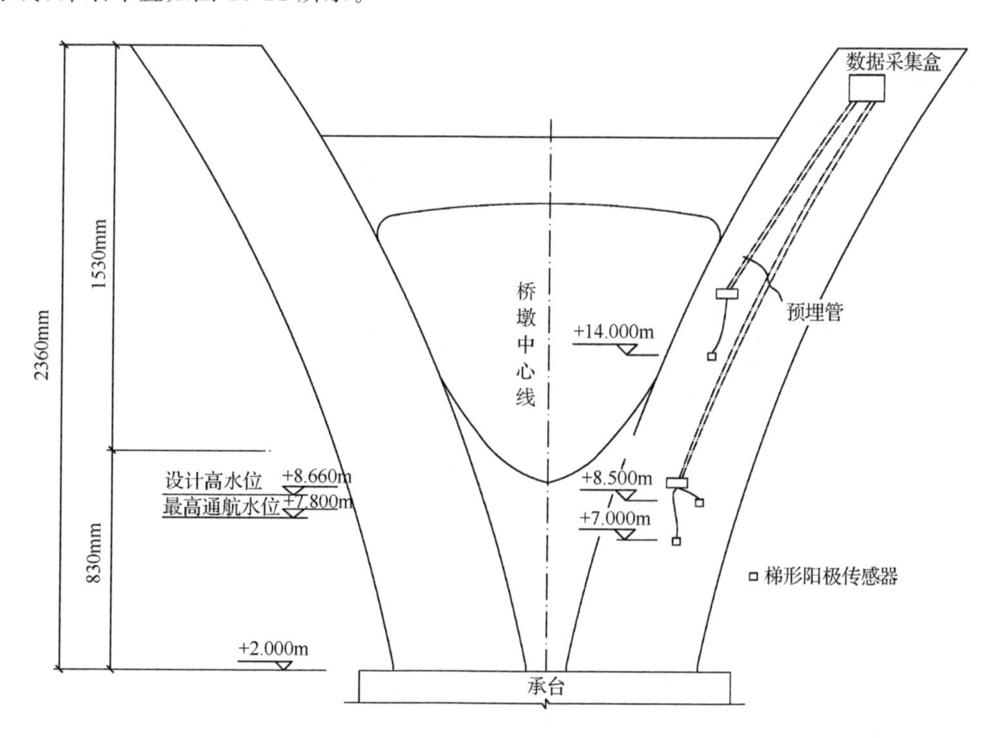

图16-11　传感器埋设方案

传感器的埋设过程和桥墩墩身的浇筑过程保持一致，整个埋设历时近1年，埋设过程主要包括传感器固定、预埋管安装、数据采集端安装、系统调试等。

梯形阳极传感器梯的安装需严格按照使用说明书进行。梯形阳极传感器包括:6 根阳极传感段(A1～A6)和 1 个温度传感器、1 根 40cm 环氧铂金钛棒(C)、1 根普通钢筋(CR)以及包括插座和接线塞的线盒(TBox)。传感器应安装在混凝土振捣棒不易触及的位置,最外侧阳极 A1 离混凝土表面的距离应在 10～15mm,最里侧阳极 A6 应与最外层的工程钢筋处于同一位置。除 CR 之外其余各段传感器均不能与工程钢筋有任何电气触点,需要注意绝缘处理。在整个安装过程中,需对传输导线进行严格保护,保证其在混凝土浇筑、振捣、材料搬运过程中的安全。传感器安装过程中需对其工作性能进行跟踪监测,如果出现数据异常,则应立即进行修复。

目前的健康监测系统的数字信号可由计算机远程遥控自动测试,然而对于耐久性监测,耐久性参数变化过程速率比较漫长,一般无需进行远程监控。远程遥控容易受到不可预知的信号干扰,会在一定程度上降低可靠性。同时,梯形阳极传感器测量的是腐蚀电流变化,如果将导线引至桥头的中控室,则会因为电阻太大而影响测量稳定性。因此,本项目依据九堡大桥实际情况,将其埋设在桥墩的桥面板位置,可利用检修桁车方便进入该位置进行数据采集,采集频率为每年 3～4 次。

3. 监测系统

为便于桥梁维护部门查询桥梁钢筋状态,基于 LABVIEW 8.6 编制了《九堡大桥混凝土耐久性健康监测系统》。用户在输入监测数据后,以图形及表格显示九堡大桥所埋设各传感器各点的电位、电流及电阻值,并对结果进行分析,从而使用户能够方便地查询钢筋的健康状态,部分功能界面如图 16-12 所示。

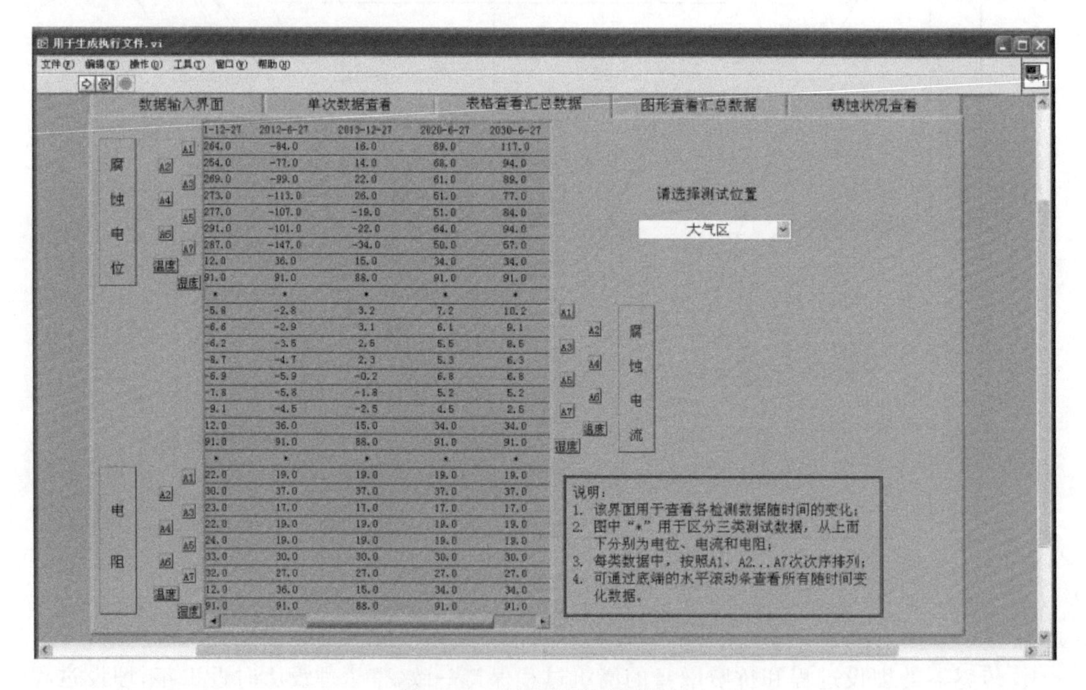

图 16-12　单次数据查看界面

图 16-12 查看界面将监测数据进行分类查看，分成三类进行显示，分别为电位、电流及电阻，其中各个显示选项中 A1、A2、……、A7、温度及湿度信息按照监测时间的顺序进行显示。如果需显示数据超出表格大小范围，则在软件最底端将出现滑动条，可通过调整滑动条查看完整数据。该界面可完整地查看各传感段在整个监测时间跨度内所有的监测数据，用户可根据该表格分析数据是否存在较明显的突变。

随着监测时间的增加，通过表格形式查看监测数据时数据量较大，无法系统地显示其间存在的关系，图 16-13 界面通过图形的形式显示监测结果。界面中包括电位值、电压值及电阻值三个显示界面，图形中 A1、A2、……、A7 由不同的线型进行区分。每个界面的横坐标为时间坐标，格式为“年/月/日”，坐标大小会依据监测量数量自动调整；纵坐标分别为电位、电流及电阻值大小，纵坐标显示范围会依据监测数据的大小自动调整。

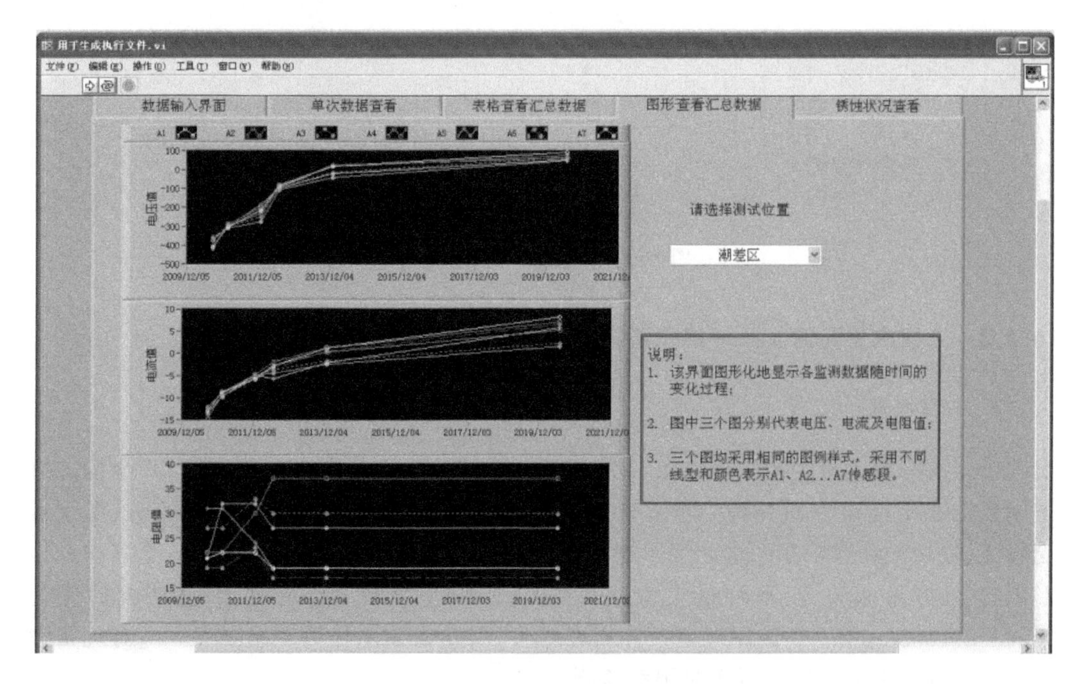

图 16-13　图形查看汇总数据界面

图 16-14 查看界面将监测数据进行分析，并将结果通过动态、表格及报表的形式进行显示。动态显示区中，“传感段”和“时间”显示扫描到的数据，同时对应的会在三个显示灯“正常”、“警告”及“锈蚀”动态显示分析结果，且由“显示进度”对扫描进行实时显示。“正常”代表钢筋未出现锈蚀；“警告”代表钢筋处于即将锈蚀的风险中，并将此时的腐蚀电流显示于表格中；“锈蚀”代表钢筋已经出现锈蚀；在“大气区”、“浪溅区”及“潮差区”均查看完毕后，将弹出“是否生成检测报告”对话框，如果生成监测报告，则选择路径保存 PDF 格式的监测报告。

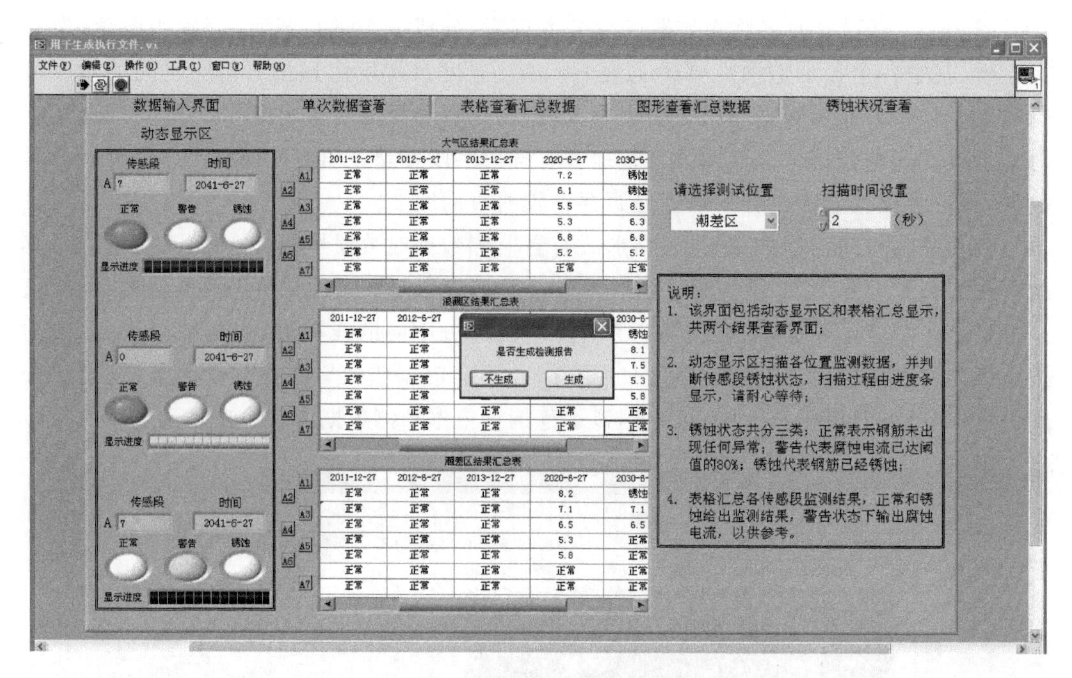

图 16-14　锈蚀状况查看界面

16.2.3　工程应用实例Ⅱ——杭州湾跨海大桥

1. 工程概况

杭州湾跨海大桥主体结构除南、北航道桥为钢箱梁，其余均为混凝土结构，全桥混凝土用量近 250 万 m^3。杭州湾是世界三大强潮海湾之一，风浪大、潮差高、海流急，海水虽受长江、钱塘江和曹娥江江水冲淡影响，但氯离子含量仍在 5.54～15.91g/L；受潮汐和地形影响，海潮流速较大，平均最大流速在 3m/s 以上；海水含砂量较大，实测含砂量为 0.041～9.605kg/m^3，其使用环境条件相当恶劣，因此采用电极阵列传感器[13]，对杭州湾跨海大桥混凝土耐久性进行实时跟踪监测。

2. 传感技术简介

电极阵列传感器(covercrete electrode array)由浇注在树脂玻璃模具中的 10 对阳极阵列组成，每组阳极对包括直径 1.2mm、无应力状态的不锈钢棒，阳极棒的端头切削成长度为 5mm 的感应头。水平方向每对阳极棒的中心轴间距为 5mm；垂直方向每对阳极棒的中心轴间距为 5mm，因此该传感器可监测到高度为 50mm 的 10 个不连续点的电导信息。同时阳极棒 5mm 端头距树脂玻璃的距离相对较远，大于混凝土的最大粗集料(直径 5mm)。为获取传感器按照部位的温度场信息，安装了电热调节器，分别距离混凝土暴露面为 10mm、20mm、30mm 和 40mm，该技术可同时测量表层混凝土的水分、有害离子浓度及湿度变化，对判断混凝土耐久性指标起重要作用，如图 16-15 所示。

该传感器提供混凝土保护层的长期性能信息，可以监测混凝土保护层的电阻率、电导

图 16-15　电极阵列传感器

率、湿度、温度等变化,该传感器特性如下:①采用智能传感器设计理念,将各种传感器集成至一个传感包内;②可监测锈蚀发生及扩展过程;③可将传感器依据监测需要,埋设至混凝土预定位置;④可实现长期监测,传感器具有抗击恶劣环境的能力;⑤采用高性能的 LCD 显示器和数据存储设备进行数据记录;⑥可实现准分布式监测,集合各监测点至采集盒内;⑦软件功能简单,复位按钮可方便进行重新设置;⑧采用无线互联网可实现数据的远程传输;⑨可采用太阳能供电。

3. 试验平台

电极阵列传感器安装时,杭州湾跨海大桥处于运营期,因此利用杭州湾跨海大桥的现场暴露试验站作为工程应用的试验平台,现场暴露试验站选址在跨海大桥海中平台的下方,海中平台选址河床稳定,环境代表性好。为有效地评估杭州湾跨海大桥的混凝土耐久性,试件配合比采用与杭州湾跨海大桥相同的配合比资料,暴露试验可参见图 3-1。

暴露试验站设置大气区、浪溅区、潮差区和水下区四个分区,五个试验平台。各层平台顶面高程确定的原则是能够充分代表海洋环境不同垂直区域对结构的不同影响因素,使置放于该层试件的试验结果充分代表典型环境分区试验条件的要求。利用杭州湾混凝土耐久性暴露试验站,将埋设有电极阵列的混凝土试件放置于各个水位变动区,并通过传输导线将监测数据输送至数据记录端,最后通过数据无线传输系统传递至浙江大学及杭州湾跨海大桥监控室。

4. 现场安装及测试

电极阵列传感器的现场安装与调试分多个步骤进行,分别包括混凝土试件浇筑及性能测试、传感器运输、防腐层涂装、试件及导线安装、辅助设备安装、系统安装及调试。试件浇筑、养护完成后,需将试件运输、吊装至现场,为防止运输过程中水分流失,采用塑料薄膜将其包裹并垫上泡沫,防止颠簸。同时为保证氯离子仅从一侧进入试件内部,需将试件的另外各个表面采用环氧树脂进行密封,为保证涂层质量,采用三层进行分层涂覆,下一层涂覆前需保证上一涂层已经干燥且硬化。涂覆过程中严禁移动试件,防止磕碰造成涂层缺陷,从而提供氯离子进入混凝土的通道。试件运输至暴露试验站后,要求将试件牢固在试验站栅格内,防止海浪拍到造成试件磕碰。传感器在各个杭州湾大桥暴露试验站各个区域的安装如图 16-16 所示。

(a) 潮差区、浪溅区

(b) 大气区

(c) 导线安装

图 16-16　传感器安装

各层试件放置完成后，各传感器的导线均采用钢丝管进行保护，导线沿着栅格采用板扎带进行固定。一套完整的健康监测系统需其余辅助设备保证稳定运行，如气象工作站、电源、系统恢复装置等。其中气象工作站用于获取传感器周边的温湿度、风速、风向、降雨量等一系列环境参数；电源提供监测系统长期、稳定的电源供应；系统恢复装置用于保证监测系统由于长期运行导致系统死机等现象，通过恢复装置可通过电话指令实现电源的切断和闭合，从而实现系统的自动重启，系统的集成和远程控制界面如图 16-17 所示。

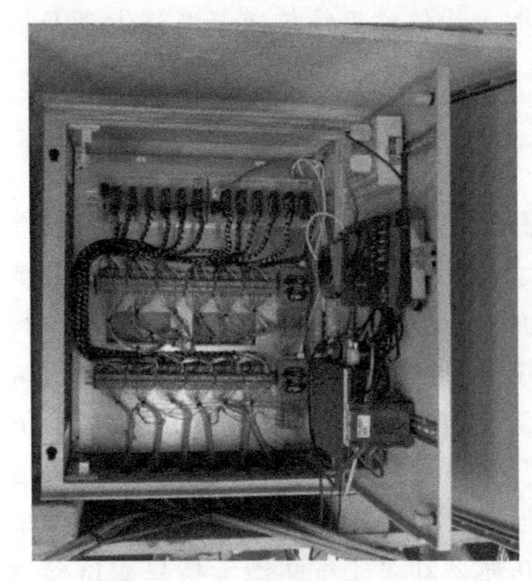

(a) 系统集成图

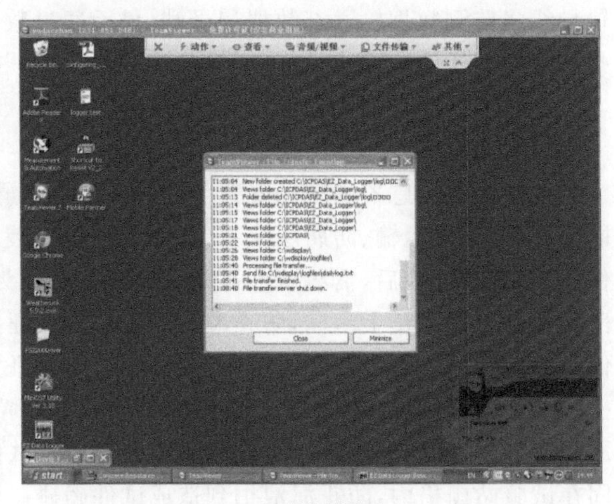

(b) 远程控制界面

图 16-17　系统集成

系统集成后可实现实时的监控，并通过 3G 网络技术进行监测系统的远程控制，实现系统控制和数据传输，完成无人值守的混凝土耐久性实时监测。

参考文献

[1] DuraCrete. Probabilistic performance based durability design of concrete structures-general guidelines for durability design and redesign. Report No. BE95-1347/R14. Denmark: The European Vnion-Brite EuramⅢ,2000.

[2] Gehlen C. Probabilistische Lebensdauerbemessung von Stahlbetonwerken, Deutsche Ausschuss fuer Stahlbeton, Heft 510. Berlin: Beuth Verlag GmbH, 2000.

[3] Schie B L P, Raupach M. Monitoring system for the corrosion risk for steel in concrete. Concrete International, 1992, 14 (7): 52-55.

[4] Schiessl P, Breit W, Raupach M. Sensortechnik: Schutz statt Instandsetzung-Überwachung von Betonbau-werken. Deutsches Ingenieurblatt, 1996: 40-46.

[5] Raupach M. Überwachung der Korrosionsgefahr von Sahlbetonbauwerken mit modernen Sensorsystemen—Grundlagen und Anwendungsbeispiele. Universität-GH Siegen: Siegener KIB-Seminare, 1998.

[6] Scgiegg Y. Online-Monitoring zur Erfassung der Korrosion der Bewehrung von Stahlbetonbauten. Zuerich: Eidgenoessischen Technischen Hochschule Zuerich, 2002.

[7] 赵永韬. 混凝土中钢筋腐蚀监测装置：中国，200610069705.4. 2007-01-24.

[8] 宋晓冰，刘西拉. 钢筋混凝土构件中钢筋腐蚀长期监测传感器：中国，200610117060.7. 2007-04-11.

[9] 吴瑾，李俊，高俊启. 钢筋混凝土构件中钢筋腐蚀的检测方法：中国，200710019822.4. 2007-08-01.

[10] 梁大开，王彦，周兵. 长周期光纤光栅的钢筋腐蚀监测方法及其传感器：中国，200710021728.2. 2007-09-26.

[11] 杜元龙. 电化学传感器及其在腐蚀检测/监测中应用的研究//中国腐蚀与防护学会腐蚀电化学及测试方法专业委员会. 2006 年全国腐蚀电化学及测试方法学术会议论文集，厦门，2006: 30-33.

[12] 吴文操. 钢筋混凝土结构腐蚀监测无线传感器研究. 南京：南京航空航天大学硕士学位论文，2007.

[13] 许晨. 混凝土结构钢筋锈蚀电化学表征与相关检监测技术. 杭州：浙江大学博士学位论文，2012.

第 17 章　耐久性寿命预测与评估

17.1　耐久性寿命预测方法

17.1.1　混凝土结构寿命定义

混凝土结构的使用寿命是指混凝土结构在正常使用和维护条件下，仍然具有其预定使用功能的时间。对于已经使用一个时期的在役结构物，将在正常使用和维护条件下，仍然具有其预定使用功能的时间称为结构的剩余使用寿命或剩余耐久年限。

对钢筋混凝土结构而言，有种种原因可造成使用寿命的终结，例如，因材料劣化导致结构承载力降低而不能满足安全要求；因氯离子渗透到钢筋表面且其浓度超过一定阈值使钢筋发生脱钝；因继续使用所需维修费用过大，达到难以承受的程度；因外观陈旧达到不能接受的程度等。如何根据结构检测或监测结果对新建混凝土结构进行寿命预测和对在役混凝土结构进行性能评估，并据此推测其剩余使用寿命，是一个非常重要的混凝土结构耐久性问题。从使用寿命终结的角度出发，将使用寿命分成以下三类[1]。

(1) 技术性使用寿命。结构使用某种技术指标(如结构整体性、承载力等)进入不合格状态时的期限，这种状态可因混凝土剥落、钢筋锈蚀引起。

(2) 功能性使用寿命。结构使用到不再满足功能实用要求的期限。如桥梁的行车能力已不能适应新的需要、结构的用途发生改变等。

(3) 经济性使用寿命。结构物使用到继续维修保留不如拆换更为经济时的期限。

本章从技术性使用寿命角度出发，根据钢筋腐蚀深度随时间的变化情况，把混凝土使用寿命划分为三个阶段，如图 17-1 所示，即混凝土的使用寿命公式为

$$t = t_1 + t_2 + t_3 \tag{17-1}$$

式中，t 为混凝土的使用寿命；t_1、t_2 和 t_3 分别为钢筋锈蚀的诱导期、发展期和失效期。所谓钢筋锈蚀诱导期是指外界有害介质从混凝土结构暴露一侧侵入混凝土内达到某种程度，使得钢筋脱钝进入锈蚀状态所需要的时间，如氯盐侵蚀环境中钢筋表面氯离子浓度达到临界氯离子浓度所需的时间；大气侵蚀环境中混凝土碳化到一定程度，使得钢筋周围的混凝土 pH 下降到 9 以下所需的时间等。发展期是指从钢筋表面钝化膜破坏到混凝土保护层发生开裂所需的时间。失效期是指从混凝土保护层开裂到混凝土结构失效所需的时间，如混凝土锈胀裂缝宽度达到一定宽度限值，或结构承载能力下降到一定限制等所需要的时间。不同的结构服役环境、结构重要程度等会影响混凝土结构的使用寿命计算方法，例如，大气环境条件下服役混凝土结构，其使用寿命可按照公式(17-1)考虑；而氯盐环境下的混凝土结构则常以钢筋表面的混凝土氯离子浓度达到临界值，即钢筋开始锈蚀的时刻 t_1 作为使用期限终结的极限状态，而将腐蚀发展期和失效期作为安全储备不再计算。

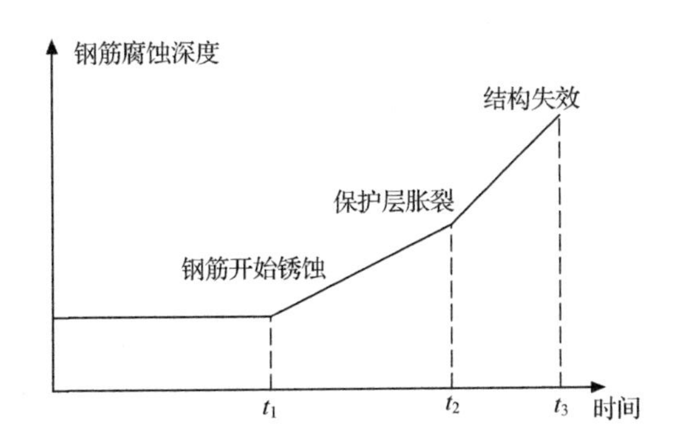

图 17-1　钢筋腐蚀与混凝土结构寿命关系示意图

17.1.2　新建混凝土结构寿命预测方法

在役混凝土的劣化往往是多种因素的综合作用结果，至少是一种侵蚀过程和荷载的共同作用。多种环境与荷载综合作用的影响机理相当复杂，目前对混凝土结构使用寿命的预测往往还是考虑其中的一个或两个主要因素。

1. 经验法

这种方法根据试验室、现场测定以及以往积累的经验，对新建混凝土结构寿命做出半定量的预测，其中包含了经验知识和直观推断。目前的一些混凝土技术标准也通过这种方法来评估寿命，认为如果能够按照标准提出的原则和工法，混凝土就将具有所需要的寿命。但此方法提供了一种假定的混凝土结构服役寿命预测方法，在混凝土结构设计寿命较短且混凝土结构所处环境比较稳定时，其能够达到预计的设计使用寿命期；但是，如果要预测的混凝土结构设计寿命比较长，且其服役环境条件恶劣、多变，或者遇到一些新的情况而缺乏经验时，混凝土结构寿命预测的结果就会存在可靠度不高的问题[2]。

2. 基于同类材料性能比较的预测

假定一种混凝土具有一定时间的耐久性，那么，处于相同环境下的相同材料（混凝土）应具有同样的寿命。然而，由于材料、几何尺寸及施工情况的变异性，每一种混凝土结构都具有一定的特性（唯一性）。另外，随着时间的流逝，混凝土材料性能会改变，例如，今天的波特兰水泥已远不同于几十年以前，外加剂、掺和料也在变化，这些都会影响混凝土性能。因此，比较新旧混凝土之间的耐久性相当困难，且存在着相当大的局限性[2]。

3. 加速试验法

大量的混凝土耐久性试验都是通过采用较高的侵蚀物质浓度、较高的温度或湿度来达到加速劣化的目的。加速试验中材料的退化机理应当跟在役材料的相应退化一致，如果相同退化机制下加速试验与长期服役条件下的结构退化进程成比例，则加速因子 K 可由下面公式获得[2]：

$$K = \frac{R_{\mathrm{AT}}}{R_{\mathrm{LT}}} \tag{17-2}$$

式中，R_{AT} 为加速试验中的退化速率；R_{LT} 为使用条件下的退化速率。

应用加速试验方法来预测混凝土服役寿命时，试件的加速试验寿命 t^* 与结构服役寿命 t_1 之间的关系为

$$t_1 = kt^* \tag{17-3}$$

式中，k 为加速试验中导出的常数。

下面的例子给出应用加速试验的方法来评价暴露于氯盐中的混凝土服役寿命。试件长期自然浸泡在浓度为 2.5%的氯化钠溶液中，直到钢筋开始锈蚀(假设钢筋开始锈蚀时的氯离子浓度临界值为 0.8%)，观测时间为 8 年。同批试件也用来进行加速试验，加速试验采用浓度为 2.5%的氯化钠溶液浸泡 16h，然后在 60℃的空气中强行干燥 8h，依次不断循环，结果发现加速试验下钢筋表面氯离子浓度达到 0.8%的时间为 1 年。由此估计，加速试验 1 年的时间相当于连续浸泡 8 年的时间。此时式(17-2)变为

$$K = \frac{R_{AT}}{R_{LT}} = 8 \tag{17-4}$$

式中，R_{AT} 为加速试验中的氯离子浓度变化速率；R_{LT} 为使用条件下的氯离子浓度变化速率。

4. 模型反演法

模型反演法是基于已经建立的数学模型来预测混凝土结构寿命的一种方法。预测模型可以是通过理论研究推导得到的解析表达式，也可以是根据试验研究拟合得到的经验公式，或通过数值模拟分析得到的建议式。本书第 4～12 章介绍了混凝土材料、构件、结构在不同环境下的耐久性劣化机理和预测模型，可以用于结构寿命的预测。下面以氯盐侵蚀环境为例，说明模型反演法预测混凝土结构的寿命。

暴露于氯离子环境中的钢筋混凝土结构，其服役寿命预测的可靠度与模型的合理性、材料及环境参数选取的准确性有关。预测过程主要包括选取理论模型、确定氯离子扩散系数和表面氯离子浓度、确定氯离子侵蚀的浓度阈限值和计算剩余寿命几个步骤。

1) 选取理论模型

目前的侵蚀模型大多是基于扩散理论来描述这一过程的，其基本假定为：①氯离子在混凝土中的扩散遵循 Fick 第二扩散定律；②氯离子在混凝土中的扩散为一维扩散；③混凝土为匀质材料，氯离子在混凝土中的扩散系数为常数；④混凝土表面氯离子浓度为常数。

在此假设下，根据 Fick 第二扩散定律建立的扩散模型为[3]

$$C(x,t) = C_0 + (C_s - C_0)\left[1 - \mathrm{erf}\left(\frac{x}{\sqrt{4D_{Cl}t}}\right)\right] \tag{17-5}$$

式中，$C(x,t)$ 为 t 时刻 x 深度的氯离子浓度；C_0 为氯离子初始浓度；C_s 为混凝土表面的氯离子浓度；D_{Cl} 为扩散系数。

2) 确定氯离子扩散系数 D_{Cl}

氯离子扩散系数 D_{Cl} 可以通过试验确定，缺乏试验条件时也可以类比以往的研究、测试数据，采用以往研究的建议值。

3）确定表面氯离子浓度 C_s

表面氯离子浓度 C_s 和使用环境条件有关，建议通过现场实测同类建筑或试验得到。如果缺乏实测和试验条件，则可以类比以往的测试数据，采用以往研究的建议值。

4）确定氯离子侵蚀的浓度阈限值

在不同的混凝土材料、服役环境等情况下，会使得混凝土结构的氯离子侵蚀浓度阈值有很大的波动范围。本书 9.2 节详述了氯离子浓度阈值的范围和确定方法。

5）服役寿命预测

在钢筋深度处，氯离子浓度达到结构所处环境下的阈值所用的时间即为结构服役寿命。下面用一个例子说明混凝土结构服役寿命计算过程。

某一跨海大桥桥墩，处于水位交替变化处，采用的高性能混凝土强度等级为 C50，初始不含氯离子。钢筋的直径为 20mm，混凝土保护层厚度均为 45mm，经试验测定该结构混凝土中氯离子扩散系数为 $1.64\times10^{-12}\text{m}^2/\text{s}$，求该桥墩的预计使用寿命。

计算中需要确定的参数包括：钢筋表面处 $x = 45\text{mm}$；混凝土中初始氯离子浓度 $C_0 = 0$；根据该结构所处的环境特征，结合测试结果得到混凝土表面氯离子浓度 $C_s = 7.35\text{kg/m}^3$，根据混凝土材料配合比换算成混凝土表面氯离子质量分数为 1.53%；氯离子在混凝土中的扩散系数 $D_{Cl}=1.64\times10^{-12}\text{m}^2/\text{s}$；根据 9.2 节氯离子浓度阈值的范围和确定方法，可知钢筋表面氯离子浓度临界值为 1.05%。把各参数代入式(17-5)中，可以计算出 $t = 120$ 年，即该桥墩的预计使用寿命为 120 年。

5. 多重环境时间相似理论法

1）多重环境时间相似理论[4]

混凝土结构劣化是个漫长的过程，一般要几十年以上，因此，混凝土结构耐久性的研究多在试验室内部进行快速劣化试验。这就引出了新问题，即混凝土结构性能变化的实际情况与室内加速试验有多大的相似性？实验室研究成果直接应用于实际工程的寿命预测是否可行？事实上，目前是很难直接利用传统的相似理论，建立混凝土结构耐久性实际情况和试验室结果之间的有效联系。首先，沿海混凝土结构耐久性受到多种因素影响，如混凝土材料组成、胶凝材料类别、水胶比、养护条件、保护层厚度、环境条件、气象条件、诱发钢筋锈蚀的氯离子阈值、暴露时间、结构受力状态等，各种影响的机理多在试验研究探讨之中，目前得到的大多是经验公式，无法导出模型试验的相似准则；其次，由于现场环境因素复杂，环境因素的统计资料通常无法全面收集，在进行环境模拟时，无法确保各种不同环境因素的相似关系相同；再次，在时间上无法实现传统的相似，环境加速的依据通常是统计意义上的平均值，并且对各因素也无法实现相似系数完全相等；最后，无法实现室内加速试验与现场试验条件的完全加速模拟，通常的加速试验只是对现场试验的某些参数进行加速模拟。基于以上考虑，浙江大学提出一种多重环境时间相似(multi-environmental time similarity，METS)理论来研究不同环境之间研究对象性能劣化的相似性，以便于对结构进行寿命预测。

由于影响结构寿命的因素较多，并且大多具有时变性的特点，仅仅通过对实际结构物的现场检测与室内加速试验一般无法建立不同劣化参数的相似关系。本节选取与研究对象具有相同或相似环境且具有一定使用年限的参照物，由于参照物和研究对象的环境条件具有相似性，研究对象和参照物的性能劣化也具有相似性；通过对参照物进行现场检测试验以及与参照物对应的模型进行加速试验研究，建立参照物在现场与室内加速环境劣化的时间相似关系；利用该时间相似关系与研究对象模型的室内加速试验结果便可得到研究对象在现场实际环境中各劣化参数的时变规律，进而对研究对象进行寿命预测。这就是 METS 理论对结构进行寿命预测的基本原理，如图 17-2(a)所示。

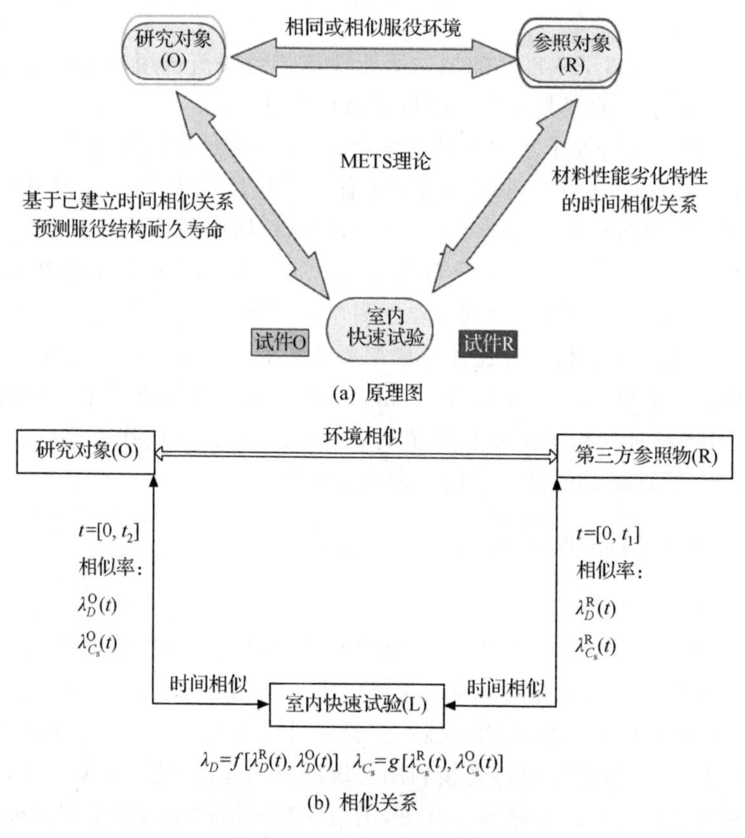

(a) 原理图

$\lambda_D=f[\lambda_D^R(t), \lambda_D^O(t)]$　$\lambda_{C_s}=g[\lambda_{C_s}^R(t), \lambda_{C_s}^O(t)]$

(b) 相似关系

图 17-2　METS 理论原理图

2) METS 方法

根据 METS 理论原理，其对混凝土结构进行耐久性寿命预测的方法可以通过图 17-2(b)中相似关系的如下过程来实现。

(1) 选取与研究对象现场具有相同或相似环境条件的已服役多年的沿海混凝土结构物作为第三方参照物。

(2) 收集研究对象与第三方参照物在服役初始时刻(即暴露时间 $t=t_0$ 时)影响氯盐侵蚀的各因素的相关参数资料：表面氯离子浓度、氯离子扩散系数等设计资料，如混凝土材料的组分、掺和料类型、水胶比、混凝土保护层厚度、钢筋类型等。

(3) 收集研究对象的现场环境、气象资料、水文统计资料，并运用数学统计方法对现场自然环境条件进行数值模拟，计算温度、湿度、环境氯离子浓度的平均值与不同高程处的海水浸润时间比例。

(4) 根据氯离子的侵蚀机理，对自然环境条件进行人工气候环境加速模拟，确定不同环境分区(如水下区、潮差区、浪溅区、大气区等)结构典型部位对应的人工气候加速模拟试验室的控制参数。

(5) 设计并制作与研究对象、第三方参照物相同配比成分的混凝土试件，并置于人工气候模拟实验室进行室内加速试验，同时，对与研究对象对应的混凝土试件进行现场暴露试验。

(6) 定期对第三方参照物的混凝土结构/构件的现场检测和对应混凝土试件室内加速试验的取样检测分析，经过化学分析与氯离子侵蚀曲线拟合，得到混凝土结构在现场环境与室内加速环境的耐久性主要参数：氯离子扩散系数 $D^{R}(t)$ 与 $D^{R'}(t)$、时间衰减系数 n^{R}(认为现场环境与室内加速环境的时间衰减系数相等)、表面氯离子浓度 $C_s^{R}(t)$ 与 $C_s^{R'}(t)$、对流区深度 Δx^{R} 与 $\Delta x^{R'}$ (上标"R"表示第三方参照物，其中室内加速环境的参数加"$'$"表示)等，则可得到各耐久性参数的相似率

$$\lambda_D^{R}(t) = \frac{D^{R}(t)}{D^{R'}(t)}, \quad \lambda_{C_s}^{R}(t) = \frac{C_s^{R}(t)}{C_s^{R'}(t)}$$

式中，$\lambda_D^{R}(t)$、$\lambda_{C_s}^{R}(t)$ 分别为第三方参照物(reference)的氯离子扩散系数与表面氯离子浓度基于现场和试验环境的相似率。

(7) 通过定期对研究对象不同结构部位对应混凝土试件的现场暴露试验与室内加速试验，得到对应不同结构部位混凝土试件在不同室内加速条件下的各耐久性主要参数：氯离子扩散系数 $D^{O}(t)$ 与 $D^{O'}(t)$、时间衰减系数 n^{O}、表面氯离子浓度 $C_s^{O}(t)$ 与 $C_s^{O'}(t)$、对流区深度 Δx^{O} 与 $\Delta x^{O'}$ (上标"O"表示研究对象)，则可分别计算扩散系数与表面氯离子浓度的相似率 $\lambda^{O}(t)$。

(8) 用(7)中计算得到的各耐久性参数的相似率对(6)中计算得到的对应参数的相似率进行修正，得到研究对象沿海混凝土结构各耐久性参数基于现场与试验环境的相似率：

$$\lambda_D = f[\lambda_D^{R}(t), \lambda_D^{O}(t)], \quad \lambda_{C_s} = g[\lambda_{C_s}^{R}(t), \lambda_{C_s}^{O}(t)]$$

(9) 根据研究对象混凝土试件的室内试验结果，利用(8)中得到的各耐久性参数的相似率，计算得到研究对象混凝土结构耐久性各参数在现场环境中的取值，通过 Fick 第二定律对沿海混凝土各结构部位氯离子的侵蚀过程进行数值模拟，并根据研究对象各结构部位的保护层厚度和氯离子阈值的取值对不同环境分区各结构构件进行寿命预测。

3) METS 方法及应用

杭州湾跨海大桥地处亚热带季风气候区，起自嘉兴市郑家埭，跨越杭州湾海域后止于慈溪市丰收闸以东水路湾，连接杭州湾两岸的同三国道线，全长达 36 km。大桥主体结构除南、北航道桥为钢箱梁，其余均为混凝土结构，全桥混凝土用量近 250 万 m^3。大桥设计使用年限为 100 年。由于杭州湾是世界三大强潮海湾之一，风浪大、潮差高、海流急，海水氯离子含量较高，其使用环境条件是相当恶劣的。对杭州湾地区在役混凝土结构腐蚀状况的调查结果也显示，影响大桥混凝土结构耐久性的主导因素是氯离子侵蚀，氯离子的主要来源是海水和海风携带的盐雾。考虑到大桥的使用环境情况，针对大桥的不同区域和不同结构部位，采取了一系列耐久性措施。然而，国际上对海洋气候环境中百年设计寿命的重大混凝土结构的耐久性问题在理论上尚未完善，杭州湾跨海大桥的寿命能否达到设

计所要求的百年，仍是相当严峻的现实问题。因此，为了能检验杭州湾大桥系列耐久性防护措施的有效性、掌握大桥混凝土结构的性能，浙江大学混凝土结构耐久性课题组开展与杭州湾跨海大桥相匹配的耐久性试验研究，并对其进行使用寿命的预测。

根据 METS 理论，为了预测研究对象杭州湾跨海大桥的寿命，需要室内快速试验的测试数据和第三方参照对象的实测数据。室内快速试验是连接研究对象和参照对象间相似性的桥梁，其关键在于加速试验方案的设计和控制参数的确定，该项目的室内快速试验在浙江大学混凝土结构耐久性实验室进行。在设计室内快速试验过程中，在对研究对象所处环境气象统计资料调查分析的基础上，根据各环境分区氯离子来源和侵蚀特点，确定以盐溶液浓度、环境温度、湿度以及干湿循环比例作为主要的试验控制参数，模拟水下区、潮差区、浪溅区及大气区的人工加速环境；然后将与杭州湾大桥同批浇筑的各种试块放到上述四种环境中进行加速劣化试验研究。浙江省嘉兴地区的乍浦港区被选为该项目的第三方参照对象，该码头处于与杭州湾跨海大桥一样的杭州湾地区海洋环境，且其一期、二期和三期泊位分别使用了不同年限，为该项目的第三方实测提供了非常好的取样环境。项目课题组在不同码头、不同区域进行了系统的取样，获取了大量现场的工程实验数据。基于 METS 理论，根据室内快速试验和现场暴露试验的检测数据和统计分析，最终总结出基于快速试验与暴露试验的扩散模型参数相似率，如表 17-1 所示；杭州湾跨海大桥的寿命预测结构如表 17-2 所示[4]。

表 17-1 基于快速试验与暴露试验的模型参数相似率

环境分区	相似参数		
	氯离子扩散系数 λ_D	表面氯离子浓度 λ_C	氯离子侵蚀时间 λ_t
浪溅区	7.87	1.58	18.14
潮差区	2.66	1.13	4.32
水下区	1.32	1.36	2.40

表 17-2 杭州湾跨海大桥主要结构部位耐久性寿命预测结果

结构部位	保护层厚度/mm	使用 100 年所需厚度/mm	混凝土预测寿命/年	是否满足要求
海上桩基	75	46.2	256	满足
海上承台	90	60.0	239	满足
湿接头	80/90	60.0	185/233	满足
预制墩身	60	45.5	194	满足
现浇墩身	60	54.7	123	满足
陆上承台	75	44.9	>300	满足
箱梁	40	28.8	222	满足

6. 随机方法

在混凝土结构耐久性预测和评估中，无论采用哪一种寿命准则，由于影响结构使用寿命的各因素都是随机变量，甚至是随时间变化的随机过程，如混凝土保护层厚度经实测统计是符合正态分布的随机变量，当由于混凝土腐蚀或钢筋锈蚀而使混凝土保护层剥落时，混凝土保护层厚度又体现出随机过程特点；影响混凝土结构耐久性的各项因素(如环境温湿度、有害介质含量、混凝土密实性和孔隙率等)也都是随机变量或随机过程。两种随机预测方法是可靠度方法及统计和确定性模型组合法。

可靠度方法是一种结合了快速试验方法原理与可靠性概念的使用寿命预测方法。混凝土作为典型的土木工程材料，设想处于相同条件下的同种混凝土具有相同的时间-破坏(失效)分布概率。可靠度方法可以考虑时间-破坏分布，据此可得不同应力水平下的破坏概率函数，如图 17-3 所示。要获得这样的分布需要测试多组试件。如果随着应力水平增加，破坏概率增加，则在服役应力作用下的使用寿命分布与应力提高后的使用寿命分布可通过试件变换函数 $p_i(t)$ 来联系：

$$F_i(t)=F_0(t)p_i(t) \tag{17-6}$$

式中，t 为时间；$F_i(t)$ 为 i 级应力水平下的寿命分布；$F_0(t)$ 为服役应力作用下的服役寿命分布。

由式(17-6)得到的破坏应力-时间的概率曲线如图 17-4 所示。

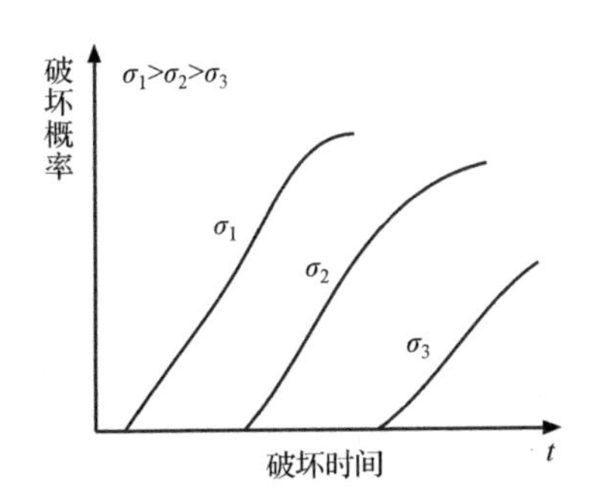

图 17-3　不同应力水平下的破坏概率

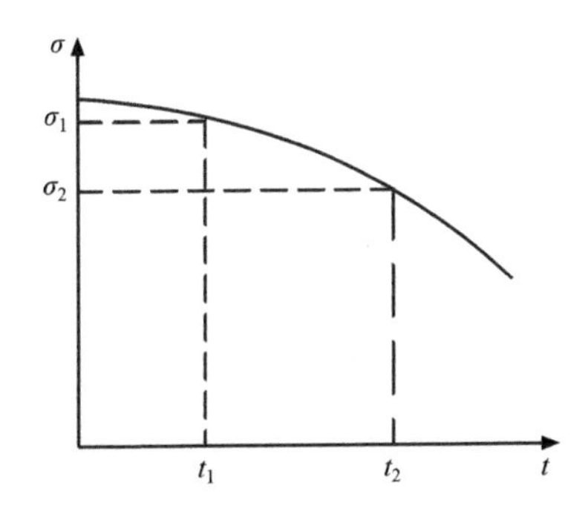

图 17-4　破坏应力-时间的概率曲线

17.1.3　在役混凝土结构寿命预测方法

预测在役结构剩余使用寿命的方法与新建结构的寿命预测基本相同，但前者可以通过混凝土在役状态的实际调查，获得更多、更明确的资料信息。评估既有结构剩余寿命主要有两种方法：一是数学模型方法；二是基于实际检测的时间外推法。但在建立现有结构寿命预测模型时，必须借助实际工程的实测数据对预测模型加以修正。数学模型方法与前述新建结构的模型反演法类似，这里不再赘述。下面主要介绍时间外推法[5]。

时间外推法是指通过检测到的现状来预测混凝土结构或构件的剩余服役寿命，并推断结构什么时候需要全面修补、修复或者是替换。

混凝土的退化量取决于环境、结构几何尺寸、混凝土特性、特殊腐蚀环境以及侵蚀性化学物质浓度。在时间序列法中，这些因素都被认定为常量 k_d。气候会随季节变化，但对几十年来说，不同年份间的变动通常就会抹除。如果这个假设是正确的，则只有服役寿命这个变量需要时间 t_y 来表示，而在考虑的漫长时间内 k_d 可取均值；在这个分析中隐藏的假设是，无论在过去或将来服役寿命期内，作用于混凝土的损伤过程都是相同的。

劣化量 A_d 可表示为

$$A_d = k_d t_y^n \tag{17-7}$$

式中，A_d 为在 t_y 年时的累积劣化量；n 为时间指数，当 $n=0$，混凝土没有损伤。

如果钝化期发生且其延续期限已知，则式(17-7)右侧项变为 $k_d(t_y-t_0)^n$，t_0 为钝化期的长度。该方法中，时间指数用来避免与化学反应的级数相混淆，如二级反应级数指定为两个分子同时参与反应。

总的劣化速率 R_d 为

$$R_d = nk_d t_y^{n-1} \tag{17-8}$$

式(17-8)说明，当 $n<1$ 时，劣化速率随时间降低；当 $n=1$ 时，劣化速率为常数；当 $n>1$ 时，劣化速率随时间增加。

定义 A_{df} 为失效时的损伤量，则有

$$t_{yf} = \left(\frac{A_{df}}{k_d}\right)^{\frac{1}{n}} \tag{17-9}$$

式中，t_{yf} 为时间-破坏关系曲线上的一点。当查到给定的 t_{yf} 时，剩余服役可由其减去混凝土的龄期而得到。n 的值依赖于速率控制过程，其可通过对速率控制过程的理论分析、劣化过程的数学模型和加速退化过程的经验分析来获得，通常的退化过程的 n 值是可用的。

17.2 耐久性评估与鉴定方法

混凝土结构作为世界上最常用的土木工程结构形式之一，在我国基础设施建设中占据主导地位。在当前节能减排和环境保护的趋势下，要求工程结构必须具有足够的耐久性。然而，目前我国混凝土结构耐久性水平仍低于国际水平，结构耐久性失效提前退出服役，造成巨额的财产经济损失，另一方面，重复建设造成了严重的能耗和环境问题。因此，对在役混凝土结构进行耐久性评估，以便及时确定继续使用的可靠性和决策必要的维修加固方法越来越重要。

进行结构耐久性评估时，主要有两个问题需要解决：一是影响结构耐久性的因素，二是对这些因素加以组织进行耐久性评估的方法。本节主要介绍了三种耐久性评估方法，即传统方法、路径概率模拟(PPM)和模糊层次分析法。

17.2.1 传统方法

长期以来，对服役结构耐久性的评估一直依赖有经验的技术人员对此作出的评价和处理，这就是所谓的传统经验法。如日本提出的综合鉴定法[6]，美国也提出了一种称为安全性评估程序的可靠性鉴定方法[7]。这种方法所采用的调查手段及其推断准则，完全由鉴定者自行确定，因此，鉴定结果会因人而异，且在处理上，往往为了避免个人承担风险，而显得过于保守。但其程序少、费用低，加上人们对专家的信赖，所以至今在较单纯的问题中仍常采用[8]。下面介绍了混凝土结构耐久性评估的传统实用方法。

在混凝土结构调查检测的基础上，要选择有代表性的构件或破损严重的构件进行鉴定评估。以往对混凝土结构的鉴定评估偏重于经验，受主观因素影响大，容易出现由于评定者经验不足，对混凝土结构的现状及破损情况认识不清等因素造成低估结构受损情况，以致形成工程隐患，或过分地估计了受损情况，增加不必要的处理措施引起浪费等情况。

目前我国已经颁布的《工业建筑可靠性鉴定标准》(GB 50144—2008)、《民用建筑可靠性鉴定标准》(GB 50292—1999)、《工业厂房可靠性鉴定标准》(GBJ 144—90)、《危险房屋鉴定标准》(JGJ 125—99)，以及《混凝土结构耐久性评定标准》(CECS 220—2007)等，都为科学地评估混凝土结构提供了依据。混凝土结构的耐久性评估可按照层次分析法进行。该方法较严密合理，这里以《工业厂房可靠性鉴定标准》为代表，简单介绍这种相对来说比较简便和实用的鉴定评估方法。

混凝土结构的评定可分为三个层次，这三个层次分别为单元、项目和子项。

子项评估是评估最低层次。对混凝土结构来说，就是把构件的承载力、构造、连接、裂缝、变形等看做评估的子项。对每一子项根据调查和检测结果将其分为 a、b、c、d 四个级别，a 表示性能最好或损伤最小，d 则表示性能最差或受损最严重。

项目评估是评估的中间层次，即各个子项的评定结果，对构件进行综合判定，属于多因素评判。将构件划分为 A、B、C、D 四个级别，A 级相当于构件性能最好，D 级相当于构件性能最差。

单元评估是评估的最后层次，即根据项目的评定结果对结构的某一单元或整体结构进行多因素综合评估，得出整个结构的评定等级。混凝土结构或单元的评定等级可表示为一级、二级、三级、四级。一级最好，四级最差。

以上评估方法可以用图 17-5 表示。

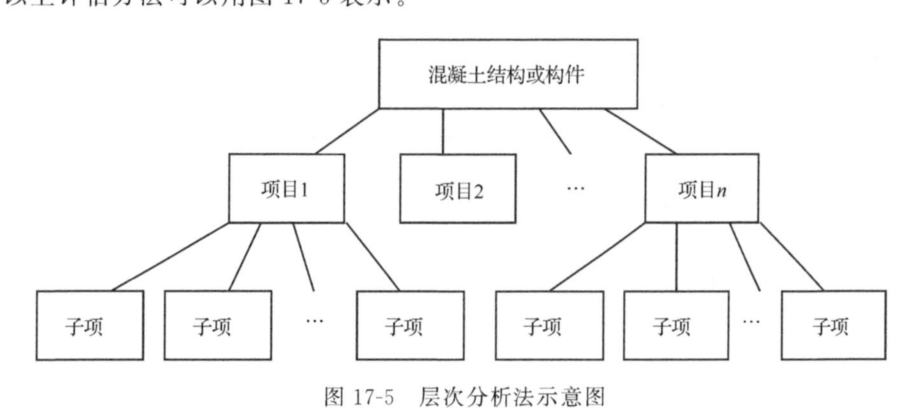

图 17-5　层次分析法示意图

1. 子项的评定

混凝土结构评定中把构件承载力、构造和连接、裂缝和变形作为构件评定的子项。

1) 承载力的评定

承载力的评定见表 17-3。在计算结构的抗力 R 时，应根据实际调查和检测结果，考虑环境条件、实际截面尺寸、结构损伤情况、钢筋腐蚀和过度变形等因素的影响。S 为结构构件的作用效应,实际结构的荷载大小、荷载形式与分布、结构的节点构造、构件的尺寸等与原设计可能不同,计算结构的作用效应时,应注意结构构件上的荷载实际分布情况,并选取与结构构件实际构造和受力、传力相符合的计算简图。γ_0 为结构重要性系数。当轴拉构件的受力裂宽小于 0.15mm,受弯构件的受力裂宽小于 0.2mm,以及Ⅰ级钢筋应力小于 170MPa,Ⅱ钢筋应力小于 240 MPa 时,可不做承载力验算。

表 17-3 混凝土结构构件承载力评定等级标准

结构或构件种类	$R/\gamma_0 S$			
	a	b	c	d
混凝土屋架、托架、屋面梁平台主梁,中、重级吊车梁	≥1.0	<1.0,≥0.92	<0.92,≥0.87	<0.87
可靠指标	3.67~4.29	3.25~3.84	3.02~3.60	<3.02
钢筋混凝土一般构件(包括楼盖、现浇板、梁的等)	≥1.0	<1.0,≥0.90	<0.90,≥0.85	<0.85
可靠指标	3.25~3.84	2.45~3.17	2.14~3.17	<2.14

2) 连接和构造的评定

混凝土构件中连接和构造的缺陷与损伤往往大于构件本身,而且构造和连接的破坏容易引起结构发生严重的破坏。因此,检查、分析连接和构造的损伤情况十分重要。

混凝土构件中的连接和构造见表 17-4。包括预埋件的锚板和锚筋、连接节点的焊缝和螺栓等。当预埋件的锚板有明显的变形或锚板、锚筋和混凝土之间有明显滑移或拔脱现象时,根据其严重程度可评为 c 级或 d 级;当节点焊缝或螺栓连接有局部拉脱、剪断、破损或较大位移时,根据其严重程度可评为 c 级或 d 级。当这些连接和构造无损伤,其符合现行规范规定,满足使用要求时,可评为 a 级或 b 级。

表 17-4 混凝土结构构件连接和构造等级的评定

检测项目	a 级或 b 级	c 级或 d 级
连接或构造	连接方式正确,构造符合国家现行设计规范要求,无缺陷,或仅有局部的表面缺陷,工作无异常	连接方式不当,构造有严重缺陷,已导致焊缝或螺栓发生明显变形、滑移、局部拉脱、剪坏或裂缝
受力预埋件	构造合理,受力可靠,无变形、滑移、松动或其他损伤	构造有严重缺陷,已导致预埋件发生明显变形、滑移、松动或其他损伤

3) 裂缝的评定

混凝土结构裂缝可分为两大类:一类是构件受力主筋处非腐蚀产生的横向和纵向裂缝;另一类是由于锈蚀产生的顺筋裂缝。非腐蚀产生的构件裂缝分级标准见表 17-5 和表 17-6。钢筋锈蚀产生的顺筋裂缝的分级标准见表 17-7。

表 17-5　钢筋混凝土构件裂宽评定等级标准

构件使用条件		裂缝宽度评定等级/mm			
		a	b	c	d
室内正常环境	一般构件	≤0.40	≤0.45	≤0.70	>0.70
	屋架、托架	≤0.20	≤0.30	≤0.50	>0.50
	吊车梁	≤0.30	≤0.35	≤0.50	>0.50
露天或室内高湿度环境		≤0.20	≤0.30	≤0.40	>0.40

注：露天或室内高湿度环境是指直接受雨淋或经常受蒸汽和凝结水作用的环境及直接与土壤接触的环境。

表 17-6　预应力混凝土构件裂宽评定等级标准

构件使用条件		裂缝宽度评定等级/mm			
		a	b	c	d
室内正常环境	一般构件	≤0.02	≤0.10	≤0.20	>0.20
	屋架、托架	≤0.02	≤0.05	≤0.20	>0.20
	吊车梁		≤0.05	≤0.20	>0.20
露天或室内高湿度环境			≤0.02	≤0.10	>0.10

表 17-7　钢筋锈蚀后产生的顺筋裂缝的分级标准

项目	锈胀裂缝评定等级			
	a	b	c	d
纵向裂缝	无裂缝	无裂缝	≤2mm	>2mm 或保护层脱落

4）构件变形的评定

混凝土结构构件变形评定等级标准见表 17-8。

表 17-8　混凝土结构构件变形评定等级标准

构件类型		变形评定等级			
		a	b	c	d
单层厂房托架、屋架		$\leqslant l_0/500$	$\leqslant l_0/450$	$\leqslant l_0/400$	$>l_0/400$
多层框架主梁		$\leqslant l_0/400$	$\leqslant l_0/350$	$\leqslant l_0/250$	$>l_0/250$
屋盖、楼盖及楼梯构件	$l_0>9$m	$\leqslant l_0/300$	$\leqslant l_0/250$	$\leqslant l_0/200$	$>l_0/200$
	7m$\leqslant l_0 \leqslant$9m	$\leqslant l_0/250$	$\leqslant l_0/200$	$\leqslant l_0/175$	$>l_0/175$
	$l_0<7$m	$\leqslant l_0/200$	$\leqslant l_0/175$	$\leqslant l_0/125$	$>l_0/125$
吊车梁	电动吊车	$\leqslant l_0/600$	$\leqslant l_0/500$	$\leqslant l_0/400$	$>l_0/400$
	手动吊车	$\leqslant l_0/500$	$\leqslant l_0/450$	$\leqslant l_0/350$	$>l_0/350$
风荷载作用下多层框架	层间水平位移	$\leqslant h/400$	$\leqslant h/350$	$\leqslant h/300$	$>h/300$
	总体水平位移	$\leqslant H/500$	$\leqslant H/450$	$\leqslant H/400$	$>H/400$
单层厂房排架柱平面外倾斜		$\leqslant H/1000$，且>10m 时≤20mm	$\leqslant H/750$，且>10m 时≤30mm	$\leqslant H/500$，且>10m 时≤40mm	$>H/500$，且>10m 时>40mm

2. 构件的评定

混凝土构件的项目评定分为 A、B、C、D 四级。

A 级:主要的子项应满足国家规范的要求,次要的子项可以略低于国家现行规范要求,不必采取措施。

B 级:主要的子项满足或略低于国家现行规范要求,但可保证正常使用,个别次要的子项可不满足现行国家规范的要求,应采取适当的措施。

C 级:主要的子项略低于或不满足国家现行规范要求,个别次要的子项可严重不满足国家现行规范要求,应采取措施。

D 级:主要的子项严重不满足国家现行规范要求,必须立即采取措施。

在混凝土结构的评定中,承载力、构造和连接作为主要子项,裂缝与变形作为次要子项。

当变形、裂缝与承载力(含构造和连接)相差不大于一级时,以承载力作为该项目的评定等级;当变形、裂缝比承载力(含构造和连接)低二级时,以承载力等级降低一级作为该项目的评定等级;当变形、裂缝比承载力(含构造和连接)低三级时,以承载力等级降低二级作为该项目的评定等级。

3. 单元或结构的评定

单元划分的原则是,通过对整个混凝土结构进行单元划分,使评估工作易于进行,达到灵活、准确评估之目的。当混凝土结构体形简单、形式单一、面积不大时,可把整个结构划分为一个单元。当混凝土结构体形复杂、面积较大时,可根据结构形式、平面形状、建设年代、使用环境、破损程度等将结构划分为若干单元。

单元或结构的整体评定标准见表 17-9。

表 17-9　混凝土结构鉴定等级和具体措施

等级	评定标准	可靠性情况	具体措施
一级	B 级构件(项目)不大于构件数量的 30%,且不含 C、D 级构件	可靠性满足国家现行规范要求	—
二级	C 级构件不大于构件数量的 30%,且不含 D 级构件	可靠性略低于国家现行规范要求,但不影响正常使用	一般维护,个别做耐久性处理或加固
三级	D 级构件小于构件数量的 5%	可靠性不满足国家现行规范要求	应加固或补强,个别需立即采取更换等措施
四级	D 级构件大于构件数量的 5%	可靠性严重不满足国家现行规范要求	应立即加固、更换或报废等措施

17.2.2　路径概率模拟法

影响混凝土结构耐久性和使用寿命的各因素都是随机变量,甚至是随时间变化的随机过程。路径概率模拟方法[9](probabilistic path method,PPM)的基本思路是把钢筋锈蚀过程按照初锈阶段和锈蚀扩展阶段划分为一系列路径，在考虑了影响钢筋初锈阶段和锈蚀扩展阶段的诸多不确定性因素以后，计算每一条路径下钢筋锈蚀率的无条件概率分布，最后用概率求和方法获得所有路径下钢筋锈蚀率的无条件概率分布。

1. 公式推导

如图 17-6 所示的时间轴，T_E为结构已服役的时间，考虑$(0,T_E)$区间内任意一时间点T_C，若T_C是初锈发生的时间，则锈蚀扩展的时间为T_E-T_C。记T_C时钢筋发生初锈事件的概率为$P(t=T_C)$，由于钢筋锈蚀率ρ是锈蚀扩展时间的函数，因此在T_E给定的情况下，ρ的概率分布是T_C的函数，不妨将其记为$F(\rho,T_C)$，则根据 Bayes 公式有[10]

$$F(\rho,T_C)=F(\rho|T_C)P(t=T_C) \tag{17-10}$$

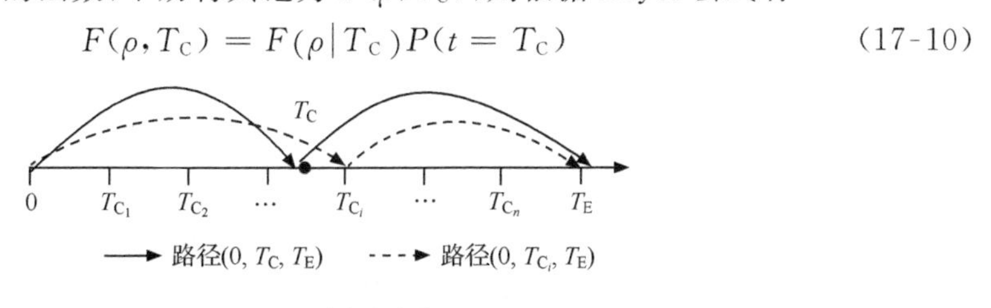

图 17-6　锈蚀路径

$(0,T_C,T_E)$定义了描述钢筋在$(0,T_E)$区间内可能的一种锈蚀路径，该路径下钢筋锈蚀率的概率分布由式(17-10)确定。显然，在$(0,T_E)$区间上可以定义很多条锈蚀路径。现考虑$(0,T_E)$区间上任意的n个时间点T_{C_i}，构成n个锈蚀路径$(0,T_{C_i},T_E)$，$i=1,2,\cdots,n$。只要n足够大，这些路径可描述$(0,T_E)$上所有可能的锈蚀路径，而且若钢筋在其中的某一个时间点上发生初锈，则在其他时间点将不会发生初锈，因此，所有这些路径是互斥的，所有路径构成了对初锈事件的一组划分，则根据概率求和公式有

$$F(\rho)=\sum_{i=1}^{n}F(\rho,T_{C_i}) \tag{17-11}$$

由式(17-10)和式(17-11)有

$$F(\rho)=\sum_{i=1}^{n}F(\rho|T_{C_i})P(t=T_{C_i})=\sum_{i=1}^{n}F(\rho|T_{C_i})[P(T_{C_i})-P(T_{C_{i-1}})] \tag{17-12}$$

式中，$F(\rho)$为T_E时刻钢筋锈蚀率的无条件概率分布函数；$F(\rho|T_{C_i})$为T_{C_i}定义的锈蚀路径获得的锈蚀率分布函数；$P(T_{C_i})$、$P(T_{C_{i-1}})$分别为T_{C_i}和$T_{C_{i-1}}$时钢筋发生初锈的累积概率，其初始条件为$P(T_{C_0})=P(0)=0$。对式(17-12)关于ρ求导得到T_E时刻钢筋锈蚀率的无条件概率密度函数

$$\frac{dF(\rho)}{d\rho}=f(\rho)=\sum_{i=1}^{n}f(\rho|T_{C_i})[P(T_{C_i})-P(T_{C_{i-1}})] \tag{17-13}$$

令$n\to\infty$，可得到

$$F(\rho)=\int_0^{T_E}F(\rho|t)p(t)dt \tag{17-14}$$

类似地，可得到T_E时刻钢筋锈蚀率的无条件概率密度函数：

$$f(\rho)=\int_0^{T_{\mathrm{E}}} f(\rho \mid t) p(t) \mathrm{d} t \tag{17-15}$$

式中，$p(t)$为钢筋发生初锈的概率密度函数；$f(\rho|T_{C_i})$和$f(\rho|t)$分别为T_{C_i}和t时刻定义的锈蚀路径获得的锈蚀率概率密度函数。

2. $P(T_{C_i})$的计算

在任意时间点$T_{C_i}\in(0,T_E)$，钢筋发生初锈的累积概率$P(T_{C_i})$可通过失效概率计算来获得，其功能函数为

$$Z=C_{\mathrm{cr}}-C(c,T_{C_i}) \tag{17-16}$$

$P(T_{C_i})$为$Z<0$的概率为

$$P(T_{C_i})=P_r(Z<0)=\int_0^{\infty} F_{C_s}[C(c,T_{C_i})] f_{C_x}[C(c,T_{C_i})] \mathrm{d}C \tag{17-17}$$

式中，C_{cr}为发生初锈时钢筋表面氯离子浓度临界值(即[Cl^-])，其具有很强的随机性，F_{C_s}[·]为其概率分布函数，C_{cr}服从均值为3.35kg/m^3、变异系数为0.375的对数正态分布；f_{C_x}[·]为钢筋表面氯离子浓度的概率密度函数；$C(c,T_{C_i})$为采用Fick第二定律确定的钢筋表面氯离子浓度：

$$C(c,T_{C_i})=C_s\left[1-\operatorname{erf}\left(\frac{x}{2\sqrt{T_{C_i}D_{Cl}}}\right)\right] \tag{17-18}$$

其中，c为保护层厚度；C_s为混凝土表面氯离子浓度；D_{Cl}为氯离子扩散系数；erf(z)为误差函数。这些参数的分布特征的选择可参考前几节的论述。

3. $f(\rho|T_{C_i})$的计算

$f(\rho|T_{C_i})$是在给定T_{C_i}下，在$T_{C_i}\rightarrow T_E$时段上计算得到的钢筋锈蚀率分布的概率密度函数。锈蚀率ρ可按照下面公式计算：

$$\rho=\frac{\Delta A_s}{A_s} \tag{17-19}$$

式中，A_s为钢筋的原始截面积；ΔA_s为锈蚀掉的截面积。若锈蚀深度为ΔD，则ρ可按式(17-20)计算：

$$\rho=\frac{\sqrt{4\pi}\Delta D}{\sqrt{A_s}}-\frac{\pi\Delta D^2}{A_s} \tag{17-20}$$

可得锈蚀扩展时间为$T_E-T_{C_i}$的锈蚀深度为

$$\Delta D=\frac{0.5249}{X_{\text{cover}}}(1-w/c)^{-1.64}(T_E-T_{C_i})^{0.71} \tag{17-21}$$

图17-7给出了氯离子侵蚀下用PPM法计算钢筋锈蚀率概率分布的计算步骤。

4. 工程实例

某滨海泵房建于1976年，泵房滤池搁置顶板的预制梁长时间受滤网带起的海水侵蚀作用。该结构物业主希望对其结构中钢筋的腐蚀程度进行检测与评价。

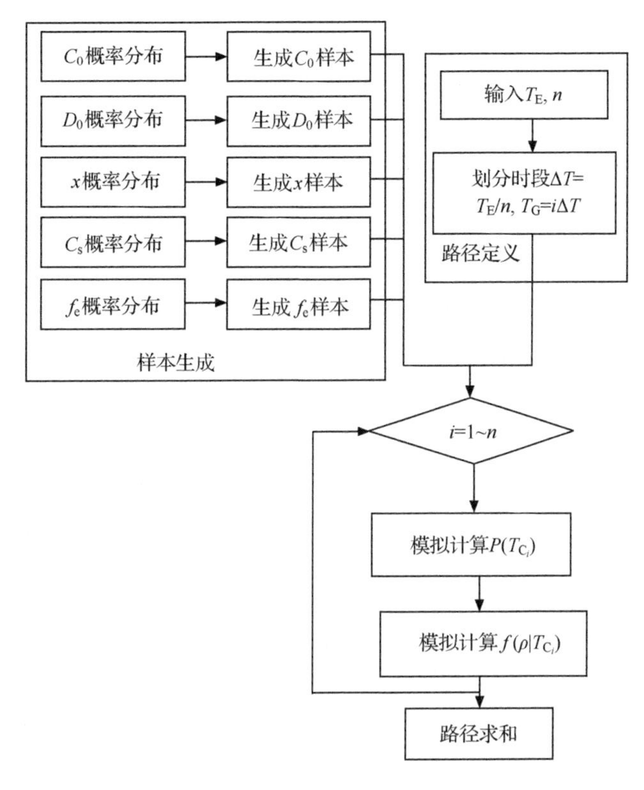

图 17-7　PPM 法计算步骤

由于该混凝土结构是隐蔽工程，在检测前需要对其腐蚀程度进行预先估计，以便进一步确定试验和检测方案。用回弹仪检测了混凝土强度，经碳化修正得到混凝土强度平均值为 24.8MPa，变异系数为 0.07。底部受拉区钢筋直径 16mm，箍筋直径 10mm，纵向钢筋保护层厚度 20mm。作为初步估计，采用表 17-10 所示的分析数据，T_E考虑为 28 年，划分为 28 段(n=28)，模拟的每一个变量的样本容量为 10^5 个。

表 17-10　分析计算参数

参数	均值	变异系数	分布类型
表面氯离子浓度 C_0	7.35kg/m^3	0.7	对数正态
氯离子扩散系数 D	2.0×10^{-6} mm^2/s	0.45	对数正态
保护层厚度 c	纵筋 20mm，箍筋 10mm	0	考虑为确定值
混凝土强度 f_c	24.8MPa	0.07	对数正态

为了评估结构中钢筋的锈蚀程度，采用模拟程序分析了纵向钢筋和箍筋的锈蚀率的概率分布，结果如图 17-8 和图 17-9 所示。纵向钢筋的平均锈蚀率为 0.37，变异系数为 0.11，箍筋平均锈蚀率为 0.91，变异系数为 0.12，说明箍筋基本锈蚀完。

根据该分析结论，认定预制梁应该拆除。敲掉混凝土顶板叠合层，吊出三根预制梁，其锈蚀程度如图 17-10 所示，可以看出，箍筋的确锈光，纵向钢筋锈蚀严重，可以用手抽出

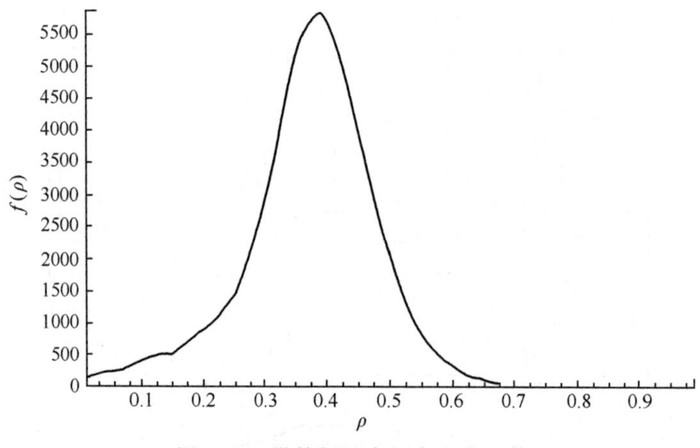

图 17-8　纵筋锈蚀率概率密度函数

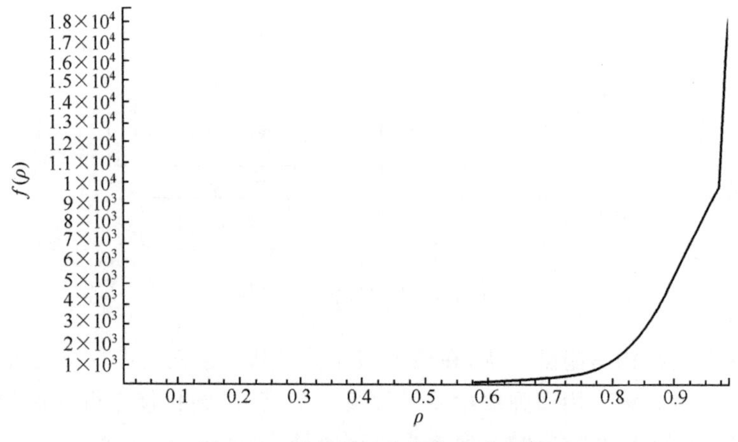

图 17-9　箍筋锈蚀率概率密度函数

图 17-10　锈蚀钢筋照片

来。将纵向钢筋截断、除锈并用称重法测定了 20 段钢筋锈蚀率，测得结果见表 17-11。结果显示，锈蚀率平均值为 0.306，变异系数为 0.19，可见，该实测结果与预测结果有较好的一致性。

表 17-11　纵向钢筋的锈蚀率实测结果

编号	长度/mm	实测重量/g	标准重量/g	钢筋锈蚀率
1	382	384	615	0.376
2	440	476	708	0.328
3	440	485	708	0.315
4	431	498	694	0.282
5	333	442	536	0.176
6	427	477	687	0.306
7	390	400	628	0.363
8	427	468	687	0.319
9	304	310	489	0.367
10	390	407	628	0.352
11	377	405	607	0.333
12	430	473	692	0.317
13	437	470	703	0.332
14	394	524	634	0.174
15	416	478	670	0.286
16	389	406	626	0.352
17	404	476	650	0.268
18	410	498	660	0.246
19	376	394	605	0.349
20	407	475	655	0.275
钢筋锈蚀率平均值 0.306，变异系数 0.19				

17.2.3　模糊层次分析法

1. 基于模糊理论的评估方法简介[11]

由于影响混凝土结构耐久性的因素非常繁杂，而且相互影响，这些因素自身具有一定的随机性，与耐久性的关系又表现出一定的模糊性，并且在表征耐久性失效的许多信息上也不清楚，有些信息的采集也是不完全的，因此各影响因素的变化与耐久性失效之间无法找出一一对应的函数关系，更无法采用精确的数学、力学方法进行描述。

模糊集合的基本思想是承认事物发展过程中的模糊性，认为讨论所涉及对象从属于到不属于某个集合是逐步过渡，而非突然改变的。这样，就把绝对属于的概念变成了相对属于的概念[12]。在进行判别时，从判别对象是否属于某个集合变成了判别对象对某个集合的隶属程度。其次，模糊方法是在对对象的比较中把握其量的变化规律的。此外，模糊方法不是立足于把复杂的对象分解成诸多单一因素逐个加以精确描述和处理，而是强调从大量单一因素的相互作用在整体上所呈现出来的模糊性上去把握对象，对事物进行综合描述和处理。

模糊综合评估方法是以模糊集合论为理论基础，应用模糊关系合成原理，从多个因素对被评估事物隶属等级状况进行综合性评估的一种方法。它除了具有模糊集合的上述性质，还有其自身的特点。

(1) 模糊综合评估本身的性质决定了评估的结果是一个向量而非一个点值，因为评估的对象是具有中介过渡性的事物，所以评估结果不应该是断然的，只能用各个等级的隶属度来表示，由此得到被评估事物在某方面属性模糊状况的客观描述。

(2) 从评估的层次来看，模糊评估可以是单级评估，也可以是多级评估。采用多级评估时，前一级综合评估的结果可以用做后一级评估的输入数据。这样就满足了对复杂事物的评估要求，有利于最大限度地客观描述被评估的事物。图 17-11 和图 17-12 分别为单级和多级模糊综合评估的示意图。

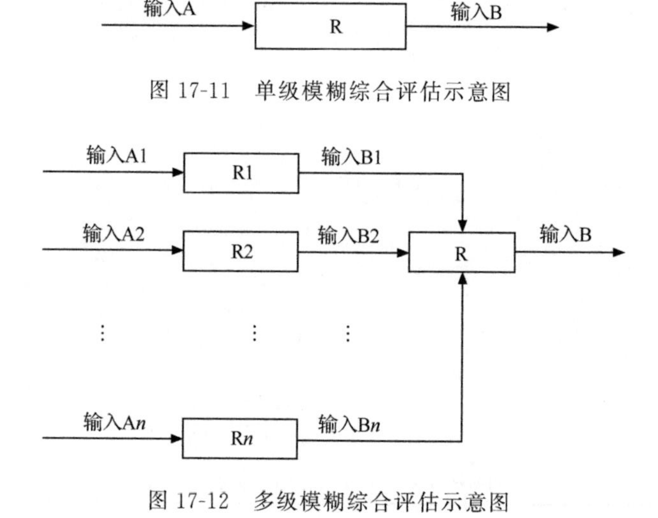

图 17-11　单级模糊综合评估示意图

图 17-12　多级模糊综合评估示意图

2. 基于模糊理论的评估方法应用

浙江大学混凝土结构耐久性课题组结合通过浙江省交通厅科研项目“公路混凝土桥梁结构耐久性评估研究”课题提出了在役混凝土桥梁耐久性等级划分的四个原则，据此建立了在役混凝土桥梁耐久性的三层次多指标的评估模型。该模型充分考虑各等级之间的连续性，从构件、组成部分、整体结构三个层次上，均划分为五个模糊等级，对应于完好、较好、较差、差、危险五个耐久性状态。基于模糊数学理论，将定性指标给予定量化，采用最优区间法对构件的耐久性考核指标进行了模糊等级的划分。

1) 在役混凝土桥梁耐久性评估的基本原则

(1) 层次性。

在役混凝土桥梁产生耐久性失效，首先是由于桥梁构件的混凝土或钢筋材料物理、化学性质及几何尺寸的变化，继而引起混凝土构件外观变化，不能满足正常使用的要求，导致承载能力衰减，最终影响整个桥梁的安全[1,2]，因此在役混凝土桥梁耐久性评估应从构件着手。但是，某个或者某几个构件的耐久性失效并不一定意味着桥梁系统整体耐久性失效。同理，桥梁不同组成部分的耐久性失效对桥梁系统整体耐久性失效的贡献是不同的。因此，层次性原则成为在役混凝土桥梁耐久性等级划分的最重要的原则之一。根据桥梁结构的特点，将其划分为上部承重结构、下部承重结构、支座、附属结构与设施四个组成部分，进一步将每个组成部分划分为若干构件，由此建立起在役混凝土桥梁耐久性评估的三个层次：构件、组成部分、桥梁系统。

(2) 定量指标与定性指标相结合。

影响在役混凝土桥梁结构耐久性的因素众多，这些因素中，有些是可以定量的，如混凝土中氯离子的含量等，而有些则难以定量，只能定性描述，如功能性病害等。因此，在耐久性考核指标的确定上，应该是二者的有机结合。

(3) 构件不同暴露环境。

在国内外关于桥梁耐久性的研究中，环境类别的划分总是针对桥梁整体进行的，这是不科学的。因为实际工程中，同一桥梁的不同构件所处的具体环境是不同的，如浙江省宁波市的越溪桥(75m 桁架拱桥)，桥墩与基础有严重的水蚀作用、氯离子侵蚀作用、干湿交替作用，而桁架则无这些环境因素作用。因此，在考虑环境因素的影响时，应遵循构件具体环境原则。本节采用了环境属性这一指标来体现该原则。

(4) 相容性。

现行规范或其他一些等级划分成果(规范、规程、指南等)中都存在评判标准太绝对或突变、评判指标中的定性指标难以把握易引起分歧和争议、各个评定等级缺少相应的养护维修建议或对策等问题。

耐久性等级划分是针对考核指标进行的，某个考核指标在某个等级内的取值大小实质上是数学中的集合问题。为保证各个等级之间的连续性，避免绝对与突变，本节提出了最优区间概念。所谓最优区间，是指耐久性考核指标的实际值(对于定性指标，需先进行定量处理)在该区间内对某个等级的隶属程度为最大值 1，而对其他等级的隶属程度逐渐变化而不是突变。

基于以上原则，建立了在役混凝土桥梁结构耐久性评估的三层次多指标通用模型，如图 17-13 所示，对于不同的桥梁结构形式，只需将其中的承重结构组成部分做相应的替换即可。如对于浙江省内常用的三类桥梁结构：板式梁桥、T 型梁桥与拱桥，对上部承重结构做如下替换即可：①板式梁桥：板梁、横隔梁、盖梁、桥面铺装、伸缩缝、人行道。②T 型梁桥：T 梁、横隔梁、盖梁、桥面铺装、伸缩缝、人行道。③拱桥，一为桁架式：桁架、横隔梁、横拉杆、竖杆、桥面板、桥面铺装、伸缩缝、人行道；二为双曲拱式：主拱圈、拱板、拱座、横隔梁、桥面板、桥面铺装、伸缩缝、人行道。

2) 在役混凝土桥梁等级划分

在役混凝土桥梁的耐久性状态可以大致分为耐久性正常状态、耐久性基本正常状态、正常使用耐久性极限状态与承载力耐久性极限状态[13]：①当桥梁的重要部件功能与材料均完好，次要部件功能完好，材料有轻微耐久性损伤，承载能力和桥面行车条件符合设计指标，不需要采取措施，则桥梁所处的状态为耐久性正常状态；②当桥梁的重要部件功能良好，材料有轻微耐久性损伤，次要部件功能基本正常，材料有较多耐久性损伤，承载能力和桥面行车条件达到设计指标，宜采取小修措施时，桥梁所处的状态为耐久性基本正常状

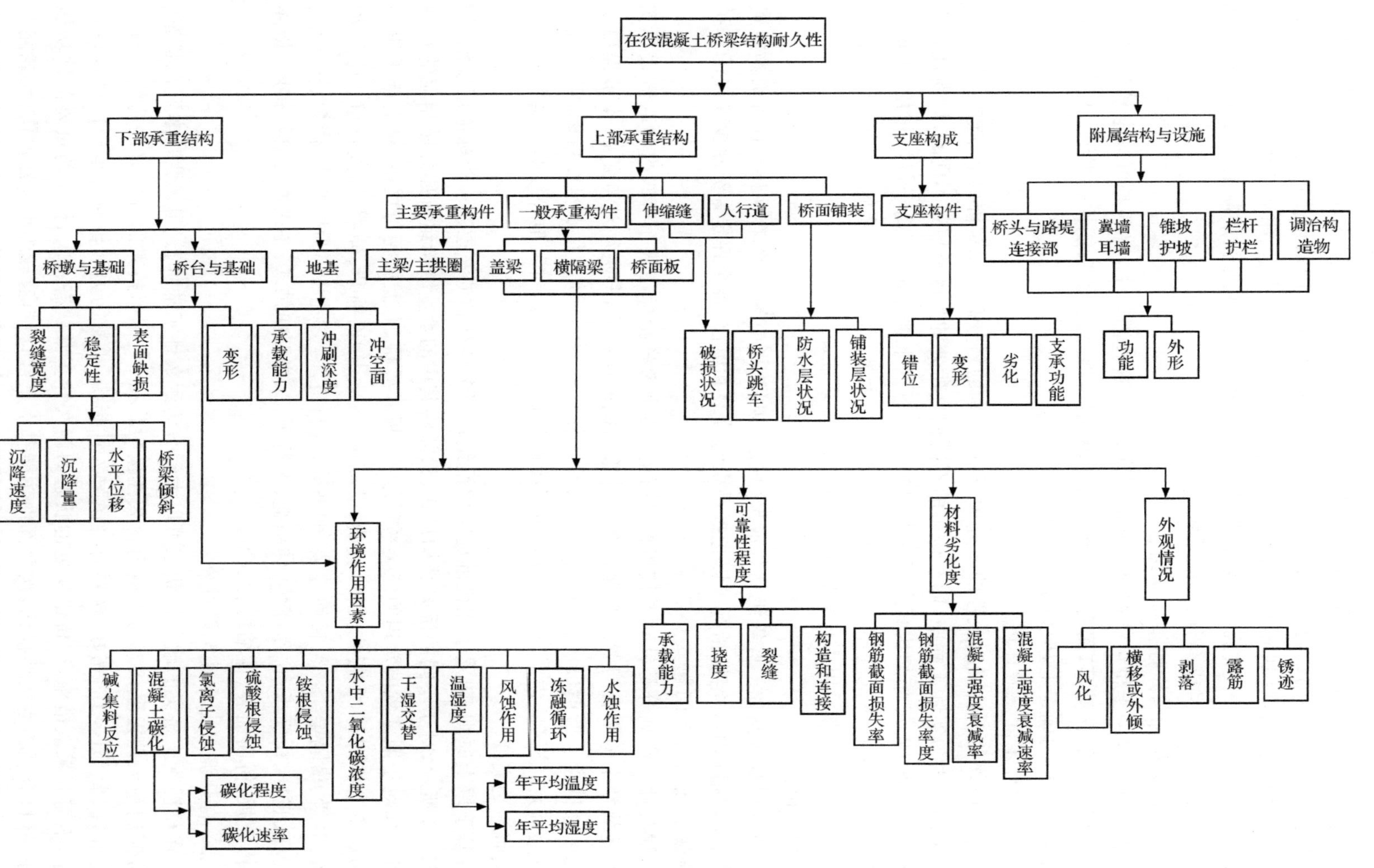

图17-13　在役钢筋混凝土桥梁结构耐久性评估模型

态;③当由于耐久性损伤而使桥梁不能满足所要求的适用性,必须经过修复(小修或中修)处理才能继续使用时,桥梁则达到其正常使用寿命,这时桥梁所处的状态即为正常使用耐久性极限状态;④当由于耐久性损伤而使桥梁不能满足所要求的安全性,桥梁的承载力已经下降到必须经过加固处理才能继续使用时,桥梁则达到其承载力使用寿命,这时桥梁所处的状态即为承载力耐久性极限状态。

同样,混凝土桥梁构件的耐久性状态也可以分为以上四个状态:①当构件功能良好,材料无耐久性损伤时,构件处于耐久性正常状态;②当构件功能基本良好,有轻微耐久性损伤时,构件处于耐久性基本正常状态;③当构件的耐久性损伤已经导致了功能性病害,不能满足所要求的适用性,必须经过修复(小修或中修)处理才能继续使用时,构件处于正常使用耐久性极限状态;④当耐久性损伤已导致构件不能满足所要求的安全性,构件的承载力已经下降到必须经过加固处理才能继续使用时,构件处于承载力耐久性极限状态。显然,构件的承载力耐久性极限状态并不适用于附属结构与设施组成部分的构件。

现行《公路桥涵养护规范》[6]所划分的桥梁技术状况评定等级中,一级、二级分别对应耐久性正常状态与耐久性基本正常状态,三级处于耐久性基本正常状态与正常使用耐久性极限状态之间,四级处于正常使用耐久性极限状态与承载力耐久性极限状态之间,五级则超过承载力耐久性极限状态。

考虑到耐久性的考核指标中,既有定量的又有定性的,而定性指标只能采用如部分、较大、较小、较好、较差等模糊概念加以描述。因此,采用模糊数学的方法加以分级更合理。同时,为了与规范相衔接,本节将在役混凝土桥梁耐久性评级划分为构件、组成部分、桥梁系统三个层次,每个层次划分为五个连续的无突变的模糊等级。同时,考虑到附属结构与设施组成部分的耐久性对桥梁系统的耐久性影响相对较小,将其耐久性(包括构件与组成部分)划分为四个等级,即取消危险等级。

17.3　耐久性检测与评估工程实例

17.3.1　混凝土厂房结构

1. 工程概况

浙江某电厂濒临东海,厂区处于甬江下游河口段,属于海洋性气候,秋季受台风潮汐影响较大,历年平均受台风影响三次,每次均在 2～4 天,长则 6 天。风力一般 8～10 级,最大风力可达 12 级以上;甬江属不规则半日潮混合港,最大含氯度为 36.5%。

从建设电厂至今,已有将近 30 年。该电厂位于沿海地区,常年受氯离子侵蚀的破坏,在氯离子的持续侵蚀作用下,各期混凝土结构均有混凝土开裂、剥落及钢筋锈蚀等现象。特别是建于 20 世纪 80 年代初的 220kV 升压站混凝土结构,在混凝土保护层出现了较宽的纵向锈胀裂缝,钢筋有严重锈蚀。面对这些明显的混凝土结构构件的缺陷,为了查明混凝土结构的破坏状况和破坏程度,了解其破坏的原因,以及厂房可能的剩余使用寿命和相应需要采取的维修加固决策,对该 220kV 升压站进行混凝土结构耐久性的检测与评估。

升压站混凝土结构的平面布置图如图 17-14 所示。

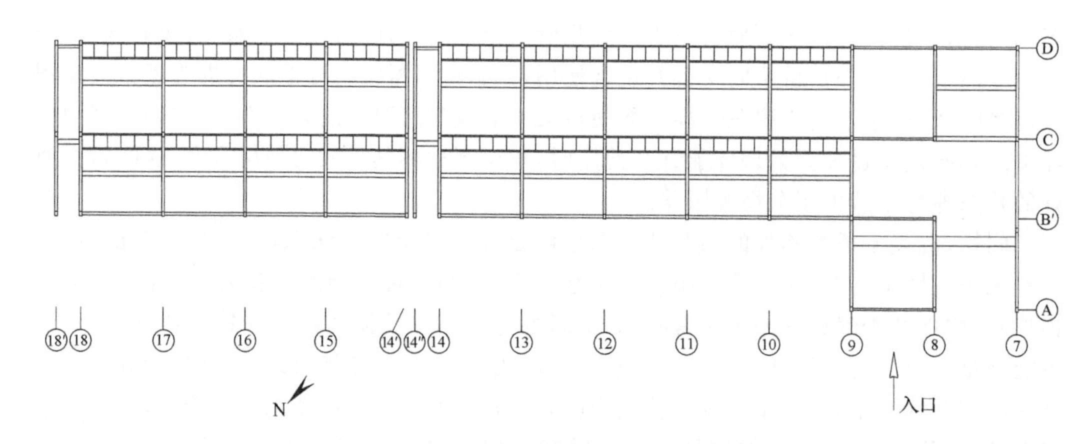

图 17-14 升压站混凝土结构平面布置图

2. 结构检测

1) 检测方法

(1) 用目测和量尺等方法检测混凝土裂缝分布、宽度、长度和方向。

(2) 用目测、锤敲和量尺等方法检测混凝土损伤剥落情况。

(3) 用回弹仪测混凝土受力构件强度。

(4) 对部分非主要受力构件进行混凝土钻孔取芯,进行混凝土芯样的强度试验。

(5) 在混凝土构件上钻孔,用1%浓度的酚酞试液滴入混凝土孔,根据颜色变化来测定混凝土的碳化深度。

(6) 现场凿开已经破损较严重的混凝土保护层,敲掉钢筋锈皮以后,测量钢筋的剩余直径,以获得钢筋的锈蚀率。

(7) 用化学方法测试混凝土中的游离态氯离子含量。

2) 外观检测

外观检测采用普查和详查相结合的方法。普查内容为对该升压站工程的混凝土结构构件耐久性破坏情况(包括混凝土剥蚀、裂缝、露筋等)进行检测,并用照相等方式记录耐久性破坏较严重等构件。详查内容为对 9 跨和 10 跨框架(图 17-14)及期间对横梁、纵梁、牛腿、桁架等做详细检测,包括裂缝宽度、裂缝程度、混凝土剥蚀面积、钢筋外露和锈蚀情况。混凝土碳化深度、混凝土中氯离子含量、钢筋锈蚀率等项目检测也集中在详查跨。

通过外观检测,可以得到以下一些结论。

(1) 二期工程入口处混凝土构件的耐久性损伤程度更大,即从 14 号到 9 号框架耐久性损伤逐渐严重。这是因为 9 号框架处于出入通风口,受到风雨的侵蚀会更大些,而往内部方向前方有厂房挡住了该升压站,使得风力有所减弱。

(2) 混凝土构件箍筋锈蚀情况较常见,这主要是因为箍筋的保护层厚度相对较小。

(3) 主筋锈蚀引起的锈胀裂缝多发生在角区,这是因为氯离子等有害介质可从两个方向进入角区,同时角区混凝土质量不容易控制。

(4) 观察中未见明显的受力裂缝。

(5) 混凝土构件按耐久性损伤程度可排序为:桁架和牛腿>柱>梁。这主要是因为桁架和牛腿等构件比较单薄,保护层厚度比较薄。

(6) 桁架耐久性损伤最为严重,100%的桁架都有严重的表面混凝土剥蚀、钢筋外露现象。

(7) 牛腿,特别是梁上牛腿耐久性损伤也很严重。牛腿表面普遍有混凝土剥蚀现象,部分牛腿表面露筋严重。

(8) 柱迎风面和背风面混凝土风化剥蚀情况严重,一般可以看见明显的顺筋纵向裂缝,部分构件可看见箍筋裸露。顺风面情况较好。这主要是因为迎风面更容易积累氯离子等有害物质。

(9) B、C、D 框架柱中,一般 B 柱和 D 柱的破坏情况要比 C 柱严重,即框架外柱比框架内柱的情况更严重。

(10) 梁的情况相对较好。一般梁侧略有混凝土剥蚀,部分横梁在梁顶以下 1dm 范围有露箍筋现象,但并不严重。部分梁底有纵裂和露箍筋现象。

(11) 70%的混凝土柱和 25%的混凝土梁有耐久性损伤,属于 C 类或 D 类构件。

3) 混凝土保护层厚度和碳化深度

表 17-12 列出了部分构件碳化深度和保护层厚度的实测值。调查发现,箍筋的保护层较薄,箍筋周围的混凝土一般都已碳化。而受力纵筋的保护层较厚,纵筋周围的混凝土一般均未碳化。表 17-12 也能反映这个情况。

表 17-12 碳化深度及保护层厚度

构件	位置	保护层厚度/mm		碳化深度/mm	
		主筋	箍筋	测量值	均值
9 跨 B-C 梁	底 1-1	15	5	15	10
	底 2-2	30	13	5	
9 跨 C 柱	前	25	18	25	25.5
	左	32	16	32	
	后	35	15	20	
	右	42	20	25	
10 跨 B 柱	后	40	20	40	35
	右	25	15	25	
	前	40	28	40	
	左	35	23	35	

4) 混凝土强度

按照《钻芯法检测混凝土强度技术规程》(CECS03:2007)进行钻孔取芯,取混凝土芯样测试混凝土强度,部分换算芯样的强度值如表 17-13 所示。混凝土芯样同时也可以方便地测其碳化深度。

表 17-13　混凝土强度钻孔取芯值

芯样编号	构件位置		强度换算值/MPa	碳化深度/mm
	框架号	具体位置		
1-①	9	AB横梁后中	26.6	27
1-②	9	AB横梁后右	36.1	25
1-③	9	AB横梁后左	51.4	14
2-①	9	C柱前上	37.3	25
2-②	9	C柱后下	42.5	24
2-③	9	C柱右中	29.1	30
3-①	10	B柱前下	21.9	32
3-②	10	B柱后上	24.5	34
3-③	10	B柱左中	31.8	37

5）钢筋锈蚀率

现场凿开已经破损较严重的混凝土保护层，敲掉钢筋锈皮以后，用钢刷刷去残余铁锈，最后用纱布清洗，测量钢筋的剩余直径。

一般来说，混凝土构件中的箍筋锈蚀较严重，在混凝土构件边角处的受力主筋，以及混凝土表面剥蚀较严重的地方，钢筋有较高的锈蚀率。而处于混凝土构件中部的钢筋且表面混凝土剥蚀情况较好的地方，钢筋锈蚀并不严重。

3. 原因分析

1）环境原因

电厂处于近海环境，而且为中亚热带海洋性季风气候，空气中带有一定含量的氯离子，渗入混凝土中会对混凝土结构耐久性带来不利影响。电厂生产中还可能生成 SO_2 等多种侵蚀性介质。在这种高温、潮湿、有侵蚀性介质的环境中，构件容易发生耐久性破坏。

混凝土构件普遍在迎风方向的耐久性损伤比顺风方向要严重许多，这和该地区的风向有直接的关系。混凝土构件迎风面混凝土剥蚀严重，和该地区常常会收到台风侵袭有很大关系。

2）设计施工原因

从内因角度来看，混凝土强度等级高，施工中水泥用量多，水灰比小，混凝土越密实、混凝土保护层厚度在一定范围内越大、有害介质侵入钢筋的时间越长，这些都对混凝土耐久性有利。

桁架和牛腿的耐久性损伤最为严重，这和混凝土构件本身设计单薄有很大关系。

由于原始资料的缺乏，很难获得当时的水灰比和水泥用量，但从现场对保护层厚度的简单检测可以发现，混凝土保护层厚度变化较大，钢筋发生锈蚀的部位往往在构件边角处保护层厚度较薄的地方，可以认为保护层厚度不足是引起钢筋锈蚀的一个重要原因。钢筋锈蚀的锈蚀产物会将混凝土保护层胀裂，进入一个锈-裂的恶性循环，大大减少了构件的使用寿命。

17.3.2　混凝土桥梁结构

1. 桥梁检测概况

越溪桥位于浙江省宁波市宁海县道越溪—沙柳线，跨越白桥港，1976 年通车。白桥港注入东海三门湾，地理位置近海，水位受潮汐影响。该桥为 75m＋40m 双跨上承式钢筋混凝土拱结构，主跨为 75m 桁架拱结构，边跨为 40m 双曲拱结构。设计荷载采用汽-15 设计、挂-80 验算，不考虑其他荷载组合。桥面为净 7m 行车道＋2×0.25m 安全带，总宽 7.5m。主桁拱片采用 300 号混凝土。越溪桥建造于 20 世纪 70 年代，由于建设时期对混凝土结构耐久性问题认识不足，且地理位置近海，受潮汐和海风侵蚀，桥梁存在着严重的耐久性问题。目前腹孔梁板底和板下方支撑端头混凝土大块剥落露筋，个别剪刀撑端头破坏，预埋铁件外保护层剥落，护栏部分外推，钢筋锈胀混凝土保护层剥落严重，属于病害较为典型的桥梁。

桥面铺装局部凹凸不平，伸缩缝处有明显的裂缝。护栏部分外推，钢筋锈胀，混凝土保护层剥落严重。主拱圈及桁架腹杆泛浆，尤其是泄水口和伸缩缝附近。主拱圈之间的横向剪刀撑顶端严重破损。特别是近桥台端的剪刀撑顶端已近破坏，破坏处箍筋已锈断，纵筋暴露约 500mm 并严重锈蚀。桁架拱上弦杆与桥面微弯板内侧交接处附近，多见钢筋暴露，有轻微锈蚀。板跨中间有微细受弯裂缝。上弦杆竖直方向有 0.2mm 左右裂缝。所有横向加劲肋截面距离顶底 100～150mm 处，在与主拱圈交接处都有开裂，裂缝近似水平，长约 200mm。靠近跨中的桁架下弦杆在节点附近 650mm 范围内，沿纵向钢筋走向严重开裂，缝宽 1～3mm。节点内埋钢板锈胀普遍，裂缝并与周边杆件顺筋裂缝贯通。跨中实腹梁底存在横向受弯裂缝，裂缝分布较均匀，一般每隔 15～30cm 会有一条 0.1～0.2mm 宽的受力裂缝，外侧的拱圈开裂比内侧严重。背海一面外侧拱圈跨中附近的实腹梁，梁底两侧的纵向钢筋锈胀严重，600～700mm 长范围混凝土保护层剥落或翘起形成大于 3mm 的宽缝。拱脚附近下弦杆都有顺筋裂缝，从拱脚延伸半个开间左右，但是裂缝普遍较细，裂宽大都在 0.10～0.15mm。在泄水口和伸缩缝附近两外侧桁架的腹杆上，顺筋开裂较严重，部分斜腹杆顶面裂缝宽度达 2mm 并贯通全长。在实腹梁处可见不少锈蚀的吊环钢筋周围有修补的现象，估计在预制吊装构件时，不少吊环陷入杆件有效截面内，导致起吊时不得不凿开杆身混凝土，安装后再修补。后补的混凝土和原预制混凝土往往结合不好，不能形成一个整体，后浇的混凝土部分甚至完全脱落。桥墩在干湿交界处混凝土表面呈蜂窝状，表面寄居大量贝类。

竖杆和腹杆由于只受到海风作用，其氯离子含量比桥墩要小得多，基本在 0.1％左右，基本不会引起钢筋的锈蚀。腹杆含量略高于竖杆含量。

该桥受氯离子侵蚀作用，使用 28 年，计算参数见表 17-14，模拟次数为 10^4 次。

表 17-14　计算参数

部位	参数	平均值	变异系数
主拱圈	钢筋直径/mm	28	—
	保护层/mm	26	0.1
	混凝土强度/MPa	30.7	0.1
	钢筋强度/MPa	365	0.05
	湿度	0.75	—
	温度/℃	20	—
	CO_2 浓度/%	0.03	—
	表面氯离子浓度(中上部)	2.95	0.70
	表面氯离子浓度(底部溅浪区)	7.35	0.70
	氯离子扩散系数	2×10^{-6}	0.40
端竖杆	钢筋直径/mm	22	—
	保护层/mm	15	0.1
斜杆与竖杆	钢筋直径/mm	16	—
	保护层/mm	15	0.1
上弦杆	钢筋直径/mm	22	—
	保护层/mm	15	0.1
剪刀撑	钢筋直径/mm	10	—
	保护层/mm	15	0.1

2. 耐久性评估结果

将下部承重结构、主拱圈、横隔板、盖梁、横拉杆、桥面板、桥面铺装、支座、附属结构与设施等检测数据和计算预测数据输入，可以得到越溪桥的耐久性综合评分为 3.1546，基本属于第三等级——较差，评估的中间结果如下。

1) 各组成部分的评估结果

下部承重结构的隶属度矩阵为

$$\boldsymbol{R}_1=\begin{bmatrix}0.0068 & 0.3324 & 0.2671 & 0.2261 & 0.1676\\0.0068 & 0.3324 & 0.2671 & 0.2261 & 0.1676\\0 & 0.3565 & 0.3581 & 0.2023 & 0.0831\end{bmatrix}$$

其评判矩阵(归一化结果，下同)为

$$\boldsymbol{B}_1=(0.0058,0.3359,0.2803,0.2227,0.1553)$$

$$\boldsymbol{H}_1=3.1858$$

上部承重结构的隶属度矩阵为

$$\boldsymbol{R}_2 = \begin{bmatrix} 0.0985 & 0.2660 & 0.2174 & 0.2269 & 0.1913 \\ 0.1007 & 0.26469 & 0.2183 & 0.2254 & 0.1909 \\ 0 & 0.0940 & 0.1812 & 0.3624 & 0.3624 \\ 0 & 0.0940 & 0.1812 & 0.3624 & 0.3624 \\ 0 & 0.0940 & 0.1812 & 0.3624 & 0.3624 \end{bmatrix}$$

其评判结果为

$$\boldsymbol{B}_2 = (0.0825, 0.2371, 0.2115, 0.2492, 0.2197)$$

$$\boldsymbol{H}_2 = 3.2865$$

支座的评判结果为

$$\boldsymbol{B}_3 = (0, 0.5221, 0.2610, 0.1354, 0.0812)$$

$$\boldsymbol{H}_3 = 2.7748$$

附属结构与设施的评判结果为

$$\boldsymbol{B}_4 = (0, 0.5221, 0.2610, 0.1354, 0.0816)$$

$$\boldsymbol{H}_4 = 2.7768$$

2）桥梁结构的整体评判结果

$$\boldsymbol{B} = (0.0279, 0.3342, 0.2568, 0.2175, 0.1636)$$

$$\boldsymbol{H} = 3.1546$$

于是，可以得到越溪桥耐久性的评估结果如下：桥梁结构整体三级，即该桥处于耐久性较差状态，需要进行维修；下部承重结构、上部承重结构、支座、附属结构与设施均为三级，耐久性状态较差。

参考文献

[1] 王钧利. 在役桥梁检测、可靠性分析与寿命预测. 北京：中国水利水电出版社，2006.

[2] 王银刚. 基于钢筋初始锈蚀时间预测的混凝土桥梁寿命预测. 武汉：华中科技大学硕士学位论文，2008.

[3] 金伟良，赵羽习. 混凝土结构耐久性. 北京：科学出版社，2002.

[4] 金立兵. 混凝土结构耐久性的多重环境时间相似理论与试验方法. 杭州：浙江大学博士学位论文，2008.

[5] 阎培渝，钱觉时，工立久. 结构混凝土的评估·寿命预测·修复. 重庆：重庆大学出版社，2007.

[6] 陕西省公路局. 公路桥涵养护规范(JTG H11—2004)，2004.

[7] Bresler B，Hanson J M，Comartin C D. Practical Evaluation of Structural Reliability，1980.

[8] 梁坦. 建筑物可靠性鉴定与加固改造的发展. 四川建筑科学研究，1994(2)：35-41.

[9] 倪国荣. 公路混凝土桥梁结构耐久性概率预测评估方法和软件系统. 杭州：浙江大学硕士学位论文，2006.

[10] 同济大学概率统计教研组. 概率统计. 上海：同济大学出版社，2000.

[11] 张誉，蒋利学，张伟平，等. 混凝土结构耐久性概论. 上海：上海科学技术出版社，2003.

[12] 刘普寅，吴孟达. 模糊理论及其应用. 长沙：国防科技大学出版社，1998.

[13] 惠云玲. 混凝土结构钢筋锈蚀耐久性损伤评估及寿命预测方法. 工业建筑，1997(6)：30-36.

第18章 耐久性提升技术

混凝土结构的耐久性问题正得到科研界和工程界越来越广泛的关注，关于结构耐久性劣化机理，耐久性状态的检测、评估，寿命预测以及全寿命周期管理等众多方面的研究成果不断涌现，这对于提高混凝土结构的适用性、安全性和耐久性起到十分积极的作用。本章将介绍混凝土结构的提升措施和技术，这是混凝土结构耐久性研究体系的基本组成部分，对于拟建结构的耐久性设计和已建结构的耐久性能提升均具有实践指导意义。

18.1 提高耐久性的基本措施

欲使混凝土结构长寿、耐久，从混凝土结构的设计、施工等全寿命周期中的初始阶段，就应考虑使结构具有耐久性要求的基本素质。

18.1.1 基于耐久性要求的混凝土原材料选择原则

1. 水泥

满足设计强度的前提下，混凝土的耐久性是需要被重点关注的性能。对于不同使用条件下的混凝土，需要选择不同类别的水泥品种来配制。我国《混凝土结构耐久性设计规范》(GB/T50476—2008)[1]中对工作环境的耐久性作用等级进行了分类，如表15-2所示。

对于Ⅰ类环境中的混凝土结构，配制时可在“六大”常用水泥中进行选择；对于Ⅱ、Ⅲ、Ⅳ类冻融或氯盐侵蚀环境中的混凝土，宜使用硅酸盐水泥或普通硅酸盐水泥与磨细矿物掺和料混合组成胶凝材料；对于Ⅴ类其他化学腐蚀环境中的混凝土结构，则可以使用特种水泥，如抗硫酸盐硅酸盐水泥或高抗硫酸盐水泥。

使用添加矿物掺和料的普通硅酸盐水泥配制的混凝土和使用矿物掺和料部分取代硅酸盐水泥作为胶凝材料配制的混凝土并不能完全等同。主要原因在于矿物掺和料比水泥熟料耐磨。水泥的细度要求一般小于350mm^2/kg，而矿物掺和料的细度需要达到6000mm^2/kg。若二者混合制成特殊水泥，粉磨水泥熟料达到要求的比表面积时，矿物掺料仍不够细；若继续研磨则水泥熟料会过细，水泥水化加速。对于有耐久性要求的混凝土，应使用普通硅酸盐水泥与矿物掺和料混合作为胶凝材料，充分发挥各自的作用。

2. 矿物掺和料

矿物掺和料表面能高，对水泥颗粒的孔隙有微观填充作用，且具有化学活性，因此可以改善普通混凝土的诸多材料性能。矿物掺和料可分为四类[2]：有胶凝性的，如水硬性石灰；有火山灰性的，如粉煤灰、硅灰；兼具胶凝性和火山灰性的，如高钙粉煤灰、粒化高炉矿渣；不具备上述三种特性但本身具有化学活性的，如磨细石灰岩等。其中，配制有耐久性要求的混凝土时，常用的矿物掺和料有粉煤灰、粒化高炉矿渣以及硅灰。

1）粉煤灰

粉煤灰是火力发电厂排放出的烟道灰，其中含有大量的球状玻璃体、莫来石、石英和少量的其他矿物，细度比水泥细，等量替代后可增加浆体的体积，从而改善对粗细集料的润滑程度，也有利于提高混凝土拌和物的流动性。此外，还可以提高混凝土的匀质性、黏聚性和保水性。粉煤灰的细度越大、活性越高，水化反应能力越高；温度越高，水化反应能力越强，强度增长越快。

粉煤灰中玻璃态的氧化硅（SiO_2）和氧化铝（Al_2O_3）具有一定的活性，它们可以与水泥水化生成的 $Ca(OH)_2$ 和水发生水化反应（二次水化），并填充于毛细孔隙内，这就是俗称的火山灰效应。玻璃态的微珠具有极高的强度，当填充在水泥颗粒间的空隙中时，既减少了毛细孔隙，又起到了微骨架作用，即粉煤灰的微集料效应。随水化的不断进行，粉煤灰的水化产物与未水化的粉煤灰内核的黏结力不断提高，这也有利于提高粉煤灰的微集料填充效应。粉煤灰各项性能如下：

(1) 强度。火山灰效应可以提高混凝土后期的强度，因此添加粉煤灰的混凝土后期强度要高于不掺粉煤灰的混凝土，且龄期越长，强度差异越大。在对早期承载能力要求不高的工程中，可以利用粉煤灰来改善结构长期和远期的强度。

(2) 水化热。粉煤灰的二次水化与水泥水化相比，速率小得多，使得水泥的水化热放热速率减慢，最高温升出现的时间推迟。

(3) 工作性。粉煤灰部分替代水泥时，获得相同稠度下，单方混凝土用水量降低。单掺粉煤灰时，粉煤灰对水泥的替代率为 25%，标准稠度用水量降低 7%。粉煤灰细度越大，烧失量越低，达到相同稠度下，单方用水量降低越多。

(4) 耐蚀性。使用粉煤灰的混凝土抗渗性明显提高，可以有效阻碍腐蚀性粒子向混凝土内部的传输。抗渗性提高的主要原因在于：①水化后形成的 C-S-H 凝胶可有效堵塞扩散通道；②阳离子（Ca^{2+}、Al^{3+}、Si^{4+} 等）浓度提高，可发挥限制腐蚀性阴离子（Cl^-、SO_4^{2-} 等）的移动能力；③微集料效应使硬化水泥石内的孔隙结构更复杂，不利于粒子移动。对于硫酸盐侵蚀，由于粉煤灰替代水泥，使得胶凝材料中 C_3A 含量降低，且二次水化消耗$Ca(OH)_2$，因此与硫酸盐反应生成钙矾石的机会就低。同时，由于水泥石结构的密实度提高，则抗硫酸盐侵蚀的性能提高。

2）高炉矿渣

高炉矿渣是高炉炼铁过程中产生的副产品，经过冷水急冷、磨细，最终得到高炉矿渣。随着生产工艺的改进，磨细高炉矿渣的比表面积可以达到 6000mm^2/kg、8000mm^2/kg，可称为超细高炉矿渣。矿渣越细、活性越高，部分替代水泥时，对混凝土性能的影响越显著。超细矿渣的水泥替代率可以在 30%～80%。高炉矿渣的各项性能如下。

(1) 工作性。混凝土需达到相同工作度时，使用矿渣超细粉的拌和物的单方用水量低。比表面积为 4000～6000mm^2/kg 时，单方用水量可减少 3%～6%；比表面积为 8000mm^2/kg 时，用水量可减少 2%～5%。

(2) 水化热。使用矿渣替代水泥，混凝土的水化放热温升比基准混凝土低。替代水泥率越高，温升降低越显著。

(3) 强度。掺入矿渣的混凝土早期强度发展缓慢。后期(不少于28天)强度发展均高于基准混凝土。

(4) 耐蚀性。矿渣和粉煤灰一样具有微集料效应和火山灰效应。磨细矿渣颗粒填充到水泥石孔隙中,改变或阻塞侵蚀介质的传输路径,火山灰效应的水化产物使得水泥石结构更为致密,提高混凝土抗渗性,从而提高混凝土的耐蚀性。

3) 硅灰

硅灰是用高纯度石英冶炼金属硅和硅铁合金时从烟尘中收集的超细粉末。硅灰比表面积大,可达20000m^2/kg。随着硅灰掺量的提高,混凝土拌合物需水量增大,需要使用减水剂调节拌和物流动性。优质硅灰中SiO_2含量高达90%,其中活性SiO_2含量超过40%。硅灰的各项性能如下。

(1) 工作性。硅灰粒径只有水泥颗粒的1/25左右,微集料效应可以填充水泥粒子的孔隙;硅灰成球形,可适当提高浆体的流动性。但硅灰在相当短的时间内就能与水化硅酸钙发生反应,生成胶凝状物质,造成坍落度损失,因此需要控制硅灰的水泥替代量。

(2) 水化热。硅灰比表面积大,表面能高,火山灰效应在短时间内被激发,因此早期水化热并不会明显降低。

(3) 强度。使用硅灰的混凝土无论是早期强度还是后期强度都发展较快,需要特别注意早期养护。使用硅灰时拌和物需水量大但混凝土泌水率小,容易造成混凝土自收缩、干缩大,且我国硅灰价格高,出于抗裂性的要求以及经济性的要求,若不是配制高强度混凝土(>80MPa),一般不宜使用硅灰。

(4) 耐蚀性。硅灰的微集料效应填充水泥石孔隙,其胶凝性也使C-S-H凝胶体填充水泥石孔隙,大大降低大孔率(>0.1μm)。混凝土中使用时掺量控制在5%~10%。

4) 矿物掺和料的复合利用

不同矿物掺和料在混凝土中的作用有其各自的优缺点,例如,硅灰在混凝土中有增强的作用,但自干燥收缩大,对混凝土温升没有降低的作用;掺粉煤灰的混凝土自收缩和干燥收缩都小,但抗碳化能力一般。根据"超叠效应"原则,将不同种类掺和料以合适的复合比例和总掺量掺入混凝土,则可以取长补短,不仅可以调节需水量,提高混凝土的抗压强度,还可以提高混凝土的抗折强度,减小收缩,提高耐久性。例如,同时掺用硅灰和粉煤灰时,可以利用粉煤灰来降低需水量和减少自收缩,但掺和料的复合效应必须通过试验来确定。只有两种掺和料的活性相近时,才可能存在这样的"超叠复合效应";活性相差较大的两种掺和料,各自的贡献与其在复合体中的组成比例成正比。磨细矿渣有较高的活性和较低的需水性,使用粉煤灰和磨细矿渣双掺,在总掺量相同时,混凝土强度随粉煤灰(FA)与矿渣(SL)的比例减小而提高。FA∶SL=1∶5时混凝土的强度高于FA∶SL=1∶3时混凝土强度。当粉煤灰、矿渣以一定比例复合后,添加一定量的膨胀剂,则混凝土的强度还可以获得进一步提高[2]。

3. 集料

1) 集料含泥量对混凝土性能的影响

含泥量是集料的一个重要指标。集料砂、石中的含泥量不仅会影响混凝土的强度,还会对耐久性造成影响。含泥量中的“泥”包括黏土颗粒、淤泥和粉尘颗粒等，通常它们的粒径小于 0.05mm。这些极细材料会包裹在集料表面，妨碍集料与水泥石之间的黏结，形成软弱的界面层。这些材料聚集在一起形成软弱区域，成为混凝土中的薄弱区，从施工的角度考虑，这些微小颗粒大大增加了比表面积，如果不引进高效减水剂势必造成单方用水量大大提高，而引进高效减水剂后混凝土造价会随之提高，而且即使满足工作性要求，其强度和耐久性也会相应降低。讨论集料含泥量和混凝土性能的试验结果表明，混凝土粗集料含泥量应控制在 1%以内，否则混凝土坍落度、强度、弹性模量、抗渗性以及抗冻性都会出现明显的降低，影响施工和质量控制。对于重要工程更需要严格控制砂石的含泥量指标。普通混凝土规范文献[3]～[5]中对砂石的含泥量进行限制，见表 18-1。在实际施工中，需要严格遵循含泥量标准，对集料进行必要的清洗。

表 18-1　集料的含泥量

含泥量	混凝土强度		
	≥C60	C55～C30	≤C25
细集料含泥量/%	≤2.0	≤3.0	≤5.0
粗集料含泥量/%	≤0.5	≤1.0	≤2.0

注：对于有抗渗、抗冻及其他耐久性要求的混凝土，细集料的最大含泥量需要控制在 3.0%以内，粗集料的含泥量不得超过 1.0%。

2）集料特征与混凝土强度的关系

不同的集料表面状态影响到其与水泥浆体之间的黏结性能。一般使用碎石比直接使用卵石浇筑的混凝土强度高[6]。破碎的卵石集料可以用来制备强度较高(60MPa)的混凝土，石灰石粗集料可以得到抗压强度 120MPa 以上的超高强混凝土。

集料的吸水率对混凝土的抗压强度影响明显。对于同一水灰比的混凝土，当粗集料的吸水率较大时，混凝土的抗压强度相对较低。通常认为，粗集料的吸水率会影响混凝土水化过程中的自由水含量，水化不充分时混凝土抗压强度较低。当粗集料的吸水率低于 1.0%时，混凝土强度较高，几乎都大于 60MPa，当吸水率达到 3.0%时，混凝土的 28 天抗压强度较低。

粗集料自身的强度对混凝土强度的影响明显。碎石中以母岩强度大、致密的硬质砂岩为较优质的高强度集料。采用河砂和硬质砂岩碎石的混凝土抗压强度最高，可达到约 110MPa。粗集料的抗压强度之间 20～25MPa 的差异会造成混凝土抗压强度之间 80MPa 的差别[7]。当然，粗集料在混凝土抗压强度中发挥的作用还与浇筑及养护条件相关。

粗集料用量影响混凝土抗压强度[6]。单方混凝土中粗集料用量在 300L/m^3 之内时，混凝土的抗压强度差别不大；当粗集料用量达到 400L/m^3 时，混凝土的抗压强度就有差别。对于抗压强度在 100MPa 以上的高性能混凝土，应选用硬质砂岩碎石，且单方混凝土中粗集料含量约为 400L。

在配制高强度高性能混凝土时，除了应该选择强度高的硬质集料，还需要控制颗粒最大粒径。原因在于当选择最大粒径较小的粗集料时，水泥浆体和单个石子界面的过渡层周长和厚度都小，难以形成大的缺陷，有利于界面强度的提高，同时粒径越小的石子本身产生缺陷的概率也就越小。当水胶比很大时，粗集料的最大粒径对混凝土强度几乎无影响，当水胶比较小时，随着粗集料最大粒径的增加，混凝土抗压强度的衰减十分显著。基于强度的考虑，如果把最大粒径减小到10～15mm，则可以尽可能地降低集料颗粒的内在缺陷[8]。设计强度在60～100MPa时，最大粒径需小于20mm，当制备超高强混凝土(≥100MPa)时，最大粒径不超过12mm[9]。除了对最大粒径的要求，颗粒的级配也是需要注意的，最密实填充状态的颗粒分布使得集料间空隙减小，浆体和集料间的界面变小，有利于增加硬化混凝土的强度。

3）集料性能与混凝土耐久性的关系

关于粗集料对混凝土耐久性能影响的研究较少。粗集料的最大粒径与混凝土的渗透性能有一定关系：粗集料最大粒径越大、含量越多，混凝土的渗透性越大[10]。粗集料的最大粒径大且含量多时，硬化水泥中的孔隙曲度会降低，水分传输通道的复杂程度降低，这是造成渗透性增大的一个原因；第二，在集料和砂浆之间存在一层高孔隙率且强度较低的界面过渡层(ITZ)，当集料粒径大且含量多时，拌和物在凝结硬化过程中更容易泌水且水分容易聚集到集料而造成局部实际水胶比增大，界面过渡层孔隙率增大，从而增大混凝土抗渗性降低的概率；另外，随着粗集料最大粒径的增大，混凝土的孔隙率也会增大[11]。

细集料的吸水率对混凝土的抗冻融性能影响较大。试验对不同吸水率的粗集料和细集料搭配配制的混凝土试件进行冻融循环试验，测定混凝土相对动弹性系数的变化规律[10]。细集料吸水率相同时，混凝土在冻融循环作用下动弹模损失并不是很大，300次冻融循环后仍在100%左右浮动；但当粗集料吸水率相同时，细集料吸水率的差别对混凝土抗冻融性能的影响更显著。在有冻融要求时，需要选择吸水率低的细集料。

4. 高效减水剂

萘系、蒽系和蜜胺系减水剂是传统的缩聚物类减水剂，在普通混凝土中使用较多，氨基磺酸盐类减水剂和改性萘系减水剂改进了传统减水剂的性能，提高拌和物的保水性，降低坍落度损失率，在配制耐久混凝土时具有重要作用。

1）氨基磺酸盐类减水剂

氨基磺酸盐类减水剂是具有大分子结构、长支链的水溶性聚合物。当氨基磺酸盐被吸附到水泥熟料C_3A、C_3S、C_2S及其最初水化物上时，被吸附的大分子带有很强的负电荷集团，是水泥颗粒间产生巨大的互斥力以克服范德华力，因此减水剂表现出强大的减水效果。MAS系列是典型的氨基磺酸盐类减水剂，在保证减水率的同时，混凝土坍落度经时变化小且保水性和黏聚性都较好。这一系列减水剂包括MAS(Ⅰ)型高效减水剂、MAS(Ⅱ)型泵送减水剂、MAS(Ⅲ)型低碱减水剂。MAS减水剂有明显的提高强度的效果，在与不同品种水泥的搭配使用中获得良好的相容性[12]。通过对水泥水化物形态的影响，MAS减水剂可增强混凝土内部结构的致密性，使混凝土结构的分布更合理，CO_2、Cl^-等对有损耐久性的侵蚀性粒子的渗透能力减弱，碳化深度、Cl^-侵蚀深度都下降。混凝土中由于使用了此类氨基磺酸盐类减水剂而获得改善的性能还有水化热降低、少害孔率减少50%以上、有害孔率减少20%以上、混凝土抗冻性提高等。

2）改性萘系减水剂

萘系高效减水剂是我国目前生产量最大的缩聚型高效减水剂，其显著的优点在于减水率大、增强效果好，但同时混凝土的收缩率大且坍落度损失很快，因此传统的萘系减水剂常和其他减水剂复合使用。为改善应用上的缺陷，传统的萘系减水剂中添加了反应性高分子共聚物以阻碍坍落度损失，同时利用反应性高分子材料的缓凝特性，改善混凝土中水泥的早期发热特性，降低混凝土的早期收缩。

改进后的萘系减水剂（如 JM-Ⅱ系列）与普通硅酸盐水泥和矿渣水泥均有良好的适应性。当工作环境气温较低时，混凝土坍落度损失低且慢，反应性高分子共聚物的释放速率就慢；当工作环境气温偏高时，混凝土坍落度损失发展较快，反应性高分子共聚物的释放速率加快，坍落度损失得到阻碍。

使用改性萘系减水剂后，混凝土的水化放热明显降低且温升峰值的出现被大大延迟；抗碳化能力显著提高，28 天龄期的碳化深度是基准混凝土的 1/3；混凝土的抗冻性提高，50 次冻融循环后强度损失率是基准混凝土的 24%[13]。

18.1.2　养护机制在提高混凝土耐久性能方面起到的作用

施工养护期是混凝土硬化成型、性能开始发展的关键时期。在混凝土已经具备“耐久”的基本材料条件这一基础上，施工养护期的工艺对混凝土的耐久性能发展起到重要的作用，甚至还会影响长期性能的发展。

早期研究发现，在相对湿度 100% 的条件下进行养护的混凝土具有较高的抗压强度[14]，而干燥的养护环境导致混凝土内部大孔含量升高，混凝土致密性和气密性差，因此水分、氧气以及其他物质较易侵入混凝土内部[15]。混凝土电通量随着养护龄期的升高而下降[16]。利用浸泡试验研究养护龄期、养护温湿度对混凝土抗氯离子侵蚀能力影响的研究发现[17]，长养护龄期和高养护湿度可提高混凝土致密性从而抑制氯离子的侵蚀。实际工程中的钢筋混凝土结构在结束养护后都将面临不同环境因素的作用。地中海沿海层进行过考察养护机制对后期性能发展的影响的暴露试验研究[18]：在对混凝土试件进行不同龄期的养护后将试件置于海岸边的大气环境中进行为期 3 年的暴露试验，结果显示暴露一年时混凝土受氯离子侵蚀的程度和初期养护条件有很大关系，养护越充分则氯离子越难侵蚀，而这种关系随着暴露时间的延长逐渐减弱。

浙江大学曾利用东京湾沿岸的日本港湾空港技术研究所下属暴露试验站进行了早期养护条件和后期工作（海洋）环境对于混凝土耐久性劣化的耦合效应研究[19]。设定 5 种不同的养护条件用于模拟实际工程中可能出现的养护不当或养护不充分的情况，如表 18-2 所示。

表 18-2　试验条件设定

<table>
<tr><th>编号</th><th>养护条件</th><th>养护环境备注</th><th>暴露环境</th></tr>
<tr><td>A1</td><td>不养护，拆模后直接进行暴露试验</td><td rowspan="3">环境温度 23℃，相对湿度为 75%</td><td rowspan="5">水下区、潮差区、浪溅区</td></tr>
<tr><td>A5</td><td>5 天湿养，试件外覆盖浸水润湿的棉毡</td></tr>
<tr><td>A14</td><td>14 天湿养，试件外覆盖浸水润湿的棉毡</td></tr>
<tr><td>W5</td><td>5 天水养，标准养护室的淡水槽内进行</td><td rowspan="2">标养室 20℃，相对湿度为 50%</td></tr>
<tr><td>W14</td><td>14 天水养，标准养护室的淡水槽内进行</td></tr>
</table>

试验结果显示，随着早期饱水养护程度的加强，混凝土抵抗氯盐侵蚀的能力逐级增强：W14 试件早期饱水养护最充分，置于任一环境中时表观氯离子扩散系数最低，表面盐分含量最低，且浅表层氯盐富集效应最弱；未养护试件 A1 表观氯离子扩散系数较高，表面盐分含量大且浅表层氯盐富集效应明显。而采用相同条件养护的试件暴露于不同环境中时，随着环境湿润和干燥循环比例的增大，氯离子运动扩散效应趋于明显；反之，随着环境湿润和干燥循环比例减少，氯离子传输扩散效应趋于弱化。对长期浸没于水下的试件，混凝土孔隙液趋于饱和，氯离子在混凝土内部的运动即浓度梯度下的扩散。结合该研究得到的试验结果以及《混凝土结构耐久性设计规范》[1] 中对养护时间的建议，各工作环境中的混凝土所需实施的养护机制如表 18-3 所示。

表 18-3　各工作环境中的混凝土所需实施的养护时间建议天数

工作环境	大气	潮差	浪溅	水下
混凝土湿养护时间/天	≥10	≥14	≥14	≥7

18.1.3　基于耐久性要求的混凝土配合比设计

混凝土结构全寿命设计理论中，材料设计和质量控制是重要的环节之一。这一步骤中需确定设计参数和设计目标。普通混凝土进行设计时的步骤主要有：①确定设计强度，根据设计强度确定水灰比；②根据坍落度、集料品种及粒径等的要求初步选取用水量；③计算单方水泥用量；④确定合理砂率；⑤采用重量法或体积法计算砂、石用量；⑥通过试配进行调整。可见，进行混凝土设计时，通常以性能指标（强度）作为设计目标，水、水泥、砂石等材料用量作为设计参数。当使用过程中对混凝土提出耐久性要求时，需要对上述设计方法进行改进。

沿海结构中使用的混凝土有特殊的抗氯盐侵蚀性能要求，因此在配合比参数上需要进行适当调整使得混凝土性能得到改善。这在国内外各国的混凝土设计规范中都有所体现[20-25]，包括对于水胶比的控制、单方胶凝材料用量的控制以及矿物掺和料的使用等，见表 18-4～表 18-7。

表 18-4　国外沿海混凝土结构主要规范或标准要求的最低胶凝材料用量

标准代号或名称	混凝土所处部位		
	大气区	浪溅区	水下区
FIP 海工混凝土结构设计与施工建议[20]	360	400	360
ACI357[21]	350	350	350
AS1480[22]	400	400	360
DNV[23]	300	400	300
日本土木学会编《混凝土标准规范》[24]	330	330	300

表 18-5　不同设计使用年限、使用环境的混凝土最大水胶比限制[11]

环境作用类别与等级	设计使用年限		
	100 年	50 年	30 年
Ⅰ-A	C30、0.55	C25[1]、0.60	C25[1]、0.60
Ⅰ-B	C35、0.50	C30、0.55	C25、0.60
Ⅰ-C、Ⅲ-C、Ⅳ-C	C40、0.45	C35、0.50	C30、0.55
Ⅱ-C、Ⅴ-C、Ⅲ-D、Ⅳ-D	C45、0.40	C40、0.45	C40、0.45
Ⅱ-D	$C_{Cl}40$、0.45	$C_{Cl}35$、0.50	$C_{Cl}35$、0.50
Ⅱ-E	$C_{Cl}45$、0.40	$C_{Cl}40$、0.45	$C_{Cl}40$、0.45
Ⅴ-D、Ⅲ-E、Ⅳ-E	C50、0.36	C45、0.40	C45、0.40
Ⅴ-E、Ⅲ-F、Ⅳ-F	C55、0.36	C50、0.36	C50、0.36

表 18-6　《海港工程混凝土结构防腐蚀技术规范》中对最低胶凝材料用量的规定[25]

环境条件		钢筋混凝土、预应力混凝土	
		北方	南方
大气区		300	360
浪溅区		360	400
水位变动区	F350	395	360
	F300	360	
	F250	330	
	F200	300	
水下区		300	300

表 18-7　矿物掺和料的用量限制

<table>
<tr><td>Ⅲ</td><td>Ⅲ-C、Ⅲ-D、Ⅲ-E、Ⅲ-F</td><td rowspan="2">PO、PI、PII</td><td rowspan="2">下限：$\frac{\alpha_f}{0.25}+\frac{\alpha_s}{0.4}=1$
上限：$\frac{\alpha_f}{0.5}+\frac{\alpha_s}{0.8}=1$</td><td rowspan="2">当 $W/B=0.4\sim0.5$ 时，需同时满足Ⅰ类环境下的要求；如果同时处于冻融环境，掺和料用量的上限应满足Ⅱ类环境要求</td></tr>
<tr><td>Ⅳ</td><td>Ⅳ-C、Ⅳ-D、Ⅳ-E、Ⅳ-F</td></tr>
</table>

注：α_f、α_s 分别为粉煤灰、矿渣的水泥替代率。

规范的建议是基于大量工程实践和研究的基础上得出的。从已有的经验可知，低水胶比的大掺量矿物掺和料混凝土，其抗氯离子侵入的能力要比相同水胶比的硅酸盐水泥混凝土高得多，所以在氯盐侵蚀环境中的混凝土在设计时除采用硅酸盐水泥作为胶凝材料，还需要配合使用矿物掺和料。因此，相对于普通混凝土，矿物掺和料需要作为新的设计参数加以考虑，这中间包括了矿物掺和料的种类、水泥的替代率、胶凝材料的总用量等参数。

混凝土性能设计指标方面，强度也不是唯一指标，特别是重耐久性能轻力学性能的情况下，需要在设计中提出将抗氯离子侵蚀性能作为混凝土设计指标之一，对混凝土的质量进行进一步控制。可以采用 28 天龄期的氯离子快速电迁移系数 $D_{RCM,28}$ 作为设计控制指标，阈值见表 18-8。通过研究该指标与各关键配合比参数之间的联系，建立用于设计的经验方程(类似于强度设计时采用的 Bowromi 公式)，可确定水胶比等一系列关键配合比参数，与强度、工作度等性能要求的配合比参数进行比较，选择偏安全的参数进行进一步设计。设计流程见图 18-1。

表 18-8 混凝土抗氯离子侵蚀性能指标 $D_{RCM,28}$ (单位：$10^{-12}m^2/s$)

使用年限	100 年		50 年	
环境作用等级	D	E	D	E
28 天龄期氯离子扩散系数 $D_{RCM,28}$	≤7	≤4	≤10	≤6

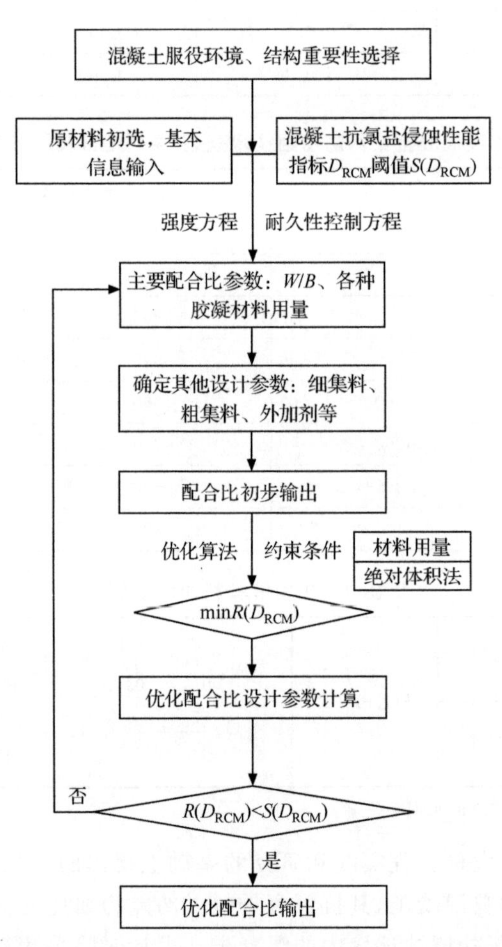

图 18-1 基于耐久性要求的混凝土配合比设计流程

18.2 提高耐久性的附加措施

合理选择混凝土原材料对于改善结构自身耐久性能的作用在于使结构具备良好的耐久性体质，在此基础上若需要进一步增强结构抵御耐久性劣化作用的能力，特别是对于地处恶劣侵蚀环境的重大混凝土结构，则需要对结构采取更为有力的附加保护措施。工程中常用的防腐措施有传统的对混凝土施加保护的方法，如使用混凝土耐蚀剂、涂装防腐涂料；也有新型防腐措施，如钢筋的阴极保护、使用环氧涂层钢筋等。另外，对于高寒、冻融环境中的混凝土结构，需要适当使用引气剂来改善混凝土的抗冻融能力。下面分别进行介绍。

18.2.1　海水耐蚀剂

海水耐蚀剂是将磨细的矿渣、石膏、天然火山灰、活性激发剂等组分复合而成的无机材料，耐蚀剂并非化学外加剂，而是由多种矿物掺和料复合而成的矿物外加剂，并且可以认为是胶凝材料的一部分，其具有强抗腐蚀性、低水化热、微膨胀、高抗渗性等特点，因此被应用于海港工程、水利工程、桥涵隧道等基础工程中，部分有抗腐蚀要求的工业或民用建筑中也有使用。

海水耐蚀剂的作用机理由两部分组成：①物理作用，即利用其微粉填充效应提高水泥浆体与集料间的黏结强度，从而提高了混凝土的密实度；②化学作用，海水耐蚀剂中的高活性微粉、活性二氧化硅不断与水化出来的 $Ca(OH)_2$ 发生化学反应，生成更多的 C-S-H 凝胶，加快水泥水化速率[26]。

18.2.2　外防腐涂料

在钢筋混凝土结构表面涂刷或喷涂防腐层能防止腐蚀介质浸透到钢筋表面，从而提高结构耐久性[27]。对于新建或需维修的混凝土结构，采用防腐涂料是最简便易行的防腐蚀办法，既可以增加结构的整体美观性，又能从一开始就杜绝有害物质的入侵，从而防止钢筋锈蚀。混凝土防腐涂料涂层有成膜型、渗透型和复合型三大类(图 18-2)。国内外市场上常见的成膜型涂料有泰美涂 AC100，渗入型涂料有 Protectosil CIT、FS-2/3 等，复合型涂料有 Dekguard S* 、E-26 型防腐涂料等。

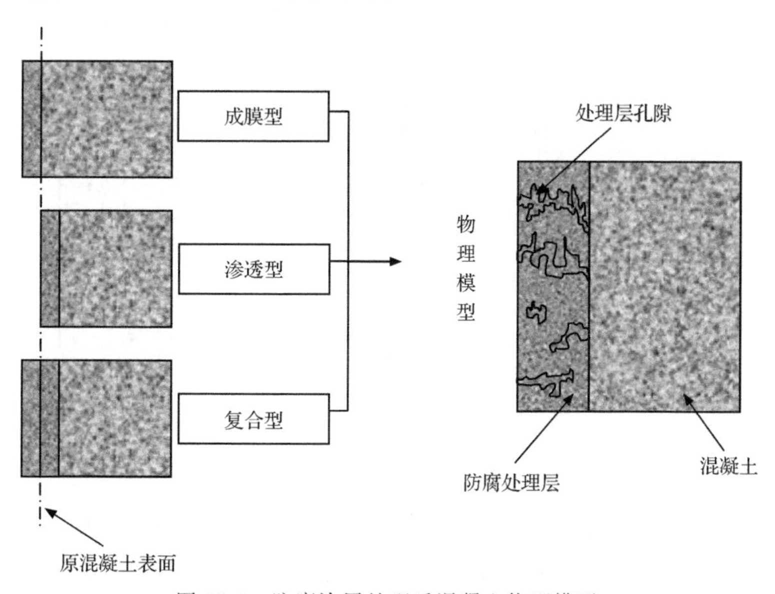

图 18-2　防腐涂层处理后混凝土物理模型

浙江大学混凝土结构耐久性课题组曾对 E-26 防腐涂层保护混凝土效果进行了完整的试验分析[28]，包括干湿循环氯盐侵蚀试验、电场加速氯离子侵蚀试验、透气/透水试验，以不涂装防腐涂层的素混凝土作为基准参照组，涂装 E-26 之后的混凝土试验结果与之对照。该复合型防腐涂料对混凝土的保护措施体现在：①大幅降低氯盐侵蚀深度，相对于未采取防护的混凝土，在经历 4 个月的干湿循环作用(盐溶液中浸泡 1 天、风干 4 天)的情况下，氯盐侵蚀深度可从 84mm 下降至 15mm，降幅达 88%；②大幅降低透气性，单位时间(15min)内透气量最大降幅可达 96.3%；③大幅降低渗水性，单位时间(15min)内渗水体积最大降幅可达 98.4%。显然，使用 E-26 复合型防腐涂料后混凝土表面的密封性显著提高，有效阻止腐蚀介质的进入。

18.2.3 控制渗透性模板

控制渗透性模板(controlled permeability formwork，CPF)是由耐碱聚丙烯或聚酯纤维制成的一种模板衬里，其结构及作用机理如图 18-3 所示，由排水支撑层、排水透气层、过滤层(水泥颗粒阻挡层)组成。排水透气层与水泥颗粒阻挡层非常重要，其材质与开口孔率、孔径大小有关，成品一般为无纺布。混凝土浇筑后，在振捣棒振动和混凝土内部压力的共同作用下，加之可控制渗透性模板内衬排水透气层的毛细吸附作用，混凝土中的气体以及水分被排除到模板外，水泥颗粒阻挡层却使水泥颗粒富集于混凝土表层，这样实际上减小了混凝土表层的水灰比，使混凝土更加密实，因此改善了混凝土表层孔的结构状态，提高了混凝土表层强度，降低了渗透性，从而提高了混凝土结构的耐久性。

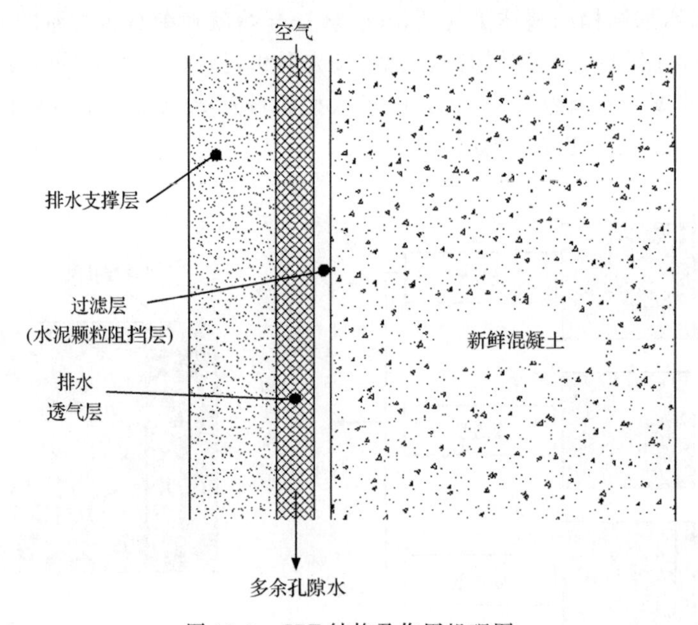

图 18-3 CPF 结构及作用机理图

CPF 的特点有：透气、透水，但不流失水泥粒子；提供透水通道，让水溢出模板；表面平整贴于模板，有足够刚度，不得弯曲；不得黏结混凝土；能保持一定水分，以养护表面混凝土；能重复利用。

目前国外使用的控制渗透性模板衬里有 Formtex 和 ZEMDRAIN MD 两种。Formtex 由精细的聚丙烯纤维织成，该纤维组织中的热致黏结而成的一面成为一个过滤器，非热致黏结的一面则成为排水层，过滤层平均孔径小于 35m，排水量根据混凝土配合比和浇筑高度一般为 0.5～3.0L/m²，保水能力不小于 0.45L/m²，能够保证混凝土表层有湿润的养护环境。ZEMDRAIN MD 由热黏结的纯聚丙烯纤维过滤层置于塑料网上构成，塑料网构成透水层并保证其具有一定的刚度，在 20kPa 压力作用下压缩小于 10%，滤布的平均孔径小于 35m，排水能力可达 3.0L/m²。

目前 CPF 已广泛应用于水处理工程、桥梁、公路工程和海洋结构，这种技术适用于所有普通水泥和混合水泥混凝土，也适用于纤维混凝土。研究和实践证明，用 CPF 浇筑的混凝土由于表层混凝土水灰比减小，混凝土更加密实，氯离子扩散系数和表面氯离子浓度都得到降低，可将氯离子活化钢筋开始锈蚀的时间大大延长。

18.2.4　阻锈剂

在混凝土内掺加阻锈剂是一种最简单、直接的预防混凝土内钢筋腐蚀的措施。钢筋阻锈剂是美国混凝土协会(ACI)确认混凝土中钢筋防锈的三种有效措施之一(另外两种是环氧涂层钢筋和阴极保护)。在美国，钢筋阻锈剂已有近 30 年的工程应用历史。日本使用得更早(与海砂并用)。有统计表明，1993 年，全世界约有 2000 万 m³ 的混凝土使用了钢筋阻锈剂，而到 1998 年，至少有 5 亿 m³ 的混凝土使用了钢筋阻锈剂，增长了 20 多倍。我国也于 20 年前研究开发了钢筋阻锈剂的产品。

18.2.5　引气剂

引气剂是一种表面活性剂，掺入混凝土拌和物中，可使其在搅拌过程中引入大量均匀分布且独立封闭的微小气泡(直径在 20～200μm)，这和搅拌过程中因引入空气而自动生成的气泡不同，后者不稳定且容易逸出。混凝土中引入稳定的封闭小气泡后，可以在一定程度上提高混凝土的流动性，减少拌和物的离析和泌水，提高混凝土的均匀性，并改善混凝土的耐久性，如提高渗透性、提高抗冻性等。

有害介质在混凝土中的传输过程实际上就是以毛细孔中的水作为运输载体，在连通的孔中运动的过程。通过引入封闭小气泡切断毛细孔通路，大大降低毛细作用，同时也切断连通孔中的水分传输，提高抗渗性、抗碳化性。

当有冻害时，毛细孔中的封闭起泡可对毛细孔中结晶膨胀的冰晶起到缓冲作用，降低冻害的损伤；同时，若封闭气泡的间隔距离小($L \leqslant 250\mu m$)，混凝土在经历 300 次冻融循环后动弹模量仍保持在 60%以上，抗冻性良好[29]。

由于引入气泡，引气剂在改善混凝土耐久性能的同时对抗压强度会造成一定的影响。孔隙率每增加 1%，抗压强度会损失 4%～5%[12]。在强调强度而对耐久性没有特殊要求的情况下，不需要特别在混凝土中添加引气剂，但在强调耐久性而对强度没有过高要求的情况下，在混凝土中添加引气剂是提高其耐久性的一项有效措施。

18.2.6　环氧涂层钢筋

环氧涂层钢筋是指在普通钢筋表面制作一层环氧树脂薄膜保护层的钢筋,涂层厚度一般在0.15～0.3mm。其主要原料包括环氧树脂、增塑剂、固化剂和耐碱颜料等。环氧树脂不与酸、碱发生反应,具有极高的化学稳定性,同时延性大、干缩小,与金属表面具有极佳的黏着性,因此是在金属表面制作防腐保护膜的理想材料。

环氧树脂有液体环氧树脂和粉末环氧树脂两种。液体环氧树脂的涂装方法有涂刷法、喷涂法和浸涂法;粉末环氧树脂的涂装方法有静电粉末喷涂法、粉末浴法和静电粉末浴法。其中,静电粉末喷涂法具有适用性广、易于操作且涂层耐蚀性优于其他涂装方法等特点,因此各国的产品标准都指定采用静电粉末喷涂法。静电喷涂法的原理是将带电的环氧树脂粉末颗粒(具有一定的吸附性)喷涂在已加热的钢筋表面,粉末遇热熔化后填充孔隙并很快固化,冷却后便形成十分牢固地黏着在钢筋表面形成连续涂层。

环氧涂层钢筋研究开发在美国,始于20世纪80年代,是一种高科技产品,广泛应用于欧美和日本,如美国环氧涂层钢筋应用在桥梁方面占钢筋总量的2/3左右。而在国内,环氧涂层钢筋的研究与应用还处于起步阶段,在一些实际工程,如台湾澎湖跨海大桥、北京西客站、粤海铁路、厦门环岛路、杭州湾跨海大桥等重大工程中获得应用。虽然目前环氧涂层钢筋的使用并未十分普遍,但从环氧涂层钢筋的防护要求、施工性能、技术成熟程度、经济性等方面来看,已进入实用化阶段。

18.2.7　阴极保护

所谓阴极保护(cathodic protection,CP)是指在结构本体以外建立一个外部阳极,为阴极反应提供电子,从而抑制钢筋表面的阳极反应。根据工作原理的不同,可将阳极分为两种类型:牺牲阳极和外加电流辅助阳极。

牺牲阳极类型的阴极保护依靠阳极材料(如锌)和被保护阴极金属(钢筋)之间的电化学电位差构成自发电源。

外加电流类型的阴极保护需要外部电源,也就是通过变压器与主电源相接。外加电流保护系统由直流电源、辅助阳极、参比电极等部件组成,如图18-4所示。其中,辅助阳极可分为分散型、埋入型和全面覆盖型三大类。分散性系统中,沟槽式阳极系统、镶嵌式阳极系统以及电缆式阳极系统均因使用寿命较短已不再使用。埋入式阳极系统施工简便,适用于任何混凝土表面,成本也较低,但估计使用年限只在20年左右。对于全面覆盖型阳极系统,导电涂层和电弧喷锌因成本低廉且适用于任意表面而应用较多,但也存在明显的缺陷:不耐水,在含盐多且质量差的湿混凝土表面寿命很短;电弧喷锌系统200锌层使用寿命只有10年,因此给这两种类别的应用带来一定局限性。

虽然阴极保护防腐措施的阳极系统还存在值得改进的问题,但阴极保护作为能够有效阻止盐污染物侵蚀钢筋混凝土结构的防腐蚀技术,其保护效果(图18-5)逐步被工程实践证实,该项技术也得到美国混凝土协会和美国腐蚀工程师协会的认可。许多国家还制定了有关标准,为钢筋混凝土结构有效实施阴极保护提供了技术数据。

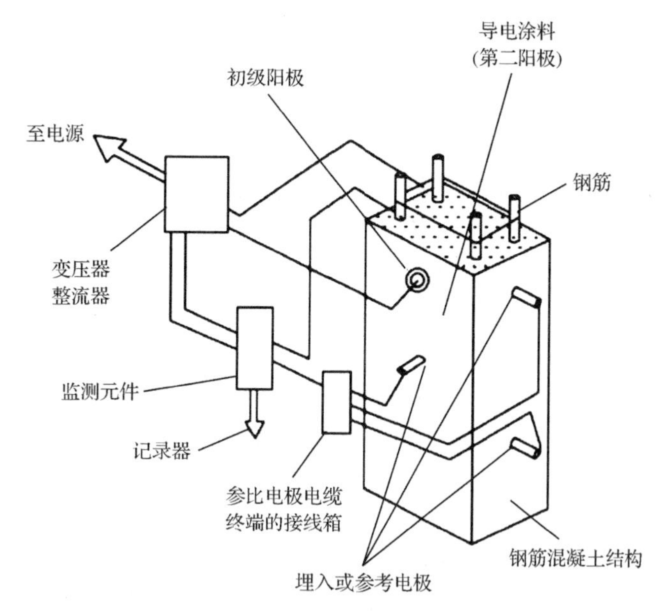

图 18-4　典型的 CP 装置

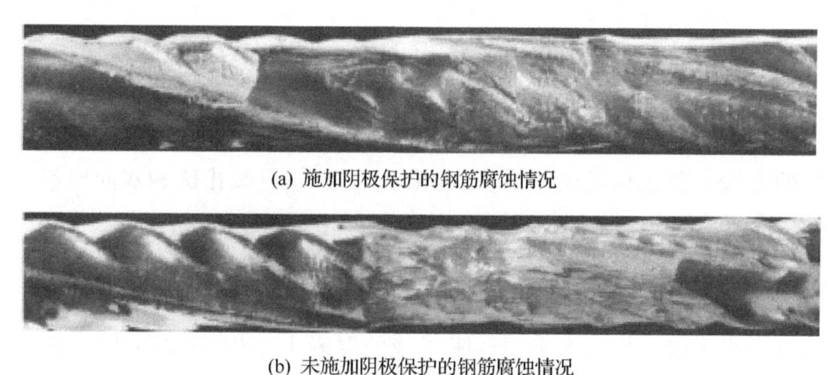

(a) 施加阴极保护的钢筋腐蚀情况

(b) 未施加阴极保护的钢筋腐蚀情况

图 18-5　经过 6 个月腐蚀试验的钢筋腐蚀程度对比

18.3　既有混凝土结构的耐久性提升技术

上面所介绍的混凝土结构耐久性提升技术大多适用于新建混凝土结构。但是，对于很多已经投入使用长达数十年的钢筋混凝土结构，在设计建造时未能很好地耐久性问题，很可能已经出现不同程度的结构劣化现象，如混凝土碳化、氯盐侵入、钢筋锈蚀、保护层开裂甚至剥落等。特别是处于海洋环境下的钢筋混凝土结构，随着服役时间的增加，保护层中氯离子的含量在慢慢增长，当氯离子在钢筋表面累积到一定浓度(阈值浓度)后，将引起钢筋的锈蚀，从而导致结构提早退出服役期。如何延长已受到环境有害介质侵蚀的钢筋混凝土结构的使用寿命，已成为学术界和工程界的重点关注问题。

18.3.1　物理修复法

对于保护层出现锈胀裂缝、开裂剥落的混凝土结构，最常规的修补方法是凿除已经劣化的混凝土保护层，并对钢筋进行除锈防锈处理，对于锈蚀严重的钢筋进行旁焊补强甚至更换，然后采用环丙砂浆、丙乳砂浆等修补复原。但这种方法会使新旧混凝土中的钢筋产生电位差[29]，同时，该方法也不能有效除去混凝土中的氯离子，故钢筋再次锈蚀的可能性较大。

18.3.2　阻锈剂渗入法

以胺、醇胺及其盐或酯为主的迁移型阻锈剂是针对已受到氯盐侵蚀的钢筋混凝土结构而研发出来的，如美国 Cortec 公司的 MCI 系列钢筋阻锈剂、瑞士西卡公司的 Sika FerroGard 901 系列钢筋阻锈剂等。迁移型阻锈剂涂刷到混凝土表面后，其主要成分以水为载体，借助毛细作用通过混凝土的毛细孔和微裂缝向混凝土内部渗透，当水分蒸发后，阻锈剂会挥发形成高浓度气相并在混凝土孔隙中继续向内扩散直至钢筋表面[30]。当阻锈剂到达钢筋表面并达到一定浓度后，阻锈剂可以在钢筋表面形成保护膜，将氯离子等侵蚀介质与钢筋隔离，从而达到阻锈作用[31]。但对于保护层较厚或者密实度较大的混凝土结构，特别是海港、跨海大桥等海洋工程类建筑物，迁移型阻锈剂不一定能够渗透到钢筋表面或者渗透到钢筋表面的阻锈剂浓度不足，其并不能发挥有效的阻锈作用。

18.3.3　电化学技术

电化学的方法主要包括阴极保护法、电化学脱盐法、再碱化法和双向电渗法。阴极保护法同 18.2.2 节。

1. 电化学脱盐法

对于已有氯离子渗入但还未出现锈胀裂缝的混凝土结构，可以采用电化学脱盐法来处理。电化学脱盐法于 1970 年初由美国联邦高速公路局提出，并被挪威 Norcure 公司改进推广使用[30]，目前已在全世界范围内得到应用。其原理是将混凝土中的钢筋用作阴极，在混凝土外表面设置外加阳极和电解液，施加直流电，利用电场的迁移作用，将已渗入混凝土内部的氯离子排出[31]。在通电过程中，阳极发生的反应如下：

$$2H_2O \longrightarrow O_2 + 4H^+ + 4e \tag{18-1}$$

$$4OH^- \longrightarrow 2H_2O + O_2 + 4e \tag{18-2}$$

$$2Cl^- \longrightarrow Cl_2 + 2e \tag{18-3}$$

阴极发生的反应如下：

$$2H_2O + 2e \longrightarrow 2OH^- + H_2 \tag{18-4}$$

$$O_2 + 2H_2O + 4e \longrightarrow 4OH^- \tag{18-5}$$

该技术的优点是氯盐萃取量大、处理时间短，可在 4～6 周内完成。但是这种方法并没有使钢筋再钝化，对以后混凝土结构的长期使用寿命还是没有保证[32]。还有研究表明，电化学氯化物萃取技术会对钢筋-混凝土界面产生一定的影响，在微观上表现为孔隙率的变化[32,33]、Ca/Si[2+][34]增大等;同时当混凝土内氯离子含量较高时,需要较大的电流密度或较大的通电量。此时不但修复时间较长,而且会对混凝土结构产生不同程度的负面影响,如降低钢筋与混凝土的黏结强度、诱发碱-集料反应等[35,36]。电化学脱盐技术常用于已有氯离子渗入但还未出现锈胀裂缝的混凝土结构。

2. 再碱化法

再碱化法是主要针对因碳化而腐蚀的钢筋混凝土的一种修复方法,其原理就是根据阴极保护技术的原理,采用高碱性的电解质溶液作为阳极,形成各种电流密度,使钢筋表面发生阴极反应,周围碱度得到恢复的电化学防护方法。再碱化处理系统采用的阳极类型为带有涂层的钛网或低碳钢网。由于处理时间较短,低碳钢丝网不完全损耗,且价格较低,因此被较多采用。再碱化所用电解质溶液种类或浓度不同,其电化学再碱化效果(对pH 的恢复程度)不同,其中以 0.1mol/L NaOH 溶液的修复效果最佳,其次是 1.0mol/L NaOH 溶液、0.5mol/L Na_2CO_3溶液,0.5mol/L NaOH 溶液,最后是 0.5 mol/L LiOH 溶液[37]。

再碱化法中的通电量与电化学脱盐法类似,1A/m^2的电流可维持通电 2 周。再碱化处理后,可撤去阳极设备。再碱化处理的终点,可根据试剂测定的混凝土碳酸化深度和钢筋周围混凝土的 pH 来确定。可采用通用指示剂或 pH 为 12 左右时才变色的指示剂进行检测。电场作用与混凝土的传输特性、微观结构相互影响、相互制约。电化学再碱化后混凝土的界面结构明显改善,有害孔隙减少,密实性和耐久性提高[38]。

3. 双向电渗法

双向电渗法是针对已受到氯盐侵蚀的钢筋混凝土结构而研发出来的一种新技术,它结合了电化学脱盐与阻锈剂渗入技术的优点,利用电场的迁移能力,在将氯离子排出混凝土的同时,将阻锈剂快速地迁移至钢筋表面,从而达到延长混凝土结构使用寿命的目的。

1) 双向电渗法的基本原理

双向电渗法的基本原理如图 18-6 所示。在混凝土结构外表面铺设不锈钢网片,作为阳极,在不锈钢网片外铺设含有阻锈剂溶液的海绵层,将混凝土结构内部可能已发生锈蚀的钢筋作为阴极,施加直流电源,在钢筋和不锈钢网片之间形成电场。在电场的作用下,渗入混凝土内部带负电荷的氯离子会向外迁移而被排出混凝土,海绵层中带正电荷的阻锈剂会向混凝土内部迁移,当钢筋附近的阻锈剂含量达到一定程度时,阻锈剂会在钢筋表面形成一层保护膜,将氯离子等腐蚀介质与钢筋隔离开,从而起到阻锈的作用。

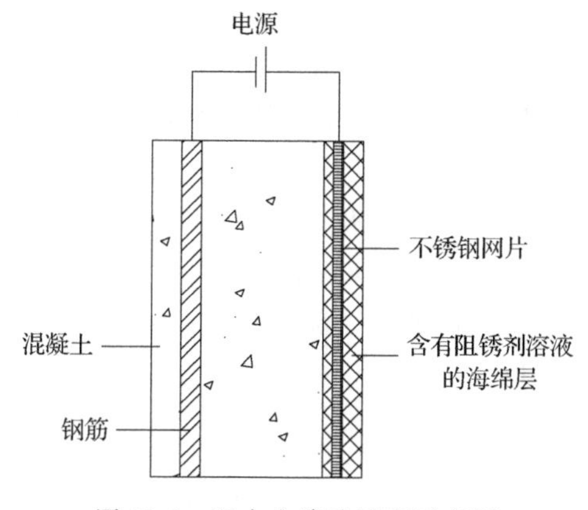

图 18-6　双向电渗法原理示意图

在通电过程中,阳极和阴极发生的反应和电化学脱盐过程相同,见式(18-1)～式

(18-5)。由此可见,随着通电的进行,位于阳极附近的海绵层中溶液的 pH 会逐渐下降,故每隔一定时间需要更换电解液,以防溶液 pH 过低对混凝土表面产生腐蚀。而钢筋附近有 H_2 和 OH^- 产生,则随着通电的进行,钢筋附近混凝土孔隙液的 pH 会增加,可能会产生 $Ca(OH)_2$ 沉淀,而氢气的产生会影响钢筋附近混凝土的孔隙分布情况。

2) 阻锈剂的选择与阻锈原理

由双向电渗技术的基本原理可知,双向电渗技术的阻锈剂必须是一种溶于水为阳离子的阻锈剂。双向电渗技术用于混凝土结构的修复与延寿,混凝土结构所处的环境对阻锈剂的选择有很大影响。阻锈剂在进入混凝土后必须能长期留在混凝土中,不能因日晒雨淋而出现阻锈剂含量大幅度下降或者化学性质发生改变的情况,所以,双向电渗技术中所使用的阻锈剂必须是挥发性低、化学性质稳定的物质。另外,考虑到双向电渗技术的应用与推广,该阻锈剂还应既经济又环保。

3) 双向电渗技术的装置

双向电渗技术装置由镀钛金属网片或不锈钢网片、导线、电解液、海绵或其他饱水材料、塑料模板、恒压稳流直流电源等组成。脱盐前,先要保证混凝土表面的清洁,对混凝土开裂处应先采用常规修补方法进行修补。另外,必须保证混凝土中所有钢筋是电连通的,否则可能引起"杂散电流"腐蚀[39]。同时,要注意电路的正确连接,避免阴阳极接错、短路等情况出现。

在实验室中进行脱盐处理时,若试件尺寸较小,可以使用自制的电解池。在自制电解池内注入电解液,铺设不锈钢网片,将试件放置在不锈钢网片的上方,电解液仅需与试件的底面(即氯离子排出的那一面)相接触即可,将试件中的钢筋与不锈钢网片分别与恒压稳流直流电源正负极相连接。根据试验的要求,控制电流大小或电压大小,进行通电。在通电过程中,为了减少阻锈剂的挥发,可以将电解池密封。定时观测电解质的 pH,当溶液的 pH 下降较多时,需更换电解液,以防止溶液对混凝土表面产生侵蚀。

当现场脱盐处理或需脱盐处理的试件较大时,在清洁和修复混凝土表面后,先用超声波检测仪测定出主筋、箍筋、分布钢筋的位置,凿开混凝土,进行钢筋之间的电连接,同时,确定阴极引出点,将导线与钢筋焊接,然后,用丙乳砂浆修补复原并养护 14 天。阳极系统由不锈钢网片、导线、饱水材料和塑料模板组成。将提前制作好的阳极系统用膨胀螺栓固定在混凝土构件上,将阳极、阴极的导线分别与直流电源的正极和负极相连接,并用止水橡胶条做好止水防水措施,再将配置好的电解液注入,最后,开始通电。定时观测电解质的 pH,当溶液的 pH 下降较多时,需更换电解液。要注意对阴极导线与钢筋焊接处、阳极导线与不锈钢网片连接处的保护,以防在通电过程中出现断路[40]。

双向电渗技术结合了电化学脱盐技术和迁移型阻锈剂的优点,是延长已受到氯盐侵蚀的钢筋混凝土结构的使用寿命的新方法[41,42]。在应用时,应综合考虑混凝土结构的相关参数,进而确定双向电渗技术的有关参数,从而既延长了已受到氯盐侵蚀的钢筋混凝土结构的使用寿命,又不影响混凝土结构的安全使用。

18.3.4　碳纤维布加固法

碳纤维布(CFRP)作为一种新型复合材料,具有高强高效、施工便捷、耐腐蚀、自重轻、不增加结构尺寸等明显的优点，广泛应用于房屋、桥梁加固补强。碳纤维及碳纤维加固的特点：具有良好的可塑性，能很好地适用于曲面和不规则形状的结构物、重量轻、密度小、施工便捷、工作效率高、不需大型施工机械；具有极强的耐腐蚀性及耐久性。所以，碳纤维材料在土木工程结构加固中广泛应用。

1）碳纤维加固机理

碳纤维加固混凝土结构的加固机理是通过环氧树脂黏结剂将碳纤维粘贴在结构的受拉区，与混凝土一起共同抵抗外力产生的拉力，从而起到增强配筋的作用。碳纤维的作用是抵抗荷载产生的拉应力，而环氧树脂的作用是将部分原有结构承担的拉应力传递到碳纤维上。这样，碳纤维上即存在着一个黏结长度，在这个长度内环氧树脂通过剪切变形将拉应力传递给碳纤维。碳纤维布只承受剪力，不承受弯矩，即只发生剪切变形，而不发生弯曲变形[43]。

2）碳纤维加固施工工艺

碳纤维加固流程如图18-7所示，主要包括以下几个方面。

准备工作 ⟶ 面层处理 ⟶ 涂底胶 ⟶ 找平 ⟶ 碳纤维粘贴 ⟶ 涂装和养护 ⟶ 验收

图18-7 碳纤维布粘贴施工工艺流程

(1) 准备工作。施工前要考虑加固结构物状态、环境等，然后制定施工计划，做必要准备。

(2) 底层(面层)处理。用砂轮机或磨光机将混凝土表面劣化层除去，并清除粉尘和松动物质，确保其充分干燥，表面平整度要达到5mm/m^2，凸角部位需磨成半径大于2cm以上的圆弧角，以免造成应力集中而降低补强效果；凹角部位需使用环氧树脂砂浆修整，使其凹面呈曲线平滑状；有裂缝时，应先以适当方法进行密封和灌缝；现场施工温度要大于5℃；打磨基层清理干净后，才可进行下一道工序。

(3) 预涂底胶。预涂底胶可提高混凝土表面强度及混凝土主体和环氧树脂粘贴性能。用滚筒刷将底层树脂均匀涂抹于衬砌表层，厚度不超过0.4mm，不得流淌或漏刷，待3～12h树脂表面指触感觉干燥时，即可进行下一步工序施工。

(4) 找平处理。混凝土及砌体表面凹陷部位用找平材料填补平整，且不应有棱角，转角处应用找平胶将其修补成光滑的圆弧(R=20mm)；如果黏脂施工面产生气泡时，待黏脂(干燥)固化后，用砂皮或电动砂轮等工具将气泡部分去掉，并整平。

(5)粘贴碳纤维。按设计要求的尺寸裁剪碳纤维布，要保持纤维布干净，且不能随意弯折；涂刷粘贴胶前必须用手指确认底胶已干；用滚筒毛刷把粘贴胶均匀地涂在碳纤维布上，应避免粘贴胶过多导致纤维滑移以及扭曲或粘贴胶不足导致含浸不足降低碳纤维粘贴性；碳纤维布沿纤维方向的搭接长度不得小于100mm，配置浸渍树脂并用滚筒刷均匀涂抹所要粘贴的部位，粘贴上碳纤维布以后用特制光滑滚子沿同一方向反复滚压至胶料渗出碳纤维布表面，以除去气泡，使碳纤维布浸透胶料。

(6) 养护。碳纤维布粘贴后，需要自然养护24h以上至初期固化，养护期间应严禁对碳纤维片进行干扰；完工的碳纤维表面(初期固化后)刷防火漆。

(7) 验收。工程验收时必须有碳纤维布和配套胶生产厂家所提供的材料检验证明；每一道工序结束均应按工艺要求进行检查，并做好相关的验收记录，如果出现质量问题，应立即返工；施工结束后，现场验收应以评定碳纤维布和混凝土之间的粘贴质量为主，用小锤等工具轻轻敲击碳纤维布表面，以回音判断黏结效果。如果出现空鼓等粘贴不密实的现象，应采用针管注胶的方法进行修补。黏结面积如果少于90%，则判定黏结无效，必须重新施工；严格控制施工现场的温度和湿度，施工温度在5～35℃，相对湿度不大于70%。

18.3.5 裂缝修补技术

对于已经出现裂缝的钢筋混凝土结构，可以采用相应的裂缝修补技术，使得裂缝控制在某一有效范围之内。常用的裂缝修补技术有压力注浆法、表面覆盖法、嵌缝封堵法、补充加强筋法等。

1. 压力注浆法

压力注浆法是通过施加一定的压力，将灌浆材料注入混凝土内部，胶结材料硬化后与混凝土形成一个整体，从而对裂缝进行粘合、封闭和补强。常用的胶结材料有环氧树脂、波特兰水泥浆以及聚氨酯、硅纳酸、丙烯酸酯等化学材料。

一般宽度为0.05mm的窄裂缝可用环氧树脂连接。环氧树脂对混凝土的表面具有优异的粘接强度、变形收缩率小、硬度高、对碱及大部分溶剂稳定，用于混凝土裂缝的修复具有修复后结构强度高、具有一定韧性、抗渗性好及抗碱腐蚀等特点。环氧树脂已成功应用于建筑物、桥梁、大坝和其他类型混凝土结构的裂缝修补(use of epoxy compounds with concrete)。但是如果没有解决引起开裂的原因，裂缝可能在原裂缝旁边再次出现。

对于宽裂缝，特别在重力坝或厚混凝土墙体中，可以采用填充波特兰水泥的方法进行结构修复。这种方法对阻止渗水是有效的，但是不能使裂缝面在结构上黏结在一起。

采用聚氨酯、硅纳酸、丙烯酸酯中的一种或两种以上复合形成凝胶体、固体沉淀物或泡沫的化学浆液注入混凝土裂缝的方法，不仅可以在潮湿的环境中使用，而且可以对很细的裂纹进行修复[44]。

2. 表面处理法

表面处理法是一种简单、常见的修补方法，适用于表面细微裂缝(裂缝宽度小于0.2mm)，其包括表面涂抹和表面贴补法。表面涂抹适用范围是浆材难以灌入细而浅的裂缝、不漏水的缝以及不再发展的裂缝。通常的处理措施是：混凝土硬化前，用铁铲、铁抹子拍实压平即可；混凝土硬化后，有效的方法是在裂缝的表面涂抹水泥浆、环氧胶泥浆液或在混凝土表面涂刷涂料等防腐材料。表面贴补(用土工膜)法适用于大面积漏水(蜂窝麻面等或不易确定具体漏水位置、变形缝)的防渗堵漏。该方法可用于修补稳定和对结构影响不大的静止裂缝，通过密封裂缝来防止水汽、化学物质和二氧化碳侵入[45]。

3. 嵌缝法

嵌缝法(又称凿槽法)是裂缝封堵中最常用的一种方法，一般用来修补数量较少的宽大裂缝(>0.5mm)及钢筋锈蚀所产生的裂缝，作业简单、费用较低。它通常是沿裂缝方向凿成深为15～20mm、宽为100～200mm的V形凹槽，在槽中嵌填塑性或刚性止水材料，以达到封闭裂缝的目的。常用的塑性材料有聚氯乙烯胶泥、沥青油膏、丁基橡胶等；常用的刚性止水材料有聚合物水泥砂浆、纯水泥砂浆、环氧砂浆等。对于活动性裂缝，应采用极限变形值较大的延伸性材料。对于锈蚀裂缝，应先展宽加深凿槽，直至完全露出钢筋生锈部位，彻底进行钢筋除锈，然后涂上防锈涂料，再填充聚合物水泥砂浆、环氧砂浆等，为增强界面黏结力，嵌填时应在槽面涂一层环氧树脂浆液[46]。

4. 补充加强筋

1）普通钢筋

这项技术包括密封裂缝，与裂缝面约成 90°角的位置钻孔，在这些孔和裂缝中注入环氧树脂并将加强钢筋安置在这些孔中。

2）预应力筋

当构件的主要部分必须加固或裂缝必须闭合时，往往可以采用后张应力实现。该方法采用预应力索或筋对混凝土施加压应力。对预应力筋必须提供足够的锚固，应小心谨慎，以避免问题转移到结构的其他部位。

5. 聚合物浸渍

聚合物浸渍过程包括对损伤部位进行干燥，用不漏水（防单体）的金属皮临时包裹、用单体浸透受损部位，然后聚合单体。对于受压区大的孔洞和断裂区域，在喷洒单体之前，可以填充一些粗细集料，形成聚合物混凝土修补[45]。

6. 仿生自愈合法

仿生自愈合法[44]是一种新的裂缝处理方法，它模仿生物组织对受创伤部位自动分泌某种物质，使创伤部位得到愈合的机能，在混凝土的传统组分中加入某些特殊组分（如含黏结剂的液芯纤维或胶囊），在混凝土内部形成智能型仿生自愈合神经网络系统，当混凝土出现裂缝时分泌出部分液芯纤维可使裂缝重新愈合。

仿生自愈合混凝土的研究思路大致分为三类：纤维管＋胶黏剂、胶囊＋胶黏剂、形状记忆合金。

1）纤维管＋胶黏剂

在仿生自愈合混凝土的初期研究中，一般的思路是模仿动物受伤后流出血液进行愈合，于是主要的模型是在纤维管中注入高强度的胶黏剂。这一模式直接有效，但是一方面难以施工，另一方面难以实现二次修复，并且在胶黏剂和容器的选择上还需要更为具体地研究。

2）胶囊＋胶黏剂

对胶黏剂容器进行改革，产生了一种新的仿生自愈合方法，即以胶囊包裹胶黏剂，分散在混凝土中。这种方法比用纤维管更能将修复剂分布均匀，能使修复液覆盖区域更广，从而更迅速地到达破损位置。这一方法比上一个方法有提高的地方，如它可以分步更均匀、基本可以实现二次裂缝修复，但是仍然没有很好地解决投入实际工程中将要面临的问题，如搅拌混凝土时无法保证胶囊不破裂、胶囊对混凝土性能的影响研究还不全面，需要进一步确定对应力做出合适反应的胶囊容器材料等。

3) 形状记忆合金

形状记忆合金(SMA)具有形状记忆效应和超弹性性能。根据需要,SMA 元件可以在 100℃以下的某个设定温度产生动作,实现对设备或装置的自动控制或保护;也可以按作用力的大小设计 SMA 驱动元件,驱动元件的动作反应时间可以根据需要在一定范围内调节。因为 SMA 的这种性能,它被应用到了自愈合混凝土的研究中,以期通过温度或应力控制来达到混凝土感知,并进行反应的目的。采用 SMA 可以对混凝土变形起到一定的恢复作用,并且可与其他方法结合,具有一定的发展前景。

虽然混凝土的自修复系统对基体微裂缝的修补和有效延缓潜在危害提供了一种新方法。但目前,这种仿生自愈合法还存在许多问题需要解决,如有关修复黏结剂的选择、封入的方法、流出量的调整、释放机理的研究、纤维或胶囊的选择、分布特性、其与混凝土断裂匹配的相容性、愈合后混凝土耐久性的改善等问题,研究尚不完全。

参考文献

[1] 中华人民共和国住房和城乡建设部. 混凝土结构耐久性设计规范(GB/T 50476—2008). 北京:中国建筑工业出版社, 2009.

[2] 吴中伟,廉慧珍. 高性能混凝土. 北京:中国铁道工业出版社,1999.

[3] 中国建筑科学研究院. 普通混凝土用砂、石质量及检验方法标准(JGJ 52—2006). 北京:中国建筑工业出版社,2007.

[4] 中国砂石协会,等. 建筑用砂(GB/T 14684—2000). 北京:中国建筑工业出版社, 2000.

[5] 中国砂石协会,等. 建筑用碎石、卵石(GB/T 14685—2001). 北京:中国建筑工业出版社, 2001.

[6] Cetin A, Carrasquillo R L. High performance concrete: Influence of coarse aggregates on mechanical properties. ACI Materials Journal, 1998, 95(3): 252-261.

[7] JSCE Concrete Committee. JSCE Guidelines for concrete No. 6: Standard specifications for concrete structures-2002 "materials and construction". Tokyo: Japan Society of Civil Engineering, 2002.

[8] Mehta P K, Aitcin P C. Principle on preparation of high performance concrete. Cement, Concrete and Aggregates Journal, 1990, 12(2): 3-14.

[9] 大滨嘉彦. 手段を尽せほここまで高強度になる——高強度コンクリートの界限. セメント&コンクリート, 1993: 546.

[10] Basheer L, Basheer P A M, Long A E. Influence of coarse aggregate on the permeation durability and the microstrcutrue characteristics of ordinary Portland cement concrete. Construction and Building Materials, 2005 (19): 682-690.

[11] Mandelbrod B B. The Fractal Geometry of Nature. San Francisco: Freemann W H, 1982.

[12] 缪昌文. 高性能混凝土外加剂. 北京:化学工业出版社, 2008.

[13] ASTM C666. Standard test method for resistance of concrete to rapid freezing and thawing. West Conshohocken: American Society for Testing and Material, 2008.

[14] Atis C D, Ozcan F. Influence of dry and wet curing conditions on compressive strength of silica fume concrete. Building and Environment, 2005, 40: 1678-1683.

[15] Shafiq N, Cabrera J G. Effects of initial curing condition on the fluid transport properties in OPC and fly ash blended cement concrete. Cement and Concrete Composites, 2004, 36: 381-387.

[16] Ramezanianpour A A. Effect of curing on the compressive strength, resistance to chloride-ion penetration and porosity of concretes incorporating slag, fly ash or silica fume. Cement and Concrete Composites, 1995, 17:

125-133.

[17] Khatib J M, Mangat P S. Influence of super plasticizer and curing on porosity and pore structure of cement paste. Cement and Concrete Composites, 1999, 21:431-437.

[18] Jaegermann C. Effect of water-cement ratio and curing on chloride penetration into concrete exposed to Mediterranean Sea climate. ACI Materials, 1990, 84(4):333-339.

[19] 薛文,金伟良,横田弘. 养护条件与暴露环境对氯离子传输的耦合作用. 浙江大学学报,2011,45(8):1414-1422.

[20] CEB-FIP Mode Code. UK:Redwppd Books,1990.

[21] ACI 357. Guide for the Design and Construction of Fixed Offshore Concrete Structures,1997.

[22] AS1480. The Concrete Structures Code. Sydney: Standards Association of Australia,1974.

[23] DNV Offshore Standard. Oslo:DNV,2005.

[24] コンクリート標準示方書[設計編]. 东京:日本土木学会,2007.

[25] 广州四航工程技术研究院. 海港工程混凝土结构防腐蚀技术规范(JTJ 275—2000). 北京:人民交通出版社,2001.

[26] 刘芳. 混凝土中氯离子浓度确定及耐蚀剂的作用. 杭州:浙江大学硕士学位论文, 2006.

[27] Zhang J Z, McLaughlin I M, Buenfeld N R. Modeling of chloride diffusion into surface-treated concrete. Cement and Concrete Composites,1998,20:253-261.

[28] 杜攀峰. 混凝土防腐涂料抗氯离子侵蚀性能的研究. 杭州:浙江大学硕士学位论文, 2007.

[29] 徐建芝,丁铸,邢峰. 钢筋混凝土电化学脱盐修复技术研究现状. 混凝土,2008(9):22-24.

[30] 刘志勇,缪昌文,周伟玲,等. 迁移性阻锈剂对混凝土结构耐久性的保持和提升作用. 硅酸盐学报,2008(10):1494-1500.

[31] Fajardo G, Escadeillas G, Arliguie G. Electrochemical Chloride Extraction (ECE) from steel-reinforced concrete specimens contaminated by “artificial” sea-water. Corrosion Science,2006,(48):110-125.

[32] 王新祥,文梓芸,曹华先,等. 混凝土结构物中钢筋腐蚀的检测与修复技术.广东土木与建筑,2006,(3):3-6.

[33] Siegwart M, Lyness J F, McFarland B J. Change of pore size in concrete due to electrochemical chloride extraction and possible implications for the migration of ions. Cement and Concrete Research,2003,33(8):1211-1221.

[34] 李森林. 脱盐处理对钢样-混凝土界面微观结构的影响. 海洋工程,2004,22(2):75-78.

[35] 郭育霞,贡金鑫,尤志国. 电化学除氯后混凝土性能试验研究. 大连理工大学学报,2008,(6):863-868.

[36] 朱雅仙,朱锡昶,罗德宽,等. 电化学脱盐对钢筋混凝土性能的影响. 水运工程,2002,(5):8-12.

[37] 蒋正武,杨凯飞,潘微旺. 碳化混凝土电化学再碱化效果研究. 建筑材料学报,2012,15(1):17-21.

[38] 熊焱,屈文俊,吴迪. 再碱化修复后混凝土微观结构变化及机理研究. 建筑材料学报,2011,14(2):270-274.

[39] 徐建芝,丁铸,邢峰. 钢筋混凝土电化学脱盐修复技术研究现状. 混凝土,2008,(9):22-24.

[40] 李森林,范卫国,蔡伟成,等,电化学脱盐处理现场试验研究. 水运工程,2004,(12):1-3.

[41] 章思颖. 应用于双向电渗技术的电迁移型阻锈剂的筛选. 杭州:浙江大学硕士学位论文,2012.

[42] 郭柱. 三乙烯四胺阻锈剂双向电渗效果研究. 杭州:浙江大学硕士学位论文,2013.

[43] Soylev T A,Richardson M G. Corrosion inhibitors for steel in concrete:State-of-the-art report. Construction and Building Materials, 2008,22(4):609-622.

[44] 杨卉. 混凝土裂缝自愈合的研究与进展. 建材科技,2011,1:66-69.

[45] 阎培渝,钱觉时,工立久. 结构混凝土的评估·寿命预测·修复. 重庆:重庆大学出版社,2007.

[46] 卓玲. 浅析混凝土构件裂缝产生的原因及控制措施. 黎明职业大学学报,2006,52(3):19-21.

附录1　常用混凝土结构耐久性英文词汇

A

Aggregate	集料
Air-entrained concrete	加气混凝土
Air penetration	气体渗透
Air permeability	渗气性
Alkali-aggregate reaction	碱-集料反应
Anchorage	锚固
Anode system	阳极系统
Anticorrosion	抗侵蚀
Anti-permeability	抗渗性
Apparent diffusion coefficient	表观扩散系数
Axial compression	轴压
Axial tension	轴拉
Auxiliary anode	辅助阳极

B

Beam	梁
Bearing capacity	抗弯承载力
Bleeding	泌水性
Bond	黏结

C

Carbonation	碳化
Carbonation depth	碳化深度
Cement	水泥
Chloride	氯离子
Chloride diffusion/ingress	氯离子扩散/侵蚀
Chloride ion diffusion coefficient	离子扩散系数
Chloride ion penetration	氯离子渗透
Chloride salt erosion	氯盐侵蚀
Column	柱
Combined effect	耦合作用

Compressive strength	抗压强度
Concrete	混凝土
Corrosion-filled paste	铁锈填充砂浆区
Corrosion current	腐蚀电流
Corrosion current density	腐蚀电流密度
Corrosion fatigue	腐蚀疲劳
Corrosion induced crack	锈胀裂缝
Corrosion inhibitor	阻锈剂
Corrosion initiation time	始锈时间
Crack	开裂、裂缝
Crack width	裂缝宽度
Cracking moment	开裂弯矩
Cracking pattern	裂缝开裂图形
Creep	徐变
Cross section	横截面
Cure	养护

D

Deicing salt	除冰盐
Deformation	变形
Deterioration/Degradation	劣化
Degree of saturation	饱和度
Design service life	设计使用年限
Displacement	位移
Durability	耐久性
Durability limit state	耐久性极限状态
Ductility	延性

E

Effective stress theory	有效应力原理
Elastic modulus	弹性模量
Electrochemical	电化学
Electrochemical anticorrosion	电化学防腐蚀
Electrochemical chloride extraction	化学除氯
Electrochemical desalination	电化学脱盐
Electrodeposition	电沉积
Electrolyte	电解液
Excessive load	持续荷载

F

Faraday's law	法拉第定律
Fatigue strength	疲劳强度
Fick's law	Fick 定律
Field exposure test	现场暴露试验
Flexibility	挠度
Freeze-thaw environment	冻融环境
Freeze-thaw resistance	抗冻融性
Freezing-thawing cycles	冻融循环

H

Heat of hydration	水化热
Heterogeneity	不均匀性
Hydraulic pressure theory	静水压力理论
Hydrogen embrittlement	氢脆

I

Impressed current cathodic protection	外加电流阴极保护
Indoor accelerated test	室内加速试验
Initial chloride concentration	初始氯离子浓度
Interfacial transition zone (ITZ)	界面过渡区

L

Localized corrosion	局部锈蚀
Life cycle	全寿命
Life prediction	寿命预测
Longitudinal crack	径向裂缝

M

Marine environment	海洋环境
Mass loss	质量损失
Mercury intrusion porosimetry	压汞法
Micro-crack	微裂纹
Microplane model	微平面模型
Moment	弯矩
Multi-environmental time similarity (METS) theory	多重环境事件相似理论
Multi-phase porous medium	多孔多相介质

N

Neutral axis	中和轴
Nominal strength	强度标准值

O

Osmotic pressure theory	渗透压力理论

P

Passivation film	钝化膜
Permeability	渗透性
Pitting corrosion	点蚀
Plasticity	塑性
Poisson's ratio	泊松比
Polarization	极化
Pore size distribution	孔径分布
Pore solution	隙液
Pore water	孔隙水
Pre-damage	预损伤

R

Rapid chlorides test(RCT)	快速氯离子测试
Reinforced concrete(RC)	钢筋混凝土
Reinforced concrete structure	钢筋混凝土结构
Reinforcing steel bar/rebar	钢筋
Relativistic information entropy	相对信息熵
Reliability	可靠性
Residual life	剩余寿命
Rigidity	刚度
Rust	锈蚀产物
Rust layer	锈层

S

Sacrificial anode cathodic protection	牺牲阳极阴极保护
Scanning electron microscope	扫描电子显微镜
Service life	服役年限
Setting time	凝结时间
Shear	剪力

Shrinkage crack	收缩裂缝
Slab	板
Steel bar depassivation	钢筋脱钝
Stirrup	箍筋
Strain	应变
Stress	应力
Stress concentration	应力集中
Stress corrosion	应力腐蚀
Soft water	软水
Solubility product	浓度积
Sulfate attack	硫酸盐侵蚀
Sulphate-resisting corrosion	抗硫酸盐侵蚀
Surface absorptivity	表面吸水性
Surface chloride concentration	表面氯离子浓度
Sustained load	持载

T

Target reliability	目标可靠度
Tensile strength	抗拉强度
Tension	拉力
Torsion	转矩、扭力
Thermodynamic theory	热力学理论

U

Uneven corrosion	非均匀锈蚀
Uniform corrosion	均匀锈蚀
Ultrasonic velocity	超声波速

W

Water-binder ratio	水胶比
Wet-dry alternating cycles	干湿交替循环

附录2 2003～2013年混凝土结构耐久性方向的浙江大学学位论文

博士学位论文/博士后出站报告

序号	作者	论文题目	指导教师	完成年份
1	张苑竹	混凝土结构耐久性检测、评定及优化设计方法	金伟良	2003
2	朱平华	混凝土结构的耐久性设计与评估(博士后出站报告)	金伟良	2006
3	吕清芳	混凝土结构耐久性环境区划标准的基础研究	金伟良	2007
4	王海龙	考虑裂缝的混凝土结构损伤破坏机理与耐久性提升技术研究(博士后出站报告)	金伟良	2008
5	张奕	氯离子在混凝土中的输运机理研究	金伟良	2008
6	金立兵	多重环境时间相似理论及其在沿海混凝土结构耐久性中的应用	金伟良	2008
7	干伟忠	海洋环境混凝土结构钢筋锈蚀表征及其原位检测系统研究	金伟良	2009
8	夏晋	锈蚀钢筋混凝土结构力学性能研究	金伟良	2010
9	陆春华	钢筋混凝土受弯构件开裂性能及耐久性能研究	金伟良	2011
10	延永东	氯离子在损伤及开裂混凝土内的运输机理及作用效应	金伟良	2011
11	薛文	基于全寿命理论的海工混凝土耐久性优化设计	金伟良	2012
12	许晨	混凝土结构钢筋锈蚀电化学表征与相关检/监测技术	金伟良	2012
13	武海荣	混凝土结构耐久性环境区划与耐久性设计方法	金伟良	2012

硕士学位论文

序号	作者	论文题目	指导教师	完成年份
1	宋翔	现有混凝土结构耐久性的检测与评估	金伟良	2003
2	吴金海	海洋环境下混凝土结构耐久性研究	金伟良	2004
3	侯敬会	土壤与地下水环境下混凝土结构耐久性若干问题的研究	金伟良	2005
4	张奕	火灾后混凝土结构耐久性研究	金伟良、赵羽习	2005
5	倪国荣	公路混凝土桥梁结构耐久性概率预测评估方法和软件系统	金伟良、宋志刚	2006

续表

序号	作者	论文题目	指导教师	完成年份
6	刘芳	混凝土中氯离子浓度确定及耐蚀剂的作用	金伟良	2006
7	沈志名	钱塘江堤防混凝土结构耐久性分析	金伟良、赵羽习	2006
8	杜攀峰	混凝土防腐涂料抗氯离子侵蚀性能的研究	赵羽习、金伟良	2007
9	姚昌建	沿海混凝土设施受氯离子侵蚀的规律研究	金伟良	2007
10	卢振永	氯盐腐蚀环境的人工模拟试验方法	金伟良	2007
11	杨灵江	钢筋锈蚀引起的混凝土保护层开裂过程及影响因素分析	张爱晖、金伟良	2007
12	高祥杰	海港码头氯离子侵蚀混凝土实测分析研究	赵羽习、金伟良	2008
13	蒋冬蕾	混凝土氯离子扩散系数快速测定 RCM 法的应用研究	金伟良	2008
14	张治宇	考虑耐久性影响的预应力混凝土结构设计研究	金伟良	2008
15	任海洋	不同环境下钢筋锈蚀产物的力学性能研究	赵羽习	2010
16	宋峰	基于混凝土结构耐久性的环境区划研究	金伟良	2010
17	王传坤	混凝土氯离子侵蚀和碳化试验标准化研究	赵羽习、金伟良	2010
18	徐小巍	不同环境下混凝土冻融试验标准化研究	赵羽习、金伟良	2010
19	董宜森	硫酸盐侵蚀环境下混凝土耐久性能试验研究	王海龙，金伟良	2011
20	胡秉偃	锈蚀钢筋与混凝土界面行为研究	赵羽习	2011
21	王俊杰	基于细微观界面的再生混凝土力学性能及耐久性能提升机理研究	张爱晖、王海龙	2011
22	余江	混凝土结构锈裂损伤分析与试验研究	金伟良、赵羽习	2011
23	吴亢	普通、再生混凝土与锈蚀钢筋黏结性能研究	赵羽习	2012
24	章思颖	应用于双向电渗技术的电迁移型阻锈剂的筛选	张爱晖、金伟良	2012
25	戴虹	混凝土结构中的钢筋锈蚀产物力学性能研究	赵羽习	2012
26	吴麟	氯盐侵蚀下钢-混凝土组合梁动力性能研究	金伟良、陈驹	2013
27	王毅	氯盐与荷载耦合作用下钢筋混凝土梁侵蚀试验研究	金伟良	2013
28	郭柱	三乙烯四胺阻锈剂双向电渗效果研究	金伟良	2013
29	陈璨	施工期混凝土材料特性对其后期耐久性能影响研究	赵羽习	2013
30	吴瑛瑶	混凝土结构锈裂二阶段理论及裂缝开展研究	赵羽习	2013
31	俞秋佳	受损结构混凝土的耐久性能研究	王海龙	2013

索　引

K

L

M

N

P

Q

R

S